国家社科基金
后期资助项目
GUOJIA SHEKE JIJIN HOUQI ZIZHU XIANGMU

经验主义视野下的概念表征问题研究

陈跃瀚　著

兰州大学出版社
LANZHOU UNIVERSITY PRESS

图书在版编目（CIP）数据

经验主义视野下的概念表征问题研究 / 陈跃瀚著.

兰州 ： 兰州大学出版社，2024. 11. -- ISBN 978-7-311-
06722-9

Ⅰ．B812.21

中国国家版本馆 CIP 数据核字第 20244MT694 号

责任编辑　武素珍
封面设计　汪如祥

书　　名	经验主义视野下的概念表征问题研究	
作　　者	陈跃翰　著	
出版发行	兰州大学出版社　（地址：兰州市天水南路222号　730000）	
电　　话	0931-8912613(总编办公室)　0931-8617156(营销中心)	
网　　址	http://press.lzu.edu.cn	
电子信箱	press@lzu.edu.cn	
印　　刷	甘肃日报报业集团有限责任公司印务分公司	
开　　本	710 mm×1020 mm　1/16	
成品尺寸	165 mm×238 mm	
印　　张	23.5	
字　　数	463千	
版　　次	2024年11月第1版	
印　　次	2024年11月第1次印刷	
书　　号	ISBN 978-7-311-06722-9	
定　　价	98.00元	

（图书若有破损、缺页、掉页，可随时与本社联系）

国家社科基金后期资助项目
出版说明

后期资助项目是国家社科基金设立的一类重要项目，旨在鼓励广大社科研究者潜心治学，支持基础研究多出优秀成果。它是经过严格评审，从接近完成的科研成果中遴选立项的。为扩大后期资助项目的影响，更好地推动学术发展，促进成果转化，全国哲学社会科学工作办公室按照"统一设计、统一标识、统一版式、形成系列"的总体要求，组织出版国家社科基金后期资助项目成果。

全国哲学社会科学工作办公室

术语缩写对照表

AI=Artificial Intelligence 人工智能

CC=Concept Cartesianism 概念笛卡尔主义

CE=Concept Empiricism 概念经验主义

CN=Concept Nativism 概念先天论

CRS=Conceptual Role Semantics 概念角色语义学

CTM=Computational Theory of Mind 心灵计算理论

FOR=Forms of Representation 表征格式

GOFAI=Good Old Fashioned Artificial Intelligence 好的老式人工智能

IA=Informational Atomism 信息原子论

IRS=Inferential Role Semantics 推论角色语义学

LOT=Language of Thought 思想语言

MOP= Mode of Presentation 呈现模式

MR=Mental Representation 心理表征

NSM=Natural Semantic Metalanguage 自然语义元语言

PA=Propositional Attitude 命题态度

PDP=Parallel Distributed Processing 平行分布处理

PSA=Poverty of the Stimulus Argument 刺激贫乏论证

PSS=Perceptual Symbol System 知觉符号系统

RTM=Representational Theory of Mind 心智表征理论

TEC=Theory of Explanatory Coherence 解释融贯性理论

UG=Universal Grammar 普遍语法

目　录

第一章 导 论

一、一概而论

我家女儿在15个月大时，牙牙学语，勉强吐出一个又一个的"字"。我问她要不要吃东西，她点头；问她要不要玩，她点头；问她要不要睡觉，她点头……总而言之，她就点头，"一概而论"地点头。我怀疑她正在"概念化"（conceptualization）。她究竟知不知道她在表达什么意思呢？很可能是知道的。她很喜欢猪，睡觉抱着猪宝宝玩偶，她会指着说："猪"；桌子上有个会放音乐的猪玩具，她会指着说："猪"；电视上看到动画片《西游记》，她会指着猪八戒说："猪"。我怀疑她正在"范畴化"（categorization）。她究竟知不知道她在表达什么意思呢？很可能也是知道的。"一概而论"都是"猪"。

从字面上讲，"一概而论"在汉语词典中，指的是人们在处理问题时不加区分，只会用其固有的同一个标准来对待，正所谓"同糅玉石兮，一概而相量"。[①]有时候我们在日常生活中援引一些公共的可共享的语言概念，就是为了方便交流。当然，我们并不会说，小孩子"牙牙学语"就是哲学的概念。哲学源于好奇，这种好奇心激发我们在精彩纷呈的杂多世界中寻找某种确定性的、普遍性的、公共性的东西——"一"。就此而论，这里的"一概而论"是笼统的说法，实际上是"概念化"与"范畴化"的过程，也应该是人类的基本认知方式。

所谓"概念化"是利用概念对事物进行特殊目的的刻画和限定（如理想化），这是教育心理学常用的一种方式。学生在学习过程中，将教师所传授的知识信息吸收、内化、重构为属于自己的"概念"，再将之应用于经验实践。如小学四年级的数学课本会教小学生如何学习一个三角形，其实就是罗列出大小不一的三角形，通过观察分析，得出"首尾三连的三条线段所形成的封闭图形"这一特征，得出"三角形"的概念。如此的"概念化"就是从"多"到"一"。"这是一只纯白色的兔子，这是一

---

① 《楚辞·九章·怀沙》。

只灰色的兔子，它们都是兔子。""这是小猪佩奇，这是它的弟弟乔治，佩琪与乔治都是猪。"学习了"三角形""兔""猪"概念后，就要拿来用，用来识别日常生活中见到的东西是不是"三角形""兔"或"猪"等。兔子从颜色上分有白、黑、灰……从地域上分有中国兔、日本兔、东非兔、阿拉伯兔……标准不同，类型也不同。"范畴化"就是利用概念对事物进行分类。从概念的范畴化功能看，概念是允许人们将某个范畴的成员与非成员区分开来的信息。例如，"奇数"范畴的概念是——奇数是不能被2整除的任意整数。"单身汉"范畴的概念是——单身汉是未婚成年男子。这是从"一"到"多"。

"一"与"多"的范畴在早期的希腊哲学中大多是从本体论意义上展开的，"一"产生"多"，后经由抽象的思辨通达"一"和"多"的统一。这对范畴经历了漫长而又复杂的逻辑演变过程。再后来的认识论，有了"奥卡姆剃刀"。还有马赫（E. Mach）的"思维经济原则"，马赫认为："把经验分析或分解为更简单、更熟悉的经验，然后以多少牺牲精确性为代价将其符号化。……书写语言正在逐渐变得具有理想的普适特征。……可以把数字、代数记号、化学符号、音符、语音字母看作是由未来的这种普世特征已经形成的部分；它们在某种程度上明显是概念的，而且几乎在国际上普遍使用。"[1]

当年笔者初涉分析哲学，在研究生课上，跟逻辑所的专业老师与同学交流这个问题时，他们告诉笔者，这会丢失许多信息。"我们的目标是保真"，"求真是哲学的初心"。那时的笔者似懂非懂地点头，"一概而论"地点头。时隔多年，笔者这样反思：信息完全传递而不丢失？这个想法或许不错，但从"多"到"多"似乎没有意义，不然的话，古今中外的哲学家们所做的不就是徒劳了吗？如中国古代的"道""金木水火土"，赫拉克利特的"火""逻各斯"，恩培多克勒的"水火土气"，德谟克利特的"原子"和"虚空"，毕达哥拉斯的"数"……哲学抽象思维的"一概而论"，力图简化，这也是我们最早使用"概念"的初心吧。翻开哲学史教材，我们会发现，每位哲学家皆以自己发明的概念为荣，引以为傲，乐此不疲，他们所建立的一套特有的概念体系，成了今天哲学爱好者们所学习的主要内容。如果是这样的话，那么哲学似乎就包含两项"使命"："一"是"综合"，将我们人类所观察到的整合到一起成为所谓"知识"的东西，看看有没有更为高明的创见；"多"代表"分析"，分析某

---

① 〔奥〕恩斯特·马赫：《力学及其发展的批判历史概论》，李醒民译，北京，商务印书馆，2014，第548—549页。

些观念、想法、理论，看看我们是否真正懂得。"摩尔开始相信世界确实是由概念构成，命题只是复杂的概念。在摩尔看来，在理解命题的过程中，我们掌握了命题实际上所讨论的构成命题的概念。"①

如此说来，着手于概念的研究，不无裨益。按照分析哲学的套路，我们首先会思考"概念是什么"。通常我们说的概念就会指的是那个一般的名词，像飞机、大炮、鸟、花等。这一问题的确很难一开始就说清楚，但概念肯定不是什么是可以先讨论的，诚如杜威（J. Dewey）所言："概念不是从众多不同事物中得来的，去除事物间不同的特性，保留一致的特征，概念很通用，是因为应用很广泛，而不是因为其构成。"②

概念作为思想的成分、理论的核心，涉及主题十分庞杂，它在哲学上集中于本体论、知识论和心智理论方面，在心理学上涉及知觉与认知的操控机制的描述与解释，在语言学上则可追溯到第一语言的获得问题。其实，在当代心灵与语言哲学研究中，许多争论都围绕着心灵、语言与实在的语义三角关系而展开。③

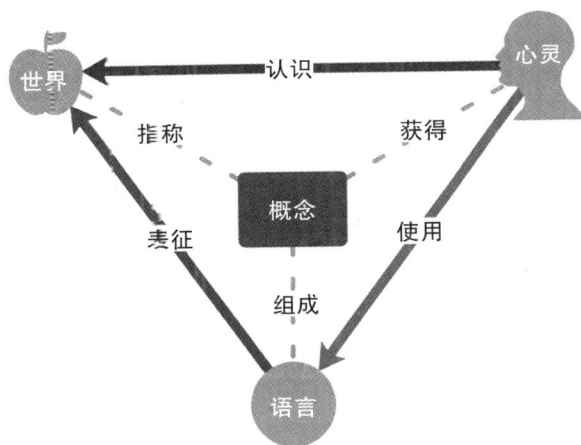

图 1-1　语义三角

---

① 〔英〕毕明安编：《牛津分析哲学史手册（上）》，江怡主译，北京，中国社会科学出版社，2023，第7页。

② 〔美〕杜威：《我们如何思维》，伍中友译，北京，新华出版社，2015，第142-143页。

③ Hampton, J. A., 2015: "Concepts in the Semantic Triangle", *The Conceptual Mind : New Directions in the Study of Concepts*, Margolis E. and Stephen L. (ed.), Cambridge, MA : MIT Press, p.656.

Ogden, C. K., Richards, I. A., Postgate, J. P., Malinowski, B., Crookshank, F., 1923: *The Meaning of Meaning : A Study of the Influence of Language upon Thought and of the Science of Symbolism*, New York : Harcourt, Brace & Co., p.11.

图 1-1 展示的语义三角涉及语言、心灵与世界三要素的关系，三条带箭头实线指向这是当代英美哲学家们思考问题的起点。从语言出发，达米特（M. Dummett）等人主张，语言在分析上具有优先性，因而我们可以从语言哲学考察。要是偏好于心灵哲学，则会遵循格莱斯（H. Grice）、刘易斯（D. Lewis）、塞尔（J. Searle）、金在权（J. Kim）等人的路线，优先分析心灵。如果关注于世界，那就如同海尔（J. Heil）等人所坚持的，必须优先分析世界（实在）以及相应的形而上学问题，语言"表征"世界，心灵"认识"世界。从三个不同的起点出发开出的研究进路造就了不同的哲学流派，拥有各自的粉丝群体。戴维森（D. Davidson）则试图从中取得调和，"强调三者（世界、语言、心灵）在人类理解和交流活动中的整体相关性，从而也认为在语言哲学、心灵哲学和形而上学中，不存在何者更加基础的问题"。①细心的读者会发现，图 1-1 中三条箭头并没有循环指向，心灵认识世界，心灵使用语言，一方面是因为哲学源于（心灵的）好奇心，另一方面是本书的倾向性立场。无论哪种立场，我们也容易察觉，概念处于中心位置，心灵获得概念，概念组成语言，概念指称世界。

沿着图 1-1 展示的语义三角，我们先大致理清从语言哲学开出的进路。语言哲学一开始关注的就是弗雷格案例（Frege's Case）中"晨星""暮星"这类词语以及相关句子如何具有意义，首先的回答在于它们代表着某些事物，它们所意指的就是它们所代表的，由此发展出了指称理论。指称问题涉及真值条件问题（表达式对语句在特定语境下陈述的真值条件的作用）、表征实在问题（表达式与实在的关系）、认知意义与行为解释问题（语句对主体信念和行为的影响）以及交流问题（语言交流活动），这就牵扯到认识论、语义学、心理学以及语用学方面。②就认识论方面，弗雷格案例引发对"涵义"（sense）的讨论上有肯定与否定两种观点。肯定一方是以弗雷格—罗素（B. Russell）传统下来的"弗雷格主义"（Fregeanism）或"描述主义"（Descriptivism），涵义"能"使得表达式指称实在。否定"涵义"的一方则认为表达式与对象的关联源于某种偶然的历史事实，以克里普克（S. Kripke）、卡普兰（D. Kaplan）与普特南为代表的"直接指称理论"（Direct Reference）或"密尔主义"（Millianism）。

---

① 张志林：《分析哲学中的意向性问题》，《学术月刊》2006 年第 6 期，第 51 页。
② 任远：《指称问题的概念家庭和层次框架》，《中山大学学报》（社会科学版）2007 年第 4 期，第 53-56 页。

语言哲学家们还关注心理学层面的研究，一个表达式总会涉及说话者的心理状态，在格莱斯看来，语言表达式具有意义在于它们表达了说话者的意图；席夫（S. Schiffer）基于对意图的考察尝试将语义学术语还原为心理学术语；刘易斯则将态度的归属划分为从言与从物。以上对意义理论的研究都表明，语句表达式的意义一方面与社会语境相关，另一方面与命题态度相关。这些都促使分析哲学发生心灵乃至认知转向，把语言哲学较为困难的问题引向心灵哲学与认知科学领域。

语义三角拓展出的心灵与语言哲学问题集中于内容问题（the problem of content），查尔默斯（D.Chalmers）对内容的理论梳理出六个难题。①

（1）"弗雷格之谜"（Frege's puzzle）。弗雷格在《论涵义和意谓》一文中利用金星案例试图说明，一个表达式或概念②的指称并非其全部意义所在，应该涉及其他东西，这类情况典型地体现在命题态度（propositional attitudes，PA）的语境中，人们也称之为"弗雷格难题"。该难题体现为两点，一个是同一替换的信息问题，相对于"a=a"的先验命题，我们说"a=b"提供了新的知识，具有认知内容；另一点是命题态度报告下的替换问题，"S相信a=a"与"S相信a=b"二者是否具有相同真值？

（2）呈现模式问题（mode of presentation problem）。席夫（S. Schiffer）将上述弗雷格难题追问为"呈现模式问题"。③比较"小明相信

---

① Chalmers, D., 2002: "The components of content", *Philosophy of Mind: Classical and Contemporary Readings*, Chalmers, D. (ed.), New York: Oxford University Press, p.609.

另外，森宝利（Sainsbury. R. M.）与泰尔（Tye, M.）在2012年提出思想的七个难题，除去与查尔默斯相同的表述外，还有（7）"猫与聊天"问题：保罗是讲英语的，却由一个法国保姆养大。她用法语告诉保罗好多东西，也用英语说了一遍。但唯独例外的是：她在幼儿园里指称cats，在房子里、在空地上指chats，她从未说过cats。保罗挑选词语，像他保姆那样用的，他说"所有的chats都有尾巴"。保罗相信的是什么呢？有人发现，当他学到猫在聊天时，他的思想"猫在聊天"表达的是"猫是猫所表征"的思想。这样，似乎没什么发现。

（8）"帕代雷夫斯基"问题：有人相信，帕代雷夫斯基有音乐天赋，他很理性；同时，他又相信，帕代雷夫斯基没音乐天赋。这些信念是矛盾的，但理性的人不该如此。

（9）"空名"问题：古人一直相信"青龙""白虎""朱雀""玄武"这类神兽的存在，但它们是没有指称物的。一个理性的人不该如此。

参见 Sainsbury, R. M., Tye M., 2012: *Seven Puzzles of Thought and How to Solve them: An Originalist Theory of Concepts*, Oxford: Oxford University Press.

② 这里的"概念"一词属于日常用法，本书后面的讨论从哲学与心理学上做出区分。另，遵循分析哲学的讨论，下面从单称词项入手，避免与复杂语句混淆。

③ Schiffer, S., 1990: "The Mode-of-Presentation Problem", *Propositional Attitudes: The Role of Content in Logic, Language and Mind*, Anderson, A. & Owens, J.(eds.), CSLI, p.249.

李白写了《望庐山瀑布》"与"小明相信谪仙人写了《望庐山瀑布》"两句话，"李白写了《望庐山瀑布》"与"谪仙人写了《望庐山瀑布》"的命题是一样的，但小明相信前者并不一定会相信后者，小明必须拥有某个恰当的"呈现模式"（mode of presentation，MOP）。MOP是什么？如何归属到信念中？

（3）本质索引问题（the problem of the essential indexical）。当我相信我现在处在危险境况时会紧急避险。这个信念似乎是本质的索引的，或自我引导的。如果我仅仅相信X处于危险中，而（我不知情）我是X，我会做某些其他的事。那么本质索引的方面能否与思想内容的解释相一致？

（4）先验偶然问题（the contingent a priori）。在巴黎的"一米长"是被规定的，也就是说会有人先验地知道"一米长"是多长。但"一米长"却是偶然的，它有可能比一米长一点或短一点。一个人怎么能拥有一个先验偶然真理的知识呢？

（5）"克里普克之谜"（Kripke's puzzle）。在法国的皮埃尔听说"Londres est jolie"（伦敦很美），他相信了；后来他自己到了伦敦，发现"伦敦很丑"，但他不知道Londres和伦敦是同一个城市。所以，一个理性的人怎么会相信伦敦既美又丑的矛盾信念？

（6）内容是否在头脑之中？即孪生地球（twin-earth）问题。张三相信水是湿的。他的孪生兄弟在孪生地球上，除了水的化学结构不是H_2O而是XYZ外，其他全部一样。他的孪生兄弟的思想关注的不是水，而是孪生的水。张三相信水是湿的，而孪生的张三也相信孪生的水是湿的。那么在张三与孪生的张三之间认知是否存在一些他们所享有的内容的内部方面？

查尔默斯认为，以上问题都是错觉，应该存在一个丰富自然的，有其真值条件的窄内容概念。从"弗雷格之谜"来看，相对于"a=a"的先验命题，我们说"a=b"提供了新的知识，具有认知内容，因此，思想内容可分为两方面来说明，一个是认知的内容，一个是主体的内容，这应该就是查尔默斯的二维语义学（two-dimensional semantics）。按照普林兹（J. Prinz）的经验主义分析，概念研究在思想难题上涉及两方面内容：一是意向性内容（intentional content），二是认知内容（cognitive content）。

后来克里普克、普特南（H. Putnam）、索莫斯（S. Soams）、萨蒙（N. Salmon）与查尔默斯等人皆提出不同的解释方案，并且每个方案几乎皆可成为分析哲学领域的新路标。但是，为何有多种方式思考到同一个概念？困扰始终不断。现在我们暂时先不理会各版本处理的优劣，鉴于几个理论都切实地关注怠想的内容，并且的的确确关联到了思想的合理角色（潜在地产生某种新的内容），可以设想：思想内容（或心理内容、命题态度内容、意向性内容、表征内容）的研究必然依赖于思想的合理角色，而这一角色是什么才是真正值得我们去探讨的。

简而言之，在这个语义三角中，概念的本质——如其所是的概念是什么？这是引起理性主义与经验主义争论的原因所在。该争论至少是由概念在心灵、语言甚至是哲学立场的分歧所致。以这个作为切入点，综述概念理论、展示概念本质及其相关争论就具有重要的意义。

二、意义

让我们从"意义"开始。思想的合理角色是否意义？可以先看看如下几例：

> "五四运动具有重大的历史意义。"
> "生命的意义在于奉献……"
> "你对她的付出完全没有意义。"
> "元宇宙的提出具有创新意义。"
> "你俩说的意义都差不多。"
> "余英时讽刺刘心武的'秦学''思入微茫'，刘心武不知其中意义。"

通常"意义"一词在日常生活中会用来表达某种价值评判，行为、事件是有作用的、有价值的，前面四个句子正是这类通俗用法，而后两个才是我们此处所要谈论的词或句子的意思，一个是字面的表达，一个是隐喻的反讽。

当你说，你懂得、理解了前面几个例句时，我们就会说，你知道这些句子的意思，哪些有意义，哪些没意义你都很清楚。语言哲学的语义学理论往往始于经由"李白"的名称进而谈论这个人，张三提到"李白"与提到"诗仙"都是为了让大家明白，其实说的是某个历史上的人物。考古学、历史学与文学的丰富证据告诉我们，李白，字太白，是中国唐朝著名的诗人，喜欢饮酒，酒后写诗更为精妙，后世称之为"诗仙"，号"青莲居士"，又号"谪仙人"。李白有九百多首诗流传于世，如《静夜思》《望庐山瀑布》《夜宿山寺》《蜀道难》等著名诗篇。当我们谈论"李白"的时候，并非纸上的符号，而是这样一位伟大的诗人，所以讨论始终是由成真的意义开始的。小明对你说他很怕狗，你或许会在大脑中浮现出某只狗的形象，或许会有关于狗的属性的描述，甚至会有"鸡犬相闻""狐朋狗友""肉包子打狗——有去无回"之类的语词。

举个例子：

句 1.1　李白是《望庐山瀑布》的作者。

这类传统的主谓结构，就是由主词"李白"与谓词"是《望庐山瀑布》的作者"组成的，原本我们说在主谓式命题形式中，主词与谓词应该分别代表不同的东西，但这两个不同的东西如何连接起来构成命题？这样就需要解释二者之间关系的产生，或包含与被包含，或并列，或因果……弗雷格在莱布尼茨的思想之上，尝试引入数学的函数，回到原始分析：

句 1.2　……是《望庐山瀑布》的作者。

将之改写的话，就是用函数"F（）"来表示"《望庐山瀑布》的作者"，这样的表达形式就是"不饱和"的。有人会认为，既然不饱和，那表达式本身就不完整，所以这样就没有意义。当然，"F（）"的表达式所展示的是一个命题的句法形式，也就是主词与谓词相连接的结构，我们也可以把这个连接结构视作留下了空位的框架，就像我们常用的 PPT 的占位符。只要在"单击此处添加文本"的空位上填上我们想表达的文本，就构成了命题，观众也就了解了我们想表达的思想。

当填入一个对象 x 时，就得到如下形式：

句 1.3　$F(x)$

对于《望庐山瀑布》的作者而言，存在这样一个人"x"，"x"就是李白。所以在句 1.2 中，"F（）"表示的是一种性质，"x"表示可以填充一个饱和的对象。具有"F（x）"如此形式的命题是完整的，它表达了我们所要说的句子就是对"李白"这个人物的刻画。经考证，他的确写作了《望庐山瀑布》，满足这个真值条件，所以这句话是真的。这样一来，我们就采用函项的形式把命题所要求的结合关系看成是初始的，根据这种结合关系的要求填上一些东西，令其为真，一个其函数值为真值的函项就是命题函项。

弗雷格从莱布尼茨的理论出发，模仿算术语言建构一种形式化的自然语言，目标是把数学建立在严格的逻辑基础之上，推崇形式化的符号语言。弗雷格提出三条方法论原则："第一，要把心理学的东西和逻辑的东西、主观的东西和客观的东西明确区分开来。第二，必须在句子联系中研究语词的意谓，而不是个别地研究语词的意谓。第三，要时刻看到概念和对象的区别。"①

　　语言哲学的基本任务原为系统地解释语言表达式的意义，而哲学家们恰恰就关注所谓英语、汉语、法语、德语、意大利语、日语等日常语言，也称为公共语言或自然语言。当然，这也不涉及私人语言或人工语言。弗雷格认为，自然语言中至少有一些语句涉及真假问题，有科学的价值，为这些语句发展出一套意义理论是很有必要的。分析哲学界主流上解读弗雷格都要或多或少地参照达米特的方式，②分析哲学的"语言转向"要追溯到弗雷格。自然语言的语义学是寻求某种正确的表达形式，这样的目标必然要求某种具结构化的特征，命题语义必然来源于其成分的概念。

　　一个命题语句表达了什么，弗雷格认为，句子的意义就是真值载体（truth-vehicle），即"思想"或"命题"。句子有了意义才有真假之分，表达了一定的思想。所以对这些句子成真条件的讨论构成了有关意义的理论，称之为"语义学"（semantics）。

　　语义学进路可按命题有无分派为句子的意义进行区分，刘易斯就此区分了两类语义学理论："第一，将可能的语言或语法描述为抽象语义系统，为何符号关联到世界的各个方面？第二，心理学的与社会学的事实描述，某个特殊的抽象语义系统为何由某个人或群体所使用？困惑正源自对两个主题的混淆。'③按这种方式分离出来的后果是，我们一方面在语言学进路上，考察句子与语词的意义，从指称入手讨论哲学问题，另一方面诉诸心理学进路进行讨论。相应地，这也就造成了语言哲学与心灵哲学的分野。

三、涵义

　　当我们在句1.1中将"李白"设定为A，就是将"李白是《望庐山瀑布》的作者"表达成F（A）。我们将"诗仙"设定为B，"诗仙是《望庐山瀑布》的作者"表达成F（B）。这两句话都是同一个人，同一个意谓。这就是弗雷格在《概念文字》中的发现，"意谓A这个符号和B这个符号

① 王路：《弗雷格思想研究》，北京，商务印书馆，2008，第57页。
② 参见 Dummett, M., 1981: *Frege: Philosophy of Language*, Cambridge, MA: Harvard University Press.
　　Dummett, M, 1996: *Origins of Analytical Philosophy*, Cambridge, MA: Harvard University Press.
③ Lewis, D., 1970: "General Semantics", *Synthese*, 22 (1-2), pp.18-67.

有相同的概念内容，因此到处都可以用B替代A并且反之亦然"。①这个"内容同一"问题在于"表示相同内容的不同名字并非始终仅是一个无关紧要的形式问题，相反，当它们与不同的确定方式联系在一起时，它们与问题的本质有关"。②概念内容同一问题的本质是什么呢？

在《论涵义和意谓》中，弗雷格试图说明，相对于"A＝A"的先验命题，"B＝A"提供了新的知识，拓展了我们的认识。也就是说，概念A与概念B相同的概念内容，除了指称同一外，还应该涉及其他东西，也就是认知内容。这类情况典型地体现在命题态度PA的语境中，即"弗雷格难题"。该难题体现为两点，一点是同一替换的信息问题；另一点是命题态度报告下的替换问题，"S相信A＝A"与"S相信A＝B"二者是否具有相同真值？

```
（语言层）句子：专名            ／概念词
（涵义层）思想：思想的部分      ／思想的部分
（意谓层）真值：对象            ／概念
```

图1-2　弗雷格的理论图式③

普遍认为，弗雷格的意义理论分三层：语言（符号）层，意谓层（事物），涵义层。弗雷格的目标在其意谓层，按王路的分析，我们可以表示出弗雷格的理论图式，如图1-2。

在语言层面上，任意句子都可分析成专名与概念词相结合的语句结构，假如用符号来表达，那么任意一个符号，都有涵义与意谓。一个意谓并不会只用一个符号来表达，不同符号A与B，或C都可以表达同一个意谓。当句子为真时，我们就可通达到实在，即意谓层面，这是弗雷格所关心的。"李白"这个专名，指的就是对象——李白这个人。然而，正由于"内容同一"问题，弗雷格又在语言与意谓两个层面的中间加了一个"涵义层"，这是由"思想的部分"所组成的。

符号、符号的涵义和符号的意谓之间的有规律的联系是这样的：相应于符号，有确定的涵义；相应于这种涵义，又有某一意谓；而对于

---

① 〔德〕弗雷格：《弗雷格哲学论著选辑》，王路译，北京，商务印书馆，2006，第21-22页。

② 同上，第21页。

③ 王路：《弗雷格思想研究》，北京，商务印书馆，2008，第308页。

一个意谓(一个对象)，不仅有一个符号。相同的涵义在不同的语言中，甚至在同一种语言中有不同的表达。然而，这种有规律的情况也有例外。在一个完整的符号整体，相应于每个表达应该一定有一种确定的涵义。但日常语言常常满足不了这种要求。如果同一个词在相同的语境中总是有相同的涵义，这必然会令人满意。①

假如三个符号A、B与C在意谓层是同一个，那么在这个涵义层，则有涵义的差异。如汉语的"苹果"与英语的"APPLE"两个不同语言系统下的符号，可以指向同一个对象苹果，也就是说，弗雷格试图用这个"思想的部分"说明涵义的特殊性，这是意义分析的关键所在。

由此说来，问题的关键在于"涵义"是什么？关于涵义的讨论，一直是语言哲学中的核心话题。弗雷格在《思想》②一文中指出，涵义是"抽象客体"（abstract object），是一种非物理、非心理的实体。我们可以先来看看弗雷格是如何使用涵义的：

　　一个专名的涵义要由这样的人来理解，他对该专名所属的语言或标记整体有足够的认识。但是在这种情况下，如果有意谓，那么意谓总是只得到片面的说明。我们能够对每个给定的涵义马上说出它是否属于一个意谓，这有赖于我们对这个意谓的全面的认识。我们从未达到这样的认识。③

弗雷格的关注点在于意谓层，因而他明确区分出涵义与指称是作为语言表达式的两个方面是为解释相同意谓的不同概念之间的差异。概念通过具有涵义才能具有指称，他试图利用"涵义"来说明"所指涉对象的识别条件，参与决定了所在语句的成真条件，以及解释了不同认知主体的信念归属"。④由此区分人识论、语义学与心理内容（或者命题态度）三个层次的解释。

后人对"涵义"持正反两种态度，一种是批判"涵义"的，以克里普克、卡普兰、普特南等人为代表的直接指称论者（direct referentialist）提出，概念与对象的关联源于某种偶然的历史事实。直接指称理论虽曾占据过主流，但却一直面临两大困难：一个是空名问题，诸如"麒麟""朱雀"这类名称可以有涵义且无指称；另一个是来自说话者命题态度的

① 〔德〕弗雷格：《弗雷格哲学论著选辑》，王路译，北京，商务印书馆，2006，第97页。
② 〔德〕弗雷格：《思想：一种逻辑研究》，《弗雷格哲学论著选辑》，王路译，北京，商务印书馆，2006，第129-156页。
③ 〔德〕弗雷格：《论涵义和意谓》，《弗雷格哲学论著选辑》，王路译，北京，商务印书馆，2006，第97页。
④ 任远：《命题态度归属与指称型交流》，《哲学研究》2009年第4期，第88页。

问题，信念语句的确可以有透明的解释，但会更多地涉及隐晦的理解。针对命题态度问题，蒯因（W. V. Quine）、戴维森和卡普兰等人一开始就从事量化的工作。不过，直接指称理论留下的因果理论颇受欢迎。

另外一种态度是支持"涵义"的，这一阵营有描述主义，有新弗雷格主义，有二维语义学。

以弗雷格—罗素传统下来的"弗雷格主义"或"描述主义"，涵义"能"使得概念指称实在。

新弗雷格主义（Neo-Fregeanism）会主张，不管是否在命题态度谓词范围的内或外，一个表达式都拥有指称与涵义，而这个态度谓词都会有一定方式对该指称与涵义保持敏感。他们将涵义解释成"呈现模式"MOP，或者证据概念，或者动态信息体（或文件系统）。①

二维语义学则是查尔默斯的首创工作，将涵义分为认知内涵与真值条件内涵两方面。

其实，按照达米特解读的弗雷格，意义理论可分成两方面的研究，一方面是关于涵义的理论，另一方面则是关于指称，其中，关于指称的理论是关于涵义理论的基础。②涵义决定指称，如果再从涵义的语义内容或构成性特征入手，那么就有了涵义的语义学进路。

不过，格赖斯指出，一个表达式具有意义，不仅在于它作为形式的表达式，更在于它表达出"说话者意义"，这便是所谓的"格赖斯纲领"（Gricean Program）。③句子的意义源于说话者意义（speaker-meaning），说话者意义取决于说话者的意图，所以一个句子的意义应该建诸说话者、听者的心理学基础之上，依据说话者、听者个体的心理状态来加以阐明，诉诸的进路便是将自然语言用于表达思想。莱肯（W. Lycan）评价该纲领的关键在于，若出现不同意义的概念时，这个概念就会与句子意义的概念不一致。④按照格赖斯纲领，说话者意义优先于句子意义，反之，在

① 参见任远：《新弗雷格主义对涵义的认知解释》，《现代哲学》2016年第6期，第87-93页。

② Dummett, M., 1981: *Frege: Philosophy of Language*, Cambridge, MA: Harvard University Press.
Dummett, M., 1996: *Oringins of Analytical Philosophy*, Cambridge, MA: Harvard University Press.

③ Grice, H.P., 1957: "Meaning", *Philosophical Review*, 66 (3), pp.377-388.
Grice, H. P., 1969: "Utterer's Meaning and Intention", *Philosophical Review*, 78 (2), pp.147-177.

④ 参见〔美〕威廉·G.莱肯：《当代语言哲学导论》，陈波、冯艳译，北京，中国人民大学出版社，2010，第108页。

缺乏说话者意义的情况下，不存在句子意义。这就建议，应该将语言的意义归于心理状态的解释，还原为某种与意图相关的心理状态的复合。后来席夫就在"格赖斯纲领"的指引下，提出"基于意图的语义学"（intention-based semantics）[1]。语言学表征可还原为心理表征（mental representation，MR），方法是通过对意向性行为的解释来定义说话者意义，而又不涉及语义的东西，再通过还原到说话者意义的术语来定义表达式意义。格赖斯纲领及其追随者的工作表明，关于涵义的理论更应该作为指称理论的基础。这样的话，涵义的认知进路就应该围绕其认知内容的特征分析，认知主体如何借助认知通道通达到对象，从而构成信念。

由此看来，关于涵义的认知理论似乎就至关重要。但是，我们前面所获得的关于"涵义"术语的解释也就集中于心理的、意图的或心理表征MR之类。弗雷格认为，像"麒麟"可以无指称，但可以有涵义。"晨星"与"暮星"拥有相同的指称，但"差异的形成只能是由于符号的区别相应于被表征物的呈现模式MOP的区别"。[2]符号"A"与符号"B"具有不同的表达式或MOP，如"李白""诗仙""青莲居士"等，实际上都指向同一个人。所以，弗雷格借助将涵义分析为MOP以解释我们获得新的认知价值。

四、呈现模式

我们再遵循图1-2，整理出弗雷格的思路如下[3]：

（1）专名的涵义的主要成分是MOP。

（2）认知价值的差异依赖于涵义的差异。

（3）一个专名的MOP不同于指称。

（4）如果两个专名拥有相同涵义，它们拥有相同指称；如果两个专名拥有相同指称，它们可以在涵义上区分。

① 参见 Schiffer, S., 1972: *Meaning*, Oxford: Oxford University Press. Schiffer, S., 1987: *Remnants of Meaning*, Cambridge, MA: MIT Press.

② 参见 Frege, G., 1960: "On sense and reference", *Translation from the Philosophical Writings of Gottlob Frege*, Black, M. (trans.) Geach, P. Black, M. (eds.), Oxford England: Basil Blackwell, p.57. 王路译为"给定方式"，笔者认为"呈现模式"较为准确些。参见〔德〕弗雷格：《论涵义和意谓》，《弗雷格哲学论著选辑》，王路译，北京，商务印书馆，2006，第96页。

③ 参见 Textor, M., 2011: *Routledge Philosophy Guidebook to Frege on Sense and Reference*, London & New York: Routledge, pp.127-128.

（5）专名可以部分地按MOP来个体化：如果两个同形式的殊型表达了相同的MOP，那么它们就仅仅是相同的专名。

学界普遍会在（1）中将MOP与涵义等同使用，清晰地表明MOP是如何在弗雷格的金星案例中起作用的。为了简明扼要的理解，我们可以比较以下几个例句：

句1.4　李白是《望庐山瀑布》的作者。

句1.5　诗仙是《望庐山瀑布》的作者。

句1.6　张三相信李白是《望庐山瀑布》的作者。

句1.7　张三相信诗仙是《望庐山瀑布》的作者。

在内涵语境或命题态度语境内[①]，原本两个概念"李白"与"诗仙"，指的是同一个人，但张三学了半桶水，知识有限，并不信"诗仙"是《望庐山瀑布》的作者，在这个情况下，对句1.6的解释——张三应该相信诗仙是《望庐山瀑布》的作者，实际上句1.7就是错误的，该命题为假。因此，我们追问，在命题态度语境内，同义替换是否有效？此类考察设定为"替换测试"（substitution test）。

在对比句1.4与句1.5时，我们其实都在说同一个人，这样就涉及共指称的两个概念"李白"A与"诗仙"B。弗雷格认为判断的依据在于"呈现模式"的差异，即是涵义不同。这样看来，涵义就是MOP。

这样，有关涵义的讨论就应该转化为MOP的讨论，也就是MOP问题。如前所述，席夫追问为"呈现模式问题"：

> 然而命题态度理论中存在这样一个问题：它显然要求我们信念相关物的"呈现模式"，并且还有另外一个真实的问题——是否存在于命题论的呈现模式中起作用的东西。[②]

按照席夫的说法，任何意向性行为的解释都要面临MOP。同一个人在不同MOP下的表现不同，这有可能是思想的语言中的句法项。在某个既定的语境下，这些句法项将信念者与所相信的命题联系起来。同一个命题可以被接受，也可以被拒绝，而信念者却没有意识到这一点。考虑句1.6与句1.7，张三在面对"诗仙"与"李白"时的任何不同都将被解释为他的信念箱中的语法项的差异。如果张三相信李白，这是因为"李白是《望庐山瀑布》的作者"的语法字符串进入了他的信念箱。当张三

---

① 关于意向性（intentional）状态的语句是内涵性（intensional）语句，但对意向性的考察往往要求通过外延性的测试，如同一替换测试与实存推论测试。

② Schiffer, S., 1990: "The Mode-of-Presentation problem", *Propositional Attitudes: The Role of Content in Logic, Language and Mind*, Anderson, A. & Owens, J. (eds.), CSLI, p.249.

不相信诗仙是《望庐山瀑布》的作者时，那是因为句法字符串"诗仙是《望庐山瀑布》的作者"没有进入他的信念箱。

如前所述，查尔默斯将之定位为心理内容理论的六大难题之一。于是，关于MOP本质的讨论理应引起重视，原本按席夫所追问的问题可以分析成三个：

MOP是什么？它是否存在？它能否于命题态度中起作用？

我们很容易掉入一个陷阱：将三个问题各自区分开来，再抽丝剥茧，按部就班加以考察，最后综合起来回答问题。不过，如此一来却是徒劳无功的。为什么这样说呢？我们前面的分析已表明，弗雷格要求的是令MOP呈现给思想，并个体化指称，考察的语境是"替换测试"，如句1.6与句1.7，但MOP并非局限于此。席夫本人对MOP问题是如何分析的？他构造出两个案例来综合考虑，大致情况是这样的。

第一个案例是，每天早上同一时间都有一只狗到王五门前讨食，王五会开门喂它，以为它是公狗，叫它"Fido"；每天晚上也有一只狗会按时到王五门前讨食，王五也会开门喂它，以为它是母狗，叫它"FiFi"。实际上，王五并不知道怎么区分公狗与母狗，Fido其实是FiFi。

第二个案例是，王五在野外遇到一群未见过的生物，称为"shmog"，但他后来并不知道shmog其实是一类狗，他只认定那群是新生物。

结合两个案例，我们就可以发现：

句1.8　王五相信Fido是公狗，并且相信FiFi是母狗。

句1.9　王五相信Fido是公狗，但不相信Fido是shmog。

也就是说，王五并没有非理性地表达，他不可能理性地说出矛盾的语句："Fido是公狗，Fido不是公狗。"他合理地在早上与晚上表述两个句子，而不管这两只狗是否同一只。同样，对于句1.9，当王五说"Fido是公狗，但不是一只shmog"时，他没有非理性地表达，只有当他说道"没有狗是狗"时，我们才认为王五非理性。席夫认为MOP问题就符合了弗雷格设置的限制，这一点是埃文斯（G. Evans）提出的"普遍性约束"（the generality constraint）："若某个主体被认为具有'a是F'的思想，那么，对于他所拥有的概念G的每个属性而言，他都必须拥有容纳思想'a是G'的概念资源。"[1]

金星案例中，弗雷格就要求一个理性的人S，可以相信或不相信一个适当的东西或属性y是如此这般，仅当，存在不同的MOP——m_1与m_2。

---

① Evans, G., 1982: *The Varieties of Reference*, New York: Oxford University Press, p.104.

S相信y在m_1下是如此，S相信y在m_2下是这般。那么，当存在两个不同的MOP时，理性的S相信y会是在m_1下如此，而不相信y在m_2下是这般，仅当，S不能相信m_1与m_2是同属某一东西的不同MOP。换言之，S所认识的两个MOP是属于同一东西的MOP。例如f_1"李白是李白"与f_2"诗仙是李白"这两个命题对于张三而言，存在一个关于"李白"的MOP——m_1，也有另一个"诗仙"的MOP——m_2，我们可用表示态度的词项B来分析"张三相信李白是《望庐山瀑布》的作者"的信念语句：

句1.10　B（张三，李白）当且仅当，（$\exists m_1$）（m_1是李白的MOP $\wedge$ B（张三，m_1）；

句1.11　B（张三，诗仙）当且仅当，（$\exists m_2$）（m_2是诗仙的MOP $\wedge$ B（张三，m_2）。

若有某种东西扮演了弗雷格难题中的角色，那它就是MOP；不起作用者则不是MOP。于是，问及何为MOP时就是追问它所起的作用是什么，并由此回答m_1与m_2是如何共享指称又有所不同。所以，席夫还对MOP问题提出另一个约束——内在描述性约束（intrinsic-description constraint）——若有东西起作用，那它必然是内在可定义的，即不寻求外在的方式。譬如，如此这般的MOP是什么？这似乎限定MOP只是意向性的，但至于是否意向性属性，席夫没有明确，他唯一明示的是，在上述句1.10与句1.11中，若真有m_1与m_2，那也只是偶然属性，因为各命题态度语句表达都是偶然事实。席夫通过这个约束来强调，要是真有MOP的东西，那我们必须对它有实质性的刻画。

不过，席夫本人依次否定了个别概念、典型、语词、特征、因果链与功能角色等作为MOP并不符合以上弗雷格的普通约束与内在描述性约束，寻找MOP是毫无希望的！因为，that-从句的指称会受其中的概念的影响。但是，我们大可不必强求从句中各个概念的分别确定，也就是说，并不需要命题各成分的合成也可拥有指称。最后，席夫提出一种无MOP的命题理论。也就是说，席夫攻击了MOP，他设置了一个障碍，即，模式必须以不同的方式将信念者与同一命题联系起来，但不存在任何东西足以扮演这个角色。

然而，作为MOP问题提出者，席夫本人关于两条约束的意见就必定可照单全收吗？此处不敢苟同。关于MOP的内在描述性约束，它必定要求MOP是独立的，但这个独特性的归属就是问题：应该如何不寻求外在方式进行分析？如果利用客观的、逻辑的或者物理的术语，那么似乎会预设MOP的实体地位，这可能回到弗雷格的抽象客体。如果利用心理术语分析，那么，要么MOP属于意向性属性，又不可还原为物理属性，不过我们也很难想象席夫本人会承诺二元论；要么，MOP是心灵上独立的，而在席夫的命题论中要确定指称，又要可客观量化，那它必定是可以外在刻画的。说到底，席夫提出的内在描述性约束完全没必要，这是为取消MOP做准备的；MOP问题的提出是为取消MOP，而非理论建构。

我们可以同意席夫论断的后半部分，MOP问题的提出就是为了取消MOP，因为一旦我们能够找到合格的MOP以容纳弗雷格案例（及其相似案例）的解释，继而消除原本令人迷茫而又具诱惑力的问题，那如此的理论思考就是有前景的，所以我们就不应该一开始就预设毫无希望的问题域。

于是，MOP问题的合法性就剩下"普遍性约束"了。对于形式"a是F"的命题，主体具有一定的认知能力可以将之转换为"a是G"，这就是弗雷格案例的要求。一方面要求放置于命题态度语境下，另一方面"a是F"转换所涉及的对象、属性、概念的区分。这样说来，MOP存在的关键更是"为了解释心灵哲学问题，诸如关于相似对象与属性的频繁重识的失效，又如我们时而在面对同一个对象时会有明显矛盾的态度。因此通过引入MOP并借以不同的方式联结使得我们可以相信一个对象或属性（关系）。同一个对象或属性（关系）能以不同的方式被构想，而各种概念不需要被识别为相同实体的概念。另外，我们的对象的概念经某种方式与我们属性（关系）的概念相结合以形成各复杂概念"。[①]扎尔塔（E. Zalta）提醒我们，MOP的引入一直都为我们解释如何看待对象的问题，而MOP的考察更有意义的方面在于满足MOP的条件必须是能解释错误信念问题，如区分相似对象，还有重新识别对象时会出错。假如此类观点的思路正确的话，我们或许可以避免上述陷阱，重新看待"呈现模式问题"，要害是必须将MOP容纳于信念归属的讨论当中，而解释的希冀依托于概念的研究工作，否则无从谈起。

首先，一般的常识心理学会将MOP与罗素式指称结合而讨论心理内容理论。如此一来，"表征"（representation）与"表征何以被表达"（how it is represented）这两个分属不同层次的讨论又往往被混为一谈。这使得我们在心理内容、命题态度或意向性理论上就一头扎进自然化潮流中。诚如福多（J. A. Fodor）所提醒的，心理表征的理论最终还是要回

---

① Zalta, N., 2001: "Fregean senses, modes of presentation, and concepts", *Philosophical Perspectives*, 15, p.345.

答概念问题。①我们要正视具有相同指称的两个概念差异，这属于认知论方面，转化为心理学问题便是：获得对某一对象的认知方式能有多少种？同时谨记，二者分归不同目标。马切里（Machery，2009）认为，心理学家的概念理论是致力于在高阶认知能力下用于默认过程的全部知识属性，其目标是确定这种知识是什么，如何操作，如何获得，在大脑哪个部分落实，这样的工作就是要去解释各种认知能力——范畴化，归纳，类比；但心理学在理论上就不该去解释我们态度对象的命题态度，这是哲学家做的——考虑态度对象的满足条件（或成真条件）。②

如果前面分析合理的话，我们现在可以尝试梳理出满足MOP必须具备的条件，本书将称之为"MOP三件套"。

论1.1　MOP三件套

M1：　确定指称；

M2：　使命题态度有效；

M3：　能够解释错误信念，通过替换测试。

因为弗雷格只提出"思想的部分"，除了涵义外还有没有其他成分，并没有清楚的解释；另外涵义与MOP是否有区分，这还是需要讨论的，如福多（Fodor，1998）就否认二者等同。所以综合各因素，这里谨慎地考虑MOP的必要条件。MOP与指称相关的实质性要求是确定指称。"晨星"与"暮星"的区分，如果仅仅体现在符号上就会显得十分平凡。前面三角形的例子告诉我们，确定被表征物的方式就是符号的MOP。"a是F"的形式需要使一个意义对应于一个由符号与对象构成的有序对 [x，y]，x是符号，y是对象。一个有序对是通过构成有序对的元素得到定义的。一旦有序对确定下来，对象也就确定了。这样就可以把词与对象间的关系先确定下来，而把词作为可替换的成分。可以确定下来的是关系，暂时不考虑先后（是有什么对象，就有什么符号？抑或，有什么符号，就有什么对象？）结合上面的分析，参照弗雷格的思路，大致对于第一个条件会达成以下几点共识③：

（1）用什么符号来表示什么对象，这是任意的。

（2）在句子中给出的仅是符号，但句子所谈论的是对象。

（3）在符号的意义中必须包含某种能使得对象确定下来的关系——

①　参见 Fodor, J.A., 1998：*Concept：Where Cognitive Science Went Wrong*，New York：Oxford University Press.

②　参见 Machery, E., 2009：*Doing without Concepts*，New York：Oxford University Press.

③　黄敏：《分析哲学导论》，广州，中山大学出版社，2009，第75—76页。

MOP与对象间的逻辑必然关系。

（4）相应于符号，有确定的MOP；相应于MOP，又有某一意谓。

通过以上分析，MOP所蕴含的结论就是命题态度具有内容。具体说来，主体处于某种心理状态，如"相信""意欲"等，该状态承载着某种符号与MOP的关系R，通过MOP确定指称，命题态度才具有一定的内容。也就是说，关键在于第（3）个论断，MOP对指称的确定关系是逻辑必然的，否则我们就会用任意的符号去谈论任意的事物，这样的表达就毫无意义，更别提人际交流了。

第二个条件是命题态度的有效性，按照格赖斯纲领，自然语言表达式的语义属性可还原为说话者或听者的心理状态的意向性属性，而意向性属性MOP可以作为思想的精致的中介，即心理的载体。如果我们将句1.5去掉MOP后，即修改句1.10为句1.10a。

句1.6　张三相信李白是《望庐山瀑布》的作者。

句1.10a　B（张三，李白）当且仅当B（张三，《望庐山瀑布》的作者）。

我们似乎没有得到新东西，除非对态度B再进行深入分析解释，"李白"与"《望庐山瀑布》的作者"二者如何发生联系？这与第一个条件的关系是相互的，符号"李白"必须具有MOP，才能确定作为《望庐山瀑布》的作者的对象，否则无从谈起。按照前面拒斥席夫内在描述性约束的思路再往前走，对象是外在的，而MOP是意向性属性，这样的关系又必须再将MOP或者还原，或者进行功能限定，这需要对MOP进行自然化的探讨。第三个条件显然要求符合典型的弗雷格案例。

依据这三个必要条件我们才能找出合格的MOP，并延伸出合理的MOP获得问题。我们应该坚持这样的立场：一个合格的概念理论，应该容纳MOP问题。一个合理的推论可以这样展开。

论1.2

唯有借助于概念理论进行分析才能回答MOP问题，否则别无他法；并且在放弃概念为之抽象客体的前提下，我们必然要从自然化进路加以考察，为MOP于自然秩序中寻求一席之地。

对于两个共指称的概念研究要求回答MOP问题，该问题的答案涉及分析哲学领域各个方向，如语言哲学、心灵哲学、认知科学等多个维度。为了聚焦问题，我们可以从意向性内容、认知内容两个方面展开。

五、意向性内容

在语言学中，意向性内容（intentional content）和表征内容（representational content）是两个不同的概念。意向性内容是指言语表达的意图，即说话者想要传达的信息、观点或态度。例如，"我想去看电影"这句话中的"想去看电影"就是意向性内容。而表征内容是指言语表达所描述的对象、事物或情境，即说话者想要表达的具体内容。例如，"我想看一部喜剧电影"这句话中的"一部喜剧电影"就是表征内容。

虽然二者有所不同，但它们之间还是具有一定的关联性。在实际交流中，说话者通常会通过意向性内容来引导对方理解自己的表征内容。例如，"我想去看电影"这句话中的"想去看电影"就可以让听话者明白说话者的表征内容是关于电影的。

MOP问题蕴含意向性问题。回到弗雷格关于金星的案例中来。该案例始于如下命题态度的讨论：

句1.12 李四相信晨星是金星。

句1.13 李四相信暮星是金星。

假如我在金星的案例中追问：共指称的两个概念"晨星"与"暮星"何以不同？这必然涉及表达信念形式的命题态度，最初弗雷格将之解释成MOP的差异。一个概念内容的个体化要诉诸"表征"。从关系上来讲，取"表达"之意，概念"晨星"表达某个对象金星；从"物"上来讲，"表征物"（晨星）表达了"被表征物"（金星）。李四在当下的信念状态下，拥有内容。因此，概念研究的相关领域体现在心灵哲学上就是关于"意向性"（Intentionality）的讨论，就是说，一个概念的指向，与那些东西被指向，可称之为"意向性内容"，或"心理内容"（mental content）。

意向性概念最早由布伦塔诺（F. Brentano）提出，他将意向性属性作为区分心理现象和物理现象的标志。我们知道，胡塞尔（E. Husserl）将这一概念发挥到现象学领域，倾向于研究外部对象如何在内在意识中被构造。齐硕姆（R. Chisholm）从20世纪50年代开始就阐发和捍卫布伦塔诺的意向性思想。一个意向性状态下的对象或许并不会真实存在，齐硕姆的贡献在于他指出了心理状态涉及对象的直接性特征。我们可以有三类方法进行分析，如语言行为、符号行为与期望，但每一个方法要么预设了意向性，要么无法解释意向性，所以意向性无法通过非意向性的术语进行描述。正因为有了齐硕姆的奠基工作，意向性问题才成为心灵哲学和语言哲学的核心研究课题[1]。英美分析哲学传统中的许多工作正是要回应齐硕姆的挑战。如前所述，按照达米特的分析，历史上分析哲学与现象学两大传统所产生的根源是相同的[2]。

心灵哲学按照意向性的本体论标准可划分为实在论（Realism）与反实在论（Anti-Realism）两类，福多（Fodor，1994）严格界定了一个理论是否意向性（或命题态度）的实在论必须满足两个条件：坚持存在引起行为的发生事件与交互作用的心理状态，并以这种方式遵守（至少接近于）常识信念与欲望心理学的普遍性；坚持这些相同的因果有效的心理状态也是语义上可评价的[3]。肯定心理状态的因果作用与语义可评价的就属于意向性的实在论，否定则是反实在论。当然，福多的界定比较严格，一般认为，只要肯定了意向性的本体论地位即为实在论，但这也会涉及本体论与方法论上不同程度的差异导致的理论分野。下面可以看看大致的脉络。

意向性的反实在论可以分为弱立场的工具主义（Instrumentalism）与强立场的消除主义（Elimaminativism）。丘奇兰德（P. Churchland）与斯蒂奇（S. Stich）的消除主义认为人类心灵不可能有意向性状态，它们只是纯粹的神经过程和状态，现行通用的意向性术语最终会随着科学的发展而宣布取消。工具主义的丹尼特（D. Dennett）则将意向性视为一种工具性的假设，只不过是人们用来描述事物时使用的一项工具罢了，意向性并无本体论的实在。

意向性的实在论中，根据心物的关系又可划分为二元论进路与一元论进路。二元论进路以笛卡尔为代表，意向性是一种精神性的存在，与物质性一样具有同等的本体论地位，但是，心灵实体与物质实体如何发生相互因果作用？这一问题并没有得到好的回答，后来就有人修改为平行论（Parallelism）。心灵实体与物理实体之间的因果关系无法理解，并无相互作用，但总是平行地发生变化的。偶因论（Occasionalism）则认为，心物的相互关系可归因于上帝。影响较大的还有杰克逊（F. Jackson）的副现象论（Epipheromenalism），只承认从物理到心理这一个单方向的因果关系，而意向性属性只是物理属性的副产品。

---

① Kim, J., 2003: "Chisholm's Legacy on Intentionality", *Metaphilosophy*, 34(5), p.650.

② 参见〔美〕迈克尔·达米特：《分析哲学的起源》，王路译，上海，上海译文出版社，2005。

③ Fodor, J.A., 1994: "Fodor's Guide to Mental Representation", *Mental Representation: A Reader*, Warfield, T.A. & Stich, S.(eds.), Cambridge, MA: Blackwell, p.11.

意向性实在论的一元论进路上，自然主义者占据大多数席位，其中又按是否功能主义者（Functionalist）进行划分。非功能主义者，如蒯因、赖尔（G. Ryle）等人的行为主义（Behaviorism）认为，一切心理词汇都是关于身体行为与行为倾向的陈述，普雷斯（U. Place）、斯马特（J. J. Smart）等人的同一论（The Identity Theory）则将意向性状态等同于大脑状态，这涉及状态、事件、过程与属性的同一，而属性同一是最基本的，心理属性与物理属性是同一的，心理事件都只是大脑的内部事件。以上都认为意向性可以还原为非意向性。

大多数人会接受一种弱的可还原立场，认为意向性属性是物理属性所派生的高阶属性，这就出现不同层次与状态的区别，所以他们会接受功能主义（Functionalism）的观点。心理状态不是大脑状态而是功能作用，它应该是多重可实现的（multiply realizable），位于一种特定心理状态之中，就是处在一种具有某个特定功能状态之中，同一种功能可以由多重不同的物理状态来落实。功能主义的一个优点是在意向性解释上给出可信的解释层面，同时又注重神经科学的研究，将信念欲望通过功能状态、脑神经状态进行清晰的解释。不过，功能主义的缺点也是明显的，它的困难在于如何为经验的感受质（qualia）寻找一个位置。有些学者就提出一些感受质的性质可以分析为信念或表征的陈述，如福多的心智表征理论（representational theory of mind，RTM）将亚人层面的思想语言（language of thought，LOT）作为心理状态的载体，通过句法属性来说明意向性及其因果效力。

对于意向性的实在论，还有一些非功能主义者，如塞尔，认为意向性是不可还原的属性，而意向性的因果作用又是与物理相同的因果作用，依靠福多那样的句法无法说明意向性的因果力。还有戴维森的异态一元论（Anomalous Monism），他与福多一样都是承认有心理事件的殊型物理主义（Token Physicalism），但不同之处在于戴维森是解释主义立场，他将意向性解释归属于理由解释，而理由的解释又是一种独特的因果解释。

六、认知内容

弗雷格本人对弗雷格案例的分析试图用"涵义"来解释，两个共指称的概念，一方面因无法自由替换而略显怪异，另一方面，相对于认知主体而言，它的确又提供了认知上的新信息。不难发现，概念不能单纯靠意向性内容个体化，需要有另外的内容，即"认知内容"。皮考克

（Peacocke，1992）曾利用弗雷格式的观点来讨论概念的同一性条件。他规定，两个概念，若在一个替换为另一个时，提供了一种非信息的思想，那就算作是不同的。直觉上，新的内容对认知主体而言应该是透明的，如果是不透明的，那么有关内容新旧的讨论似乎是没有价值的。包格辛（Boghossian，1994）曾提出内容的认知透明性论题有两个部分：

（a）如果一个思想者的两个标记（token）思想具有相同的内容，那么这个思想者必然能够先天地知道这一点。

（b）如果一个思想者的两个标记思想具有不同的内容，那么这个思想者必然能够先天地知道这一点。把前者称作相同的透明性论题，后者称作相异的透明性论题。①

有关概念的认知内容应该去解释内容是如何固化（fixation）的。如，该决定因素是否应该取决于在头脑内部（或个人主体因素）还是外部？像福多等内在主义者（Internalists）会认为，心理的内容由主体的内在元素决定，因此，两个主体内在完全相同的话思想内容也会相同，这就是窄内容（narrow content）。外在主义者们（Externalists）则会坚持我们思想的内容通常由环境的状态决定，由此，两个内部一致的主体，如果他们处在不同的环境下，就会有不同的思想，这样的内容就属于宽内容（wide content）。普特南会设定为自然环境，伯奇（T. Burge）则推广至社会环境。二者争论的问题在于内容的个体化条件。

西格（Segal，2007）在反驳内容外部论时提出，认知内容"不同于指称，又与不透明的命题态度的真值相关"②，这是在心理学解释与命题态度归属时引起的——并非外在地固化。如前面的句1.6与句1.7，通过了替换测试，那么我们就可以说，张三学习到了新知识，李白就是李太白，是诗仙，还号"青莲居士"，增加了认知内容。西格认为，认知内容起码是对个人异质的（甚至个人的时间片段），还应该由其头脑的因素决定。如果这样，那么认知内容最好就是以一类窄的或个人心理的（反外在主义）内容来理解。

索亚（Sawyer，2007）则回应道，如果认知内容是摇摆于共享的意义与我们用于归属内容的公共语言外延之间，如果任意文字（概念）的

---

① 转引自任会明：《自我知识与窄内容——关于心智外在主义及其影响的反思》，杭州，浙江大学出版社，2009，第49页。

② Segal, G., 2007: "Cognitive content and propositional attitude attributions", *Contemporary debates in philosophy of mind*. McLaughlin, B.& Cohen, J.(eds.), MA: Blackwell Publishing, p.17.

归属曾经成功地获取任何人的认知内容，那就是奇迹，而且，实践中，概念将心理内容归属到其他东西的有用性与普遍性，就会出现难题。[①]最后，窄内容的支持者是不会也不曾欣赏内容外在主义对意义、语力与外延范围的论证。

查尔默斯的二维语义学则试图将两者相结合。现在普遍接受的还是外在主义与自然主义，前者诉诸远端的因果—历史条件，却无法解释与当下情境的直接关系；后者诉诸自然化条件来描述内容的个体化条件，但不能充分地确定指称[②]。查尔默斯（Chalmers，2002）与普林兹（Prinz，2002）提出，认知内容必须具备如下属性：

（1）它由认知系统的内在属性决定（这确保思想内容是窄内容）；

（2）它自身是一类真值条件内容（确保内容的真正语义类）；

（3）它反映思想之间的合理关系（确保认知与行动机制的重要性）。

简而言之，我们需要建构比指称理论更精致的个体化概念，与意向性内容相区别，这便是认知内容的要求。一个合格的概念理论，至少要能提供意向性内容与认知内容两种解释。

七、概念理论及其演变

纵观哲学史，尽管哲学家们都在不断地创造概念、解释概念、分析概念、修正概念……我们也很少从中找到关于“概念”理论的研究。或许会有人提及杰肯道夫（Jackendoff，1990）的基于概念的语义学（Conceptual Semantics）。他继承了乔姆斯基（N. Chomsky）的生成语法，从心理表征去刻画语义，句子的意义源于概念的结构。语言学在这一领域有其独特的发展脉络，对于我们的哲学研究具有借鉴意义。当代西方心灵与语言哲学的研究中，概念问题较为庞杂，但主要集中于概念的发生学与内容问题，二者皆要回应概念的笛卡尔主义者福多的理论，因此，对福多极端理论的批判性考察是本书的主要任务，从经验主义与理性主义的争论进行分析，能够抓住概念问题的核心。就目前心灵与语言哲学研究者对该问题的切入而言，大部分学者并不关注概念的相关争论，仅仅

---

① Sawyer, S., 2007: "There is no viable notion of narrow content", *Contemporary debates in philosophy of mind*, McLaughlin B.& Cohen J.(eds.), MA: Blackwell Publishing, pp.20–34.

② 参见刘晓力：《表征与行动》，《“分析哲学：中国与世界”国际学术研讨会暨第七届全国分析哲学研讨会》，中国现代外国哲学学会分析哲学委员会，华东师范大学哲学系，中法联合研究院知识与行动研究室，上海中西哲学与文化比较研究会，编，2011，第982–983页。

采取一种默认的立场，而未做深入分析与系统论证。近年来以"涉身认知"（Embodied Cognition）为代表的研究者们渐渐将争论的天平调向经验主义，采取基于知觉的经验主义解释进路可以打开另一片广阔的天地。

简单梳理一下，我们的概念理论迄今演变为三个论题。

第一，概念的发生学论题。柏拉图（Plato）最早回答概念来源于先天，学习只是回忆，亚里士多德（Aristotle）的蜡块说则肯定概念来源于外部世界。近代理性主义与经验主义争论（Rationalism vs. Empiricism）知识的基础，莱布尼茨（Leibniz）采用"有纹路的大理石"来比喻心灵，洛克（J. Locke）则提出"白板说"，两个隐喻已经涉及天赋观念到底在多大程度上影响知识的获得。现代认知科学关于发展与认知的理论研究中，天性与教养之争（Nature vs. Nurture）是基本问题。归功于乔姆斯基的工作，笛卡尔主义（Cartesianism）一直占据主导地位。乔姆斯基利用"刺激贫乏论证"（poverty of the stimulus argument，PSA）反对斯金纳（B. Skinner）的行为主义（Behaviorism），人天生具有普遍语法，但反对者会质疑普遍语法的模糊性，它具体指的是语法、规则还是原初的语言数据？皮亚杰（J. Piaget）与其他经验主义者就指出，语言是认知能力逐渐发展的结果。后来随着哲学与认知科学的发展，坚持先天的理性主义与坚持后天的经验主义的争论牵涉到许多方面，根源也就在于"先天性"（innateness）的术语模糊不清。

第二，概念的解释论题。概念来自先天遗传还是后天环境？学界现已不再争执于谁起作用，而是关注二者如何动态地交互作用，关键的问题就是"先天性"术语的内涵、外延的澄清工作。

第三，先天概念的数量论题。这一论题围绕着著名的心灵哲学与认知科学家福多（Fodor，1975，1980，1998，2008）的理论而展开。福多围绕概念的结构问题，批判了经典观、原型观、范例观、理论观，并提出他独特的"概念笛卡尔主义"，概念是无结构的原子（原子论），因此概念只能先天获得（先天论）。福多甚至提出，人类（英语使用者）有五万多个先天概念，无论简单或复杂，都无法学习。这一立场因过于极端而遭致经验主义者的反驳。如巴萨卢（Barsalou，1999）与普林兹（Prinz，2002，2005）则质疑，概念应当来源于知觉。福多与皮利辛（Fodor & Pylyshyn，2015）重新反思，应当将知觉指称纳入因果链进行考察。米利肯（Millikan，2017）也是注意到从自然对象到概念之间变化的解释问题尤其重要。

问题的集中与发展并不意味着传统的争论就失去它原有魅力而变得

一文不值，这恰恰反映出概念理论的重要性，它们都共同展示了为何概念研究会成为丰富而生动的主题。

随着争论的持续，概念的讨论逐渐延伸至人类的心灵结构问题，人心是怎样组织构成？怎样发展成熟？概念如何表征对象？我们该如何解释其内容？福多的概念理论对语言哲学、心灵哲学与认知科学的影响占据主导地位，因此，概念研究正反映出哲学与认知科学的互动，将两个领域结合起来进行交叉研究，有助于揭示概念的本质。同时，围绕福多的思想，当前的概念研究也集中在两个方面。

第一，概念的发生学问题该如何回答，如发展的连续性与非连续性问题。人类心灵有多少能算作是先天的？人类的认知能力又如何能在先天基础上发展起来？按照福多的先天论，概念的总量保持不变，即存在连续性，所以"概念学习不可能"。卡莱（Carey，2009，2014）则基于儿童发展心理学证据与库恩的范式转换理论，提出了概念发展的非连续性，她与雷（Rey，2014）的争论深入到概念学习的机制问题。

第二，概念的内容问题，尤其是概念表征问题。一部分是意向性内容，另一部分是认知内容，心理内容理论则围绕概念与非概念的内容争论展开。其中的关键问题是，知觉在多大程度上确定概念的内容？以巴萨卢与普林兹为代表的经验主义者提出，概念是知觉表征的副本或其集合，并非先天获得，该理论比笛卡尔主义具有更强的解释力。马切里（Machery，2009）试图用概念消除主义反驳，普林兹等人做了回应。语言哲学的讨论还涉及语义学，如杰肯道夫的概念语义学、布兰顿（R. Brandom）的推论语义学、信息论语义学、生物语义学等。

下面再简单介绍一下本书的脉络。除了本章的导论切入概念问题外，本书的第二、三章是奠基部分，研究概念的本体论与方法论。概念的本体论问题围绕弗雷格的抽象客体，维特根斯坦、达米特与皮考克等人的能力观，以及心灵哲学与认知科学普遍接受的心理表征理论而展开，这里会在批判前面两个的基础上坚持表征主义与表征的实在论。从方法论上讲，概念分析一直以来被认为是先验的，但自然主义者会反驳，诉诸直觉的论证不足以支撑一套哲学理论。第三章将会围绕方法论问题展开，同时分析新近的概念工程，沿着自然主义道路做探索性工作，经过堪培拉计划的启发，我们可以整合概念分析与自然主义进路。概念是自然的，可以用自然化的方式加以研究。

接下来的第四章会讨论概念的发生学，我们将着重分析概念研究的论题演化。概念理论主要分成三个子论题：（1）先天概念的可能性；（2）

先天性的含义与解释力；（3）人类心灵中先天概念的总量与明细表。从传统的哲学到乔姆斯基的语言学，这些问题集中于福多的概念理论。因此，本章会重点分析概念先天论，尤其是对福多的极端先天论的批判性考察，结合其思想语言假设与反学习论证的漏洞，重新界定"先天性"，在最小的先天承诺上给出一定的先天概念数量。如果遵循福多的反学习论证，概念学习是一种循环，那么，经验主义者要么放弃学习，要么避免循环。值得审视的是，放弃学习显然违背常识，循环也很可能并非一件坏事。如果概念是可学习的，那么它就是来源于经验。

第五章延续上一章的讨论，提出本书的概念经验主义观点，概念都是知觉表征的副本或其集合。概念来源于知觉，通过学习获得，也通过可靠的因果关系表征世界上的范畴，在语境上可变化。概念经验主义版本的概念具有分子结构，绝大部分概念来源于学习而非先天，学习就是由于强化练习而产生的概念库存的相对持久的变化，该变化正是对概念内容不断重塑的结果。

概念内容到底是如何变化的？概念又是如何表征对象的？第六章将围绕当代心灵哲学的意向性内容进行分析，比较内容自然化进路各方案的优劣，如因果协变论、目的论、功能角色语义学。本章会在此基础上，提出概念经验主义的初始原因论，提供概念的意向性内容解释。

概念仅靠意向性内容来个体化尚不充分，还需要表征的认知内容。第七章则围绕概念的认知内容进行分析，一方面探讨认知内容的窄进路，另一方面分析概念的显微结构。概念是否具有结构？经典观、原型观、范例观、理论观等承认概念的结构，福多的原子论要求无结构。本章会将问题置于表征格式上，并提出基于知觉的多重表征格式。最后给出概念经验主义的概念分子对表征问题的解释。

第八章坚持概念经验主义立场，讨论概念的组合与学习。此部分借助认知科学方面的资源，利用经验证据给概念的分子式结构做出捍卫工作，分析了抽象概念，尝试刻画知觉与认知的概念操控机制，特别是一种基于知觉的概念在心灵、语言与实在的关联中的动态机制。本章还讨论了概念的学习与变化，提出几种学习论证，利用基于知觉的想象解释新概念。最后将回应概念笛卡尔主义与消除主义的批评。

本书深入分析概念经验主义，提出八个主张，并为其辩护。问题是开放的，进路是可取的。本书选取的角度是经验主义进路，首先利用认知科学中的相关争论作为资源，其次利用上行的哲学论证与下行的神经科学的经验证据相结合的方式，为概念分子论做出捍卫。概念作为心理表征，应该采用知觉运动形式，这是分子式的、多格式的表征。

我们认为，一旦哲学概念被认知的自然主义者、经验主义者所抛弃，下一步就要重启概念研究，修补概念的诸多理论，实现概念的改进。面临诸多哲学争论，概念经验主义已做出了初步而又有效大胆的尝试。概念经验主义开辟的是一条新的研究进路，尚未达到完整的理论建构程度，有赖于进一步的经验研究与精致刻画，而未来认知科学的任何有关重大发现和理论成就都将极大推进这些问题的自然化哲学解答。

第二章　概念的本体论

哲学源于人类的好奇心，好奇于探究外在自然世界的本质，这是本体论（Ontology）问题：世界的本质是什么？它由什么构成？物质的，心灵的，还是其他的什么？构成世界的元素是一种还是多种？在古希腊的智者学派之前，梯利（F. Thilly）有一个极为恰当的评价："最早的希腊哲学是自然主义的：注意自然；它大半是物活论的：认为自然能够活动而有生命；它是本体论的：探索世界的本质；它主要是一元论的：试图用单一的原则来解释自然现象；它是独断论的：天真的设想，人的思想能够解决宇宙的问题。"[①]当以笛卡尔为代表的哲学家们的兴趣从外在的自然转向人类自身的内部思想时，就尝试研究心灵的本质是什么，心灵与身体之间的关系是怎样的。

本章研究的是概念的本体论问题，具有三种本体论的维度：一个是弗雷格的抽象对象，另一个是达米特、皮考克的能力，第三个是心理表征。

一、概念作为抽象对象

弗雷格案例中两个概念的区别在于涵义不同。涵义决定指称，但我们为什么无法全面认识，因为它来自第三域。弗雷格在《思想》一文中指出，涵义正是一种存在于既非物理，又非心理的第三领域中的实体——"抽象对象"（abstract object，或抽象客体、抽象实体）。达米特为我们摸清了个中门道：

> 是否有抽象对象，有哪些抽象对象，什么是抽象对象，以及我们如何知道它们存在，其存在的标准是什么，具体对象与抽象对象之间的界限在哪里——所有这样的问题都是现代的问题。……弗雷格处理本体论问题的方法，与直到他那个时代在哲学上占据主导地位的传统之间，有一种清楚的断裂。[②]

哲学传统所讨论的是殊相（particular）与共相（universal）问题。抽

---

① 〔英〕梯利：《西方哲学史》，葛力译，北京，商务印书馆，1995，第8页。
② 〔英〕达米特：《弗雷格：语言哲学》，黄敏译，北京，商务印书馆，2017，第620页。

象客体是不是传统意义上的"一"或"共相"？

（一）共相

在中世纪基督教哲学时期，尤其是经院哲学时期，共相问题因涉及"神"的争论而成为热点。前面所谈及"一概而论"，若从传统哲学上讨论，在实体层面就是共相的问题。我们人类该如何把握外部对象与思想对象的关系。外部的世界繁花似锦，纷杂多样，而心灵中的思想对象却是整齐划一，单一的，普遍的。如，看见门口停着一辆品牌车的新能源汽车是特殊的，心灵中想到它则是普遍的。抽象出来的词语——"车"就成了我们思想的对象。这种普遍的东西就是共相，就是一般性的名词。这个一般性的名词存在于我们心灵之中，那么，它是如何开始存在于我们心灵之中的？与外在的特殊对象之间又是如何产生联系的？

围绕共相，波菲利详细论述了三个问题，第一，"种"和"属"是独立存在于自然界还是只存在于人类心灵之中？如果都是实在的，那么是物质的还是非物质的？它们是依赖于还是独立于可感知事物？[①]后人对此的回答可以分成实在论（Realism）与唯名论（Nominalism）两大阵营。

共相是不是一种实在的事物？极端实在论认为，抽象对象是真实存在的。安瑟尔谟（Anselmus）甚至提出，共相先于事物，在事物之外独立存在。温和实在论者托马斯·阿奎那（Thomas Aquinas）退一步认为，共相既存在于事物中，又是人从个别事物中抽象出来的。

唯名论者洛色林认为，像"人类"这个类概念就只是个名称，除此无他。存在的只是个别事物，共相即使存在，也只是事物的"概念"。极端唯名论者奥康的威廉（William of Occam）提出其著名的剃刀原理——"如无必要，勿增实体"，那些所谓言之无物的普遍性本质上都是无用的，应当被无情地"剃除"。

到了近代，理性主义者认为普遍性概念是天赋的，是脱离个别对象的抽象对象。然而经验主义者都不约而同地否认共相的客观实在性。譬如洛克认为共相只是人心中的概念，贝克莱（G. Berkeley）则提出人心是无法形成普遍性概念的，休谟（D. Hume）的看法是普遍性概念源于人的习惯。

在弗雷格的语义学中，共相是存在的。不过，弗雷格所关注的并非

---

① 3世纪时，腓尼基的学者波菲利在《亚里士多德〈范畴篇〉导论》中对共相提出的3个问题，参见〔美〕斯通普夫、菲泽：《西方哲学史》，丁三东等译，北京，中华书局，2004，第213页。

传统的本体论问题，因为按照传统，像达米特所提示的，我们肯定追问："什么存在？哪些种类的东西存在？"再分解为三个问题："哪些殊相存在？有共相吗？如果有，是哪些？"然后按照弗雷格式的语义学再去追问："概念存在吗？关系存在吗？函项存在吗？真值存在吗？"最后再将对象的本体论问题分解为关于具体对象与抽象对象的存在问题。[①]实际上，弗雷格走了一条非比寻常之路。

（二）抽象对象

共相是否存在？在弗雷格看来，承认共相的本体论地位是很自然的事。他在《算术基础》的序言中提出了其哲学理论的三个基本原则：反心理主义；语境原则；概念与对象的区分。注意了概念与对象的区分，就可以将谈论的语言从现实对象抽离出来。在弗雷格案例中，正是这抽象对象的不同导致两个概念不同，涵义是共相，是抽象对象，而概念则分有殊相，是个体。

论2.1

概念C，本体论上是抽象对象。

按照弗雷格的设计，当我们获得的思想为真，那么就获得了知识，知识应该是系统化与分析的，"它们是客观而非现实的：独立于心灵，不占时空，因果惰性，恒久不变"。[②]在本体论上，弗雷格把思想、数、真值都看作对象，等同于"抽象对象"，与心理的对象相对，我们无法用感官去直接感知，它既非客观外在，也非主观内在，可以说是属于第三域的东西。在这个意义上，作为抽象客体的概念不需要承载者，它是非时空的存在。这样一来，弗雷格就有义务去论证抽象对象的客观性。

那么，弗雷格是如何处理的？前面第一章我们在解释意义与涵义时已经引入了弗雷格的方法。这里围绕本体论问题进行分析。弗雷格在处理抽象对象时采用了语言分析方法。"弗雷格向我们表明了如何从语言到本体这样一种途径。"[③]

首先，从语言到对象，要注意对象是独立的和满足的。如：

句1.1　李白是《望庐⌐瀑布》的作者。

句1.3　$F(x)$

---

① 参见〔英〕达米特：《弗雷格：语言哲学》，黄敏译，北京，商务印书馆，2017，第623页。

② 陈波：《超越弗雷格的"第三域"神话》，《哲学研究》2012年第2期，第66页。

③ 王路：《弗雷格思想研究》，北京，商务印书馆，2008，第294页。

在弗雷格命题函项"F(x)"中，谓词"F( )"已经为主目留出了空位，这是不满足的，这不是对象。但"F(x)"可以填上不同的主词，可以是李白，也可以是李红，也就是将我们句子当中的主词作缺省的未知数x成一自变量，这是满足的，这是对象。在概念当中，称之为"谓述性"。[①]用一个对象填充一个概念，我们可以得到一个句子的思想，这是对象。在《论概念和对象》与《对涵义和意谓的解释》里，弗雷格注意概念与对象的区分，所谓概念本质上是作谓词的，一个对象处于一个第一层概念之下，一个概念处于第二层概念之中。

句2.1 "马"这个概念是一个概念。

句2.1是对语言表达式的误解，没有区分概念与对象，结果是毫无意义。我们应该说"'马'这个概念"表示的是一个对象，不是概念。在逻辑研究时，我们也常要求能表达一个概念的某种情况并以这种MOP表达。表达成为语法谓词的内涵。人们要令概念成为语法主词的意谓，但这个概念由于具有谓词性质而不能直接表现，必须先变成一个对象，即它同一个对象来体现。对象是独立的与满足的。

其次，从语言到对象，要将专名与句子作为句法范畴来确定对象。对象的确定依赖于句法。专句确定了个体对象，句子则确定了思想和真值的对象。

句2.2 那个能够背诵《滕王阁序》的人获得免费门票。

这句话是真的，"那个能够背诵《滕王阁序》的人"的确背诵出来了，景区管理处为了奖励她，赠送其免费门票，有了真值，就能到达实在。如果那个人无法背诵，那么就没有对象，到达不到实在。

再次，从语言到对象，要区分思维过程与思想。如句1.1陈述了"李白是《望庐山瀑布》的作者"，它表达了一个思想，思想是真的，这是客观的。而我们理解这句话时，思维过程却不一定，我可能理解对了，因为我读过《望庐山瀑布》这首诗，作者真的是李白。我也可能基于记忆缺陷而理解错了，《望庐山瀑布》这首诗的作者是杜甫。那么，这类思维过程就不一定是客观的，是我的理解与记忆的问题。

那么这里面就开始涉及了弗雷格他所区分的观念与物理世界，首先要确定弗雷格意义上的观念指的是什么。显然它指的是表象这一类的心理实体，因为他要反心理主义，这里面就有个前提，观念本质上是属于私人的。那么就有了这样的论证：

① 参见〔德〕弗雷格：《对涵义和意谓的解释》，《弗雷格哲学论著选辑》，王路译，北京，商务印书馆，2006，第122页。

论2.2

本体论上，假如C是观念，观念是私密的。

那么，C就不是公共的。

弗雷格反对私密性，原本采用的是形而上学的方式。观念是某种实在的东西，它只能包含在某个特定的心灵当中，因此它具有私密性。这在逻辑上与常识上说不过去，因为这个心灵的东西在逻辑上也是可以转移到别个心灵的，而我们日常交流肯定也会产生思想碰撞的火花。

那么就有了第二种，非形而上学的可转移的可能，即认识论上的。观念是从特定心灵所看到的东西。这就是一种观念作为心灵所把握的东西，取决于心灵所处的状态，同一个观念应该可能为不同的心灵所共享。当两个心灵处于同一状态时，他们将会把握相同的东西。从观念的私密性到知识（甚至是思想）的公共性，弗雷格想表达的是，思想既不是外部事物，也不是观念，是属于第三领域的。于是，弗雷格又被称为"柏拉图主义者"（Platonist）。如果按照弗雷格的动机去梳理便会发现，实际上弗雷格要求的是知识的公共性，这本来是没有什么争议的，大家都有这么一个直观的常识的理解。但是当他去想要把思想归为第三域并且赋予这种客观性、独立性的时候，似乎把这一个东西归到了本体论的实体必须具有的那种客观性、独立性，从而导致了知识论上的这种独立性、客观性。

然而，这种独立性的必要条件是不同的心灵可以认识相同的内容，那么真正起作用的是认知内容，而不是形而上的、本体论意义上的抽象对象。这显然是有问题的。

（三）反驳抽象对象

我们为什么要求概念属于这类抽象对象？假如用奥卡姆剃刀来分析，本体论负担是否过重？或者是"带来了冗余的本体论"。[1]MOP在本体论上有无其他可能？正如达米特所言，"对抽象对象进行'支持'是一桩严重的事情，如果不是出于必要加以采纳，在理智上就是有罪的，于是就把打造可以用来排除针对它们的指称和量化的还原论装备，当作是哲学的主要目的"。[2]质疑抽象客体的理由：

第一，弗雷格的抽象对象说法并不能与作为心理表征MR的MOP相容。如前所述，弗雷格三大纲领中，反心理主义原则就直接拒斥MR的

---

① 黄敏：《知识之锚》，上海，华东师范大学出版社，2014，第65页。
② 〔英〕达米特：《弗雷格：语言哲学》，黄敏译，北京，商务印书馆，2017，第632页。

承诺。因为思想是客观的，所有人可共享，所以能够实现公共交流。对弗雷格而言，主体的东西"本质上是个人的和不可传达的。因此他认为，对所有人是共同的东西的存在，无论是什么，一定是独立于任何人的"。①如果甲有甲的勾股定理，乙有乙的勾股定理，每个人认为自己的定理才为真，没有任何关系，那么勾股定理就没有公共性。弗雷格的目标是求真，追求思想的客观性，而个人观念独立于命题、语词而存在，是属于心理的东西，若将思想与观念（甚至心灵）混淆则会导致我们缺乏一个公共交流的基础。

句1.4　李白是《望庐山瀑布》的作者。

句1.6　张三相信李白是《望庐山瀑布》的作者。

MOP的差异解释是为了保护替换原则。倘若如此，原本在句1.4作为涵义或思想的"李白是《望庐山瀑布》的作者"，放在句1.6的命题态度语境中，则成了对象，那么，为了确定这一个抽象客体作为对象，我们又要找到新的MOP，而这个新的MOP又有相同的要求，这样就无穷后退。②因此，弗雷格要么不承认抽象对象，要么退而承认某种非符号、非对象的东西是必要的，至于它还会是什么，我们就有理由设想，MOP作为MR是可能的。

第二，弗雷格的观点蕴含着抽象客体无法通达的推论。假如按弗雷格所说，命题（思想）是抽象实在的，那么，我们形成信念的原则、规律或标准应该独立于个人的心理过程，但是，这种独立于心理的命题怎能与心理过程发生联系？人类心智怎能"通达""抓住""领会"这种既非心理又非物理的东西？弗雷格采用"手里的东西"与"手里的内容"这些隐喻来解释也是令人费解的，对命题的把握（抓住手里的东西）是一个思维过程，被把握的命题（手里有内容）本身并非思维过程。但是，这种抽象客体（如果有的话）的公共交流基础并没有同一性的标准，交流又涉及弗雷格处理的命题态度语境，无论是格赖斯纲领，还是达米特的倾向性解释，都认为讨论至少要回归主体的心理状态或能力。

第三，弗雷格最初的否定是建立在对"观念"的拒斥上的。传统的"观念"是将语词与意象一同给出，这样就可以被拥有但无法被知觉。每个观念都需要一个承载者，两个人没有同一个观念。弗雷格否定观念的理由在于人们不能真正共享心理表征MR，因为MR包含在有意识主观经验中；而人们要共享心理表征MR，就必须共享具有客观性的东西。所

---

① 〔英〕达米特：《分析哲学的起源》，王路译，上海，上海译文出版社，2005，第23页。
② 黄敏：《分析哲学导论》，广州，中山大学出版社，2009，第82—83页。

以，没有哪类可把握的 MR。一个回应来自福多（Fodor，1998）："有关
'观念'的观点，历史上与观念是意象的观点交织在一起，而我不想做出
这样的承诺。作为一个初步的界定，可以认为'存在着心理表达'的观点
是从'存在着观念'的观点中扣除'观念是意象'的观点。"[1]另一个回应
针对的是每个观念都需要一个承载者，如果 MOP 不是心理的，那它会是
什么东西？这个东西具有神奇的魔力，能够使每个心灵只有一种持有它
的方式。当你处在哪种心理状态下才能够持有一个关于"李白"的
MOP，而且必须只有一种方式拥有每一个 MOP？福多也指出，关于 MOP
作为抽象客体的实质性错误在于：对于每一个 MOP，你都恰好有一种方
式去把握它。例如，你拥有关于水的 n 个 MOP，则有 n 个方式令你思考
水。但是，如果 MOP 是抽象客体的话，怎能令你恰好以一种方式去把握
它？再假设你面前有一个"正三角形"，这个三角形具有等边、等角、封
闭、内角和是180度、轴对称等各种属性，那你就有 n 个 MOP，则有 n 个
方式令你思考到这个三角形，而这依赖于你作为推理者与这个图形之间
具有意向关系，即取决于你如何去把握它。在这个情况下，你所面对的
概念是 MOP 加上意向关系——MOP 如何被持有，那么，除非放弃 MOP
作为抽象客体的考虑，否则无法解释上述说法。所以"MOP 被当作是思
想的载体，持有一个 MOP 意味着用它去呈现以该 MOP 作为其呈现模式的
思想；这是指通过 MOP 去思考，而不是去思考 MOP"。[2]不难理解，肯定
存在某个可以把指称呈现给思想的东西，弗雷格的最初想法，是要找到
这个东西，还能对思想进行个体化。但是要将涵义等同于 MOP，其结果
就是，MOP 可以确定指称并呈现给思想。显然，MOP 除了是 MR 外，再
无其他可能。

　　第四，弗雷格的论证涉及类型与殊型的混淆。他断定每个人都有自
己独特的心理表征殊型，在这点上应该没人反对弗雷格。但问题却在于，
不同人的心灵中的不同殊型能否属于相同的类型？似乎没有理由认为这
是不可能的。两个人的确都会分别说出自己的殊型句子，而这不意味着
这些话语不可能是相同语句类型的实例。如张三今天说"雪是白的"与
明天说"雪是白的"两个殊型句子都是类型句子"雪是白的"的实例，
而弗雷格并没有考虑这点。

　　第五，当代语义学的许多论证忽视了对相同殊型进行多种类型化的

————————
① 〔美〕杰里·A.福多：《心灵表达理论》，任远、李静译，《认知视野中的哲学探究》，
　　〔意〕洛伦佐·玛格纳尼、李平编，广州，广东人民出版社，2006，第317页。
② 同上，第327页。

可能性。按照这种论证，MOP不可能是心理表征，因为同一个心理表征可以与不同的MOP相联系，或者，同一个MOP可以与不同的心理表征相联系。例如，长城的表征可以对应于北京和中国的各种思想。但是，这个论证同样假定了各类意象的殊型应该按照它们"看起来"的样子进行类型化。所以，存在两种看起来相同的思想（如关于北京的思想和关于中国的思想）就显得难以置信。

总之，通过上述五点分析，我们做出回应，可以利用观念所关于的事物来对它进行类型化。如此一来便可以接受心理学观点，诉诸MR：利用MR来解释思想的生成性，说明心理过程可以既是物理的过程又是理性的过程，同时又非弗雷格意义上的抽象对象。

二、概念作为能力

概念化是一种能力，范畴化也是一种能力。一般来说，区别于动物，人类总应该具备某种特殊的能力，概念、语言应该是其中一种。尽管有可能牵涉到语用学的相关领域，本书并不想牵扯其中，此处集中讨论的是MOP作为概念角色（conceptual role，CR）的可能性。"至少从塞拉斯开始，粗糙概念实用主义和'概念角色'语义学之间一直存在一种友好的联盟，另一方面，隐定义是概念占有（/个体化）理论中的一个关键概念。"[1]

（一）拥有概念

所谓CR指的就是概念在思想、知觉、决策、行动中具有特定的角色或作用。CR的理论根源属于所谓的"概念实用主义"（Conceptual Pragmatism）。概念实用主义并非一种哲学流派，而是代表着一种观点或进路，是我们所熟知的实用主义学派延伸到概念领域的深化。它有两个理论维度，一个是最早由刘易斯针对经验知识问题提出，可归为知识论的概念实用主义。另一个是本章关注的概念本质的概念实用主义，著名的心灵哲学与认知科学家福多（Fodor，2004，2008）曾自诩为"概念笛卡尔主义者"（Concept Cartesianist），他将概念实用主义树为靶子进行攻

① Fodor, J. A., 2004: "Having concepts: a brief refutation of the 20th century", *Mind & Language*, 19, p.40.

击。①福多认为概念应该是心理表征。他坚持认为，拥有一个概念就是由适当的认知能力所组成。概念实用主义的理论先驱是行为主义，如斯金纳、杜威、蒯因等，福多称为粗糙行为主义者（Crude Behaviorists），还有赖尔、维特根斯坦（L. Wittgenstein）、戴维森等精致的行为主义者（Sophisticated Behaviorists），新近的则有埃文斯、麦克道尔（J. McDowell）、达米特②、布兰顿、皮考克等人，拥有一个概念，相对于该概念而言，就是"知道怎样"（knowing-how）。

赖尔一早区分了"知道怎样"与"知道那"（knowing-that）③。赖尔在他的著作《心的概念》（1949）中仔细研究了分析哲学中"知道怎样"与"知道那"之间的区别。他在书中针对所谓的"知识主义传说"（intellectualist legend）："知道怎样"相当于"知道那"的知识。赖尔反而主张一种"反知识主义"的实践观，根据这种观点，"知道怎样"与"知道那"是完全不同的两种知识，而"知道怎样"不一定表现为"知道那"。争论部分延续至今依旧是知识论的有趣话题。

福多追问，组成一个概念持有（concept possession）的"知道怎样"是否就可以按"纯行为的"（相对于意向性的）术语来进行表述呢？粗糙行为主义者认为它可以，精致的行为主义者认为不可以，二者的相似之处是，"概念持有是由适当的认知能力所组成"。④换言之，正是我们的认知能力才使得概念的应用成为可能。

假如按福多的划分，分析哲学界果真存在概念实用主义教条的话，那么，该教条的实质就应该是"知道怎样"优先于"知道那"⑤。赖尔将"知道怎样"宽泛地界定为一种智力，我们现在理解为一种能力，某人知道怎样表现出行动，这恰好是他所拥有的能力使得他能够表现出该行动

① 参见 Fodor, J.A., 2004: "Having concepts: a brief refutation of the 20th century", *Mind & Language*, 19, pp.29–47.
Fodor, J.A., 2004: "Reply to Commentators", *Mind & Language*, 19, pp.99–112.
Fodor, J.A., 2008: *LOT2: The Language of Thought Revisited*, New York: Oxford University Press.
② 福多认为最近或当代的话应当从达米特算起，参见 Fodor, J.A., 2004: "Reply to Commentators", *Mind & Language*, 19, p.109.
③ 参见〔英〕吉尔伯特·赖尔:《心的概念》，徐大建译，北京，商务印书馆，1992/2010，第21–69页。
④ Fodor, J.A., 2004: "Having concepts: a brief refutation of the 20th century", *Mind & Language*, 19, p.5.
⑤ 斯坦利(Stanley, J.)与威廉森(Williamson, T.)反对赖尔的这个区分，认为一切都只是 knowing-that，此处并不参与其中的争论，参见 Stanley, J., Williamson, T., 2001: "Knowing how", *Journal of Philosophy*, 98, pp.411–444.

的。①这里的"概念持有"或"拥有一个概念"就是某类概念实用论所说的"知道怎样"："或许拥有概念 X 就是某类像能够可靠地识别出 X，并且（或者）能够可靠地刻画出关于 X 性（X-ness）合理推论的东西。"②这也可以说成是遵循某种规则或应用标准来进行界定，其中涉及根本的问题是"概念 X"与"拥有概念 X"的关系是怎样的。

如果就分析而言，"概念 X"逻辑上优先于"拥有概念 X"，因为一旦没有这个"概念 X"，我们就无法谈论拥有它的条件。如果从本体论层面上讲，概念可能是弗雷格的抽象客体，可能是福多的心理表征，还有可能是达米特的能力③。如果是后者，那么"拥有概念 X"就是优先于"概念 X"的。这样分析是否在 MOP 问题上具有理论上的解释优势？我们下面进行详细考察。

回到前面的例子句 1.4"李白是《望庐山瀑布》的作者"。主体"S"拥有概念 A"李白"，形成相关命题态度 F（A）；同样，主体"S"拥有可替换的概念 B"诗仙"，在形成的命题态度"F（B）"与"F（A）"的真值一致性判定上，我们在这里会发现涉及主体拥有概念的能力。张三怎样获知关于"李白"的相关知识？m_1 与 m_2 如何在同一主体的同一态度下进行概念的个体化？这也是弗雷格所未回答的。

达米特、戴维森、埃文斯、麦克道尔与皮考克等人从不同角度讨论了主体的理性能力。我们必先拥有某种概念能力，方可形成关于"狗"的概念，拥有与"狗"相关的信念之类的命题态度。这样就容易将概念的研究转换为命题态度的研究，并且按照他们所持的能力观，概念作为心理殊型是错误的——概念属于非意象的，又非思想语言中的类语词实体，而唯一的解释只能说，概念是认知主体的特殊能力④。弗雷格就要求一个理性的人 S 接受 y 在 m_1 下是如此如此，表现为 A，S 相信 y 在 m_2 下是

---

① 参见 Maier, J., 2022："Abilities", *The Stanford Encyclopedia of Philosophy*（Fall 2022 Edition），（2022-10-08）［2023-10-30］. Zalta, E. U., Nodelman, U.（eds.）, https://plato. stanford.edu/archives/fall2022/entries/abilities/.

② Fodor, J. A., 1998：*Concepts：Where Cognitive Science Went Wrong*, New York：Oxford University Press, p.3.

③ 参见 Margolis, E., Laurence, S., 2022："Concepts", *The Stanford Encyclopedia of Philosophy*（Fall 2023 Edition），（2019-06-17）［2023-10-30］. Zalta, E. U., Nodelman, U.（eds.）, https://plato.stanford.edu/archives/fall2023/entries/concepts/.

④ 参见 Brandom, R., 1994：*Making It Explicit：Reasoning, Representing, and Discursive Commitment*, Cambridge, MA：Harvard University Press.
Dummett, M., 1993：*Seas of Language*, Oxford：Oxford University Press.
Millikan, R., 2000：*On Clear and Confused Ideas*, Cambridge：Cambridge University Press.

这般这般，表现为B。

经过上面的解读，可以相信存在某种"普遍性约束"，主体具有"a是F"的思想，他就有能力将之理解为"a是G"。达米特一开始认为，能够掌握一个概念，就是能够区分出诸如哪些形状是正方形，并且将其应用到正方形的对象上。麦克道尔的立场更强，我们必须在完整命题态度下才可提及概念的角色，拥有概念是什么情况。所以，概念的能力观可简化为如下表达式：

论2.3

S拥有一个概念C，当且仅当，S能够拥有关于C为之C的命题态度。

论2.4

概念C，在本体论上是一种能力。

谈论某个对象x的相关命题态度，必须"形而上地"（福多语①）依赖于一个概念"x"。如此这般的属性的探讨，概念的理论与命题态度的理论具有同等地位。这是一种既符合我们要求，又可于命题态度理论中起作用的东西，用来解释我们的思想怎样可能拥有它们所有的内容。皮考克将上述立场理解为"依赖性原则"（Principle of Dependence）："对于概念的本质而言，思想者能够拥有包含概念的命题态度内容，不能超出掌握概念的思想者能力所给出的正确解释。"②

普遍解读这一论题蕴含的前提是，主体的理性能力蕴含或优先于意向性状态，也就是说，概念的能力、规范性条件的解释优先于概念的表征、描述性条件的解释。

我们要找到MOP之前就必须先考察概念的个体化条件，以任意一个概念为例，"思想者必须满足条件α（C）而拥有的概念C"。③在这里，"C"是概念变元，"α"是图式字母，合起来的"α（C）"作为"概念持有"的条件就主张：不仅展示的普遍形式的适当例子为真，而且适当择

---

① 参见 Fodor, J. A., 2008: *LOT2: The Language of Thought Revisited*, New York: Oxford University Press, pp.51–52

② Peacocke, C., 1992: *A Study of Concepts*, Cambridge, MA: MIT Press, p.5. 值得一提的是，与皮考克不同，达米特也提出"依赖性原则"，该原则只是对弗雷格语境原则的推论解释，尚未明确提及主体的能力，"即只有当一个词出现在某个特定的句子中，才可能把握它的涵义，因此才有可能把握一个思想的构成部分，这部分本身并不相当于一个完整的思想 而仅仅作为那个思想或其他某个思想的一个构成部分"。参见〔英〕迈克尔·达米特：《分析哲学的起源》，王路译，上海，上海译文出版社，2005，第102页。

③ 参见 Peacocke, C., 1939: "Possession conditions: a focal point for theories of concepts", *Mind & Language*, 4, pp.51–56.

取的概念的个体化形式进行例示，以使某概念为之概念。

以下将以维特根斯坦、达米特、皮克考等人为例进行讨论。

维特根斯坦考虑的是概念，概念的要义在于其"一概而论"的普遍性，如果我们能够通过语言游戏来阐明概念的构成条件，那么该游戏的可重复性和可移植性就能够使我们了解概念如何能够迁移……通过语言游戏通达到概念，这就意味着，概念必须内嵌在游戏中，我们通过学会玩游戏，来获得概念。[①]这里预设了一种实践能力。

维特根斯坦似乎没有明确语言游戏是什么，他只是枚举了各种语言游戏。江怡梳理了《哲学研究》中有关语言游戏的特点：[②]

第一，语言游戏和类似下棋这样的游戏一样,都是自主的。

第二,语言是不需要用其他的目的或标准加以证明的。

第三,我们是为某种目的发明一种语言,就像我们想出一种游戏一样,这不是推论的结果。

第四,我们通常需要反思我们说过的东西,但我们却无须反思语言游戏本身。

第五,语言游戏是由多种成分构成的复杂形式。

第六,在语言讨论中,我们谈论的是时空中的语言现象,而不是某种非时空的虚幻。

第七,正如其他的规则一样,语言规则也是易变的。

第八,正如存在着无数种游戏,也存在着无数种语言的用法。

我们的语言游戏必然要求遵守规则，规则使得游戏得以顺利进行。这个问题在于，当我们开始进行一个新游戏时，我们并不知道规则，既然我们并不知道规则是什么，我们又何以能够遵守规则呢？也就是说，我们只有在游戏中才感受到规则，或遵守规则，但规则是在游戏中显示出来的。比如，当我们用"网"这个词讨论"互联网""网课"时，并非在于我们有理由判断这是正确的用法；当某人怀疑"网"这个词是否正确时（如"渔网"的"网"），我们可以用来表明我们用法的东西，往往是业已证明的。

在维特根斯坦看来，遵守规则是一种习惯，因而概念的使用也是习惯的结果，这就是能力。在他看来，"α（C）"作为"概念持有"的条件就应该是默认的规则。

那么，我们将如何确保我们是用正确的方式来使用概念？如果"网"

① 黄敏：《分析哲学导论》，广州，中山大学出版社，2009，第300页。
② 江怡：《分析哲学教程》，北京，北京大学出版社，2009，第151–152页。

这个概念我一直习惯用三我面前的这条布，即与我的内部规则一致，会不会出错呢？首先，我能够运用"网"这个概念，肯定是基于某个标准，或者来自某个权威的报告。得到确证后，我用"网"这个概念才有意义，否则我不会徒劳无功地对它进行第二次、第三次的运用，这样的话，我就必须回到获得"网"这个初始的心理状态，这个状态是能够准确无误地获得"网"的内容的。这样的解读似乎是合理的。维特根斯坦却认为，仅靠我个人习惯于说某条布是"网"，这是不能担保概念的正确使用的，也就是说非个人的内部规则。如果一个概念的正确使用不依赖于个人内部的东西，那么它必定是来自于外部的东西的。这个外部的东西又是什么呢？一个可能是他人，另一个可能是主体所处的语言共同体。后者的确证度比前者显然要高得多。

语言共同体能够提供概念使用的公共评价标准，也就是说，我指着一条布说"这是一张网"，他人可能通过公共标准来判断我对"网"这个概念的使用是否准确。"显然，你错了！"不过，这并不意味着，我们可以就用这样的标准来衡量所有的概念，比如，我将"网"用于新的例示"互联网"或"网址"时，对于正在网吧上网的年轻人来讲，这的确是习惯，未经思考，脱口而出："网管，断网了！"关于这一问题的讨论会引申出著名的"私人语言论证"（Private Language Argument），但这里关心的是，对于一个理性的人而言，显然不会自言自语，要看到他人对于概念使用是否准确的评价。

达米特提出了构成意义理论的基本条件。研究一个概念可以考虑的是三个层面，一是句法，即考虑符号之间的关系；二是语义，考虑的是符号之外的东西；三是语用，即概念与使用者之间的关系。语用层面就是达米特的隐知识（tacit knowledge）。所谓的隐知识就是说，尚未表达或不能表达成命题知识的那一类知识。达米特认为我们需要就足够了，不需要加以解释，甚至也不需要知道自己的背景知识，因此，他默认的是一种能力。

掌握一个概念的意义，就是要理解它在语言中的作用。当然，我们感兴趣的是概念如何起作用。达米特的观点是概念内容（语义学）的理论应该还原到概念（语言）使用上；并且概念使用的相关理论必须还原到说话者的概念能力的理论上，该能力是语言知识的成分，概念的意义所依附的能力必须确定地于行为展示出来。如说话者对概念"狗"的使用可以公开地确定地指着一只哈士奇说，"这是一只狗"，展示出来。达米特认为，像"狗""三角形"这些概念，说话者能够区分出"猫""四边形"就行了。从语用层面上看，能够将"三角形"概念应用到三角形的东西上，而不是四边形的东西上，正是能力在其中起到决定性作用。

另外，掌握一个概念的意义就是要理解它。当赵灵儿知道一个"灯"的概念时，她就知道这个概念的意义。赵灵儿就必须知道一些东西，并且，通过借助某种语言而拥有"灯"是什么的知识。那么，我们需要解释的是，赵灵儿有实践能力时必须知道的有关"灯"的东西是什么，拥有这件事到底是怎么回事？

关键的是，使用概念的能力体现在主体行为中，而主体只有理解了这种行为，从"宣称这是一只狗"的行为体现出主体的理性，而不是"宣称这是一只猫"。达米特认为，主体对某个概念的理解，必须通过正确使用它的能力表现出来，而运用这一概念的过程中所表现出来的能力，恰恰也是他拥有语言知识的一个特别标记。"α（C）"作为"概念持有"的条件就应该是正确运用C的能力。

根据这个"α（C）"，皮考克（Peacock，1992）给出概念本质的版本，即"α（）"的"α"表示的是一种应用的标准（legitimation of application），例如"太阳系存在8大行星"，这就等同于合取，我们可以分两种情况。第一种情况，进行抽象条件分析，8是双数n，则必然存在nFs，当且仅当，存在不同的对象a，b，c……h。哪个属于Fs，哪个不属于Fs就可做出区分。第二种情况是进行非抽象的元素合取，不同的对象a，b，c……h。哪个属于Fs，哪个不属于Fs可以做出区分。那么，第一种情况就是合取元素在分类概念（属性）中解释了"8"的作用。第二种情况则在分类心理与语言状态中的作用合法化"8"。因此，概念的条件"α（C）"就可以解释信念状态下的各概念角色的贡献。在某个信念状态p下，成分概念C起因果作用。在这个意义上，整个命题态度是由概念的持有条件及其联结模式一起推出的。

论2.5

概念C在本体论上是α（C）。

总体上看，针对MOP，皮考克是放在指称（语义值）、概念、概念持有条件三者相互依赖的关系下进行考察的，如图2-1所示。

在图2-1中，概念与概念的持有条件共同决定指称，概念由其持有条件个体化；持有条件又必须涉及对适当概念内容的判断；判断也必然以拥有真当作其目标之一；而内容的真依赖于概念成分的指称。当我们考察概念及其指称的关系时，一方面，在某个MOP下，若不以某种特定方式思考到某物则无法对该物进行思考；另一方面，个体化MOP是对某物而言为之指称的条件，符合我们的要求。这也是作为指称、概念与概念持有三者之间相互依赖的整体的一方面①。当我们不涉及指称层面时，就无法给出意向性内容的本质，这样就无法说明其状态是什么。当我们不考虑信念p中的概念指称（且确实有所指）的条件时，就无法说明什么形成了该信念p，如此一来，在我们不涉及p当中的成分的指称刻画时，就无法说明意向性内容的状态的作用。

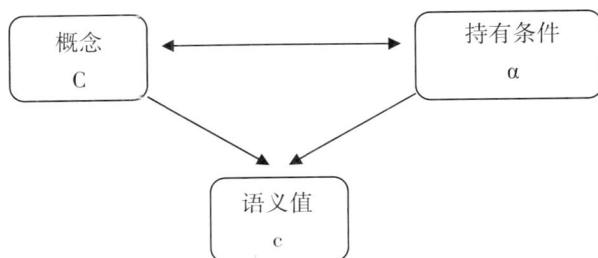

图2-1　概念与持有条件②

　　如果皮考克的解释成立，那么就有了满足MOP的前两个条件，即确定指称，又可解释命题态度。但是似乎在MOP的第三个条件上，我们还没看到错误信念的具体情况。因为这确实很尴尬，一般的持有条件就决定语义值（有指称）为真而概念（的内容）不能为假，但在出现虚假对象时，这条就不能完全适用，可以说是指称并不并列于概念及其持有条件。这种整体论的解释后来就受到质疑。

　　概念是一种能力，而MOP则是概念角色CR。图2-1已表明，概念与概念持有条件是一种相互依赖关系，而非一种单向联系，这也是在以上概念实用主义者当中，皮考克的CR作为MOP候选典型代表的主要原因，他的观点并没有其他学者那样强。不过，持有条件是怎样确定语义值的呢？例如"合取"即是这样的概念，一个思想者必须找到某种"原初强制的"（primitively compelling）转换，且必须是如下所示：

①　参见 Peacocke, C., 2003: *The Realm of Reason*, Oxford: Clarendon Press, pp.21-22.
②　参见 Peacocke, C., 1992: *A Study of Concpets*, Cambridge, MA: MIT Press, p.17.

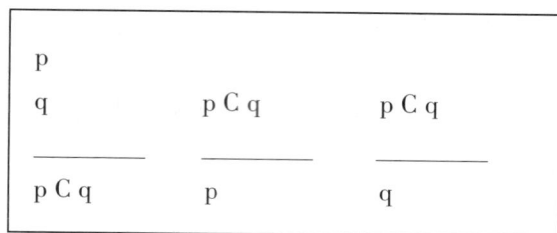

图 2-2　原初强制转换[1]

皮考克利用图 2-2 来试图说明三个方面：①思想者发现转换是强制性的；②如果没有发现这种转换是强制性的，那么它一定是从其他前提且、或运用原则推论得来的；③思想者拥有概念"合取"，并不需要转换的真以回应其他情况。

这个转换是保真的、合理的，就暗示主体使得，或者能够发现它是合理的，而这个发现能力又是如何得来的？皮考克后来才给出知识论方案进行讨论。

一个主体的理性能力必须蕴含以下三条原则[2]：

原则一，特殊益真论题（The Special Truth - Conduciveness Thesis）——转换倾向于导致真的判断，此转换中基础的与不可还原的部分，就是主体所具备的。

原则二，理性依赖论题（The Rationalist Dependence Thesis）——合理的益真性按照意向性内容及其状态的本质来进行解释。如果转换的真可以从内容与状态的本质中看到，那么转换就是思想者所具有的。

原则三，泛化理性论题（The Generalized Rationalist Thesis）——所有的蕴含关系，包括绝对和相对，根本上都是先验的。

前两条原则展示了信念的形式蕴含信念真的关系，"合取"的保真关系是主体的意向性内容和状态的基础，第三条则提出，"合取"的原初强制性转换是先验的。所以，我们可以重新看待 MOP："P∧Q，P，所以Q"中，"P"与"Q"概念的意向性解释取决于二者的蕴含关系，在这个情况下，讨论"P"与"Q"作为初始的概念角色就是最底层的要求。

那么，若要再追问主体的理性何以在言语行为中起作用，皮考克并无彻底方案，笔者认为这一纲领实质上已由戴维森完成了。在说话者的

① Peacocke, C., 1992: *A Study of Concpets*, Cambridge, MA: MIT Press, p.6.
② 参见 Peacocke, C., 2002: "Three principles of rationalism", *European Journal of Philosophy*, 10(3), pp.375-397.
　 Peacocke, C., 2004: *The Realm of Reason*, Oxford: Oxford University Press.

意义与非语言的意向或信念间存在复杂的关系。在说话者对表达式的某种态度，即相对于某个时间认为某句话为真的这一态度[1]。他颠倒了塔斯基的真理论，而通过预先把握真之概念的假定来获得对意义的理解[2]，此处恕不赘述。

总之，正因为这个先验的、原初的强制性，皮考克的理论因而也被称为"推论角色语义学"（inferential role semantics，IRS）[3]，某个概念表征的意义体现在主体认知中的表征角色中，如在知觉、推理、判断或决策之中，即对意义"用"或者行动的拓展，按词语的意义应用于交流或社会交互中。"在支持弗雷格的 IRS 说法上，这是一种普遍的论证——在既定环境下做出判断的合理性，他们可以解释这一事实，并且由此再去说明这些判断的认知状态。"[4]故而，按照皮考克的方案，MOP 就是一种属于概念本身的推论角色[5]。同时，皮考克又反复强调，对真的判断，已是知识论目标了。

从"A"到"B"，思想者所处的位置是应该知道"F（B）"为真，若有什么东西妨碍思想者达到拥有"F（B）"的内容状态，所缺少的并非关于概念的知识，也非概念能力，根本上是某种推论性的解释，即"B"的 MOP 承载者 m_2。如概念"狗"，可以算作一种区分狗与猫的能力并做出适当推论。首先，如果 A 与 B 的替换，可以为原来缺乏信息的思想提供新信息。甚至可以说，A 与 B 的不同之处仅仅在于两个完整的命题内容的差异上，可以由 A 替换成概念 B，且其中一个含有潜在信息而另一个却没有。两个不同的概念，指称相同，各自的概念角色或推论角色不同。将两个概念连接的东西在皮考克那里暗示着主体的理性能力，在概念的个体化上扮演角色，使得我们能够在既定环境下做出合理判断。因而，皮考克将之深化为语境敏感的条件，可将句 1.7 整理如下：

---

[1] 参见〔美〕唐纳德·戴维森：《信念与意义的基础》，牟博译，《对真理与解释的探究》，牟博、江怡译，北京，中国人民大学出版社，2007，第171—187页。

[2] 关于戴维森纲领国内已有详细论述，可参见王静：《戴维森纲领与知识论重建》，北京，科学出版社，2013。
叶闯：《理解的条件——戴维森的解释理论》，北京，商务印书馆，2006。

[3] 布兰顿的理论也属于 IRS，参见 Brandom, R., 1994: *Making It Explicit*, Cambridge, MA: Harvard University Press.
Brandom, R., 2000: *Articulating Reasons*, Cambridge, MA: Harvard University Press.

[4] Peacocke, C., 2000: Fodor on concepts: philosophical aspects, *Mind & Language*, 15, pp.333—334.

[5] 不同场合的相近主张也会称之为"概念角色"或"功能角色"（functional role），本书在相同含义下使用这些术语并不做严格区分。

句2.3 张三相信诗仙是李白，当且仅当，$(\exists m_1)(\exists m_2)(\beta_1 m_1 \wedge m_1$是李白的MOP $\wedge\ m_2$是诗仙的MOP $\wedge\beta_2 m_2 \wedge B($张三$,<m_1,m_2>))$

再用概念A与B分别表示的话，则为如下：

句2.4 S相信A是B，当且仅当，$(\exists m_1)(\exists m_2)(\beta_1 m_1 \wedge m_1$是A的MOP $\wedge$ m_2是B的MOP $\wedge\beta_2 m_2 \wedge B($张三$,<m_1,m_2>))$

以上两个式子中，β_1与β_2都由语境确定并暗指MOP的属性，考虑知觉概念时，就必须使它的个体化条件落实在更低一层的非概念内容中。皮考克将其分为两种，一种是"初始命题"（protopropositions）——在记忆、识别、主体认知等过程中起到重要作用，可进行真假语义评价；另一种是"定位情境"（positioned scenario），主体必须能找到像诸如"正方形""圆形"之类的原初强制下所展示的思想，即用"正方形"的概念来确定某种适当的情境，而主体却又不需要拥有概念"正方形"的相应信念状态。在这个情况下，主体无须概念化，只要能知觉到正方形物体的垂直对称之类属性或关系即可，这便是"初始命题"的内容特性，并且，所获得内容的"初始命题"通过"如此这般"的指示性概念内容来承诺，这使得主体在知觉状态下可把握整个"正方形"概念。例如"李四相信这朵花是红的"，李四拥有概念"红"需要具备以下充分条件："红"的持有条件是正确的；"主体S相信……是红的……"这类表达式的建构展示了一种包含概念"红"在内的命题态度；主体S必须满足持有条件，且拥有包含概念"红"在内的命题态度；S拥有由词语"红"所覆盖的色谱界限的假信念，并且他能够说出某一个对象"是红的"与"非红的"，又能正确地描述为"相信这朵花是红的"。如此一来，对同一对象在不同情境下知觉，显然获得不同的非概念内容。关于这个"红"的识别性概念（recognitional concept）的承诺，福多将它列为概念实用主义的最基本教条[①]。

可以看到，皮考克将MOP处理为概念的推论角色，探讨概念的个体化条件有益于弗雷格案例的讨论，一方面强调了主体的理性能力，另一方面讨论殊型概念下以非概念内容来实现该条件。"陈六相信晨星是金星"，因为"晨星"的概念自身具有推论功能，使我们能够判断出"晨星"实际上指的是金星。并且"王五相信暮星是金星"，因为"晨星"的概念自身具有推论功能，使我们能够判断出"晨星"实际上指的是金星。

---

① 福多称为最小化实用主义教条，参见 Fodor, J.A., 1998: *In Critical Condition: Polemical Essays on Cognitive Science and the Philosophy of Mind*, Cambridge, MA: MIT Press, Chap.3-5.

这样王五就能做出推论性判断，晨星跟暮星都指向金星这颗行星。

（二）反驳能力观

对于概念持有的能力观反驳，来自福多2004年与2008年的强有力论证[①]。

首先，分析性论证。按照福多与勒柏（E. Lepore）对整体论的反驳，整体论不可能是真的，因为它与概念的公共性是不相容的。假设C是一个具有推理持有条件的概念，默许某些推理I对于一个思想是有效的，因为它包含了C，这就是C的占有条件。如果每一个涉及C的推理实际上都是C的持有条件，那就是"整体论"（Holism）；如果某些涉及C的推理是C的持有条件，那就是"部分论"或"分子论"（Molecularism）。假设我所相信的关于C的一切事实上都是我的概念C的持有条件，那么，几乎每个人对几乎所有的事物都有一些的信念，没有人需要与其他人共享任何概念。这也是逻辑经验主义（Logical Empiricism）的信条，要求C的意义为真。既然整体论是荒谬的，能力观也就不应该被接受。接下来是分子论。分子论认为，默认某些概念所认可的推论，是拥有这个概念的组成部分。但它没有回答包含C的推论是C的占有条件的问题。在分子论看来，一个概念C拥有部分涉及C的推论，部分涉及分析为真的，还有部分能够与经验确证为真的。于是，分子论需要分析与综合之分。奎因在认识论上对分析与综合之分的强力反驳，基本上也很难回应，因此，分子论也很难接受。需要提醒的是，福多在这点上似乎过于蛮横，分子论不一定需要承诺分析与综合之分，同时，分析与综合之分尽管很难回应，并非无法回应，我们会在后面尝试回应。

其次，合成性论证。合成性指人类的思想和语言都是富有创造性和系统性的。在对概念持有的解释上，如果解释与思维的合成性不相容，那就必然是行不通的。以分类能力为例，假设，在概念实用主义的叙事中，拥有概念C，就是能够对其扩展中的对象进行分类，所以，要有"狗"这个概念，至少要能够把一些狗和一些非狗区分开来。但是，会有哪些狗，在什么条件下可区分？当然不是所有的狗，因为可能有一些狗

① Fodor, J. A., 2004: "Having concepts: a brief refutation of the 20th century", *Mind & Language*, 19:29–47.

Fodor, J. A., 2004: "Reply to Commentators", *Mind & Language*, 19:pp. 99–112.

Fodor, J. A., 2008: *LOT2: The Language of Thought Revisited*, New York: Oxford University Press.

在我们面前活蹦乱跳，但我们无法从逻辑上对它们进行分类；有可能狗和狼是如此的相似，我们这样的大脑永远无法将它们区分开来。如果狗的主人被要求能够区分任何狗和其他任何东西，那么，要么我们知识背景是大而全的，要么唯有上帝拥有狗的所有概念。所以，如果分类是C的占有条件之一，那么它所要求的至多是在有利条件下对C的好实例（如典型实例）做出选择性反应的能力。

再次，循环与推论论证。隐知识存在循环反复。如"且""或"这类的连词，我们不能想当然地认为这背后蕴含一个关于什么是连接的理论，而是说，事实上就应该具备关于如何学习或如何理解连词的理论。如果一个人接受"p且q"，证明他掌握了"且"的连接功能，只有当你接受"p且q"的理由是你相信p和q都"是真的"，但是，前提是你心灵已经拥有了"且"的连接概念。

然后，循环与分类论证。人们只能根据自己拥有的概念进行排序。所以现在对持有概念C的分类条件加以描述，那就必须要以某概念C的占有条件为前提，你会发现这个概念C*要么与C相同，要么在概念上等同于C。

最后，回到赖尔对能力观（知道怎样）的讨论，究竟是先有一个概念，还是先具有能力才可能拥有概念？或者更大的问题就是先有语言，还是先有语言能力？这在语言学上，也就是著名的语言决定论与语言相对论的争辩，语言决定思维，还是语言影响思维？哲学研究者们在立场选择上总有自身的倾向与偏好。

我们还将在第六章涉及功能主义时继续这个话题，这里做出初步的回应与预告，我们可以利用观念所关于的事物来对它进行类型化。如此一来便可以接受心理学观点，诉诸心理表征：利用心理表征来解释思想的生成性，说明心理过程可以既是物理的过程又是理性的过程，同时又非弗雷格意义上的抽象客体。

回到前面例句1.5与1.6，两个表达式（包括两个心理表征）可以有相同指称——李白，但有不同的认知意义——"诗仙""青莲居士""谪仙人"。这个建议就是：心理表征通过不同的MOP来呈现一个指称。因此，MOP是作为心理载体（mental vehicle）或中介，处于概念与指称之间；与语义学观点不同之处，只是有关的表达式是在内部表征系统中出现的。

本书坚持这样的思路：由弗雷格拓展出的意向性问题依赖于作为MR的MOP问题。基于这种关注，我们应该从弗雷格的"呈现模式"MOP入手，借助命题态度从句的重要组成部分——概念（词语）进行研究分析。

三、概念作为心理表征

"清风不识字，何必舌翻书？""春风不解风情，吹动少年的心。"一片树叶被清风吹落地上，叶柄刚好直插在两颗砂石中间，按现在的流行语叫"立Flag"。人们在赋比兴时总会对自然事物赋予意义。"'心理表征'的概念首先是认知科学的一个理论建构。因此，它是心灵计算理论（Computational Theory of Mind，CTM）的一个基本概念，根据该理论，认知状态和过程是由一种或另一种承载信息的结构（表征）的发生、转换和存储（在心灵/大脑中）构成的。"①按照斯坦福哲学百科词条的界定，MR属于CTM的一个基本概念，与计算主义（Computationalism）密切相关。本节会先考察表征与心理表征，再结合认知科学的计算主义进路进行分析，在与反表征主义的争论中，利用"表征饥饿"问题，为概念作为心理表征的本体论立场进行辩护。

（一）表征

关于表征的讨论如下：

论2.6

表征是什么？表征是否必要？

论2.6由两个论题组成。第一个涉及表征的本质问题。第二个是围绕着心理表征与反表征主义的争论而展开，涉及对心理表征与计算主义的质疑与辩护，我们会在下面两个小节进行讨论。

针对论题一，从哲学上讨论的"表征"，魏屹东考察："表征这个概念最早可追溯到拉丁词'repraesentare'和'represaesentatio'，其含义是'再现'。而将这些词与心灵联系起来则要归功于阿拉伯思想家阿维森纳（Avicenna）和阿威罗伊（Averroes）著作的拉丁语翻译工作。"②"表征"恰如其英文词根re-，取"又、再"之意，关键是"像""相似"。

从普遍意义上理解，"表征"指的是我们将一种东西对另一种东西进

---

① Pitt, D., 2020: "Mental Representation", *The Stanford Encyclopedia of Philosophy* (Fall 2022 Edition), (2020-01-21)[2023-10-30], Zalta, E.N., Nodelman, U. (eds.), https://plato. stanford.edu/entries/mental-representation/.

② 魏屹东：《表征概念的起源、理论演变及本质特征》，《哲学分析》2012年第3期，第96-166，199页。

行替换的关系或过程，这两个东西可以是对象或过程，那么被替换的东西称之为"被表征"Y，可替换的则称为"表征"R。譬如现在我们大多数人没亲眼见过雷锋，但我们通过"雷锋"的画像就可大致上于头脑中形成关于"雷锋"本人的形象，艺术领域将此概念讨论作品的"表现"或"象征"，政治学上则会说"代表"。关于表征是什么的"表征问题"（the problem of representation）很可能需要探讨表征的本质。在当代英美哲学语境下，与表征相关的"表征主义"（Representationalism，或译为"表征论"）进路通常用于知识论辩护，作为一个重要的哲学流派和理论，它可以追溯到洛克、贝克莱和笛卡尔等哲学家的作品。这些哲学家们认为，我们对世界的直接接触是有限的，我们所感知的是心智再现或思想，而不是对外部对象的直接接触。换句话说，我们无法直接接触外部世界；相反，我们的感知是基于对该世界的心理表征。它强调人类认识的本质在于通过感性经验对世界的表征和理解。人类认识不是直接经验世界，而是通过将感觉、映象、语言等转化为符号、概念、语言等符号系统来表达和理解世界。于是，表征主义认为，这些符号系统不仅仅是对世界的描述，而且还包含了一种关于世界的结构和规律的认识，因与感知紧密关联，在心智和外部世界之间起了中介作用。例如，当我们看到一个苹果时，我们的视觉体验是通过关于苹果形状、颜色和其他属性的心理表征来实现的。

可以看到，知识论的表征主义要求的是表征作为中介作用的存在，到认知科学这里，表征成为可转化可运用的信息，它构成我们思想的观念、看法、意象和信念等，还可以构成可能是在我们的意识之外的感觉和倾向。

表征有可能是信息束（bundles of information）。组成表征的要素（the structure of representation）是什么？表征有可能是一个系统，在一个表征系统内，包含四个要素：被表征世界，表征世界，表征规则，使用表征的过程。[①]于是，表征就有多种系统的含义，包含了外部表征、心理表征、计算表征、理论表征和生理表征（神经表征）。

从外部表征来讲，常见的有言语、手稿、图表、地图之类的表征系统。一幅地图显然就是一个表征系统。特定的地图以及一定标记用法的约定系统作为表征的世界，特定国家的疆土或特定地理区域作为被表征的世界。还有我们使用的语言，表征世界是话语及其解释系统，被表征

---

① Markman, A. B., 2000: "In defense of Representation", *Cognitive Psychology*, 40, pp.138-171.

的世界则包括说者希望他人给予注意的外部事态与说者的信念和意图之间的一定组合等。从理论表征来讲，这是关于某个对象（或对象域）的理论的组成部分，它们提供目标域的抽象模型，如常见的GDP增长。

表征在人工智能（artificial intelligence，AI）领域（尤其是机器学习）起着重要的作用。它们是将数据转化为可处理形式的关键步骤，比如，机器从原始数据中自动学习有用的特征表征。通过表征学习，机器可以自动发现和学习数据中的相关特征，而无需手动进行特征工程。良好的表征学习可以提高学习算法的性能和泛化能力。

无论如何，"我们可以谈论实在表征、科学表征、语义表征，以及艺术表征等等，即表征的诸种面孔，此时对表征本身的理解成为问题的核心"。①在诸多面孔中，对"表征是什么"的本质回答必然要诉诸科学的解释，即"科学表征"（scientific representation）。这是科学研究使用模型、符号、概念或理论等来表示、描述或解释现实世界的一种方式。它是将复杂的现象或系统以一种可理解、可分析和可交流的方式进行表达，包括数学方程、图表、模型、符号系统等。科学表征在科学哲学领域是重要的研究方向。弗里吉（R. Frigg）与阮（J. Nguyen）提出科学表征主要是对"S是T的科学表征当且仅当……"的填空，应当具备五个适当性条件：

SR1：替代推理（科学表征允许我们生成关于目标系统的假设）；

SR2：失实陈述的可能性（如果S没有准确地代表T，那么它是失实陈述，但不是非陈述）；

SR3：无目标模型（我们该如何理解缺乏目标的科学表述）；

SR4：方向性要求（科学表征与目标有关，而目标与表征无关）；

SR5：数学的适用性（在某些科学表述中使用的数学工具如何与物理世界相关联）。②

这里讨论的科学表征划分为三种类型。第一种是结构主义（Structuralist），通常讲的是模型就是结构。如，一个科学模型M表示一个目标系统T，如果存在一个主体A，通过提出一个理论假设H来指定模型与目标系统之间的同构性，从而使用M来表示一个目标系统T。结构本身如果

---

① 周靖：《表征论的多副面孔：当代英美哲学语境下的探究》，上海，上海人民出版社，2021，第7页。

② 参见 Frigg, R., Nguyen, J., 2021: "Scientific Representation", *The Stanford Encyclopedia of Philosophy* (Winter 2021 Edition)，（2021–11–04）［2023–10–30］, Zalta, E. N.（ed.），https://plato.stanford.edu/archives/win2021/entries/scientific-representation/.

同构的话，同一结构可以在不同类型的目标系统中实例化，如数学的球体可以有不同的实例表征。但是，有种情况就是，模型本身的同构性太弱，无法识别模型的目标。

第二种是推论主义（Inferential），其核心思想是根据科学模型的推理功能来分析科学表征。A仅在（1）A的表征力指向B，以及（2）A允许有能力和知情的主体S对B做出具体推论时才能表征B。关键的问题是，这些推论是如何产生的仍然是个谜。

第三种是相似性（Similarity），科学模型M表达目标系统O，如果有一个主体S使用M来表示目标系统O，通过提出一个理论假设H来指定M和O之间（在某些方面和某种程度上）的相似度，以达到目的P。实际上，关于相似性的质疑是，如何保证科学模型M与目标系统T相似性的关联，有可能M过于包容，无法解释T。其次，允许错误表征的可能性是任何科学陈述的关键要求。再次，可能根本没有什么相似之处，因为一些表征不是关于实际对象的。最后，离自然主义太远，相似性中的所有繁重工作都是通过对主体及其意图的呼吁来完成的。这样就回到心理表征，或者说是对心理表征的科学哲学与认知科学的解释。

论2.6的论题二，克兰（T. Crane，1995）曾提出"表征之谜"（the puzzle of representation）："一个事物表征其他事物是如何可能的？"[①]普特南曾在描述"缸中之脑"前，讨论了这类"表征"。沙地上的一只蚂蚁不知是有意还是无意，偶然还是必然，爬出了一条线，这条线整体上呈现出一幅"丘吉尔"的画像。那么，我们会不会说这条线就是表征了丘吉尔这个人？显然不会，蚂蚁只是爬了一条线，我们看着"像"是丘吉尔这个人，仅此而已。普特南在脚注处解释，表征与指称这两个术语，用来表示一个词同某个实际存在的东西之间的一种关系。这种关系到底是如何建立的？[②]维特根斯坦在《哲学研究》第423节里也提出："符号自身似乎都是死的，是什么给了它生命？"[③]一方面，如同自然界普遍存在的风、树叶、蚂蚁一样，表征是自然的、实在的；另一方面，表征又是不自然的，很可能是我们人类想象出来的"识字""乱翻书""立 Flag"或"丘吉尔"。

---

① 〔英〕蒂姆·克兰：《机械的心灵：心灵、机器与心理表征哲学导论》，北京，商务印书馆，2021，第22页。

② 〔美〕普特南：《理性、真理与历史》，童世骏、李光程译，上海，上海译文出版社，2005，第1页。

③ 〔英〕维特根斯坦：《哲学研究》，陈嘉映译，上海，上海人民出版社，2005，第150页。

讨论表征相关的学者们大多会强调，表征是一个有"意向性"的概念，取决于使用者的意图、目的和目标、准确性的上下文标准、预期受众和社区实践等因素。这且就涉及"认知者"S，因为必须对这种替换关系做出解释，通过表征，我们可以建构起一种三角关系"表征"R、"被表征"Y与"认知者"S，如图2-3。

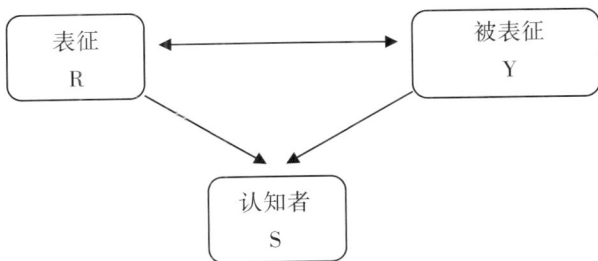

图2-3　表征与被表征

细心的读者会发现，假如我们谈论的是表征，那么表征关系的确定，只需要R与Y之间建立联系即可，这里并未，甚至没必要涉及认知者S，由S介入"表征"与"被表征"二者的关系问题。譬如，我们会看到，"学习雷锋好榜样"中"雷锋"这个词语、画像或海报代表真实存在的雷锋这个人物，这并没有"认知者"S的位置。一种可能是，表征R来源于被表征Y，也就是说Y赋予R的意义，成了R的对象，Y优先于R存在。但如此一来，就要求前提是Y是可被认知的，需要认知者S。另一种可能是，R来源于自我，即"认知者"的介入乃通过某种外在的或者是理论上的"解释"T赋予了该关系，那么这种理论上的"解释"似乎成了维系三者的关键。

然而，我们需要哪种"解释"T？问题本身需要再追问，更基本的理论T*会是什么？那很可能陷入无限后退。如果T自身作为理论是某种"表征"R，那就更是一种恶性循环。因此，我们就无法找到另外的解释，这样就只能让T成为默认的基本概念。我们不必强行将T植入于S、R与Y的三元关系中，即将T设为默认的连接线，或者是内嵌于S当中。

普特南提出，表征"丘吉尔"是需要条件的，"表征的必要条件，或首要条件，看来就是意向"。[①]这就是说，S赋予了R与Y的意向，R与Y

① 〔美〕普特南：《理性、真理与历史》，童世骏、李光程译，上海，上海译文出版社，2005，第2页。

的关系才建立起来。刘西瑞认为应该涉及认知加工，"表征是一种经反映而被构造出来的、作为认知对象的替代物而存在的在思维中被加工的形式"。[1]从认知科学来看，认知科学中大多将"表征"视为某种隐喻，因为它对认知者而言意味着其本身具有某种认知功能，通俗地理解为"类比"。当代认知科学理论普遍假设心灵形成内部表征，而表征 R 在对 Y 的"映射"当中是隐性的，设为表征规则 I，并由此尝试说明知识何以形成。也有人关注的是表征 R 的合法性，表征 R 具有何种属性？如携带信息，其载体又是什么？

在这个意义上，"表征" R 与"被表征" Y 以某种方式关联并构成一个有序对 [R，Y]，[R，Y] 何以成立便成了众多哲学家与认知科学家讨论的话题。有人关注的是有序对何以成立，经验知识的辩护问题，心理内容如何固化（fixation）。康德曾试图利用 [R，Y] 的映射教条来处理对象与表征之间的二元关系，他认为，问题在于映射的主体特征，而非对象的特征。这也就符合"心理表征" MR 最初作为认知科学的基本建构的初衷，我们用来替换的很有可能属于某种内在于心理的东西。

接下来，我们对世界的感知和认识是通过心智再现或心理状态来进行的，这些呈现或状态代表着外部世界中的对象、属性或事件，这就要讨论心理表征。假如表征是具有语义属性的对象（内容、指称、真值条件、真值等），那么心理表征则可以更广泛地解释为具有语义属性的心理对象。

（二）心理表征

认知科学中，心灵如何表征的图景大致是："大脑通过在其神经元激活模式下存储信息的方式进行表征。而且，特定神经簇的激活方式以及保持其活跃的方式也与它们的表征内容和方式相关。"[2]关于心理表征的理论就是心智表征理论 RTM。假设一个表征是一个伴随语义属性（内容、指称、真值条件、真值等）的对象的话，一个心理表征就会是被更宽泛地建构为一个伴随语义属性的心理对象。我们知道，与外部表征不同，内部心理表征不能被直接观察到。就表征与被表征的关系来说，表征世界由心理表征组成（心理语系统）；被表征世界是外部世界和内部世界。

---

① 刘西瑞：《表征的基础：心灵—机器交响曲》，刘晓力编，《心灵—机器交响曲》，北京，金城出版社，2014，第492页。
② 〔美〕埃里克·迪特里希：《表征》，《心理学与认知科学哲学》，郭贵春、殷杰主编，王姝彦译，北京，北京师范大学出版社，2015，第13页。

RTM首先讨论的就是信念、欲望的常识心理状态，这样的状态被说成是具有"意向性"——关于或指称某种东西。RTM将之定义为与心理表征MR的关系，并根据后者MR的语义属性解释前者的意向性，或者是命题态度PA。例如，某月如相信论文发表了就能证明自己的科研水平。这个信念与一个心理表征有关，这个心理表征的命题内容是"论文发表了就能证明自己的科研水平"。当然，希望"发表论文"的愿望，对"发表论文"的喜悦、恐惧、遗憾等，皆涉及同一个心理表征的不同关系，还有对内容（它们怎样成为关于它们所关于的东西）的确定。由此拓展，心理表征作为一个哲学主题有着悠久的历史，可以追溯到遥远的古希腊哲学家（如亚里士多德）关于心理学与概念的论述，延续至20世纪的"认知革命"。

我们致力于寻找常识心理学的基本真理，一些实在论者，如福多，也认为常识心理学将被认知科学证明是正确的，因为命题态度可以被解释为与心理表征的计算关系。德雷茨克（Dretske，1988）、福多（Fodor，1987）等人注意到，在日常生活中，大众心理学通常要预测与解释彼此间的行为的普遍性。如一个人所相信的，担忧的，期望的，害怕的……都是高度可信赖地指向这个人将要做出的行动。假如我们要归属这一行动的原因，就要承诺它的普遍性指称的状态存在。这也就是表征的实在论（Representational Realism），或命题态度的实在论。

福多指出，"成熟的心理表征理论试图去解释，拥有语义学的与因果性质的状态怎么能够存在，并且命题态度支持这种存在"。[1]某人是命题态度的实在论者，那么他就应该坚持两个原则：

原则一：坚持存在引起行为的发生事件与交互作用的心理状态，并以这种方式遵守（至少是接近）常识信念与欲望心理学的普遍性。

原则二：坚持这些相同的因果有效的心理状态也是语义上可评价的。

当然，反对者并不会承认以上原则，如邱奇兰德、丹尼特、斯蒂奇等人则论证没有像命题态度（及其组合的表征状态）这样的东西，大众心理学是错误的、失败的。丹尼特（Dennett，1987）承认大众心理学的一般特征是真的且不可或缺，但不认为这是表征作为实体的充分理由。他主张意向性解释应该工具性地建构，假如给定某一个系统行为的意向性解释，仅仅采用"意向性立场"（intentional stance）指称，假如分配一个策略经由内容状态到一个系统，再到预测与解释它的行为，那么这个

---

① Fodor, J.A., 1985: "Fodor's Guide to Mental Representation: The Intelligent Auntie's Vade-Mecum", *Mind*, 94(373), pp.76-100.

系统是意向性的，我们所用的命题态度也就普遍为真。

然而，丹尼特并不认为系统相关的东西为真，因此，他在命题态度上是"温和"的实在论者。戴维森（Davidson，1973，1974）、刘易斯（Lewis，1974）也是有类似的观点，即命题态度能以特殊方式说明，蕴含着非实在论。斯蒂奇（Stich，1983）论证说，认知心理学并不完全按语言性质分类心理状态，心理状态的语义性质是由外在性质决定的，这类性质不能描述科学的行为解释。

RTM有时候与感觉经验密切相关，如感知一个苹果就是有某种与苹果相关（例如，由苹果引起）的感官体验，涉及现象属性。RTM也会讨论心理过程，想象"飞流直下三千尺，疑是银河落九天"（与山）的心理意象（mental image）。推理一个命题q来自命题p，如果p那么q，就是有这样的形式：p；如果p，那么q；q。

真正作为哲学主题进行讨论的RTM版本是当代对心灵讨论的典型假设——心灵能被自然化，这一部分我们会在第六章详细分析，就是按自然科学对所有心理事件进行解释。比如说，我们所谈论的MR（及其涉及的状态与过程）可以不仅仅由计算术语来理解。

在认知科学自身内部，哲学的相关争论集中于计算建构脑的中央神经系统，科学兼容性与心理的常识理由。著名的认知科学家萨伽德（P. Thagard）评论道："大多数认知科学家都认为头脑中的知识是由心理表征构成的……为了解释各种不同类型的知识……认知科学家提出了各种各样的心理表征方式，包括规则、概念、表象和类比。"①该观点在心灵哲学中也不乏支持者，在当前哲学与认知科学的二者交叉研究中尤为突出。如卡鲁瑟斯（P. Carruthers）、米利肯（R. Millikan）、福多等人。认知科学家也从哲学仓库中挖到不少宝物——思想、概念、知觉、观念、印象、规则、图式、意象、想象等。当代心灵哲学家们也认识到认知科学的关联性与重要性，但是他们在文本、方法与结果的参与度上会有所不同。朱菁有过这样的评价："在过去50多年里，哲学一直是认知科学的一个活跃成员，担当了多重角色，为推动认知科学发展起到了重要作用，哲学家的贡献也得到了认知科学界的普遍认可。认知科学在不断发展壮大的过程中，越来越多地进占了哲学的传统领地，为探讨和解决历

---

① 〔加〕萨伽德：《心智：认知科学导论》，朱菁、陈梦雅译，上海，上海辞书出版社，2012，第4页。

史悠久的哲学问题注入了新的活力。"①其实，认知科学哲学至今还是位于科学哲学内部，比如当前举行的全国科学哲学会议就划分一个分支方向认知科学哲学（the philosophy of cognitive science），它与物理学哲学、生物学哲学等是平行的。有时通过与认知科学家的合作，不少科学哲学家开始利用认知科学当作科学（作为一种认知活动）的哲学研究的一种重要资源。与此同时，认知科学开始对哲学的主题、方法产生了重大影响，特别是语言哲学、心智哲学、认识论等。

总之，MR 所借用的是早期范式的计算机术语，它属于一种内部信息系统，即知觉、语言、推理、问题求解以及其他认知活动所使用的信息的内部系统。这与外部表征不同，内部心理表征不能被直接观察到。就表征与被表征的关系来说，表征 R 由 MR 组成（如心理语言系统）；被表征 Y 是外部世界和内部世界。换句话说，MR 所表达的是关于外部世界的信息（例如，对脸孔的知觉，对某对象的记忆）以及关于内部生成的信息（回想过往的某种思想，考虑着最近的观念或目标）。计算、表征与认知是如何结合的？下面来看看。

（三）计算主义

认知科学一个主要假设是："对思维最恰当的理解是将其视为心智中的表征结构以及在这些结构上进行操作的计算程序。"②前者也被称为"表征主义"，后者则为"计算主义"。心理过程的本质是计算。这一假设使得认知科学将心理表征理解为"心灵计算理论"（Computational Theory of Mind，CTM）的基本概念。

萨伽德假设将心智设定为具有心理表征的结构，该结构可进行计算操作，类似于数据结构加上算法，如图2-4所示。

程序	心智
数据结构+算法 =运行程序	心理表征+计算程序 =思维

图2-4　心理表征③

① 参见朱菁：《哲学与认知科学的"金婚"五十年》，《心灵—机器交响曲》，刘晓力编，北京，金城出版社，2014，第38-39页。
② 〔加〕萨伽德：《心智：认知科学导论》，朱菁、陈梦雅译，上海，上海辞书出版社，2012，第8页。
③ 同上，第12页。

按 CTM，认知状态与过程是由（心灵或大脑中）这样或那样的承载信息的结构（表征）出现、转化与储存。因此，经典主义的认知建构就是基于符号计算的心理语言论证，心理过程实质上就是计算过程。这始于图灵测试的讨论，认知科学家利用计算机的类比，将心理状态归属于那类计算可以应用的表征状态。这样 CTM 与类语句的心理表征理论之间具有某种内在联系，因而有序对［R，Y］的合法性正在于 R 所依赖的思想语言，而非心理意象。

认知状态是由各类心理表征的计算关系所组成，认知过程就是这类状态的序列。窥一斑而知全貌，我们可以从经典计算主义的领军人物皮利辛（Z. W. Pylyshyn）的思想开始。皮利辛在《计算与认知》中对认知科学提出的建构思想——认知就是计算，涉及表征和计算两个概念。[①]

1. 符号主义

皮利辛的工作是奠基于人工智能的符号主义（Symbolism），这是一种基于逻辑推理的智能模拟方法，又称为逻辑主义（Logicism）。AI 研究的第一项工作可追溯到麦卡洛克与皮茨（McCulloch & Pitts，1943）。他们参考了三种资源——基础生理学知识和脑神经元的功能；罗素和怀特海（N. Whitehead）的对命题逻辑的形式分析；图灵（A. Turning）的计算理论——基础上提出，可以用严格的符号方式处理神经网络，可等价的特设构造假设的网络，也应该可以进行类似处理。人工神经元模型可以有"开""关"功能，任何可计算的函数皆由神经元相互联结的网络来计算，以及逻辑联结词（与、或、非）皆可由简单网络结构来实现。[②]

早期数学里，希尔伯特计划（Hilbert Program）试图使用纯形式的手段建立数学，有弗雷格、罗素、怀特海、哥德尔（K. Gödel）、丘奇（Church）、波斯特（Boster）、戴维斯（Davis）等人。图灵于 1936 年提出了一种理想计算机的数学模型，他在 1950 年发表的论文《计算机与智能》中提出"图灵测试"（Turning Test）。

首先，测试的谈话仅限于使用唯一的文本通道，例如计算机键盘和

---

① 以下部分内容选自笔者拙文《心灵，表征，计算——〈计算与认知〉解读》，《中山大学研究生学刊》（社会科学版）2008 年第 3 期，第 41-49 页。有删改。

皮利辛的作品参见 Pylyshyn, Z. W., 1984: *Computation and Cognition: Toward a Foundation for Cognitive Science*, Cambridge, MA: MIT Press.

皮利辛的名字又译为派利夏恩，中译本参见〔加〕泽农·W.派利夏恩：《计算与认知——认知科学的基础》，任晓明、王左立译，北京，中国人民大学出版社，2007。

② 参见 W. S. 麦卡洛克、W. H. 皮茨，《神经活动内在概念的逻辑演算》，《人工智能哲学》，〔英〕博登编著，刘西瑞、王汉琦译，上海，上海译文出版社，2001，第 31-55 页。

屏幕，实际上是递纸条。其次，测试的核心想法是要求计算机尽可能伪装起来，模仿成人类，因而该测试又称为"模仿游戏"（the imitation game）。再次，游戏参加者有一位女性、一位男性、一位任意的询问者。最后，三个人相互隔离，只能通过递纸条方式交流。现在开始游戏，两位被询问者分别用A和B表示，A和B中有且仅有一位女性，游戏的目标是要正确分辨出来。游戏中，A和B要尽可能伪装起来。如果把模仿游戏中的男性换成计算机，计算机能否辨别出对话的哪一位才是真正的女性？如果参与游戏的人数够多，游戏时间充分，并且有足够高的正确率识别被询问者是机器还是人类，那么，我们就判定这个计算机通过了图灵测试，证明有可能存在一种普遍适用的机器，也就是通用图灵机。

图灵机的特点有三个：可计算函数；二进制表征，ASCII密码赋值二进制表征到每个输入记号；计算操作在输入时运行，储存寄存器中。图灵机基本的结构大致是这样的：标有0和1的无限长记录带，纸带有连续的小格子，从左到右依次被编号为0，1，2……每个格子上有字母表的符号，有特殊的符号表示空白。纸带的右端可以无限伸展，纸带上方有一个读写头可以左右移动，它的作用是能读取格子上的符号，并能改变符号。图灵机还有一个状态寄存器，作用是保存机器的当前状态。图灵机的所有可能状态的数目是有限的，另外还有一个特殊的停机状态。

图灵把他设计的测试看作人工智能的一个充分条件，主张认为通过图灵测试的计算机应该被看作是拥有智能的。这就是图灵机的理论模型。

1956年达特茅斯会议提出了"Artificial Intelligence（人工智能）"概念，被誉为人工智能元年。该会议讨论了人工智能的研究进路，即"理论上可以精确描述学习的每个方面或智能的任何特征，从而可以制造机器来对其进行模拟。我们将试图寻找让机器使用语言，形成形象和概念，解决人类特有的各种问题并改进自身的方法"。[①]会议其实没有太多突破，不过激发了后来研究者们对"机器不能做什么"的兴趣。

纽厄尔和西蒙（Newell & Simon，1976）提出物理符号系统假说（The Physical Symbol System Hypothesis）[②]，该符号系统拥有进行一般智

① 转引自〔美〕斯图尔特·罗素、彼得·诺维格：《人工智能：现代方法（第4版）》，张博雅等译，北京，人民邮电出版社，2022，第17页。

② 参见Newell, A., Herbert, S.A., 1981: "Computer science as empirical inquiry: Symbols and search", *Communications of the Association for Computing Machinery*, 19, pp.113-126.
〔美〕A.纽厄尔、H.A 西蒙：《作为经验探索的计算机科学：符号和搜索》，《人工智能哲学》，〔英〕博登编著，刘西瑞、王汉琦译，上海，上海译文出版社，2001，第142-179页。

能动作的充分必要条件，也就是说，任何智能系统必须经由操作符号组成的数据结构来运行。该物理符号系统有四个显著特征，它们是：

（1）符号是物理模式。

（2）这些符号可以组合成复杂的符号结构。

（3）物理符号系统包含操作符号和复杂符号结构的过程。

（4）生成和转换复杂符号结构的过程本身可以用系统内的符号和符号结构表示。

原来按照图灵机的普适性，我们利用一个形式符号处理机制可以产生任何的输入——输出函数。纽厄尔和西蒙将输入分成两个部分：一部分被指派上一组指令作为一种特许的解释，或作为一个特定的输入——输出函数的评述。另一部分被处理为该函数的适当输入。按他们的区分，现在有符号层面与表征层面（知识或语义层面），其实这两个层面应该都镶嵌在第三个——生物层面（或物理层面）之上。生物层面是服从生物规律最终还原为物理规律，使用生物或物理术语描述。符号层面受功能建构支配，也可称为功能（或句法）层面，使用算法规则描述。

有了以上理论准备，皮利辛分析，按照符号主义的观点，计算机成功通过"图灵检验"的可能性完全建立在对符号系统所具有的行为的可塑性的识别上，该系统可以被规划得依照任何一个可有限的确认的函数行动。但是，如果把输入的符号当作指定或识别某个函数会遇到困难：潜在的输入——输出函数太多，我们无法用有限的指令集合，或任何其他有限的手段来确认它们，函数的集合不仅仅是无穷的，而且是不可数的，即，它不能以一一对应的方式满射到整数集合上。（数学上存在着无法用有限方法确认的函数。所以图灵机的函数确定无法去辨认无限的函数，或者须有自我升级的函数规则——一种适应性的以简单的灵活方式来描述行为的无限集合。）

因此，在"可计算"上，我们还需要准备一些函数。

首先是机器的可视物理性质大多与它所计算的函数无关。例如在一台计算机中，只有很小的物理上可分辨的状态的子集是计算上可分辨的。有一种例示函数（instantiation function，IF），表征了某一机器的物理状态的等价类到符号表达式的一个映射。其次是机器的计算状态对应于一个等价的物理状态集合，这些状态，按它们在机器的抽象计算描述中的功能看，是无法被识别出来的。[1]

---

① 派利夏恩，中译本参见〔加〕泽农·W.派利夏恩：《计算与认知——认知科学的基础》，任晓明、王左立译，北京，中国人民大学出版社，2007，第60—65页。

除了 IF 外，还有另一个关键的函数——语义函数（semantic function，SF）。SF 将相连的函数状态映射到某个既定的解释域上。这个假设是在符号串结构上递归地定义的，近似于塔尔斯基的真值条件语义学。我们以"+"对应于加法，状态转移在数学定义的加法操作下，须保持符号串的语义解释。[①]

在皮利辛看来，纽厄尔和西蒙的符号系统假说尽管很合理，但是，如果将思维局限于符号操作，有可能会丧失意向性，并且表征规则也会丧失规范性。皮利辛在《计算与认知》中思考的起点就是表征实在论——所谓表征问题起源于一个唯物主义者的疑问，在一个物理规律所支配的世界中，外在的而无因果关系的实体（非存在物）所描述的行为规律如何可能？如果按照布伦塔诺的回答，除非我们承认心理现象不是由物理规律而是由心理规律本身决定的。皮利辛的解答则是："行为的原因不是数字、期望未来事件或其他意向性对象，而是这些对象的物理上例示的内部表征，即物理代码或符号。"[②]也就是说，皮利辛的目标是通过描述认知科学（计算）对表征的语义内容这一概念的解释，讨论这种观点的合理性。因此，在计算过程中，在对表征的或意向性的解释上，皮利辛提出两个标准：

第一，我们必须通过给出的代码之间或相互连接的认知状态之间成立的形式的规则，表现系统由规则支配的行为。在一个形式系统中，系统的所有部分都能使用它们。它们没有解释，只有理论才为它们提供解释。

第二，如果系统是表征性的，它是行为规律只有通过参照它所表征的内容才能获得，那么规则必须具有这样的性质，那些适用于某一特定代码的东西将表现得依赖于它们是什么的代码，或遵循语义解释。

由此区别于有限态自动机与图灵机，两种机器可计算的函数依赖于图灵机带子的无边界性。图灵机带子的潜在无限长度可以给过程加上一种定性的组织，可以生成处理，应用非常大的范围事实。而冯诺伊曼计算机、新联结主义机器都是一台有限态自动机，不能作为心灵建构的类型。问题不在于我们说心灵是一个串行计算机还是并行计算机，而在于说心灵是否处理符号，它是否有规则和表征。

总的来看，一个计算过程是一个智能行为，该行为能被看作是依赖

---

① 〔加〕泽农·W. 派利夏恩：《计算与认知——认知科学的基础》，任晓明、王左立译，北京，中国人民大学出版社，2007，第62—66页。

② 同上，第27页。

于它的状态所表征的内容。这过程是基于符号层面的，符号表达式的殊型结构对应于系统中的真实的物理差别，即两个层面相对应。形式的符号结构反映所有相关的语义区别，对这些区别系统应该做出反应，当某些被语义解释了的规则应用于它们，将它们转变成新的符号结构时，系统会继续这样做。对任何可以设想的影响行为的语义特征都必须在符号的层面根据句法编码。

2.功能建构

现在，皮利辛需要的是在计算模型和人类心理过程之间找到一个原则性（甚至是规律性）的类比，从而精确地理解"认知是计算的"这一主张的意义。皮利辛的主要工作就是功能建构，利用一种模型——"认知虚拟器"（cognitive virtual machine）[①]来实现，该模型功能建构与计算机程序等价。

首先，就是界面的分层，纽厄尔和西蒙的工作启发我们，对认知的解释包括在三个自主但相互作用的描述层次，自下而上分别是：物理（生物）层面、句法（符号）层面、表征（语义）层面。

第一层的生物层面中生物学的因素可以通过调整基本计算资源（皮利辛所说的功能建构）与符号层面概括相互作用。这种调节可能有生物化学作用、神经细胞分叉、神经功能萎缩等影响。这些调节也可通过一种叫"转换器"（transduction）的装置而互相作用。但有些物理性质集合在功能层面上有相同之处，而这些相同之处无法通过物理层面描述得到。这就需要第三个层面——表征（或语义、意向性）层面代表一个独特又自主的描述层面。

表征层面是基于这样的一个假设：存在着某些原则制约着一些不同状态之间的转换，而这些原则不能由功能单独使之个别化。在这一层面上，哲学家们用的是意向性术语（使用信念、目标、命题态度等），但欠缺了一条原则——合理性（rationality）。皮利辛认为，合理性原则是以上两个层面无法做出特定概括的。当我们说"某人做某事是因为他们有某个目标，并且他们相信这样做可以帮助他们达到目标"时，我们是在给出一个关于发生了什么事情的原则性解释，而不仅仅是做一个特设性（ad hoc）描述。譬如，在解释一个受试者如何给一个代词指派正确的指称时，像我们平时说的"小马相信老王是因为他曾经帮过他"，我们会涉及该受试者关于世界的信念。代词"她"与"他"分别哪个指男孩女孩，

---

① 〔加〕泽农·W.派利夏恩：《计算与认知——认知科学的基础》，任晓明、王左立译，北京，中国人民大学出版社，2007，第ⅩⅤ，ⅩⅥ，92，260页。

他们是否是当时在场的其他什么人。我们在给出解释时只需假定这种解释是系统性的，不必加上"如果这个人此时正在合理地（或理性地）行动"之类，因为这是背景条件。

在计算模型中，符号代码本身并不刻画其既定的解释，但是如果一个认知理念认定了它是什么模型，它的哪些方面应该对某事物建模，这个理论实际上就必须表述状态表征的是什么，不必涉及解释和获取概括。如果把某些特殊的表征内容归结为模型的状态，那该理论就是弱等价的或"仅仅是模仿"。

塞尔（Searle，1981）的弱 AI 即持这种观点，计算机在心灵研究中只是一个强有力的工具。形式模拟物就只是模拟而已，不具有也不解释心理状态的表征内容。塞尔说，计算模型产生相同行为，及模型状态被赋予特定语义解释，这两者并不能得出系统的活动同人的活动方式一样。皮利辛认为这是取决于程序员或理论家给出的特定解释。语义解释存在于理论家头脑中还是存在于模型自身中是一个伪问题。正确的问法是：是什么使功能状态的语义解释确定下来？又或者问，理论家赋予系统状态一个语义解释时所选取的范围是什么？这样的回答就可以按程序改变对计算机功能状态的解释，数、字母、词、环境描述等等。

不过，这种功能模型是否根本上有别于我们大脑的模型？信息处理加工理论在说明问题求解、语言处理和知觉方面取得了成功，它们有意掩盖有意识/无意识之分，还搁置了"感受质"（qualia）由何构成的问题，只处理可靠的功能和语义的相互关联（如只讨论"某人在痛"这个信念，而不讨论痛的感受）。

其次，三个层面是如何相互联系的呢？生物层面与符号层面由转换器来相互作用，而符号层面与表征层面的影响是一种"认知渗透性"（cognitive penetrability）。

皮利辛论述，这三个层面的联系是"自下而上"直达而不间断的。外部环境与整个功能模型的相互作用也是通过转换器来实现的。作为"认知功能建构中一种特殊的原始操作"[1]，转换器是一个独立于认知系统的受刺激来进行约束的部件，由自身的环境去中断驱动或数据驱动。这种装置的行为可被描述为从物理事件到符号的函数。

比模型更为具体的层面是程序，程序是使用某种语言编写的特定算

---

① 〔加〕泽农·W.派利夏恩：《计算与认知——认知科学的基础》，任晓明、王左立译，北京，中国人民大学出版社，2007，第173页。

法，是清晰易懂、可修改的。我们知道，一种好的计算机程序语言要全面封锁与完成任务的算法无关的细节，所以它又是严密的。程序的概念与一种语言的存在是捆绑在一起的，在一种计算机系统中通常有一个包含许多独立的语言层面的集合。如果一个程序是由STRIPS（一种AI语言）写的，它的命令就可以用LISP（一种命令式语言，源自递归函数）编写的程序语言解释，依次LISP程序又可以被用汇编语言编写的程序解释，汇编程序可以通过存储在只读存储器中的微程序指令来解释……继续倒退。因为人们可以从符号的角度而不是电子的角度来看待计算机中的电路——甚至是单个晶体管的功能。实际上，计算机设计师正是这样看待的。

要考虑怎样将一计算系统用作认知模型，首先是要给出标准的形式或算法，即用某种编程语言编写的程序，可能包括图形表示、递归语言描述等。当然，也要受一些假设的限制，包括哪些基本操作是可能的，它们是如何相互作用的，操作是怎样排序的，什么样的数据结构是可能的……这些假设是我们选择的功能结构的重要部分。广泛应用的冯诺伊曼机主要是通过"取出""运算""存储"操作形成序列进程。这种建构是利用"寄存器"（当计算机处理二进制数据时中央处理器中存储数据的部分），其中的符号提取是根据它们的数字"地址"，控制通过一个程序按顺序转移，符号操作的过程是将它们从存储器中取出来，关到一台指定的寄存器，对它们施以基本的命令，然后将结果送回到存储器中保存。

图灵引入原初的二进制图灵机，虽具普适性，但计算复杂，操作序列的复杂性会依据任务和输入方式的性质而变化。于是图灵机先模仿寄存器的建构，然后再模仿建构执行算法。直接执行一种算法与先模仿某个其他的功能建构然后再执行它，这之间的区别对于认知科学来说是至关重要的，它会遇到一个核心问题——计算的哪些方面可被实际上看作是模型部分，哪些方面只能被看作细节的实现呢？

我们需要在计算机上实现初始的认知操作的方法，但是关于实现这一目标的细节却没有什么经验的内容。皮利辛坦言，这是由于实际的硬件层面的现实问题，这个经验上与细节实现不相关的层面或心理操作的模仿层面是不可缺少的，因为产生模型计算机的功能建构与大脑的不同在于——线路不同、介质不同。

这里强调一下，皮利辛的计算建模是一种假设，如果假设是合理的，那么就可以尝试经验地证明这种假设，还要明确一些非计算的性质会随功能建构的某些假定而产生。

再次，认知虚拟器的功能基础我们已经描述了，但尚未完成，需要在计算过程与心灵的实际发生过程有一个"强等价"关系，这种强等价性要求计算模型满足严格的条件以保证模型与认知的相似。纽厄尔和西蒙已指出选择过于总本的或过于细微的操作器所产生的缺陷。计算模型应该是建立在一个能将基本表征状态提示出的聚合层面（level-of-aggregation）上的。一是因为机械的可实现性并非循环的机械解释的必要条件，这是对于当前技术水平的考虑而不是经验考虑。二是因为我们传统以来的"奥卡姆剃刀"造成一种惰性，在处理行为现象时，只关注最抽象最方便的层面。但实际情况是，每一层面都把握了某些概括，我们必须在各个不同的层面上描述（三个层面的不同描述就是如此）。那么聚合层面是一种界限，这界限是区分用语义原则说明的现象（语义层面上）与不必用语义原则说明的现象（符号层面上）。后一个现象是系统的功能建构的例示，功能建构提供了实现认知过程的计算资源给"虚拟机器"，这好比如程序语言为运行计算机程序提供资源。

然后，功能建构我们在细节方面还可以利用两条经验标准把握——复杂性等价和认知渗透性。

复杂性等价是强等价的必要条件，但不是充分条件。它使我们可根据从输入的性质到过程的某个统一的聚合性质的函数来处理程序之间的强等价关系。通过外部观察怎能判定两台计算机是否在执行同一算法呢？以流程图表示一下，节点所对应的对象被限制为那些资源被确认的过程，表示的是计算相同的输入—输出函数，这依赖于输入的计算资源需求的监测。

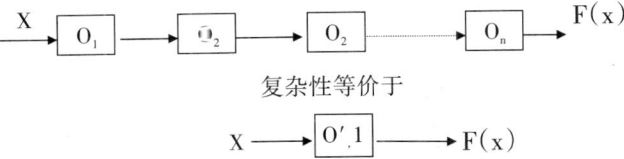

$$X \longrightarrow \boxed{O_1} \longrightarrow \boxed{O_2} \longrightarrow \boxed{O_2} \cdots \longrightarrow \boxed{O_n} \longrightarrow F(x)$$

复杂性等价于

$$X \longrightarrow \boxed{O'_1} \longrightarrow F(x)$$

图2-5　复杂性等价[①]

① 〔加〕泽农·W.派利夏恩：《计算与认知——认知科学的基础》，任晓明、王左立译，北京，中国人民大学出版社，2007，第128页。

第二个标准是认知渗透性，其本质是：假设当受试者相信一件事时，他们表现出的行为可以部分地被某个函数 F_1 刻画，当受试者相信另一件事时，他们表现出的行为可以部分地被另一个函数 F_2 刻画。进一步假设受试者表现出的特定的 F 与他们信念的内容具有某种逻辑或理性的关系。要说明这点，对 F 本身的解释必须包含受规则支配的或计算的过程。认知渗透性标准的应用不是唯一的，这里我们只是简单提及一下。当我们要解释关于假设的子过程时，我们所能知道的一切是整个的生物体的行为，这是渗透性的。对于一个相关子过程 F_1 或 F_2 是否相互影响？是否受其他 F_n 的影响？这是个问题。不过这样的好处是我们可以通过确认功能是否以语义上规范的方式，通过改变受试者的目标和信念加以改变，对此做一经验性研究，能以这种方式改变的功能就是认知渗透性的。这时就不是在功能建构中例示，而是一个复杂的计算过程。皮利辛在这里提出，过程是认知渗透性的，功能建构中某些部件也是可渗透的（前面提到的转换器是不可渗透的）。语义层面会不会不仅影响符号层面而甚至影响生物层面？皮利辛认为这是关系到语义术语和物理术语的"混合词汇"的可能性。由于皮利辛坦言功能建构和受表征支配过程的分界或许是他提出的最基本的分界，是强制性的，语义不能对物理的性质有任何直接影响，这是原则性问题，也是认知科学的基本工作假设。

　　例如，我们可以给出某人行为的一种复杂性描述，描述的依据是事物的部件如何组合、各部分如何连接、各部分作用怎样等等，整个看起来为某种抽象的黑箱——以进行功能描述（在这个意义上皮利辛可以说是功能主义者）。皮利辛认为这样处理就可以把某些人渴望、相信的，但又不存在的事物统统归入表征内容。当我们说我们做某事是因为我们有某个目的 G，或我们相信某个命题 P，我们就把因果性归因于表征，被表征的可以是未必存在的东西。

　　最后，简单地说，皮利辛的建议是，认知可以被看作是计算的，因为它涉及以内部代码的形式物理实例化的表征，并经由某种元素操纵。处理元素将有一组基本操作可用，这组原始操作或机制构成了他所说的系统的"功能建构"。为了让一个计算模型被接受为人类认知的模型，它必须最终被写成一系列步骤（算法），这些步骤只假设是由那些原始（非认知）机制提供的资源。实际上，算法必须用适合函数式体系结构的编程语言编写。

　　像皮利辛、福多、迈尔（Marr）、纽厄尔和西蒙这些人支持心理表征是符号建构，又称"表征符号处理模式"，对认知科学而言这提供了一种经典的建模，后来看作好的老式人工智能（good old fashioned artificial intelligence，GOFAI），典型地具有语义评价要素，心理过程是规则支配而操作的敏感要素。GOFAI一般认为，符号表征基于一组生成规则，这些规则支配着一组原始符号的运算。在认知科学早期的几十年的历史里，认知模型基本上都是符号的，并且在问题求解、决策、概念学习、语言等领域获得重大的成功。无论AI能否成功制造出来，它的每条数据和规则在大脑和神经系统中具有一个特定的表征，在非常类似于一个寄存器的东西上物理地得以实现。

总体而言，GOFAI提供了表征的标准模型，大致包含：认知系统是一个能满足其目标过程中可使用信息的实体，并且能进行计算；表征携带信息，并有所实现（如大脑的神经硬件）；还有一定的反馈回路。

（四）反表征主义

GOFAI缺点是明显的，在建构功能的同时失去意向性和规范性；机器无法适当地作为人在日常认知任务中使用，计算机科学里只要求模拟从一些给定的输入中能够产生正确的输出，而不需要介入过程模拟人的认知过程，无论有意识或元意识。一开始，表征主义与计算主义是联袂登场的，因而，对计算主义不满的人也会嫌弃表征主义，反计算主义也反表征主义。主要有以下几个问题：

1. "中文屋"问题

1980年，哲学家塞尔提出了名为"中文屋"（Chinese room）的思想实验，模拟图灵测试。将图灵测试中的机器换成一间中文房间的机器，在房间里有一个人从一扇窗户接收纸条，然后从另一扇窗户分发纸条。这些纸条上写汉语符号，同时，这个人配有一部词汇量足够多的中英翻译手册（或指导手册）。中文屋是一个输入—输出系统，以符号作为输入和输出。输入—输出系统的工作方式由手册决定，它告诉房间里的人根据他收到的纸条分发哪张纸条。手册本质上只是一种将输入符号与输出符号配对的方法符号，它不是用中文写的，可以被一些人理解和遵循。房间里这个人所需要做的就是识别中文的符号。

现在，中文屋根据手册要求，实现了输入—输出，通过了图灵测试。这看起来很完美，然而，中文屋中的人不懂中文，它怎么能听懂呢？它了解中国吗？知道"中国""李白"指称什么吗？人在中文屋内不懂中文，计算机与程序正在运行，编程计算机所理解的其实是什么都不理解，实际上代表了中央不存在表征部分，也就是无表征。塞尔断言，计算机可能是人大脑的机械模拟。皮利辛有个笼统的回应，他采取语义层面处理，将意向性解释直接赋予符号层面之上的表征层面，该层面受"合理性原则"支配。但我们应如何准确把握这个所谓的"合理性原则"，皮利辛没有多作解释。中文屋的思想实验针对的是图灵测试，也是针对 AI 的"意向性"，某个 AI 即使通过了图灵测试，能正确地回答问题，这是合理的，但它对问题也没有任何理解，因此我们不能说它具备真正的智能。

2. 框架问题

麦卡锡与海耶斯（McCarthy & Hayes，1969）最早界定的框架问题（the frame problem）就是指假定机器人的一个动作会引起某个改变，但它也可能会导致另外的改变。博登（M. A. Boden）用猴子与香蕉的例子来解释，猴子为了获取香蕉，需要搬动一个木箱垫高才能够得着。它不知道木箱实际上被实验人员用绳子连着香蕉，木箱一移动，香蕉反而会升高。猴子的"相关世界"（猴子、香蕉与木箱）用虚线框架表征，超出框架之外的东西（绳子），猴子无法理解。[①] 人类作为认知主体，在"相关世界"中显然是再正常不过的事了，如果这个世界很复杂，那么我们也可以具体地归纳这个认知主体所具有的概念框架是由哪些因素构成的。对 AI 而言，如果程序没有人类的关联感，评估每个动作可能会带来的所有后果，那么框架问题就可避免，否则就无法解决。框架问题是人工智能研究过程中最为棘手的核心问题。认识论框架问题及其计算问题仍然是一个真正的威胁。

框架问题的计算方面说的是，关于如何计算行动的结果而不需要计算行动的非效果的问题。如果我们不预先设定智能模拟的目标，那么就有可能面临无法计算的问题，如指数爆炸。

想象我自己作为一个机器人设计师，这个机器人必须完成一项日常任务，比如泡一杯茶。设计上是采用 GOFAI 的方法论原则，基于逻辑运算的。现在，假设机器人必须从橱柜里拿一个茶杯。在它的事实数据库中，杯子的当前位置被表征为一个句子，与那些代表当前情况的无数其他特征的句子一起，比如环境温度、杯子臂的形状、当前日期、茶壶的颜色等等。在抓住杯子并将其从橱柜中取出后，机器人需要更新这个数

---

① McCarthy, J., Hayes, P. J., 1969: "Some Philosophical Problems from the Standpoint of Artificial Intelligence", *Machine Intelligence 4*, Meltzer, B., Michie, D.M. (eds.), Edinburgh: Edinburgh University Press, pp.463-502.
转引自〔英〕玛格丽特·博登：《人工智能的本质与未来》，孙诗惠译，北京，中国人民大学出版社，2017，第50-51页。

据库。杯子的位置已经明显改变了，所以这是一个需要修正的事实。但是还有哪些句子需要修改呢？有可能环境温度无变化，茶壶的位置无变化。但是，如果过滤网碰巧放在杯子里，那么过滤网的新位置就需要更新。以上种种，作为设计师的我都需要考虑进编程中，难度相当大。

常识性知识将引起人工智能的崩溃。符号主义集中于特定领域的专家系统，而智能体需要应对常识，这超出了框架。哲学文献中第一次有意义地提到框架问题是由丹尼特提出的："当一个有认知能力的生物，一个对世界有许多信念的实体，执行一项行动时，世界就会改变，这个生物的许多信念必须被修改或更新……我们必须拥有内在的方式来更新我们的信念，以填补空白，并保持我们的内在模式，即我们信念的整体，大致忠于世界。"[①]在《心理模块性》中，福多站在机器人专家的立场上，提出了类似的疑问："我们在这里设置了一个计算上的陷阱。如果机器人不能确定它的信念在一些活动中是保持不变的，那么它就无法做任何事情。然而，机器的程序如何确定它所从事的一个或另一个活动中哪些信念应该重新评估？"[②]丹尼特与福多的怀疑带来的有益启发是，因为知识库太大，不适合任何穷举搜索，所以合理推理的图灵机模型是局部的，当前 AI 模型在遇到各种对整体更为敏感的形式推理时就会彻底失败。

看起来试图避免框架问题的方法是诉诸合理性或相关性的概念，AI研究人员的解决方案通常采用某种形式的常识惯性定律，根据惯性定律，默认情况下假设情境的属性不会因行动而改变。这个假设被认为是合理的，因为它首先引起了逻辑框架问题，即当执行一个动作或发生一个事件时，大多数事物不会改变。另外一个就是诉诸相关性的概念。在任何给定的行为中，只有某个情境的某些属性是相关的，因此问题看似解决了，对行为后果的考虑可以局限于有相关性的属性。

3.无表征智能问题

AI 发展出一条行为主义（或进化主义）的进路，布鲁克斯（R. Brooks）的无表征智能设计也属于反表征主义的一类，他采用进化论的新观点，认为我们应着手建立基本的机械生物，然后再试图制造机器人。布鲁克斯制造一些模仿昆虫的基本机器，想法是，只有先理解这些最基本的东西，我们才能开始理解人类认知的复杂性。他的设计是利用进化是层层叠加的原理，这是一个增量的过程。他的设计的单位就是行为，

---

① Dennett, D., 1978: *Brainstorms: Philosophical Essays on Mind and Psychology*, Cambridge, MA: MIT Press, p.125.

② 〔美〕福多:《心理模块性》，李丽译，上海，华东师范大学出版社，2002，第109页。

行为的叠加产生更复杂的行为。不像传统机器人学把"感知—建模—规划—行为"的循环作为起点，布鲁克斯的机器人包含了一组自主的、可并行运行的元件。没有中央控制，也就不用中央表征系统。这些行为仅仅通过感知和动作的紧密联系来完成，而避免用认知过程来协调感知和动作。他称这种行动者为创造物（creatures），这种创造物的优点在于提供了一条非常简单的从系统到复杂的、自动的智能系统的增量路径。在每一步，只需建立某种微小元件，让它连接于一种现存的、工作着的完美系统。①

布鲁克斯和他的同事着手制造了第一个机器人艾伦（Allen），用计算机程序设计语言（list processing，LISP）计算，它包含着分解为各任务完成行为层面的基础观点，通过调试真实世界来增加组合。第二个是赫伯特（Herbert），它是利用激光扫描、主感应器和无线电罗盘来成功完成任务。我们要考虑的是布鲁克斯关注的是无表征的智能是否可能问题，他试图通过智能机器人证明。

由此布鲁克斯宣称他不是通过空想设计，而是观察到这样的智能是没有中央表征的，甚至没有中央系统。每一活动生成层面直接连接感知到行动，没有中央意图的控制轨迹。局部的相互作用可能看起来是无序的或无意图的。然而布鲁克斯更强硬地宣称甚至在局部层面也不需要传统表征，不用语义就能连接到它们的殊型，最好的是能在执行中被说是数字由一过程传递到另一个。他们通过建造一系列自动的、能运动的机器人，得出一种结论：当考察非常简单的智能时，清晰表征的世界模型便直接出现了。表明用世界作为模型是比较好的。而这证明了布鲁克斯的假设——在建立智能系统的最庞大元件时，表征是错误的抽象单元。

布鲁克斯并未对"表征"做出清晰的定义。帕尔默（S. Palmer）对这智能划分有五项联结条件——有目标域；有模拟域；目标域中的是相关联的结构子集；模拟域中的结构子集是相关联的；模拟域中的相关结构与目标域中的相关结构之间存在着整体的一致。就布鲁克斯设计的机器人而言，一致性出现在环境的适当信息方面与机器人的适当信息方面两者之间。机器人的电子设备信息加工是由图式或有穷状态图表表征的。图式构成了表征系统，而该系统又确定了环境中的信息流和机器人的电子设备中的信息流之间的一致性。智能就存在于表征系统所在的地方。进而，布鲁克斯断言：表征的核心不是存在于系统之中，而是限制在AI

---

① Brooks, R., 1991: "Intelligence without Representation", *Artificial Intelligence*, 47（1–3），pp.139–159.

系统的创立者的心灵范围之内。①

布鲁塞尔大学的史提尔（L. Steels）是智能体方法的先驱之一，他提出了一种基于规则的智能体模型，用于描述和模拟复杂的行为和决策过程。这种方法在游戏 AI、机器人控制等领域得到了广泛应用。他通过研究一群智能体之间意义和交流系统的演化，提出了另一种"自下而上"的方法——不是把人类自己的语言和概念输入智能体，而是试图建造一个能自主生成智能体自身语言和概念的系统。实验中，智能体独立存在于任何一个物理机器人，位于由计算机网络所支持的虚拟环境中，而这个计算机网络延伸到了不同的地方。当智能体需要交互的时候，网络便把它们传送到位于其他地方的机器人身体中，这样智能体就进入了现实世界。②

华力士（P. Wallis）也认为一种计划的机制将显现对任何创造物比昆虫具有多智能层面。他设计足球机器人的机械装置，要求信念、欲望与意图建构，智能体来根据行动计划，能够置身于境遇行动，比布鲁克斯所描述的反应系统实现更少本体论承诺。③

以上的研究都表明下一步 AI 的行为主义进路所开发的境遇化（situated）要求，智能体置于现实环境中，面临复杂的因素，如果能够充分利用环境中的结构成分，那就能减轻内部表征的负担。另外的原则性条件是"自下向上设计"，从最基本的开始。如著名的波士顿动力公司成功研发的大部分机器人，正是采用这一设计思路。这也可为我们研究认知，甚至是认知的境遇化、涉身化（embodiment）提供一种全新的进路。

4.联结主义的质疑

与传统计算的信息由符号串表征不同，联结主义者（McCulloch & Pitts，1943；Rumelhart & McClelland，1986；Smolensky，1988；Rumelhart，1989）希望用人工神经网络（或"神经网络"）来解释智力。神经网络是大脑的简化模型，联结主义则基于网络节点的分布激活，驱动人

---

① 〔美〕莫顿·韦格曼：《表征与心灵理论》，《心灵哲学》，高新民、储昭华编，北京，商务印书馆，2002，第587页。

② Steels，L.，Brooks，R.（eds.），1994：*The "artificial life" route to "artificial intelligence"，Building Situated Embodied Agents*，New Haven: Lawrence Erlbaum Ass.
Steels，L.，2003："Evolving Grounded Communication for Robots"，*Trends in Cognitive Sciences*，7，pp.308–312.
Steels，L.，2007："Fifty Years of AI: from Symbols to Embodiment and Back"，*50 Years of AI*，Lungarella，M. et al.（eds.），Festschrift，LNAI 4850，pp.18–28.

③ Wallis，P.，2004："Intention without representation"，*Philosophical Psychology*，17，pp.209–224.

们倾向支持联结主义架构的领域是知觉、（模式）识别、分类以及某些任务的归纳学习。他们坚持心理表征为在简单过程的行动类型中被认识，心理过程包含扩散性的行动。在联结主义者看来，信息是非符号地储存于神经网络中，以网络单元中的联结强度呈现。

神经网络是由大量单元（神经元的类似物）和衡量单元之间连接强度的权重组成。这些权重模拟了连接一个神经元到另一个神经元的突触的影响。这是一个简单的神经网络，如图2-6。

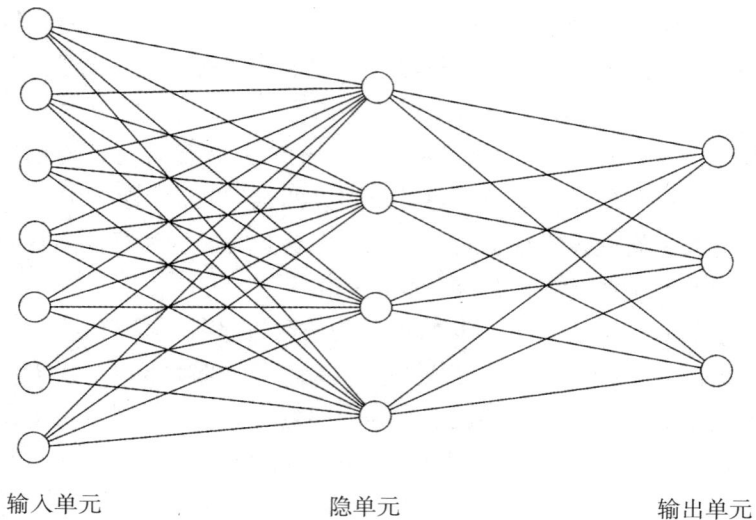

输入单元　　　　　　　隐单元　　　　　　　输出单元

图2-6　联结主义的神经网络[1]

每个输入单元都有一个激活值，表示网络外部的一些特征。输入单元将其激活值发送信号给与它相连的每个隐单元。每个隐单元根据从输入单元接收到的激活值计算自己的激活值。然后这个信号被传递到输出单元或另一层隐单元。这些隐藏单元以同样的方式计算它们的激活值，并将它们发送给相邻单元。这就是"平行分布处理"（parallel distributed processing，PDP），指认知过程模拟中的步骤正在同时发生，它们由于网络中的联结结构而被联合。

最终，输入单元的信号通过网络传播，以确定所有输出单元的激活

① Rumelhart，D.E，McClelland，J.L，PDP Research Group，1986：*Parallel Distributed Processing：Explorations in the Microstructure of Cognition*，*vol. 1：Foundations*，Bradford Books，p.320.

值。由网络建立的激活模式是由单位之间连接的重量或强度决定的。权重可以是正的，也可以是负的。负权重表示接收单元受到发送单元活动的抑制。每个接收单元的激活值根据一个简单的激活函数计算。激活函数的细节各不相同，但它们都遵循相同的基本计划。该函数将所有发送单元的贡献相加，其中一个单元的贡献定义为发送和接收单元之间的连接权重乘以发送单元的激活值。这个总和通常可以进一步修改，例如，通过将激活总和调整为0到1之间的值与/或通过将激活设置为零，除非达到总和的阈值水平。联结主义者认为，认知功能可以用以这种方式运作的单元集合来解释。因为假设所有的单元都计算相同的简单激活函数，所以人类智力水平必须主要依赖于单元之间的权重设置。

上面所示的这种网络称为前馈网络。激活直接从输入流向隐单元，然后再流向输出单元。上图只列了一层隐单元，更真实的大脑模型应该包括多层隐单元，以及从高层向低层发送信号的循环连接。为了解释短期记忆等认知特征，这种重复发送是必要的。在前馈网络中，相同输入的重复呈现每次都会产生相同的输出，但即使是最简单的生物体也习惯于（或学会忽略）相同刺激的重复呈现。分布式表述的优点是本质上具有构造性的特点；具有自动概括新情况的能力；具有适应变化环境的能力。①整个网络把特定的输入水平的活动向量转变为对应的输出水平的活动向量的装置。决定整体交换的特征的因素，是大量的联结权重所具有的一组特殊的值。在联结的强度上，一个神经元在某一活度级发出信号；联结当被激活时具有某个权重；对下一个神经元的"输入强度=活度×权重"。

回到反表征问题，可以看到，"表征"这个概念在联结主义中没有得到任何应用，因为在联结主义者看来这个术语令人误解。在网络中也不存在单元的表征，可以说某个知识在整个网络中被表征，但这没多大用处。PDP模型网络的长处在于可以很好地处理GOFAI留下的问题。比如"框架问题"，中风和损伤可以被模型化，一些神经元受到破坏时，模型网络仍然能正确地进行。神经递质对突触传递是很重要的，在模型网络中它们确实有清晰的类比。在精致结构中，脑的某些部分明显不像是网络状的。在真实生活中，有许多方式学习"相同的事物"。意向性问题呢？在这个网络模型中，没有什么表征，只有联结，信息以活动方式动

---

① 参见〔美〕J. E.欣顿、J. L.麦克莱兰、D. E.鲁梅哈特：《分布式表述》，《人工智能哲学》，〔美〕玛格丽特·博登（编），刘西瑞、王汉琦译，上海，上海译文出版社，2001，第341页。

态地表征。它又不需要中央表征处理器，它不能解释"理解"，因为，"理解"在这儿是一个事件，但明显地，这是一种持续情况、一种倾向。而且它只有在正确表现中才能得到显示。

5.认知动力学的反驳

认知动力学（Cognitive Dynamics）进路或动力系统理论（Dynamical Systems Theory）由戈尔德（van Gelder）提出。[①]他认为，认知科学哲学一直被计算假设所误导。在传统的计算方法中，表征被看作是离散符号的静态结构，透过将静态符号结构转换成离散、序列的步骤来实现对认知的解释。如此一来，感觉信息被转换成符号输入，而符号输入产生符号输出，符号输出又可被转换成运动输出。整个系统在一个持续的循环中运行。但是，这类计算主义脱离了时间维度，人类的认知应该是会连续、即时地发生，大脑是随时随地与外界进行信息交流的。

因此，戈尔德提出这样的一个基本假设，自然认知系统是动力系统，该系统具有数值状态，随着时间，遵循某些规则而演化并呈现出一定清晰度。动态视角的核心是时间，关注行为如何实时展开的细节；他们的目的是描述和解释这种行为的时间过程。认知处理的起点和终点通常只是次要的，这与计算主义者形成了鲜明的对比定向，其中主要关注输入—输出关系，即系统对任何给定输入提供的输出。

动态视角的第二个关键要素是对总状态的强调。动力学家假设系统的所有方面都在同时变化，因此将系统的行为视为系统的总状态如何从一个时间到下一个时间变化的问题。相比之下，计算主义者倾向于假设一个系统的大多数方面（例如存储在内存中的符号）不会从一个时刻到下一个时刻改变。变化被认为是一个局部事件，是一个符号被另一个符号取代的问题。

戈尔德借用瓦特蒸汽引擎控制的例子，提出瓦特型动力系统。蒸汽机控制器是一个了不起的装置，用来防止蒸汽机爆炸。调速器连接在蒸汽管上，当发动机运行得更快时，调速器旋转得更快，导致安装在调速器两侧手臂上的球上升。上升的球导致阀门关闭，因为手臂和阀门之间的机械连接。收缩的阀门减少了蒸汽流量，降低了压力，从而导致发动机减速，进而导致调速器旋转得更慢。较慢的旋转导致手臂上的球下降，打开阀门。这样可以保持调速器内部的压力相对恒定。

---

① Geldear, T., Rober, F. Port, 1995: "It's About Time: An Overview of the Dynamical Approach to Cognition", *Mind As Motion:Explorations in the Dynamics of Cognition*, Gelder, T. &Port, R.(eds.), Cambridge, MA: MIT Press, pp.1-43.

瓦特型动力系统则包含四个特征：

第一，动力系统：理解瓦特调速器的最好方法是通过动力系统理论的工具。写一个微分方程是相对直接的，它将指定臂角如何作为发动机转速的函数变化。该系统是一个典型的动力系统，因为这些方程有少量的变量。

第二，时间敏感度：瓦特调控器与时间有关。它之所以有效，是因为飞轮速度的波动几乎会立即引起臂角的变化。控制系统演化的微分方程跟踪飞轮速度和臂角之间随时间的关系。

第三，耦合，即内外部的互动：瓦特调速器工作，因为手臂角度、节流阀和飞轮的速度都是相互依赖的。臂角是确定飞轮速度的参数，但是飞轮的速度同样是固定臂角度的参数。系统作为一个整体就是动力系统理论家所说的以反馈回路为特征的耦合系统。

第四，吸引子动力学：吸引子动力学是一个非线性动力学的重要概念，它描述了一个系统在长时间运动后所呈现的稳定状态。在吸引子动力学中，一个系统的运动轨迹会逐渐趋近于一个有限的、稳定的状态，即吸引子。对于任何给定的发动机转速，都有一个平衡臂角——一个允许发动机继续以该速度运行的角度。我们可以把这个平衡臂角看作一个吸引子——状态空间中的一个点，许多不同的轨迹将会收敛到这个点。

这种系统证明了可以在没有表征的情况下进行。这个例子的力量在于这样一个事实，即控制器的调解状态不是持久的。压力变化时，调速器的速度也随之变化。大脑是一个动态的系统，众所周知，大脑的活力产生思想。该认知过程跨越大脑、身体与环境，试图结合三者来理解认知。与其说认知过程是"无表征的"，不如说是"在某类非计算的动力系统中存在状态空间演化"。我们可以看到，由于系统的多层次，动力学方法具有沟通底层和顶层、客观与主观、生物体与环境的解释力与预测能力。

6.具身现象学的怀疑

德雷福斯（H. Dreyfus）在《计算机不能做什么》[①]中提出，身体在智能行为中是不可替代的。AI背后理论假设是站不住脚的心理学、认识论和本体论。AI就是炼金术。对专家技能的现象学分析表明，技能是具

---

① Dreyfus, H., 1979: *What Computer Can't Do* (*revised edition*), New York: Haper and Row, 1979.

Dreyfus, H., 1992: *What Computers Still Can't Do: A Critique of Artificial Reason*, Cambridge, MA: MIT Press.

身的（或译"涉身的"），而非表征的。尽管计算机可以执行大量的计算任务，但它们缺乏人类智能中的某些关键方面。

在理解语言上，德雷福斯认为，计算机可以通过自然语言处理技术来进行对话，但它们无法真正理解语言背后的含义和语境。这是因为语言不仅仅是一些单词和语法规则的组合，而是包含了文化、历史和社会背景等多种因素的综合体。只有人类才能根据这些综合因素来理解语言的真正含义。

在创造性思维上，计算机可以进行逻辑推理和模式识别等任务，但它们缺乏创造性思维的能力。创造性思维需要超越现有的知识和经验，从而产生新的想法和创新。这是人类智能中的一个重要方面，而计算机目前还无法完全模拟这种能力。我们会在第八章的最后部分讨论这个问题。

在情感和情绪上，德雷福斯认为，计算机没有情感和情绪。虽然它们可以模拟出某些情感的表现，但这只是一种机械的反应，而不是真正的情感体验。情感和情绪是人类智能中非常重要的一部分，它们可以帮助我们更好地理解自己和他人，并做出更明智的决策。

简言之，德雷福斯通过具身现象学的视角来探讨计算机和人类智能之间的差异，指出计算机在理解语言、创造性思维和情感情绪等方面存在局限性。

（五）表征主义的回应

针对以上的反表征主义，我们不得不重新审视"表征何为"。早期的联结主义、认知动力学与无表征智能，强调一种自下而上策略，放弃表征。表征主义者将心理表征设置为心理解释的必要条件，即不使用心理表征就无法解释心理活动。具代表性的观点是由克拉克与托里比奥（Clark & Toribio，1994）提出所谓"表征饥饿"（representation-hungry）的问题。[①]

论2.7 表征饥饿问题

表征的必要性至少满足以下一个条件：

RH1：涉及对不存在的或反事实的事态的推理。（缺席论题）

RH2：要求主体对环境物理表现复杂且难以控制的参数（如开放式析取）有选择性地敏感。（抽象论题）

---

① Clark, A., Toribio, J., 1994: "Doing without representing?", *Synthese*, 101 (3), pp. 401–431, 419.

RH1解释的是涉及对不存在的或反事实的事件状态的推理，认知活动需要心理表征作为解释，可称作"缺席论题"。追踪远端或不存在的能力，首先需要使用一些内在的资源，与适当的行为相协调，而不需要持续的环境输入来引导我们。如果认知对象（或事态）是诸如"麒麟""天马"这类空名，那么MR就可以恰当地解释。

任何扮演这种内在角色的东西肯定会被视为某种内在表征，RH2是在涉及抽象的领域，认知活动需要MR作为解释，比如要求智能体对环境物理表现复杂且难以控制的参数有选择性地敏感，可称作"抽象论题"。当涉及认知的"繁重工作"时，内部表征仍然被大多数理论家视为不可或缺的解释性假设。真正的认知等同于离线认知，须用内部表征来解释。

马可曼与迪特里希（Markman & Dietrich）提出，表征是一种中介状态（mediating state）的信息，中介状态信息通常是关于某物的，典型地由系统移至空间与时间的某种实体，应用于影响外在环境的系统里的信息。[1]这类信息状态有四个充分条件：

（1）有某伴随包含目标状态的内部状态的实体；假设这些遇到改变。

（2）外在于相同系统的环境也改变状态。

（3）有信息的关系集合，在环境与系统内的状态之间存在一种所谓反馈回路，那信息必须流动，从环境内到系统，从系统外到环境。

（4）系统必有内部过程，这过程的发生是由内部状态及其改变影响的，并允许系统满足系统独立目标。

以中介状态为基础，马可曼与迪特里希认为系统是由一种内部信息作为引起在环境信息进入和行为输出之间的媒介。心理学和AI中大多计算模型并不利用实际的中介状态，因为这些研究的内部状态确实不具有相应于外在系统的实体。大多数AI系统的数据结构达不到中介状态的要求。布鲁克斯提出的机器人在马可曼与迪特里希看来似乎是由尚未发展的中介状态连接自身与环境，然而，缺乏真实中介状态并没有妨碍AI系统成为一种有用的工具与解释模型。

如果认知过程需要具有属性X的内部状态，那么某些认知过程C则需要具有属性X。X通常是表征的组成部分，可以是持续性的（enduring）、离散性的（discrete）、合成性的（compositional）、抽象性的（abstract）、规则控制的（rule-governed）。结合RH问题与他们对表征的捍卫

---

① Markman, A., Dietrich, E., 2000: "In defense of representation", *Cognitive Psychology*, 40, pp.138-171.

工作，我们可以尝试回应。

第一，RH1的"缺席论题"表明MR应该是持续性表征。按照认知动力学与联结主义，认知系统的表征激活显然表现了即时变化。虽然动态系统显然涉及其中介状态激活的短暂变化，但它们也需要持续较长时间的状态。从持续性表征可以推出离散性与组合性表征。

MR可能是离散性表征。离散状态被称为"实体"，强调它们的独立性。在文献中，这样的实体经常称为"符号"，离散实体是许多关于认知表征建议中的元素。如果一个系统具有一个以上的表征，且这些表征又是有边界并可唯一识别的，则该系统是离散表征。

MR还可能是合成性表征。如前面的合成性论证，关于认知过程的一个重要观察是，概念是结合在一起的。这种从原始单位形成更复杂概念的能力在语言中尤其明显，我们以这种方式自由而轻松地组合概念，形成丰富多彩的自然语言。

第二，RH2的"抽象论题"需要心理表征作为解释，MR是抽象性表征；一个普遍的直觉是，抽象思维是认知过程的核心。在一个层面上，中介状态是抽象的，这是显而易见的事实。经典的假设是，我们存储的信息非常抽象，因此它适用于各个领域。如（P→Q）的逻辑推理，P或Q的作用可以轻易想象到。

不过，一种质疑来自经典的华生选择任务[①]，该任务是说，人们被告知要假设他们看着一组四张牌，每张牌都有一个号码，分别显示了A、4、7和J，测试规则是：如果牌的正面是元音的话，背面则会是奇数。在这个任务中，人们似乎对肯定前件式推理（P→Q，P，所以Q）很敏感，因为几乎所有的人都说，上面有A的牌必须翻过来。相比之下，人们通常似乎对否定后件式推理不敏感（P→Q，非Q，P），因为很少有人建议必须翻过偶数的牌。华生选择任务的进一步证据是，人们在面对这类抽象逻辑问题时常常出现错误，也就是说认知系统所处理的表征很可能没那么抽象。这个任务在心理学研究中被广泛用于探讨人们的认知偏差、推理能力和决策过程，也使得认知科学的研究从抽象逻辑形式的运用转向了基于语境的方式。当前的许多认知科学研究表明，认知过程大多是具体的。

可以回应的是，适用于所有领域的通用表征很可能不存在，高度抽象的表征可以储存于某些地方，类似肯定前件式推理也是存在的，不需

---

① Wason，P. C.，Johnson-Laird，P. N.，1972：*Psychology of Reasoning Structure and Content*，London：Routledge.

要依赖于语境。当然，我们还可以讨论的是，认知科学的研究集中于有多少表征是抽象的？有多少表征是具体的？不同的认知过程在多大程度上是抽象的？

MR 可能是规则制约性表征。反表征主义的论点是，认知发展并不涉及规则的习得。如运动能力的发展，年幼的婴儿在体重受到外部支撑的情况下，当他们的脚受到刺激时，就会表现出踏步的动作。需要承认的是，一些认知过程没有很好地表征为基于规则，并且认知科学经常使用过于粗糙的规则。

但是这并不意味着规则不是任何认知系统的一部分，对规则的讨论需要一个技术点和一个与之相关的方法论是，如果认知涉及算法的执行，那么，至少在原则上，我们可以使用规则执行对所有这些算法进行功能建模。虽然研究表明许多认知过程不需要规则，但这并不意味着规则就不是认知系统的一部分。即便计算主义是错的，且认知以某些非计算的方式进行，但是，当规则提供了一种解释充分且易使用的描述性语言时，则认知模型中使用规则也还是合理的。

RH2 表明，高度抽象的信息储存于一些中介状态中是可能的。我们所面对的是个体化信息，不同于它的抽象化程度。一些推论的图式形式看起来像是明显独立于我们作为抽象规则储存的领域。另一推论的类型是很依赖于这些领域的，主要问题可以由认知科学回答，多少种中介状态是抽象的，多少是具体有形的，在何种抽象层面上由不同认知过程应用。目前的天平倾向于许多认知过程的具体化。表征主义者认为没有必要去解释适当的认知过程，因为反表征主义者的论证形式普遍是"草率的"，主要是因为认知科学没有在表征范式内证明持续地运用表征来获得进步，认知科学聚集了几乎独立的微观理论，每一个都由主要数据支撑。

还有一个要回应的是如前所述的联结主义诘难，福多与皮利辛（Fodor & Pylyshyn，1988）对联结主义有个推论性评价[1]：联结主义保证的系统性与生成性的一个结果是，作为一种经典建构的执行［或落实（implement）］理论。在他们两人看来，PDP 者也承认联结的信号极端偏离约定符号处理进路，但是指向"PDP 执行"的不同机制，虽然他们也捍卫一种应理解更高层面的观点，通过较低层单元之间的相互影响，基本观点还是其中有些自动化的层面。所以福多与皮利辛指出联结主义的选择只能是——禁止非建构心智表征作为反对经典心智表征观有从句法

---

① Fodor, J., Pylyshyn, Z., 1988: "Connectionism and Cognitive Architecture: a critical analysis", *Cognition*, 28, pp. 133-204.

到语义的联系。他们批判联结主义是表象主义者，在选择心智表征建构程度上应放弃网络建构，而要继续坚持一种心智处理本质上的联想说明。

对此，联结主义又提出了一种新策略，斯莫伦斯、基勒让德与宫田（Smolensky，Legendre & Miyata）提出了这种"整合的联结主义／符号"（integrating connectionist and symbolic computation，ICS）计算框架。[①]该框架主要以"亚符号范式"（sub-symbolic paradigm，SSP）为理论基础。SSP这一特殊进路发展高层认知领域的研究，整合联结主义与符号计算的原则是由描述单一计算系统的两层建构数学关系发展而来的：在低层上，形式描述的系统按高阶分布的活动类型通过联结单元及其机制实现。在高层上，相同系统按符号结构被形式描述，以制约控制，以过程操作。应用到自然语言，这些计算使一中央组织的语法原则优化。

ICS寻求的是整合表征。当在低层分析时，心理表征是联结活动的分布类型，当在高层分析时，这些相同表征则包括符号结构。在这些张量（tensor）生成表征中，这整体的类型是所有构成类型的整合。在这些张量生成表征中，整个的类型是超出所有组成的类型的，组成的类型是一类填充的张量成品，和一种所占结构的类型。在适当认知领域像语言和推理中，表征是递归的，填充自身是复杂的结构作为矢量的表征，且表征是由递归定义为张量产品表征而来回实现的。填充的集合和整个结构的集合一致，可以称这种为整合网络表征。

ICS的网络试图提供介于符号模式和消去主义PDP模式之间的一种说明。被计算的输入、输出和函数都有语义描述，而且网络计算的证明主要取决于符号抽象。然而，在算法和实现水平上，符号抽象并不出现。总之，符号和规则当作活动模式和联结模式而被实现，利用ICS理论达到"水平的"和"垂直的"整合。高价认知指向那些相当抽象领域——语言，问题求解，推理，抽象计划——都是认知理论依赖于某些符号计算的模型。"水平的整合"是一种提供认知过程相关的连贯理由，这是跨高层与低认知领域。"垂直的整合"则需要相关的多层组织由神经层面跨越上升到最高的心智层面。

ICS理论较之前两者已经相当完善，不过仍有一定缺陷。符号函数不是根据算法结构或者因果结构而被计算的。网络上的更为抽象的矢量结构能证明和解释计算的方式。这种结构是存在于活动模式和联结的整体性质之中，而不是存在于算法当中表现出来的时空相互作用。由于符号

---

① Smolensky, P., Legendre, G., Miyata Y., 1993: "Integrating connectionist and symbolic computation for the theory of language", *Current Science*, 1993, 64(5):381–391.

和规则在更低水平的活动和联结中被实现，而低水平的活动和联结本身具有因果角色，因此，符号和规则可以解释，但没有起到因果作用。换句话说，低水平处理的算法不可能上升到高水平上，这意味着符号和规则自身没有因果角色，但这两个之间有没有直接的联系我们又无从得知。

最后，我们再重新整理一下，回到萨伽德的图2-4的类比。心智：心理表征+计算程序＝思维，认知科学的发展从GOFAI到PDP，再到ICS，经历中央表征、分布式表征、整合网络表征。这类"表征"，成了程序员或计算机制造者按照二进制系统使键盘输入变为电脉冲过程，在机器中所谓中央处理器创造了通过键盘输入的东西的表征，作为物质机器的计算机输入单位和状态之间一一对应。发展到联结主义阶段，以描述整个神经网络结构如何"表征"某事，这个术语更多的使用是，在输入什么和计算机、脑、神经系统等的结果状态是什么之间的一个弱关系。

事实上，智能体被置于现实环境中，这样就可以充分利用环境中的结构成分，从而减轻内部表征的负担。值得关注的是，脑科学对人工智能的重要性不言而喻。1956年达特茅斯夏季研讨会共讨论了七大问题，其中问题三就是"神经网络：一群神经元是如何形成概念的"。这是认知科学和神经科学的连接点，也是当前认知科学哲学需要回答的重要问题，还是脑科学需要回答的最重要的问题。认知科学研究智能现象（意识的，或意向性的），主要采用自顶向下的"形成概念"方法，神经科学研究脑的结构，主要从"一群神经元"自底向上方法研究。如前所述的无表征AI也有类似研究。

心智是一个超乎寻常的复杂系统，有着各种不同的思维活动。我们已经看到认知科学思维与计算之间的类比在两个方面为我们理解心智做出了贡献。由于计算假说能够足以精确地进行编程，通过运行模拟来进行测试，其性能便可与人类的思维行为进行对比。心智计算模型的结果之一便是人们认识到思维是何等复杂和多样化的过程：通过模拟可以让研究者们看到他们的理论思路的成就及其局限。人工智能特别是联结主义或神经网络，已经在众多认知模型抽象的理想实体以及身体与脑的真实结构之间为我们提供了一个插入的第三层。利用各种各样的隐喻，对抽象认知模型进行建构在发展认知心理学中是一个紧要的步骤，以致无法以科学上合理的意义进行直接的映射。

皮利辛认为，计算建构不是一种隐喻而是一个严肃的经验性假设，如果假设是合理的话，我们就要经验地去实现。这启发我们须设定一个前提（本体论预设）——计算机能否思维的问题在很大程度上依赖于经验，确切地说是经验发现，比如，什么样的计算机最适合于落实认知算法。从福多与皮利辛的观点看，把PDP看作是经典建构的执行（或落实）理论就可以了。这样做是考虑了AI的建构应当具备三个必要条件。

论2.8

P1：如果我们懂得人脑的认知机制，那么我们能制造某种机器。

P2：如果我们有一切具备的可利用技术（包括硬件和软件的），那么我们就能依据人脑的机制来设计某种机器。

P3：如果该机器能被制造出来，那么它也能由物理的元件产生主体经验。

C1：该机器就是人。

C2：计算机就是人脑。

问题在于，对于P1，我们现在尚未完全弄懂人脑的构造；对于P2，我们现在还没有足够的技术手段；对于P3，我们尚未能解释人脑如何产生主体经验。所以C1与C2无法达到。

我们是否忘记认知科学的初衷是为了更好地解释人脑呢，或者是为了解释人的认知呢？应该考虑一个经验合适性条件，就是说必须能够重构关于人类能力和操作的学说，解释当代人类认知的经验事实。想象一下，我们应该及时制造出一种机器人，要通过教育与社会化来学习，就类似于小孩的一个成长过程那样，以自动化智能来完成他们自身的目标。这样，我们才能说真正实现了计算建构，而不是去修补这个理论。然而，可以想象这些机器人的制造者，在人脑认知能力的基础上，并不比当代神经科学家所理解的多得多。

心理过程是一种计算的想法实际上是一个严肃的经验性假设。假设合理的话，我们就要经验性地尝试。显然，争论令我们重审"表征饥饿"问题的影响，当一个认知领域涉及这类问题时，摆脱表征解释据称可以被斥为"一厢情愿的想法"，"面临无法克服的问题"。自"认知革命"以来，"心理表征"MR这个概念确定了"促使从非表征的认知科学向表征的认知科学转变的问题"，"没有哪一种类型的表征能解释我们所有需要解释的心理活动。但缺了它们又几乎什么也解释不了。因此这有力地表明，心灵在做其他很多事情的时候都使用了多种类型的表征。"[①]盲目抛弃表征是否一劳永逸？显示不是，我们需要谨慎地选择。对思维最恰当的理解还依赖于表征结构及对结构的操作。

---

① 〔美〕埃里克·迪特里希：《表征》，《心理学与认知科学哲学》，郭贵春、殷杰主编，王姝彦译，北京，北京师范大学出版社，2015，第38页。

四、小结

回到本体论的三个观点：概念作为抽象对象，概念作为能力，概念作为心理表征。当然，我们还没有讨论第四种选择，就是说，一个概念理论，在本体论上可能以不同方式组合，但这似乎不太严谨。关于哪个东西应该被标识为"概念"，或许只是术语上的问题。倘若如此，哲学与认知科学家们言必称心理表征是"概念1"，能力是"概念2"，抽象客体是"概念3"也是可以接受的。这些保留立场的差别再次提出要采纳一个更精致的术语。比方说，是否存在心理表征？是否它们可以解释RTM支持者所要求的？是否这些解释就足够？我们能否提供更为重要的或与"概念"相融贯的角色？这些都会是问题。确切地说，这些问题会通过提出概念是否心理表征的疑问而发现。然而，如果我们采取新术语，那么关于各种更精致术语的——概念1、概念2、概念3的本质与存在就又会产生另一堆问题，或许保留原来的对立还是不错的选择。

然而，争论的参与者却又并不将之视为术语问题。可能这是因为他们将自身的概念理论联系到了在心灵与语言研究上的根本承诺，毕竟每位哲学家（或爱好者）在世界观与方法论上并不相同，有的是固执己见一意孤行，有的是广开言路从谏如流。毫无疑问，从达米特立场来看，接受心理表征的哲学家们也会接受RTM，而在他看RTM基本上是误导。同样，从福多立场来看，RTM是心智研究的关键，所以像达米特那样不遵循RTM的进路就在心智研究中设置了不适当的先天约束。按照前面的分析与论证，我们倾向于选择概念的本体论为心理表征。

CE1：在本体论上，概念是心理表征。

至此，我们可以如此断定，心理表征就是概念的本体，概念就是心理表征，这在认知科学上也是一个基本的假设：心智中的表征结构以及在这些结构上进行操作是对思维最恰当的理解。至于是计算操作还是其他的操作，我们还可以进一步讨论。

第三章　概念的方法论

概念的方法论（methodology），确切地讲应该是围绕"概念"研究的方法论。方法，是古人指量度方形的法则，取规矩、规则之义。现指为达到某种目的而采取的途径、步骤、手段等。"方法论"，顾名思义，就是关于方法的理论，科研工作者们常见"方法论"一词于国内各类课题申报书上，要求填写研究方法，如科学方法论、技术方法论、哲学方法论，尤其强调创新之处。马克思主义哲学的唯物辩证法尤其重视方法论问题，如矛盾分析法是对立统一规律在方法论的集中体现。通常我们会用到归纳与演绎、分析与综合、抽象与具体、逻辑与历史相统一等辩证思维方法，还有诸如控制方法、信息方法、系统方法、模型方法和理想化方法等现代科学思维方法。中国哲学、欧陆哲学喜欢文本诠释，英美哲学偏好语言与逻辑分析。以上种种皆属于方法论范畴。

显然，概念研究的方法论就要讨论"概念分析"（conceptual analysis）。作为方法论，概念分析一直以来被认为是先验的哲学方法，还能赋予实践以意义，回答本体论问题，进行还原以及规范意义。哲学家们应该免受经验杂多的困扰，陷入智慧的反思，才能展现人类闪光深邃的思想，如笛卡尔的沉思就在扶手椅上进行。不过，自然主义（Naturalism）的支持者们会反驳，诉诸直觉上的论证，虽然从思辨角度上看像是哲学家干的事情，但尚不足以支撑起一套称之为适当的甚至理想的哲学理论，所以，经验方法应该引起重视。按照自然主义者的观点，本体论研究对象是自然实体，方法论则追求一种尽可能纯粹的独立的（元）语言分析（非概念分析）方式。此处的概念分析与自然主义，应该是集中于方法论上的辨析。

一、概念分析

（一）分析与分析性

翻开任何一本教科书，开篇就需要用到"概念分析"的方法。当我们面对某个哲学问题争辩不休时，有人会提出来，应该回到最初的那个哲学"概念"，对其进行分析，将能够说的说清楚（维特根斯坦会说对于不可说的要保持沉默），此时我们可以发现，概念恰好位于各类争论的中心。

其实，关于概念分析作为方法论似乎是大多数哲学家默认的，因为它通常又与其他哲学问题交织，这就造成了概念分析一直以来被认为是哲学的传统方法，先验哲学家们尤为偏爱。如果哲学是关于概念的分析，那可以追溯到柏拉图的精彩对话中。在柏拉图的《游叙弗伦》篇中，游叙弗伦在回答什么是"虔敬"时，并没有回答它的本质，而只是说到它的某种属性，即虔敬能被所有的神喜爱。但它究竟是什么，苏格拉底质疑游叙弗伦无法给出充分必要条件。①亚里士多德在《范畴篇》中首次对"概念"（范畴，category）进行系统考察。他讨论了定义与定义的规则，一个范畴的特征是通过"种加属差"的方式表达，必须是充分且必要的，由此他还梳理出最基本的一个范畴②。亚里士多德的《前分析篇》与《后分析篇》，就用到了逻辑分析的方法。不过他将"分析"界定为"定义"。有人会认同概念分析的重要工作归功于休谟。比如一个经典的休谟叉（Hume's fork）就是说，我们要形成关于推理的对象的知识，那么就必须先要有关于观念关系的知识，比如具有直观的指示性，以及关于实际事情的知识，比如要以因果关系为基础。

理性主义的哲学家们可以坐在笛卡尔式的扶手椅上沉思，对"知识""真""公平""正义"等进行概念分析，如对"知识"三个条件分析的标准，就是要通过盖梯尔（E. Gettier）反例测试。如果能应付反例，那么分析就是靠谱的。如果不能，对知识的概念分析就要求再修正。有可能传统的知识概念不充分或不必要，就要求后续的研究。于是哲学就具有了某些先验的特征。

如此一来，有人会将概念分析理解为先验分析（transcendental analysis），分析"C是如何可能的"，这项工作归功于康德。康德在《纯粹理性批判》中说："这一分析论（先验分析论）是把我们全部的先天知识分解为纯粹知性知识的各种要素。"③在康德这里，概念并非直接从经验中

---

① 参见〔古希腊〕柏拉图：《游叙弗伦》，顾丽玲编译，上海，华东师范大学出版社，2009，第11页。

② 十个基本范畴是实体、数量、性质、关系、地点、时间、姿态、状况、活动、遭受。参见〔古希腊〕亚里士多德：《范畴篇、解释篇》，方书春译，北京，商务印书馆，1959/2008。

③ 〔德〕康德：《康德著作全集·第4卷·纯粹理性批判（第1版）》，李秋零编，北京，中国人民大学出版社，2005，第50页。

获得，而是通过我们的认知能力主动构思，对经验中事物的普遍性特征进行抽象和概括的心智构造。人类的认知能力具有先验结构，这是我们思维和经验的基础。他将这些先验结构称为"形式概念"，如空间和时间的概念，还包括自由、必然、概念、范畴、感性等先验概念和范畴。这些概念是我们主动投射到感官经验的"直观"之上的，构成我们对经验理解的必要条件。于是，概念成了我们理性思维的产物，通过我们的理性活动，我们能够对感官经验进行归类、概括和理解，"思想无内容则空，直观无概念则盲"。通过这些观点，康德试图解释概念如何在认识过程中发挥作用，以及我们如何能够具有超越感官经验的知识，为我们理解人类认知的可能性和限制提供了一种基础。

分析哲学中的哲学分析、语言分析、逻辑分析、概念分析都是"分析"，可以表述为"C+分析"，基本上是强调从哪个角度去运用分析的方法。还有一种是"分析+C"的形式，如分析命题、分析知识论问题、分析本体论问题、分析心身关系问题等，强调用分析的方法来研究哲学问题或范畴。哲学分析是通过显示一个断言的更清晰或更基本的断言来达到对这个断言的更深层的理解。无论是"C+分析"，还是"分析+C"，我们都要回答什么是"分析"，这就像我们一直在追问"分析哲学"的定义一样。

> "分析哲学"并没有一个专门清楚的定义，没有任何一个哲学家对分析哲学的定义被看作是唯一正确的……在讨论分析哲学时我们面临的首要困难就是，对于要求表达精确和思想清晰的分析哲学，我们却无法给出一个精确清晰的定义。①

也就是说，分析哲学的理论动机是精确、清晰，这得归功于弗雷格。达米特认为，从历史上讲，弗雷格是分析哲学的鼻祖，《算术基础》是分析哲学的第一部著作。

> 分析哲学首先相信，通过对语言的逻辑分析可以达到对思维活动的哲学解释；其次相信，只有以这种方式而不是以其他方式才能够达到一种广泛的解释。②

> 产生分析哲学的基本动机是，寻求一种清晰、严格，并且可以公共判定的方式来从事哲学研究。分析哲学的基本动机决定了它的两个最基本的特征：(1)对语言的关注；(2)采取逻辑分析的方法。③

---

① 江怡：《分析哲学教程》，北京，北京大学出版社，2009，第2页
② 王路：《走进分析哲学》，北京，中国人民大学出版社，2009，第4页。
③ 黄敏：《分析哲学导论（修订版）》，北京，商务印书馆，2021，第4—5页。

通过对语言、概念的逻辑分析达到精确、清晰的交流，这就是分析哲学带给我们的方法论。那么，"分析"又是什么？比尼（Beaney，2017）划分出四类分析[1]：

第一种"分解"（decomposition）。直白地理解就是将整体拆分为部分。在解析几何中，是通过把几何问题"翻译"成算术和代数的语言来解决的。相关理论或概念框架的资源能够发挥作用之前，需要以某种形式解释问题。哲学上面对要分析的（未解决的或待消解的）命题，要在更丰富的概念框架中重新表述，或在适当的逻辑理论中形式化。因此，分析哲学之所以是"分析的"，与其说是在任何粗糙的分解意义上，不如说是在解析几何是解析的意义上。

第二种"解释"（interpretation）。就是用相近的或标准的陈述去替换待说明的命题陈述。在一个解释中，起解释作用的陈述称为"解释项"（explanans），报告待解释事件的陈述称为"待解释项"（explanandum）。科学解释试图找到某种理想的说明标准，如亨普尔的DN模型、库恩的"范式"。哈雷彗星每76年出现一次，这主要是因为它的运行轨道周期。哈雷彗星是彗星，其公转轨道是椭圆形的，因此它的公转周期长达76年。

第三种"回归"（regression）。回到最初的原理或更基本的图形，从而证明或构建某些东西。弗雷格和罗素试图将算术"还原"为逻辑时，他们是在寻找被认为是更基本的逻辑原理（公理、定义和推理规则），以此来证明算术定律和定理。这是回归分析。现代逻辑发展的新技术，使得分析哲学利用量化的强大工具改变了哲学逻辑和意义理论，当我们谈论C时，都会利用语言逻辑分析"C的意义是什么"，如C的充分必要条件是什么。

第四种"关联"（connection）。利用概念与概念之间的联系进行分析，如维特根斯坦的家族相似理论（Family Resemblance）。如果两个概念在某种意义上是相关的，共享了相同的结构特征，那么它们就可能具有家族相似性。

---

[1] Beaney, M., 2017: *Analytic Philosophy: A Very Short Introduction*, Oxford: Oxford University Press.

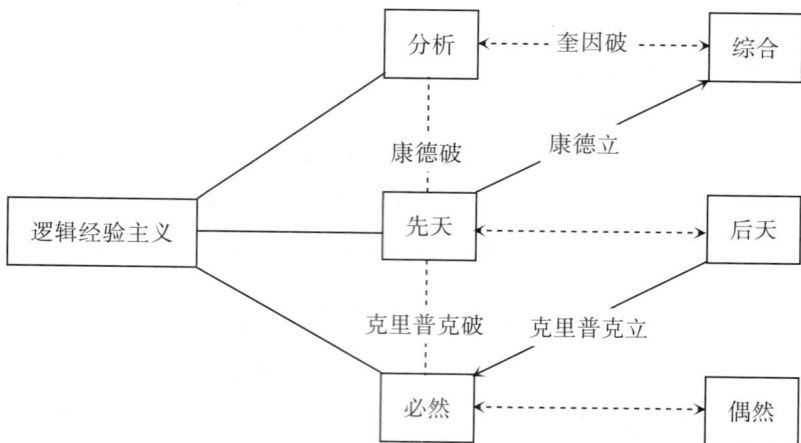

图3-1 逻辑经验主义三对范畴

　　按哲学的分析思路，我们可以列出图3-1的三对范畴：分析与综合、先天与后天、偶然与必然。按照逻辑经验主义对这三对范畴的理解：分析陈述=先天陈述=必然陈述。康德打破了分析性与先天性之间的联系，提出先天综合命题；克里普克打破了先天性与必然性之间的联系，建立了后天（后验）必然命题；奎因则打破了分析与综合的区分，为其自然化认识论铺路。上述哲学家的洞见对我们深入理解三组哲学范畴及与之相关的哲学问题起到了至关重要的作用。①

　　与此同时，钟情于概念分析的研究者们，带火了另一个潮流——"思想实验"（thought experiment），用来测试关于某个概念或理论的反例。什么是思想实验？顾名思义，运用思想（或想象力）进行的实验。我们知道，科学的经验命题，即使它们再复杂，但终究有可能通过实验观察这类经验来提供数据，从而检验命题的有效性。但对于哲学的许多命题而言，却无法做到这一点。许多哲学问题或概念在现实世界中无法做到（或现实未做到），在头脑风暴中却能实现。相对于抽象的"先验论证"，思想实验更接近直觉。如伽利略在比萨斜塔做的两个铁球同时着地的思想实验；如薛定谔提出既活又死的"薛定谔的猫"；如伦理学中讨论最热门的"电车难题"。哲学家们常常用建构思想实验的方法来唤醒直觉，引发对其涉及的形而上学命题，知识论命题，语言、心灵与价值命题的讨论。一方面，无法再引用经验事实作为论据；另一方面，再也不能以

---

① 参见梅剑华：《分析性、必然性和逻辑真理》，《哲学分析》2014年第1期，第69-82，198页。

这类事实来检验理论的有效性。因此，哲学家设计的思想实验，往往喜欢构造一些典型性的（甚至是极端的）场景，苛刻的条件来证明其学说（自创的）合理性。也就是说，思想实验所起的作用往往是启发性的，帮助我们进行思考。如果这个实践有意义，那么，概念分析就应该恰好提供了辩护所需的东西。这时的概念分析就必须用于直觉可以被精确地说成是有利于哲学的，因为它们帮助我们弄清我们的概念，特别是哲学的关键词，如公平、正义、美德、知识等。不过，相比于经验性的实验来，这类哲学的思想实验依然不具有结论性。

不管怎样，假设要接受概念分析作为方法论，那么我们首先要承认某个概念C是可分析的。讨论概念分析势必会绕不开"分析性"（analyticity）问题。离开"分析性"谈"概念分析"无异于空中楼阁。传统以来，我们当中很少人去怀疑逻辑学、数学或几何学的可靠性与确定性。这种可靠性与确定性到底应该如何界定？莱布尼茨称之为理性的真理，休谟则说它们代表了思想的关系。做哲学是为了求真，我们很大程度上就是借用这些可靠的东西，有时候又称之为分析真（analytic truth）。由此形成了关于分析性的三种定义：第一种是康德的，概念包含关系；第二种是弗雷格的，依据逻辑和意义为真；第三种是卡尔纳普的语言框架，依据意义为真。①

第一，康德明确地界定了"分析性"为概念包含关系。这个可以理解为如果一个命题的主词所表达的概念包含了谓词所表达的概念，那它就是分析命题，否则就是综合命题。康德认为这些分析领域的真理是先天的。数学和几何不是分析性的，但逻辑却是。康德有两个分析性标准，显然认为它们是等价的。一个主词包含了谓词的判断是分析的。分析判断是这样的，其中主谓之间的联系要通过概念的同一来思想。②要么谓词B属于主词A，或者包含在概念A中；要么B虽然与概念A有关联，但却完全在它之外。如"物体是有广延的"。康德区分了"思考一个概念的杂多"和"意识到一个概念的方方面面"。在分析判断中为了获知谓词的概念，需要意识到思考中的主词的概念的方方面面。

另一个情况是，如果一个判断是分析的，它的真仅只根据矛盾原则

① 黄敏：《分析哲学导论》，广州，中山大学出版社，2009，第188页。
　　叶闯：《语言　意义　指称：自主的意义与实在》，北京，北京大学出版社，2010，第214页。
② 〔德〕康德：《康德著作全集·第3卷·纯粹理性批判（第2版）》，李秋零编，北京，中国人民大学出版社，2013，第78—79页。

就可知。① "如果判断是分析的，则不论它是否定的还是肯定的，它的真理性在任何时候都必然可以按照矛盾律得到充分的认识"，并且 "如果判断是分析的，则不论它是否定的还是肯定的，它的真理性在任何时候都必然能够按照矛盾律得到充分的认识"。②

第二种是弗雷格的 "分析性"。其实我们在前面已经有所介绍，就是依据逻辑和意义为真。弗雷格试图将数学简化为逻辑（包括一阶和二阶逻辑），只要这种简化是成功的，就意味着数学也是分析性的。他也要求对思想的理解就是将之分解为各部分，如函项与主目。罗素把命题视为化学分析那样可分解，分析的对象就是构成实在的事实，到最后就是剩下不可分的 "逻辑原子"。当代分析哲学研究者们大多会继续沿着这条进路向前迈进，将 "分析" 理解为 "拆分" "分解"。

第三种是卡尔纳普的 "分析性"。概念、语词、语句依据（逻辑常项和非逻辑常项）意义为真，其实常用的是分析真，通常与综合真理相对，又有了分析与综合之分。其实，作为逻辑经验主义者，卡尔纳普在《语言的逻辑句法》的序言中这样说道：

> 哲学家的工作中本性上可说是科学的那部分——不包括通过经验科学得到解决的经验问题——是由逻辑分析构成。逻辑句法的目标是提供一个概念系统(语言)，这种系统可以精确表述逻辑分析的结果。通过对科学陈述和概念的逻辑分析，科学的逻辑取代了哲学，科学的逻辑就是科学语言的逻辑句法。③

他给出了 "分析性" 的三种定义：语言1的，语言2的，以及一般句法。卡尔纳普自然会认为所有的确定陈述都是分析的，④数学和逻辑都是分析的，不存在先天综合。在《意义与必然性》中，卡尔纳普用语义学来解释形式。随后，他开始研究科学理论的结构。他主要关心的是解释分析陈述和综合陈述之间的区别，还给出可验证性原则的适当表述，也就是说，要找到一个适用于科学语言的意义标准。因此，区分分析与综合的目的，不是要划分科学真理的主体，也不是要把哲学与科学分开，

① 〔德〕康德：《康德著作全集·第3卷·纯粹理性批判（第2版）》，李秋零编，北京，中国人民大学出版社，2010，第190页。
② 〔德〕康德：《康德著作全集·第3卷·纯粹理性批判（第2版）》，李秋零编，北京，中国人民大学出版社，2010，第190-191页。
③ 〔德〕卡尔纳普：《语言的逻辑句法》，夏年喜、梅剑华译，北京，商务印书馆，2022，第3-4页。
④ 参见〔美〕科里·祖尔、埃里克·卢米斯：《分析性》，徐韬译，北京，华夏出版社，2016，第47页。

而是要说明如何把它们整合成一个自然的科学整体。在此过程中，这种区别阐明了哪些推论是合理的，哪些是不合理的。在卡尔纳普看来，科学理论是一个被解释的公理形式系统，系统有包括逻辑术语和非逻辑术语在内的正式语言；有一套逻辑数学公理和推理规则；有一组表达理论的经验部分的非逻辑公理；有一组意义假设陈述了非逻辑术语的意义，这些术语形式化了理论的分析真；还有一套对应的规则，这些规则对理论给出了经验的解释。在《可检验性与意义》（1936）一书中，他引入了语义概念：当且仅当一个陈述在逻辑上为真时，它就是分析的；当且仅当它在逻辑上是错误的，它就是自相矛盾的。在其他情况下，这种说法都是综合的。

（二）分析与综合之分

对分析性最经典的反驳来自奎因，在其著名的论文《经验论的两个教条》中，奎因批判逻辑经验主义的两个教条：教条一，分析与综合之分；教条二，还原论。

后者并非此处讨论的重点。还原论的观点是，每一个有意义的陈述，最后都是以指称直接经验的名词为基础的逻辑构造。奎因反驳，有些形式的陈述不能还原为感觉材料（sense-data）和逻辑初始语言，如，"性质q是在x，y，z，t这些变项中"，"关系R是在x和y之间"。还有很多如"且""在""是"之类的联结词没有定义。甚至，按照逻辑经验主义还原论的教条，陈述是语言有意义的基本单位，每一陈述都必须孤立地接受经验的证实或否证。因此，奎因主张，首先，具有经验意义的单位是整个科学。其次，科学陈述的真理性同时依赖于语言成分和经验成分。一个陈述中的语言成分和经验事实成分是不可分割的还原的观点也是他整体性论点的体现。

现在回到第一个教条，在怀疑者看来，分析与综合之分是逻辑经验主义自吹自擂的杰作，分析陈述和综合陈述之间的楚河汉界一直没有画出来，如果有，那肯定是非经验的。于是，划界成了经验主义者的一个非经验的教条，一个形而上学的信条。

我们可以将质疑分析与综合之分的论证重构如下：

论3.1 A/S论证

P1：按照逻辑经验主义，分析陈述区别于综合陈述。

P2：分析陈述要么是逻辑真，要么通过同义替换而变成一个逻辑真。

P3：综合陈述是以事实为根据的真。

Anti-P2：同义替换需要先通过下定义来假设分析性，因此，同义替换是循环。如果不是循环，就是以语言使用的经验证据为条件。

C1：分析性并不完全可靠。

C2：分析与综合没有明显界限。

奎因的着力点就在 Anti-P2。按照卡尔纳普，如 P2 所示，分析性就是以意义为根据而不依赖于事实的真理，要么逻辑上为真，要么通过同义替换而变成一个逻辑真。问题就在于同义替换。第一个情况是，通过词典的定义来替换。但我们翻开手头的词典就可以轻易发现，词典定义往往来源于经验事实，是由归纳综合得出的。第二个情况是，解释类型的定义，但这个要求相同语境。第三个情况是，互相替换性，即如果在所有的语境中，句子中的一个词可被另一个词替换而保持其真值不变，那么这两个词就是"同义的"。但是，像单身汉是未婚的成年男子，若是单一的、不可分的概念，那该标准则不适用于此。

如果同义替换不是循环，那就要通过语义规则来定义分析性。如果语义规则能解释分析性，其本身必先于或独立于分析性，但是，语义规则是任意定义的，这必然会导致这样一个后果，即一个语句在一个系统中是分析的，在另一个系统中则有可能是综合的，这个局面相信大多数人无法接受。所以分析性的下定义的标准并不可靠，同义替换的标准也不可靠。

大多数人认为，卡尔纳普的观点已经被奎因驳倒了，所以卡尔纳普的观点已毫无价值，甚至经验主义没有希望。然而，我们可以回应的是，奎因的批评其实与卡尔纳普无关，因为他在《语言的逻辑句法》中给出了"语言框架"来描述科学知识，数学与逻辑则是框架中约定的，他还给出了"宽容原则"来容纳不同的语言框架。分析与综合之分针对的是人为设计的语言框架。相对于一个科学理论的是整体的，不是对一个个假说的独立的检验，而且，当从一个语言框架中得出可观察的预测与经验不符时，我们也有可能去修改语言框架中的分析语句，即数学与逻辑，而非去修改其中的经验科学假说，即描述语句。这其实就是后来奎因的整体论。

我们还可以回应，即使要承认奎因的批评有效，我们也要先认真阅读奎因这篇文章的主旨，他对分析性的有效攻击，实质上针对的是"第一哲学"，即当时哲学界对自然哲学的反驳，质疑哲学与自然主义结合。奎因反对分析与综合之分的教条，实质上反对的是哲学与自然主义二者的区分。也就是说，奎因并没有把分析性完全剔除。从这个意义上讲，分析性还是具有存在的意义。如分析性有没有可能是先天范畴？或者说，有没有一个融贯的"分析性"概念？事实上有没有存在分析陈述？某些分析陈述是否有实用价值？这些问题至今还有其独特的哲学魅力。

与哲学中的大多数主题一样，对于分析性的概念是否足够清晰，是否能够用于科学哲学，文献中并没有统一的意见。奎因的认识论纲要也不可能被圆满地填满。这两种方法都有其支持者和批评者。但在它们之间，它们似乎是最有希望将科学的逻辑—数学部分与更直接的经验部分结合起来的途径。由于卡尔纳普和奎因可以被认为是在逻辑经验主义传统中，这种走向统一的进展可以被视为该运动遗产的一部分。①

我们似乎习惯于承认分析性属于句子，但便于我们理解的分析性更应该是词语或概念。可以发现，概念分析的拥护首先默认任何概念 C 都是可分析的，但又拒斥分析与综合的区分。这是因为，对大多哲学研究者而言，哲学本质上则是概念的先验分析。他们似乎厌恶后验的、综合的、常识的东西。G. E. 摩尔，则认为这大可不必，他在《关于常识的辩护》（1925）一文中提出，关于"常识"的命题是那些我们不仅相信，而且很确定我们知道为真的命题。②

还有一部分信赖概念分析的学者是因为相信直觉。哲学家难以拒斥直觉的魅力，比如好奇心、洞察力、创造力……而概念分析尤其依赖于直觉，所以这些信奉者们应该是同一个群体。丹尼特认为，诸如标识、例示、类比与隐喻、脚手架哲学方法是哲学中常用的，而"直觉泵"（Intuition Pumps）③则是思想实验中特有的头脑工具。通过直觉泵，我们可以通达意义、意识的本源，这些思想实验可以唤醒我们的直觉，同时还可以操作直觉泵，"转动各个旋钮"来设想思想实验中的场景变化，以此来检验该直觉是否合理。有些直觉泵激发了真，是好的直觉泵。伽利略的关于自由落体运动的思想实验，把 A 与 B 两个石头拴在一起，它们

① Creath, R., 2022: "Logical Empiricism", *The Stanford Encyclopedia of Philosophy*（Summer 2022 Edition），（2022-09-12）[2023-10-30]，Zalta, E., Nodelman, U. (eds.)，https://plato.stanford.edu/entries/logical-empiricism/.

② 〔美〕司各特·索姆斯 《20世纪分析哲学史·1·分析哲学的开端》，仲海霞、张励耕译，北京，华夏出版社，2019，第4页。

③ 参见 Dennett, D., 2013: *Intuition Pumps and Other Tools for Thinking*, New York：W. V. Norton and Company。中文版参见〔美〕丹尼尔·丹尼特：《直觉泵和其他思考工具》，冯文婧、傅金岳、徐韬译，杭州，浙江教育出版社，2018。

的下落速度既大于又小于 A 的下落速度，出现矛盾。丹尼特认为，"一个好的直觉泵比任何一种论证和分析都更为有力。"①当然也有些直觉泵激发了幻象，如"薛定谔的猫"既是死的又是活的。尽管如此，思想实验惯例使用直觉，同时成了概念分析的方法论。于是，许多哲学爱好者们一方面接受直觉，另一方面接受概念分析。

然而，另一边的对手反驳的是，哲学家惯例上依赖的直觉可能并不一样。恰如索萨所说，"经常有人宣称，分析哲学进行'概念分析'时诉诸扶手椅直觉。然而，这是极具误导性的。哲学中直觉的使用不应该只与概念分析相联……"②哲学系的专任教师当然知道多半的学生拥有"错误直觉"，但我们谁会说他们错了？一些人不同意他们的直觉，这并不能被认定为客观数据。

温伯格、尼科尔斯与斯蒂克（Weinberg，Nichols & Stich，2001）等人利用"实验哲学"（Experimental Philosophy）的新运动来质疑直觉的可靠性，③称实验哲学是一种新运动，原因在于一个实验会使用多种方法。他们认为，哲学的中心问题潜藏于人类直觉之下，我们只能通过对直觉的心理过程进行经验研究，挑战传统的方法，从而重新审视哲学问题。借助实验研究，他们发现东亚学生常常在经典的哲学思想实验上拥有"错误直觉"，比如知识论的盖梯尔问题（the Gettier's problem）。他们提出四种假设：

　　　假设1：认知直觉在不同文化之间是不同的。

　　　假设2：认知直觉在不同社会经济地位群体之间是不同的。

　　　假设3：认知直觉的变化与所上哲学课程数目之间有一种函数关系。

　　　假设4：认知直觉部分地依赖案例呈现的顺序。④

只要以上四种假设的任何一个被证明为真，那就会对基于认知直觉的哲学家们提出严重的质疑；只要四种假设全为真，那么认知直觉的规范性就有待新的证明。

---

① 〔美〕丹尼尔·丹尼特：《直觉泵和其他思考工具》，冯文婧、傅金岳、徐韬译，杭州，浙江教育出版社，2018，第6页。

② 〔美〕诺布、〔美〕尼科尔斯编：《实验哲学》，厦门大学知识论与认知科学研究中心译，上海，上海译文出版社，2013，第384页。

③ Knobe, J.K., Nichols, S.(eds.), 2008: *Experimental Philosophy*, Oxford: Oxford University Press.

④ 〔美〕诺布、〔美〕尼科尔斯编：《实验哲学》，厦门大学知识论与认知科学研究中心译，上海，上海译文出版社，2013，第24—70页。

在哲学系专业学生的育养中，直觉判断起到重要作用。其实，传统上先验后验的区分不太清晰，这也导致了先验直觉与后验直觉的区分并不十分严格。大多认为是先验直觉的，也有后验的东西，不过，如果是后验直觉，其可靠性又存疑。实验哲学就是怀疑这种哲学直觉的可靠性。比如说，经过哲学系专业的或恰当的哲学训练出来的毕业生，他们的哲学反应有可能是正确的，也有可能是错误的。也就是说，一个综合哲学知识，怎样在无后验证据时被确立，即便这些人后来也成为"哲学家"。哲学家应该从关注直觉转向对一个概念的适当分析上来。哲学直觉是否应该被视为分析的，还是综合的？这本身就是个先验的问题。如果哲学直觉是分析的，那么会导致其先验的立场，但还要回答其哲学的意义是什么。相比之下，如果哲学直觉是综合的，那么它们会有实质上的意义，也就不会被误认为是先天的。①

由此说来，"分析的方法则提供了用来检验我们的直觉真理和精神构造物的最强有力的工具。分析风格的现实意义就是为当代的形而上学、认识论或知识论、美学、伦理学、政治哲学等哲学领域贡献思考的利器，让人们关注如何把话说清楚，如何把道理讲明白"。②我们在从事哲学研究时，不管哲学直觉是否可靠，最终也还是要靠概念分析。恰如维特根斯坦在《逻辑哲学论》所言，"哲学的目的是从逻辑上澄清思想"，③ "凡是能思考的东西都能清楚思考。凡是可以说的东西都可以清楚地说出来"。④清楚地言说，依赖的则是概念分析。

二、自然主义

照理说，自然主义的对手是"超自然主义"（Supernatural），因为它涉及宗教哲学问题。哲学中的自然主义是个积极的术语，在科学技术高度发达的今天，很难想象我们去接受不自然的东西。正因为这项工作的一般论题是哲学与科学的不断互动，而非只诉诸直觉上的论证，因而导致反概念分析的人会被直接判定为自然主义者，这显然是独断的。自然主义者区分了两类理论，本体论的自然主义与方法论的自然主义，本章

① Papineau, D., 2021: "Naturalism", *The Stanford Encyclopedia of Philosophy* (Summer 2021 Edition), Zalta, E.N. (ed.), https://plato.stanford.edu/archives/sum2021/entries/naturalism/.

② 费多益编：《分析哲学专题教程》，北京，中国人民大学出版社，2020，第11页。

③ 〔奥〕维特根斯坦：《逻辑哲学论》，贺绍甲译，北京，商务印书馆，2009，第48页。

④ 同上，第49页。

是关于方法论的讨论，自然要先来看看自然主义的论证，再来看相关的反驳。

方法论自然主义和本体论或哲学自然主义，后者因为方法论自然主义关注的是科学的实践（特别是所调用的实体和过程的种类），一些学者会认为，认真对待科学的结果，必然会对这种执着的问题做出否定的回答，导致自由意志或道德知识的存在。然而，这些更有力的结论是有争议的。关于前者，就是本体论的自然主义。

论3.2　本体论的自然主义

X是自然的。

这是一种拒绝超自然现象的形而上学原则。该观点认为，真正存在的是自然界（及其现象和过程）；对于任意自然现象，合适的哲学说明是只用其他自然现象和过程来加以描述和解释。它没有对超自然实体是否存在做出任何陈述，有可能它们存在，但这已不是科学研究的范围。当代的自然主义更多的是以"物理主义"的面目呈现，所有的实体必须等同于物理实体，也就是相信物理学告诉我们的。所以，许多当代的坚定自然主义者更愿意自称为"物理主义者"，能够利用物理的原因去解释自然界的东西。早在17世纪的机械物理学中，这种物理学解释范围很窄。到了牛顿（I. Newton）物理学，似乎宽松些，没有对物理效应的可能原因施加任何限制。然而，19世纪中叶发现的能量守恒又一次限制了可能原因的范围。此外，20世纪的生理学研究可以说为进一步的限制提供了证据。心灵哲学中的物理主义更多的是用来讨论心身关系问题，它要解释，心灵属性是否可归为物理属性？为什么心理事件可以因果地影响我们的身体？还有一种质疑的声音在于循环定义问题，如果按照自然主义，自然世界就是存在的一切，没有超自然的事物，那么"自然的"该如何界定就会陷入循环。

第二类自然主义就是方法论自然主义。

论3.3　方法论的自然主义

X可以由自然的方法加以描述和说明。

这种自然的方法（the natural ways）似乎在方法论上更受欢迎，它被认为是一种哲学实践，哲学与科学实质上是同盟军。援引2008年北京奥运会的口号"同一个世界，同一个梦想"，二者要追求相似的目标，运用相似的方法。方法论自然主义主张，哲学与科学都关注，确定自然世界的综合知识，还通过后验调查的方式达到。也就是说，这是一种认识论原则，将科学探究限制在自然实体和自然规律之内，不存在所谓的先验知识（包括关于推理及其原理的先验知识）。一切知识来源于人与自然界的相互作用。这点在科学哲学上尤其明显，任何关于科学的基本原理和准则（如理性或推理的标准）本身是科学的组成部分；在科学之外，不存在能够合适地为科学规定科学标准的知识领域（如第一哲学）。

自然主义哲学曾在历史上起过积极作用。古希腊哲学的宇宙论（如泰勒斯的米利都学派）：在历史上第一次以人的理性和自然本身终结了以超自然力量为主宰的原始神话时代。19世纪，在生物进化论与神创论的论战中，在反对以活力论、生机论等为代表的神秘整体论思潮中，自然主义哲学在历史上第二次表现出它的积极意义和战斗性。休谟提出心灵的自然主义理论，还有穆勒（J. S. Mill）也是自然主义者。逻辑实证主义在自然哲学领域提倡自然化；在知识论领域主张非自然主义化。逻辑实证主义者坚持弗雷格的划分，认为对归纳上有效的或者理性上获得辩护的推理所进行的逻辑研究，不同于并且独立于对实际科学家所做的推理的研究。

在德国倡导科学的哲学纲领的哲学家，包括卡尔纳普、赖欣巴哈与亨普尔等，倡导一种与关于科学方法的非自然主义观点相结合的经验论纲领。科学的哲学力图对形而上学进行自然化（the naturalization of metaphysics），以科学的形而上学取代新康德主义的形而上学。逻辑实证主义者认为，时间、空间和因果性等等的基本属性是不可能通过纯粹的哲学探究来获知的，要获得关于自然界的这些基本方面的知识，必须通过合适的科学理论，通过科学上的研究（譬如相对论和量子力学）。也就是说，获取自然界的知识是科学的任务而不是哲学的任务，哲学不应该直接谈论自然界本身，真正的哲学任务是对关于自然界的科学理论进行逻辑分析。从事逻辑分析的哲学因而是一种纯先验的事业，在这种逻辑分析中，最终所得到的内容，就是证据语句与理论语句之间的认识论关系。

危如累卵的是，概念分析的拥护者对自然主义的排斥似乎已达到你死我活的地步，在笔者看来，问题不局限于方法论上，而是牵扯到更大的论题，这些论题很可能是未来概念理论研究的核心。

第一，划界问题（the problem of demarcation），涉及科学与非科学分界，如何将科学与非科学，或伪科学（pseudo - science）区分开来的问题。"划界问题"一词是英国科学哲学家波普尔（K. Popper）引入的。这之所以成为问题，原因在于那些非科学也企图做出关于世界的真主张（真命题）。"找到一个标准，使我们能区别经验科学为一方，数学和逻辑以及'形而上学'系统为另一方，这个问题我称之为划界问题 。"①所谓科学划界，一般指的是科学与非科学、与伪科学的划界。譬如科学与它者之间是否可以划界？如果可以，那该怎样划界？划界的标准和意义在哪里？波普尔对科学划界相当关注。原来的逻辑实证主义者主要关心科学与形而上学（和神学）的划界问题，基本标准是可证实原则；而波普尔最初关注科学与伪科学和非经验科学（数学和逻辑）的区别，后来扩展到包括形而上学系统，他的划界标准则是可证伪原则，所有科学命题都要有可证伪性，不可证伪的理论无法成为科学理论。

实证主义（Positivism）主张事实与价值的二分。从事实根本推不出价值。如果从事实推不出价值，那么，关于事实的知识就无法给出关于价值的知识，如此一来，关于价值的知识就是不可靠的。如果关于价值的知识不可靠，那么只能坚持价值中立，后果就是价值判断不可能，我们无法区分好坏对错。逻辑经验主义的推论表明，如果认识论和方法论对区分科学与非科学无能为力，那么意义理论也许可以胜任这项工作。在逻辑经验主义之后，一些人认为，在科学与非科学、伪科学之间根本不存在截然分明的界限，因此无法在科学与它们之间划界，这些人就成了反划界者。

第二，规范认识论与描述认识论的划分。认识论具有两大传统：规范认识论（基础主义和融贯主义）和自然化认识论（自然主义）。一些哲学家往往又将自然主义认识论看作是描述认识论。简单地说，规范认识论回答人们的认识应该怎样进行，根据什么标准，才能断定人们的真信念（true belief）成为知识等问题；描述认识论则回答人们的认识事实上是怎样进行，人们典型地形成真信念的实际过程及其条件是什么的问题。自盖梯尔提出知识论的三件套以来，知识就是"获得辩护的真信念"（justified true beliefs）。基础主义（Foundationalism）认为，知识大厦获得辩护的根源是基本信念（basic beliefs），如休谟、洛克等人的感觉经验与笛卡尔、莱布尼茨强调的理性直觉的产物，还有柏拉图的理念、康德先验知识。古代印度人相信，大地由四头大象驮着，然后这四头大象又站在一只巨大的海龟上。在基础论看来，所有的知识都依赖于这只海龟，但海龟又站在什么上面呢？融贯主义（Coherentism）则认为，知识系统如黑格尔所说的那样，是一条首尾相接的大蛇。融贯主义坚持认为，知识获得辩护的根源在于信念体系内部信念之间的相互支持。但问题在于，

---

① 〔英〕卡尔·波普尔：《科学发现的逻辑》，查汝强、邱仁宗、万木春译，杭州，中国美术学院出版社，2007，第10页。

这些信念来源于何处？逻辑实证主义者坚持主张基础论的规范认识论立场，涉及基本信念（感觉材料或观察句子）与辩护方法（归纳证实或确证）。

第三，发现与辩护的划分。辩护是作为规范认识论的科学哲学的主题；发现是经验心理学的主题。赖欣巴哈（H. Reichenbach）的著名划分就是"发现的情境"（context of discovery）与"辩护的情境"（context of justification）。"把假设—演绎方法神秘地解释为一种非理性的猜测，这是由于把发现的前后关系和证明的前后关系混为一谈而产生的。对于发现的行为是无法进行逻辑分析的；可以据以建造一架'发现机器'，并能使这架机器取天才的创造功能而代之的逻辑规则是没有的。但是，解释科学发现也并非逻辑家的任务；他所能做的只是分析所有事实与显示给他的理论……之间的关系。换言之，逻辑所涉及的只是证明的前后关系。而通过观察事实证明一个理论的正确规则则是归纳理论的主题。"①赖欣巴哈主张，认识论的首要主题是知识的辩护而不是发现。归纳推论是通过观察事实来证明理论的正确性，并不是用来发现理论存在的可能性。在《经验与预测》中，赖欣巴哈强调理性重构（rational reconstruction）这个概念，它类似于向他人交流思维过程的形式，而不是主观实施思维过程的形式。发现涉及科学家事实上如何想到一个新理论，这是经验心理学问题。但是，这个新理论正确与否、合理与否，这是规范认识论问题。

第四，观察与理论的划分。自从汉森（N. Hanson）提出"观察渗透理论"②这一命题后，理论如何渗透进观察？被渗透的观察是否具可靠性？这些问题都引起了关注。观察与理论的划分涉及意义问题，如科学语言的有意义性，理论语言或理论词项的意义；知识或辩护问题，如理论语句的辩护或理论假说的经验检验问题；理论比较和理性评价问题，如共同的经验事实基础；科学客观性与观察的客观性问题，如在对待理论的中立性上，理论中性的客观观察论题；观察的理论负荷性论题，即观察渗透理论等。

以上只是概述了自然主义涉及的四个论题，这些论题并非由概念分析的拥有者提出，但争论本身就牵扯到双方的路径选择。假如我们选择了自然主义进路，那么上述论题或多或少是绕不开的。当然，这对选择概念分析的人而言也是同样需要回应的。

①〔德〕H. 赖欣巴哈：《科学哲学的兴起》，北京，商务印书馆，1983，第178-179页。

② Hanson, N.R., 1958:*Patterns of Discovery*, Cambridge：Cambridge University Press.

三、概念工程

近年来，一种遵循规范主义的概念修正的学说——"概念工程"（Conceptual Engineering）似乎正在成为一种时尚。作为一种哲学方法，概念工程其实在哲学史中一直是被默认地使用，例如对哲学传统谈论的"真""信念"与"知识"等概念的不断反思与修正，这是规范主义进路。只不过现在才有人将这类修正的方法塑造为元哲学的研究对象，这些从事该类研究的人员时常自诩为"概念工程师"（Conceptual Engineer）。

（一）概念工程

克里斯（R. Creath）在其1990年的著作《亲爱的卡尔纳普，亲爱的范》中首次使用了"概念工程"一词。他认为，当代许多哲学研究者都用到了卡尔纳普的解释方法，即一种用于科学解释的方法。"卡尔纳普确信，哲学家的首要任务应该是发现和评估这种或那种语言结构的语用后果。在这种模式下，哲学变成了一种概念工程，在很大程度上取决于我们设计的语言结构。"[①]无论哪种语言结构，都会存在或多或少的结构缺陷。尤其是，同一个句子在不同情境的使用时或同一情境的前后使用时，有可能出现不一致，这种前后矛盾是语言中最严重的语用缺陷之一，因为每个句子及其否定都是语言本身的逻辑结果，所以这也是语言中每个句子的逻辑结果。这样的语言就缺乏了区分肯定与否定的标准，最后导致整个语言失去了意义。这也就需要概念工程来发现与评估，乃至修正。布莱克本（S. Blackburn）后来说："在自我介绍时，我喜欢说我做的是概念工程。因为，就像工程师研究物质事物的结构一样，哲学家研究的是思想的结构。理解思想的结构要求弄明白各部分如何发挥作用、如何相互联系，意味着知道假如变化发生了，什么事情会往好的或坏的方向发展。这是在分析形成我们世界观的结构时我们所要达到的目的。我们的思想观念塑造了我们所生活的精神家园。"[②]思想的结构以概念呈现，我们对思想结构的分析就需要概念分析，对概念的拆除与重建，该目标取决于哲学家的立场，如经验主义的或理性主义的、自然主义的或规范

---

① Creath, R., 1990: *Dear Carnap, Dear Van: The Quine - Carnap Correspondence and Related Work*, Berkeley, CA: University of California Press, p.8.

② 〔英〕西蒙·布莱克本：《思想：哲学基础》，徐向东译，北京，中国轻工业出版社，2017，第1-2页。

主义的。

按照卡佩伦、普朗基特与伯吉斯（H. Cappelen，D. Plunkett & A. Burgess，2020）的梳理，概念工程包含了如下四类范例：①第一类是卡尔纳普式解释，尝试改进有缺陷的意义，处理模糊性与不确定性。卡尔纳普并不真正属于"分析"哲学传统，因为他的首要任务不是分析，而是构造。人类如何获得他们自认为知道的东西？如何利用这些知识来决定如何安排我们的生活和社会呢？在卡尔纳普的思想体系中，最重要的是努力重塑人类的概念系统，涉及新概念和新概念系统的设计和构造。大多数哲学问题的传统表达都是用普通语言陈述构成的，这种语言伴随着模糊和不精确。一旦我们使用更为精确的语言来处理这些问题时，就会发现混乱很可能是语言陈述的模糊性引起的，如此一来，原来的问题可能会消失，由一个更清晰、更精确的问题所取代，但很可能因为原来的问题是一个伪问题，它是由它被放置的方式造成的——它只代表了普通语言中模棱两可的纠缠。这就需要运用概念工程。第二类是哈斯兰格（S. Haslanger）的工作，她绝大部分时间都用女权主义批评种族与性别，建议改善策略，然后处理意义改变所带来的社会与政治后果。②第三类是雷尔顿（P. Railton）的道德哲学，我们在何种意义上以何种方式获得道德评价，他认为我们不应该依赖于常识概念，自然科学与社会科学是连续的。最好的实践诉诸科学研究，改变概念并提供解释。③第四类是埃克隆（M. Eklund）与沙普（K. Scharp）等人探究"真""悖论"等概念。我们在日常生活中时常会使用到"悖论"的概念，但在语言学、逻辑学等领域的高级理论建构中，我们肯定要避免，因此改进并提出一种相容的"真"概念是必要的。④

为了避免混淆，以卡佩伦为代表的工程师们通常要在元哲学层面采

---

① Cappelen，H.，Plunkett，D.，2020：*Introduction. Conceptual Engineering and Conceptual Ethics*，Burgess，A.，Cappelen，H.，Plunkett，D.（eds.），Oxford：Oxford University Press，p.6.

② Haslanger，S.，2000："Gender and Race：（What）Are They？（What）Do We Want Them to Be？．*Nous*，34（1），pp.31–55.

③ Railton，P.，2003：*Facts，Values，and Norms：Essays toward a Morality of Consequence*，New York：Cambridge University Press.

④ Eklund，M.，2002："Inconsistent Languages"，*Philosophy and Phenomenological Research*，64（2），pp.251–275.
Scharp，K.，2020："Philosophy as the Study of Defective Concepts"，*Conceptual Engineering and Conceptual Ethics*，Burgess，A.，Cappelen，H.，Plunkett，D.（eds.），Oxford：Oxford University Press，pp.396–416

取悬置的方法，用所谓"表征装置"（representational devices）取代"概念"作为研究对象。如此一来，概念工程的一般操作便是：先评价表征装置，再反思并建议改进表征装置，最后完成修正，所以概念工程有时又被称为"修正主义"（Revisionism）。

（二）主论证与紧缩框架

概念工程涉及内容较为庞杂，为方便讨论，下面围绕概念工程师卡佩伦的观点进行分析。他采用了主论证（the master argument，MA）为概念工程的哲学理想做出如下解释。

论3.3 主论证MA[①]

P1：如果W是一个词，拥有意义M，那么W就有相似的意义M_1，M_2，…，M_n。

P2：我们没有好的理由认为，W最后的意义会是W所能表达的最好意义，通常会有无数个对C更好的替代意思。

P3：当我们所言、所想及理论化时，重要的是确保我们的词W拥有尽可能更好的意义。

C1：推论：在做哲学时，我们应该尝试找到哲学词语W的好意义，这些明显不会是一个事态所拥有的词的意义。

C2：结论：不管哲学家所关心的主题是什么，他们都应该评价与改进关键词的意义。

我们可以举"行星"概念的变化作为概念工程的例子，设W就是"行星"。在20世纪早期，W拥有的意义就是自身不发光、围绕着恒星运行的天体，包括了9颗行星和数千颗较小的天体。在2005年之前，我们普遍接受上述定义是最好的。但在2005年发生了变化，三名天文学家根据2003年拍摄到的照片宣布发现了"厄里斯"，它位于太阳系外围的柯伊伯带。一开始大家认为它比冥王星大得多，应该是太阳系的第10颗行星。后来经观察研究，发现厄里斯与冥王星大小相同（比冥王星略小，质量超27%）。此时"行星"概念W的好意义应该适用于厄里斯，实际上却行不通，似乎要发生危机了。天文学会召开会议讨论，要么行星列表增加新的天体，要么创建一个新的类别，比大行星小但与小行星分离的天体划归该类。会议最后投票，结果是，创建"矮行星"类别，并且

---

① Cappelen, H., 2020: "Conceptual Engineering: the master argument", *Conceptual Engineering and Conceptual Ethics*, Burgess, A., Cappelen, H., Plunkett, D. (eds.), Oxford: Oxford University Press, p.134.

重新定义"行星"概念的好意义，必须同时具备三个条件：A.轨道环绕太阳运动；B.有足够的质量能维持流体静力平衡（近球体形）；C.能清除"相似轨道上"的其他天体。一颗天体如果只满足条件A或B，而没有条件C，将被分类为"矮行星"；如果只满足条件A，则归类为"太阳系小天体"（SSSB）。对"行星"进行概念工程的结果是，厄里斯和冥王星都从行星降级为矮行星，太阳系剩下8颗行星，"行星"概念具有好的意义。案例中的天文学家通过投票来改变"行星"的含义，但大多数情况下，我们不能简单地投票，尽管投票是解决大多数争议的方式之一。天文学家（重新）定义"行星"是正确的。如果天文学家继续使用"行星"而不（重新）定义它，他们肯定是做错了什么。实际上，天文学家随后应该使用"行星"一词，它的好的意义被改变了。

P1展示的是语义学，类似于维特根斯坦的家族相似性，概念工程师研究概念的内部结构和功能、概念与概念之间的关系，以及概念的变化将带来什么样的后果。如果一个词W的意义是M，那么M会有很多类似的意思，就是说，意义调整是可能的。至于从M_1到M_n是否可控，这是另外的话题。同时，概念工程师试图改善一个特定词项的方法，就是引入一个新词来改善或替代其意义。

P2是概念工程师基于哲学的反思，每个哲学家都会满意自己建构的哲学理论或对某个主题的论述，后来的研究者所关切的则是前人所表达的概念可能是有缺陷的。这里涉及的关键问题是，在什么情况下，我们改进的意义会比另一种意义更好？如克拉克和查默斯（A.Clark & D. Chalmers）在讨论延展心智（the extended mind）时，他们的主要目标不是描述当前的"信念"概念，而是修正概念。有两个特别重要的点需要注意：第一，他们的修正改变了"信念"概念的外延和内涵。第二，他们简要地提供了修订的理由，即，这在解释方面更有用。他们修改后的新概念也"更深刻""更统一"。因此，我们目前的概念是有缺陷的，因为它不够统一、不够深刻，在解释方面也不够有用。哲学的各个部分都有类似的改进行动。

P3反映的是工程师们对哲学"求真"理想的思考，如果我们一开始就获得某个意义最好的词，达到正确的程度而又无须改进，翻开整个哲学史教材，那将会是伟大得令人惊奇，同时又十分不合理的。

C1的推论要回答的是，如果我们改变一个表达的意义，会不会导致大量的语言纠纷和主题的变化？结果会是至少在外延和内涵上发生了变化，但这与保留同样的说法是一致的。如果它能保持相同的说法，在某种意义上，所谈论的是同一个主题。随着概念的不断评估与修改，概念工程师要保持主题连续性（topic continuity）。

最后，主论证MA通过C2给出了修正进路的结论，而非描述进路。

总体来看，概念工程是基于对哲学概念的意义、应用及其他的不确定性与不一致性的拒斥。工程师们试图倡导概念工程成为"哲学的中心话题"。不过，概念工程的目的并不在于追求概念到底意味着什么，而是问它（们）应该意味着什么。在这个意义上，概念工程是"规范主义"（Normativist）进路。值得关注的是，概念工程处理的对象显然是"概念"，但概念工程师却不正面使用"概念"，甚至要抛弃"概念"。因为他们要对当前存有争议的"概念"进行评估、改进乃至创造新概念。

挂一漏万，以主论证MA为代表的概念工程涉及争论较多。例如，针对P1，概念修正是否不可控？难道我们不应该假设意义分配是在我们的控制范围内吗？针对P2，在什么意义上，一种意义比另一种意义更好？针对P3，为什么不认为词的意义是最好的？针对C2，为什么认为修正主义项目的重要性削弱了描述性项目的重要性？实质的要害在C1，也就是主题连续性。为什么概念工程师用的是主题，而非概念，概念是要改进、变化的，所以，只能说保持主题不变。

接下来我们结合卡佩伦于2018年提出的"紧缩框架"（Austerity Framework）[①]进行分析。该紧缩框架依赖于外在主义与多元主义两个理论。

第一个是元语义学的外在主义（Externalist Metasemantics）。如普特南、克里普克、伯奇、威廉森等人的外在主义启发我们，元语义学说明了语义值如何随时间变化而变化，类似于指称变化。一个概念的意义（内容）取决于各外在因素。如，自然界是什么样的？社区中的专家是如何界定的？这些显然要独立于说话者自身（头脑内）认定世界是什么样子的事实。简言之，一个人所要表达的语义在一定程度上由他所处的环境决定。

第二个是言语行为的多元主义（Speech Act Pluralism）。这是卡佩伦与勒柏于2005年提出的理论[②]。根据言语行为多元主义，言语行为内容理论必须考虑到说话者说的或思考说话者所说的话的语境（即语境敏

---

① Cappelen, H., 2018: *Fixing Language: An Essay on Conceptual Engineering*, Oxford: Oxford University Press, p.53.

② Cappelen, H., Lepore, E., 2005: *Insensitive Semantics: A Defense of Semantic Minimalism and Speech Act Pluralism*, Malden, MA: Wiley-Blackwell.

感）。无限多的命题被说、断言、要求或陈述。所说的（断言的、声称的等等）取决于大量的因素，而不仅仅是语义上所表达的命题。它取决于话语语境的潜在无限特征，以及那些报告（或思考）话语所表达内容的人的语境。这些因素涉及了说话者的意图、听众的事实、说话的地点和时间、背景知识、以前的对话等等，这些因素连在一起都不足以确定说话者所说的内容。也就是说，一个人通常通过话语说出许多事情，这会超出语义表达的命题。

有了以上两个理论预设，紧缩框架可以展开四个推论。

推论一：控制特定变化的过程通常是无法理解的与不可预测的。从认知上看，在大多数情况下，支撑概念工程特定实例的机制过于复杂与混乱，充满着非系统性、无定性和不稳定性，我们无法完全掌握或理解。从形而上学上看，概念工程的过程是由我们无法控制的因素所控制的，没有任何个人或团体能够在很大程度上控制意义的变化是如何发生的。即使我们能够克服我们的认知局限——了解特定情况下的所有相关因素——我们所拥有的知识也将是我们无法控制的。不过，卡佩伦却认为，尽管如此，我们还应该继续尝试概念工程。

推论二：概念工程是一个我们很少或根本无法控制的过程。因为变化过程取决于各种外在因素，而这些外在因素很大可能就处于我们所控制的范围（卡佩伦称之为"安全空间"）之外。首先，要弄清楚一个术语的当前含义，你需要拥有过去的介绍性事件和交际链的信息。无可争辩的是，我们现在没有这些信息，将来也不会有。其次，要有效地改变这一术语的外延和内涵，就需要了解指称变化的机制。这些机制我们任何人都不知道，实际上可能是不可知的。假设意义在很长一段时间内叠加在极其复杂的使用模式上，并且没有算法可以从这些模式中提取意义，这使得我们认为能够有效地预测和实施变化成为一种幻想。

推论三：我们可以在不改变话语主题的情况下改变意义。语义值F可以改变，而我们继续在主题T下谈论F。话题的连续性与外延和内涵的变化是兼容的。对主题连续性的限制不固定，这当然是在本质上具有争议的，我们会在下面讨论。

推论四：概念工程改变的不仅仅是词语的意义，而是世界。当我们说此框架的"紧缩"在于，它诉诸更少的理论实体，它普遍认同有外延与内涵的表达式。理论的核心成分很少且相对无争议，该框架是紧缩的、无指称的概念，实质上是关于"世界的"（worldly）解释。卡佩伦认为，概念是无助的，哲学家、心理学家所搞的概念在概念工程中不起作用。[1]它重在工程，而非概念。因此，概念工程不是一个很好的标签。在这个意义上，紧缩框架是一种"概念消除主义"（Concept Eliminationism）。

（三）紧缩框架的缺陷

如果按照紧缩框架消除"概念"是允许的，那么概念工程所评价与改进的对象是什么？如果概念工程是用来评价与改进非概念或其他表征装置的话，那么这些对象是什么还需要再解释。我们评估卡佩伦的紧缩框架，发现其面临的缺陷主要有三个。

第一个缺陷是消除概念。

显然，卡佩伦放弃"概念"是蛮横的。当前的哲学与认知科学研究存在着许多概念的理论，如经典定义观、原型观、范例观、理论观等。我们在日常对话中也会用到"概念"。所以，针对放弃"概念"后概念工程中什么东西被建设的问题，卡佩伦提出三种可能。可能性一是某些概念。这样的概念工程就是关于概念的，概念的组合原则，或概念持有的组合原则。显然无法作为概念工程的合格候选。可能性二是词语及其意义。这是关于语义学的讨论，当"C是什么"的陈述发生改变，其陈述的语义内容所适用的语境F也发生变化。一旦我们允许说，包含超出语义值的内容，我们可以识别反省的语义改变——可以有内容的多元化。没有一个可引用，并言说其语义值。卡佩伦试图否认前两个，而坚持可能性三。可能性三是"世界—对象"层面，概念工程就是关于世界的，如婚姻、人、自由……概念工程的结果可以被描绘成一个对象层面的改变：我们改变性别、自由、婚姻等。两者之间的差异使我们能够说出一些真实的东西，例如，当我们说婚姻、人、酷刑或自由已经改变了。在这些情况下，语义内容都不是真的，但我们所说的是真的。

不过，选择可能性三是有问题的，因为它威胁了主题连续性，概念工程既然要对概念进行修正，主题则必然保持一致，否则可能落入南辕北辙的结局。

论3.4　TA

P1：假设C是紧缩框架所言关于"世界的"表征装置。

P2：概念工程持续地修改C，就是持续地修改C的内涵与外延。

P3：C "无指称"。

---

[1] Cappelen H., 2018: *Fixing Language: An Essay on Conceptual Engineering*, Oxford: Oxford University Press, p.138.

O1：P2与P3矛盾。

O2：C就是有指称的"概念"。

以上论3.4略显粗糙，不过已经足够展示紧缩框架的问题所在，一方面要求拒绝C的指称，另一方面在修改C时就要修改C的内涵与外延，实质上就是修改指称或相关内容。

第二个缺陷是"主题连续性"如何保持，如下面两个图所示，图3-2与图3-3的区别在于主题的连续性与非连续性。

如果C1到C3之间是非连续性的，那么，与其说这几个是跳跃式的，不如说C2与C3是完全不同的D或E。那么，我们是否可以接受概念工程的主题非连续性？

如果C1到C3之间是连续的，那么，保持连续的内核是什么？如图3-3所示，是贯穿其中的主线，还是与C1、C2、C3相切的一条线？如果存在的话，那么这条主线是什么？从C1的因果历史到C3的应用变化，就像每一个哲学概念的演变历程，似乎古今中外的哲学家们正是这样干的。

图3-2 连续性1

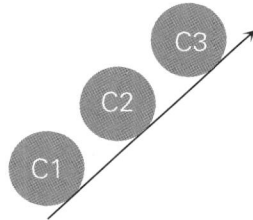

图3-3 连续性2

第三个缺陷是，主题连续性与外在主义不相容。如前面的推论三，我们继续在主题T下谈论F，假设C1是在紧缩框架T_1内的，具有语义值F_1，那么就有了以下论证。

论3.5 TB

P1：按照概念工程的规则，需要在特定框架T_1内持续改造C1，F_1是C1的内涵。

P2：改造C1依赖于外在因素F_2，$F_3 \cdots F_{n+1}$。

O1：要改造C1，就要说离原来的框架T_1。

P3：F_2在T_2内，F_3在T_3内，F_{n+1}在T_{n+1}内。

O2：对C的持续改造，就要不断脱离原来的框架，从T_1到T_{n+1}不同

的框架中做出选择。

如上，TA 论证建立在语义值内外之分的基础上，揭示了外在主义导致的失控局面，从而丧失主题连续性。如果要坚持概念工程，要么坚持主题连续性而放弃外在主义，要么坚持外在主义而放弃主题连续性，二者并不相容。

通过揭示紧缩框架版本的概念工程的缺陷，不难发现，概念工程正引领形成一种新的方法论，理应获得更多的发展空间。因此，针对缺陷，我们可以尝试以下三种修补方案。

第一种方案是占位法。表征装置就是一种"占位"（placeholder）。概念工程师是在预先设定好的主题内，调整其中的概念及其内容。一个恰当的比喻就是课件制作。我们新建一个 PPT 时，程序会预设两个占位的主题，在标题页是显性符号"单击此处添加标题"和"单击此处添加副标题"。这两个结构都有限制，某些仅仅是隐性的，如默认黑体、四号字。在我们制作 PPT 时则可以进行修正，如楷体、三号字、添加图片等。这就是概念修正，但并没有偏离整个主题。如果是新建一页，那么就会出现另外的主题与全新的概念，那就不是概念工程了。

第二种方案是回到概念。补缺口，打地基，就是回到概念。如何分析概念工程的"概念"，其实卡佩伦是个怀疑论者，为了消除概念，采取外在主义主场，又承认失控，实质上，就是元语言学的做法。不管承不承认，概念工程的概念类似于理论之理论（theory-theory）。

那么，如何保持主题的连续性？其实我们换个思路就是要处理上面图 3-2 与图 3-3 的主题跳跃性，萨伽德曾针对科学中的概念变化，建议用结合概念的认知过程来解释：（1）一个有包含概念系统理论的科学家开始关注一个已经持有的理论相竞争的新理论。（2）虽然最初是怀疑的，但科学家着手学习关于新理论更多的东西，逐渐累积它的概念系统与它的解释理解。（3）科学家慢慢赏识新理论比旧理论有更强的解释融贯性。（4）旧理论及其概念系统被抛弃而停止使用。①如此一来，我们既可以保持主题连续性，而又容纳概念修正。

第三种方案是回到卡尔纳普的解释。如前所述，克里斯最早提出概念工程就是对卡尔纳普理论的重新解释。在卡尔纳普的哲学思想中，"最重要的是努力重塑人类的概念系统，人类如何获得他们自认为知道的东

---

① Thagard，P.，1992：*Conceptual Revolutions*，New Jersey：Princeton University Press.

西，以及他们如何利用这些知识来决定如何安排我们的生活和社会"。[1]这也正是今天概念工程的初心与使命。

卡尔纳普的解释条件要求是[2]：阐释项应该相似于待阐释项；在一个受规则制约的科学概念系统中，应该为阐释项给出一个严格的规定；阐释项应该是一个富有成效的概念，特别是，它应该为诸多普遍陈述留有余地；阐释项应尽可能简单。

如果针对概念工程的"概念"分析的话，那么就可以按照拉姆塞—卡尔纳普—刘易斯方法着手，这就回到了自然主义那边。

四、自然主义的回应

概念工程向我们展示了哲学方法论上一条规范主义的进路，当然，自然主义者也可以先回应规范主义，再执行另外的计划。

（一）自然主义的回应

围绕着上述四个争论，针对自然主义的质疑也颇有市场，反驳理由主要有三个。

第一，自然主义者面临"是—应该"困境。依据规范与描述的划分，认识论和科学哲学是规范科学，主要任务是提供知识的标准和科学推理的规范原理。换言之，科学哲学的目标不是纯粹描述科学家实际使用的方法，而是规定他们应该使用的方法。不过，我们想要知道的不仅仅是科学家在接受理论时实际上采用了什么标准，还想要知道哪些标准是正确的标准。"科学之所以能在经验的基础上恒久运行，就是因为科学家一丝不苟地坚持使用一种方法。对于波普尔来说，方法是通用的……证伪就是科学方法。对库恩来说，方法是由范式规定的……科学家在进行理论研究时，忠实地遵循既定的方法是很重要的。"[3]自然主义科学哲学至多能够提供科学实践的描述（即至多能够描述科学家接受假说和理论的方法）。除此之外，自然主义科学哲学难以有所作为，特别是，不能提供

---

① Leitgeb, H., Carus, A., 2020: "Methodology: Supplement to Rudolf Carnap", *The Stanford Encyclopedia of Philosophy* (Summer 2023 Edition), (2020-05-05)[2023-10-30], Zalta, E. N., Nodelman, U. (eds.), https://plato.stanford.edu/entries/carnap/methodology.html.

② Carnap, R., 1950: *Logical Foundations of Probability*, Chicago: University of Chicago Press, pp.7-8.

③ 〔美〕迈克尔·斯特雷文斯：《知识机器》，任烨译，北京，中信出版社，2022，第28-29页。

科学推理的合理规范和理性标准。"是"（is）不能推出"应该"（ought），事实描述是回答"是"的问题，而规范是回答"应该"的问题。因此，自然化的认识论和科学哲学都不是合适的哲学学说，必须给予抛弃。

规范主义反驳的要害在于诉诸事实与规范之间的区别。对科学进行的自然主义研究，最多只能描述科学家在提出假设或理论时所使用的方法。然而，科学哲学的目标不只是描述科学家使用的方法，而是规定他们应该使用什么方法。我们不仅想知道科学家在采用理论时实际上使用了什么标准，我们还想知道哪些是正确的标准。自然主义的科学哲学是无法回答这些问题的。

第二，自然主义无法跳出循环困境。运用科学方法来研究科学方法必然是循环的，这是循环论证。如果科学规范是科学本身的组成部分，则科学所需要的规范标准必须通过科学研究来认识；为科学推理所进行的辩护来自科学本身；裁决科学争论的理性标准本身也是科学理论的组成部分。这实质上是一种恶性循环论证。因此，内在包含着循环论证的自然主义科学哲学必须给予拒斥。

另一方面，如果在科学上研究科学方法（包括标准、规范、准则等等）是可行的，可以利用关于科学活动的材料来得到关于科学方法的结论，那么，这就要求我们在这种经验研究开始之前，至少预设一些标准，如关于这种经验研究的合理性标准。并非所有的科学方法都能通过科学调查发现，至少有一些必须通过其他方式被发现，如归纳法的证明可能部分解释了这种论点在哲学界的力量。

第三，自然主义者无法回避相对主义（Relativism）困境。这是来自规范论证的推论：描述认识论不能回答好与坏的问题。它抓住的要害是自然主义科学哲学无法区分好的科学和坏的科学。如自然主义的科学哲学将无力区分好与坏的科学。例如，它必须将"创造论"与"进化论"同等对待。这样的科学哲学往好了说是毫无价值的，往坏了说是有害的。

以上就是反对自然主义的一些主要论点。当然，自然主义者一方面要应对规范主义的挑战，另一方面又要解决自身问题，可以尝试如下辩护：

第一，针对事实与规范问题，从自然化科学哲学的角度上看，自然化科学哲学并非局限于纯粹描述科学实践的实际过程及其细节，它也关注科学的认识规范。但是，这些认识规范，或科学推理的理性原理，必须是历史和现实的科学活动中科学家实际采用的规范原理。我们只能面对科学实践本身，研究科学实践的真实过程，才能发现和说明这些规范原理。在这个意义上，"是"的问题与"应该"的问题并没有矛盾。也正是这个理由，自然主义者认为，科学推理的规范原理本身也是科学的组成部分，是科学理论的组成部分。

第二，针对事实与规范问题，从自然化认识论的角度上看，达尔文主义进化论证指的是，如果自然界按照这样的方式构造我们，使我们的信念形成过程必然有利于正确的信念，那么，获得信念的实际过程就是获得信念应该遵循的过程。而进化机制导致获得信念的事实过程恰好是按我们应该遵循的方式进行的。我们知道，进化只是使得获得信念过程很可能是获得信念应该遵循的过程。适者生存法则导致人类（物种）的先天认知结构中形成信仰真理的心理倾向，知识因此不仅是可能的，而且是自然选择的必然副产品。因此，自然化科学哲学研究本身也是科学实践的组成部分。

第三，针对循环论证与先验基础问题。我们可以尝试后退一步，承认循环，但循环也并非完全是件坏事，循环可能是恶性的，这显然不行。但循环也可以追求某种良性循环，如整体与部分的循环、主观与客观的循环，以及动态反思平衡的历时性事实。

从科学的标准、规范和准则上讲，如果从科学外部（如先验哲学领域）引进，那么，在实际科学活动中，就很可能会出现违反这些标准、规范和准则的现象和事实。在这种情况下，错误究竟归咎于科学家，还是哲学家？归咎于先验的科学标准，还是归咎于科学家的推理实践？哲学不可能垄断科学的裁判权，哲学家不可能是科学的仲裁者！——最终的裁决还是来自科学实践自身！譬如，诺贝尔奖的颁发与否终究是靠科学实践来证实理论。

基础主义的标准科学哲学谋求所谓"第一哲学"的独特地位，它在科学之外研究科学，为科学规定活动标准和目标，实际上是将认识论当作科学的基础，是科学的先决条件。基础主义的错误在于首先断定先验规范原理的存在，或者通过先验哲学分析来发现，然后从科学外部武断地以单边主义的方式强加于科学。这种做法的结局将是：扼杀科学！例如，如果科学必须遵守逻辑实证主义的可证实原则，近代科学和现代科学的绝大部分理论就会因为无法完全还原为感觉经验命题或观察语句而被当作非科学和非理性的形而上学给予拒斥。

相反，自然化认识论主张在科学之内研究科学。因此，自然化认识论和自然化科学哲学不过是科学事实和科学实践的延续。纽拉特之船的隐喻中，科学就像一艘漂浮于海面的大船，认识论（和科学哲学）本身就是它的有机部分。我们不能根据外部预先确立的标准，在岸上重建科学之船。我们只能在海上、在航行中维修和重建科学之船，维修和重建标准除了科学本身运用的标准外，自然化认识论没有自身独立的、在科学之外的标准。

（二）堪培拉计划

接下来要关注的是将自然主义与概念分析相结合的范例——"堪培拉计划"（Canberra Plan）[①]。该计划指的是在20世纪90年代，位于堪培拉的澳大利亚国立大学社会科学研究院的一班人所联合宣扬的哲学纲领。如查尔默斯、弗兰克·杰克逊（F. Jackson）与大卫·刘易斯（D. Lewis）等不同的哲学家所共享的图景——对心灵进行物理主义还原。而后的堪培拉计划就作为一种隐喻，在这里指的是，语言丧失了功能的多样性，力图"挽救"多样性之义，挽救卡尔纳普的《世界的逻辑构造》。因而，当前哲学上讨论的堪培拉计划，是当代方法论的纲领，按照物理学来分析世界是怎样的，这个通常被认为是形而上学的自然主义进路，由物理学来描绘整个世界。

哲学始于对被日常思想所利用的概念的最初分析，假设C是"信念""性别""自由""正义"……再假设对C进行概念分析，按诺兰（D. Nolan）的整理，堪培拉计划应该包含两步：第一步，搜集C相关的陈词滥调，这里面汇集了大量日常的观念、术语与实例等。当然这里还要厘清重点要讨论的东西，是否有足够的整合？如果有，那么在我们所关心的主题中，核心概念的理论作用就可以进一步讨论。利用拉姆塞通过存在量词的变量拉姆塞化T术语。理论T展示了术语C的场景，用变元x替换C，得到实现C的形式：$T\ [x_1\cdots\cdots x_n]$。查尔默斯（Chalmers，2008）提出，我们假设C可以在某个特定的基本词典（词汇表）中对世界有着概括陈述，这一词典可唤作C基（C-basic），C所描绘的事实可叫作C基事实（the C-basis fact）。非C基陈述要为真就得"先天地"由C基事实产生。只有经由某种类似于"卡尔纳普条件式"的东西将C基与非C基相联结，这种蕴涵才能进行。

第二步，如果有C，堪培拉计划就要发现C在世界之中所起的作用，或者采用我们当前最好的理论，以一种不同的方式告诉我们，该词的理

---

① Braddon‐Mitchell，D.，Nola，R.，2009："Introducing the Canberra Plan"，*Conceptual Analysis and Philosophical Naturalism*，Braddon‐Mitchell，D.，Nola，R.（eds.），Cambridge，MA：MIT Press，pp.1–20.

论角色的实现者，如：$\exists x_1 \cdots x_n T [x_1 \cdots x_n]$。通常堪培拉计划者会特别关注科学的成果，这些人便是物理主义者。在还原的物理主义者这里，就要先在功能上定义被还原的属性，再找到物理属性充当功能角色。大体上，堪培拉计划的格式如下：

论3.6

（1）C基陈述

（2）C*—Q（先天蕴涵或分析陈述；C*来自C基，Q并非来自C基）

（3）Q（某个非C基的陈述）

例如，在自然界，我们借助物理语言对自然界有了概括陈述，我们如何得知"水是H_2O"？在堪培拉计划的拥护者们看来，水是先天概念，在物理语言中描述某个先天可知的蕴涵"无色无味液体由H_2O的分子构成，那么水就是H_2O"，可以得出"水是H_2O"。填入格式如下：

C基陈述：如果无色无味液体由H_2O的分子构成，那么水就是H_2O。

先天蕴涵陈述："无色无味液体由H_2O的分子构成，那么水就是H_2O"是先天可知的。

C基事实：无色无味液体由H_2O的分子构成。

——

Q：水是H_2O。

第一步，还原水为H_2O，基因属性为DNA，这是功能上定义被还原的属性。第二步，找到实现者，如功能上被定义的DNA分子编码，转译遗传信息。第三步，解释机制，即完成功能的实现者，DNA分子怎样完成编码，转译遗传信息。事实上，大多数堪培拉规划者认为，在大多数情况下，如果没有实际的实现者，那么就没有简单的实现者。这是因为他们通常是物理主义者。这种分析风格的一个动机是能够在物理世界中找到那些不明显的东西。就心灵哲学而言，有一个特别的论点——人们认为分析揭示了心理状态在因果关系中起着作用，我们有一个后验信念，即所有的因果关系都是由物理事物起作用的。在某种程度上，堪培拉计划的支持者一般都是物理主义者，且认为因果作用仅由物理项目发挥。

一个简答是，概念分析亟待解决的是，何时以及是否由一个更基本的词汇来使之为真的事情？一些堪培拉规划者援引"自然的"或"基本的"作为原始的O术语，因而，这条进路又被称为自然主义的。从刘易斯、查尔默斯的工作可以看到，堪培拉计划的研究者们，可以继续保持在心身问题研究上的主题连续性，对概念进行修正，其实正是概念工程所需要的。该计划与概念工程的共同之处在于卡尔纳普的方法论，不同之处在于，以卡尔纳普为起点走出的自然主义与规范主义两条进路。

针对概念工程的"概念"分析，如果按照卡佩伦的主论证与紧缩框架，那么我们就有可能消除概念，在主题连续性与外在主义之间徘徊不前。因此，问题有没有可能需要回到卡尔纳普，在他看来，哲学的方法是逻辑句法分析的方法。一方面要区别语言框架进行内外区分，另一方面重新审视概念的分析性问题。卡尔纳普在《语言的逻辑句法》中也试图给出一个适用于所有语言的"分析"的一般定义。假如要用此点作为概念工程的内核，定义分析真理应该对哲学很重要，日常生活真理也同样，那么，对"概念"的评估与修正以达到清晰的程度可以发挥重要的哲学作用，而非弃若敝屣，舍本逐末。

五、小结

本章我们讨论概念的方法论，如概念分析、涉及分析与分析性、分析与综合等一些问题。我们还看到概念分析与自然主义之间的哲学争论问题，暂且未有定论，二者的争论涉及了划界问题，揭示了自然主义者面临的困境，如"是—应该"困境、循环论证困境、相对主义困境。然后，我们还考察了当前热门的概念工程，以及自然主义的回应与堪培拉计划。最后，关于概念的方法论，我们目前得到了CE2。

CE2：概念C是自然的；并且C可以用自然的方法加以解释。

自然主义者倡导"自然化"进路，一般而言，所谓"自然化"，就是在自然主义哲学的承诺（本体论的或认识论的）基础之上，将研究对象看作一种自然对象，利用一定的科学范畴、理论分析工具与研究方法来解释该对象。方法论上则并不绝对，自然主义不完全拒斥概念分析，概念分析可以给我们带来理性的思维与严格的论证。在哲学与科学（尤其是认知科学）频繁互动的今天，对某个概念C的哲学说明，我们一方面可以通过哲学家的形式（语言的或逻辑的）刻画，利用语义上行策略给出严格的论证，另一方面可以从事科学的下行研究进行实质性的处理。

第四章 概念的发生学

或许没有人能够清楚记得小时候学习到的第一个概念是怎么来的。不过，当我们长大成人，观察到小孩出生后开口第一声叫"妈妈"（或"ma ma"），判断说，这应该是他或她人生学习的第一个概念。但是，小孩之后却逢人就喊"ma ma"，无论是爸爸、奶奶还是保姆，我们便判断说，他或她还没学会呢。直到学到第二个、第三个称呼，并且分清楚了，才算真正学会这个概念。儿童语言学的研究认为，"ma ma"原来只是发音的本能，是幼儿开口逆气发出的声音，当然还有"mi""ba"。发展心理学考虑的是，个体在发展过程中是否具有主动性；是保持稳定还是改变？发展是连续性的还是非连续性的（阶段性的或跳跃性的）？由此就有了关于发展的三个重要争论：

第一，天性与教养之争（nature-nurture issue）。天性天养是指生物个体的遗传因素，进化与遗传决定了生长与发展的普遍规律，这里有基因决定论，即基因决定了发展的基本轨迹。人类语言究竟起源于哪个基因？研究发现，人类的第七对染色体，FOXP2基因与言语功能发育有关。后天教养是强调环境带来的影响，这里囊括了我们所讨论的营养补充、运动锻炼、医疗护理、药物控制、身体疾病，还涉及亲朋好友、社区、学校、媒体、网络等社会文化环境。

第二，稳定与改变之争（stability-change issue）。这个争论也是上一个的延续，如果个体发展受遗传决定，那个体特征就应该保持稳定；反之，则会随着时间而发生改变。

第三，连续性与阶段性之争（continuity-discontinuity issue）。连续性指的是发展是渐进式的、日积月累而成长起来的。阶段式也叫非连续性，说的是个体如同破茧成蝶一样经历了本质差别的阶段。

这些对哲学上的概念研究具有重要的借鉴意义。概念从何而来？如何发展？这类发生学问题极具诱惑力，后人在对其答案的苦苦追寻中，有了概念的先天与后天的讨论。

鉴于康德先验哲学"a priori"的用法，此处将"先天概念"中的"先天的"校译为"innate"，而"innateness"对应于"先天性"，同时将"Innativism"或"Nativism"译为"先天论"。先天论者主张，人类与生俱来地拥有了概念、观念或知识等。我们可依据传统上反先天论者或经验论者的反驳，尝试梳理出概念先天论（Concept Nativism，CN）的三个论题。

论4.1　CN

（1）是否存在先天概念？

（2）先天性是什么意思？先天性的解释力在哪里？

（3）如果存在先天概念，那么人类心灵有多少先天概念？哪些概念可以算作是先天的？

以上论4.1针对概念的发生学问题，依据传统将哲学史进行阶段划分，有些哲学家的观点并不局限于某一论题。

一、传统哲学中的先天概念

先天论承认的是，我们的心智先天地存在某些内在的东西，如任何观念、概念、范畴、知识、原则等。先天论在传统的哲学史上，有两次浪潮，引领人一位是柏拉图，另一位是笛卡尔，因为二者给出了先天论的两种发生学模型。

（一）柏拉图

一开始哲学家们讨论先天概念的存在问题，首先通过知识来源进行解答。柏拉图是西方传统中第一个直接探讨先天问题的人。这个问题首先出现在《美诺篇》中。美诺是出身高贵的年轻人，听过高尔吉亚的演讲。他与苏格拉底的对话的主要论题是"美德是否可教"，其中的子论题是回忆说。讨论的前提是"美德是什么"的概念定义，我们可以通过枚举"勇敢""节制""智慧"找到多个"美德的"例子，但这些都有共同的美德的"型相"。如何获得这个"型相"？获得"型相"不是教育，美德不可教，而是经由不朽的灵魂通过回忆生前获得的真理。[①]这就是回忆说，所有的学习都是回忆，我们将学到的所有东西在我们被教导之前就已经在我们体内了。向一个未受过教育的奴隶提问几何问题，这个奴隶可以"自己发现"毕达哥拉斯定理的一个（平民的）版本。根据这种观点，感知和探究提醒我们什么是与生俱来的东西。我们可以尝试给出柏拉图式的先天概念。

---

① 参见〔古希腊〕柏拉图：《柏拉图全集·增订版·4：普罗泰戈拉篇、美诺篇、欧绪德谟篇》，王晓朝译，北京，人民出版社，2017，第62-105页。

论4.2　CN（Platonic）

一个概念C是先天的，仅当，C贯穿于个体的发展过程，并且，在某个适当过程中C被触发并呈现出来。

苏格拉底并没有如我们想象的那样详细阐述记忆的主张，在某个适当过程中C被触发并呈现出来，可以是借助回忆呈现。当然，除此之外，我们还不清楚在这种情况下什么算知识，什么是先天的？先天是如何与感知（或探究）相互作用而产生知识的？尽管如此，先天论者还是把美诺的奴隶事件当作他们观点的试金石，反对者则认为美诺从未被视为先天论的重要辩护，因为人们太容易怀疑苏格拉底了，比如苏格拉底的"提问"实际上是在含蓄地引导奴隶并为其提供正确的答案。结果是，这个演示作为教育学上的教学优秀案例而闻名，但却不能作为记忆理论的有力辩护。

在《美诺篇》中，还有一个值得关注的是先天解决了对悖论的探究问题。只有在我们不知道x的本质时，探究x的本质才有意义，我们有办法确定对x本质的候选解释是否正确。但如果我们不知道x的性质，我们怎么确定解释是否正确呢？柏拉图的记忆解决方案将探究视为一种深层记忆回忆。我们问题的正确答案已经在我们心中了，询问一旦成功，就会使我们想起那个答案，就像我们会想起某张面孔的姓名一样。一旦我们有意识地想起这个名字，我们（不知何故）就知道我们有这个名字。由此看来，先天一说为苏格拉底的哲学实践提供了理论基础。我们曾经掌握了代表事物真实本性的超验观念，早期理解的痕迹留在我们的灵魂深处，等待着被探究唤醒。因此，对真理、正义、虔诚、勇气等的本质进行哲学探究是有意义的。

在《斐多篇》里，苏格拉底认为，将两根棍子视为平等的概念不可能来源于经验，因此什么是先天的不在于知识本身，而在于概念的应用。柏拉图引入了形式理论作为他解释的一部分：我们对形式平等有一种天生的把握，而这种（把握）形式在某种程度上涉及我们感知木棍是平等的。在这里，这种情况仍然不那么令人信服，首先，很难确定平等论证应该如何进行，其次，我们仍然不确定柏拉图的形式理论的内容。

先天学说严格来说是一种关于认知发展的假说，但它对柏拉图的吸引力在于其更深层次的形而上学和方法论的结果。某些x必须是先天的，因为感官经验的解释不充分；另外就是对数学知识和概念的关注。柏拉图是自然先天论者，所以人们可能会认为亚里士多德是自然经验主义者。

（二）笛卡尔

在《第二沉思录》中，笛卡尔揭示了感官所接收到的东西和头脑所知道和理解的东西之间的差距。经典的例子就是蜡块说，从蜂房拿一块蜡出来，它呈现给我们的是一组偶然的和可能的感官图像——甜味、香气、颜色、形状、大小。蜡块经过一段时间发生了变化，感官通过蜡块感受到的味觉、嗅觉、视觉、触觉、听觉改变了。我们如何以科学家的方式来理解它——天生无色、无气味，具有服从数学法则的潜在本质的持久物体？对笛卡尔来说，答案是我们用心理的理智功能对物理对象有一个抽象的、非感官的概念。感官知觉使我们有可能用我们实际情况的偶然细节来"填补"这个抽象的概念。[①]

但是，在感官匮乏的情况下，这些笼统的抽象概念又从何而来呢？先天论现在似乎是一个有吸引力的答案。我们来到这个世界时，必须预先具备一些东西，比如概念、原则、一般观念、能力等，这类东西将使我们能够理解我们实际看到的、听到的等等。理性可以挖掘这种与生俱来的禀赋，从而对事物得出一种先验的理解。于是，我们可以尝试梳理笛卡尔式的先天论断。

论4.3　CN（Cartesian）

一个概念C是先天的，仅当，如果C未经感官经验得到，那么C必然是头脑所固有的。

笛卡尔的目的在于寻找精确的知识，他区分了"外在偶然的""人为矫饰的"与"清楚明白的"观念，"外在偶然的"来自感觉经验，"人为矫饰的"则由想象力构造，"清楚明白的"是天赋的、自然的，上帝安置于心灵的。数学几何就是"清楚明白的"。如果我们不能从感官经验找到真理性的知识，如果真理性的知识是依赖某些基本概念所推理的结果，那么，这些基本概念必然是头脑所固有的、先验的，笛卡尔划为天赋观念的东西。在他那里，天赋观念有时指头脑所感受的观念，不朽的灵魂于自身发现的真理；有时指在经验的过程中，灵魂产生这类知识的固有能力。那么，这种天赋观念什么时候出现？

论4.3　CN（Cartesian-1）：

一个概念C是先天的，仅当，C由某类与生俱来的因素决定，并且在个体发展成熟的某个阶段呈现。

---

① 〔法〕笛卡尔：《第一哲学沉思录》，庞景仁译，北京，商务印书馆，2010，第31-36页。

比如遗传病完全由遗传因素决定，并且在出生一定时间后才发病，概念C就像这类先天性疾病。在笛卡尔的蜡论证中，我们可以看到先天的概念在幕后发挥作用。我们生来具有某种承担它们的气质或倾向，也就是可靠的内在观念。我们能够知道这些真理，因此可以通过诉诸理性能力进行反思。为了保证观念的真理性，笛卡尔必须证明上帝的存在。《第一哲学沉思录》的中心论点把我们从对上帝存在概念的事实带到了上帝在心灵之外的存在。那么，这种对无限存在的（先天的）观念使我们有可能知道，在我们的思想之外还有一个世界。在第三沉思的讨论中，笛卡尔再次强调先天性的概念——我们何时以及如何得到上帝的概念，与其说是我们有上帝的概念，不如说是我们一早拥有上帝的概念，而且不可能从我们对自己心灵的思考中构建上帝的概念。首先，观念是有原因的；其次，按照其内容，观念与观念之间是有区别的。在起作用的观念原因中，实在性至少要与结果中的一样多。上帝的观念包含客观实在性，沉思者是有限的与不完满的。因此，一个关于完满的与无限的存在的观念来自外部，这就是上帝。

笛卡尔的这个原理是建立在对因果关系本质的清晰而独特的洞察之上，而这种洞察大概是与生俱来的。不过，我们也可以发现，笛卡尔没有正面讨论先天性的概念。部分问题可能在于，我们很难将先天观念或原则与笛卡尔对心灵和意识的认同结合起来。先天的东西先于经验存在于头脑中。他在某一点上提出，思想可能在头脑中与生俱来，就像痛风可能在一个家庭中传播一样。在某种程度上，这被理解为倾向理论，它将在经验主义者对先天的攻击中受到严厉的批评。

（三）斯宾诺莎与莱布尼茨

斯宾诺莎的先天概念指的是什么呢？受笛卡尔理性主义的影响，斯宾诺莎认为我们可以按照几何学的方法获得精确知识。而人类的思想中，感觉、感官意象、知觉等是不精确的，因为人类的心灵从自然的共同秩序中感知事物是不充分的。在这种情况下，我们的想法只是由我们与外部世界事物的偶然和偶然的接触来决定的，导致感官经验本身永远无法提供一个充分的观念所传达的信息。感官只呈现事物在特定时刻从特定角度出现的样子，非事物的本质。另一方面，适当的观念以理性和有序的方式形成，并且必然是真实的，揭示了事物的本质。"理性"不仅要掌握事物与其他物体之间的因果关系和概念联系，更重要的是，要掌握事物与上帝的属性之间的联系，以及从这些属性中直接得出的无限模式

（自然法），以及从一个属性的所有模式中挑选出"共同概念"。一个事物的充分的概念，清楚而明确地把它的对象置于它的一切因果关系和概念关系中，不仅表明它是什么，而且表明它怎样是，为什么是。用适当的观念去认识，就是认识到自然界所固有的必然性。

莱布尼茨是另一位先天论的捍卫者，他的《人类理智新论》以挑战洛克"白板说"（theory of tabula rasa）而闻名。洛克发现，婴儿与"白痴"显然就不具备先天原则。人类心灵更像是"白板"，上面没有概念，一切观念都由感觉或反省得来。"我们可以假定人心如白纸似的，没有一切标记……"①莱布尼茨将思维类比为一块大理石，大理石的纹理就是先天的东西。更重要的一点是，他尖锐地指出了刺激方案的不足之处。在美诺的例子中，奴隶可以看到苏格拉底在泥土中画出的正方形与某种关系，但他最终知道，这种关系必须包含任何符合苏格拉底最初描述的正方形的可能集合，也适用于所有可能的世界。我们对世界的经验总是偶然的细节，但我们的知识可以是普遍的，甚至是必要的。莱布尼茨认为，理性必须不只是偶然经验的归纳，它最终必须依赖于先天的思想和原则，这些思想和原则使我们不仅能够理解事物是如何发生的，而且还能理解事物为什么必须如此这般。

莱布尼茨的讨论将先天学说整合到更广泛的认识论和心智理论中去。例如他暗示，并非我们所有的先天禀赋都需要作为（无意识的）观念和思想来实现，而可能是与生俱来的思维和推理方式。洛克争论说，人始终没有意识到内在的知识，如果心灵没有意识到，那么就等于说心灵没有先天的东西。所以经验主义的论证就会有效。莱布尼茨认为先天问题是他和洛克之间最重要的分歧，也许也是哲学的中心问题。他怀疑洛克的反先天论是对非物质灵魂的间接攻击，因而挑战了来世和永生，挑战了宗教、伦理和公共秩序，必须回应。首先，人类有许多知识不靠感觉来证明，逻辑学、伦理学、神学等建立在心灵的许多非感觉的原则上。感觉能唤起真理，但无法证明其确定性。这类非感觉原则、真理潜藏于人的心灵当中。如逻辑的同一律，我们没有意识到它存在，可它对人类思维却极其重要，我们要非常注意才能察觉到它。这就是莱布尼茨的天赋原则。

莱布尼茨的另一个贡献是在本体论与形而上学领域提出"单子论"（Monadism）。相关的观点是，单子不是数学的或物理的点，而是形而上

---

① 〔英〕洛克：《人类理解论》，关文运译，北京，商务印书馆，1983/2019，第68页。

学的点，无广延，无形状。物体是单子的集合，宇宙由无限多的单子组成。每个单子都有知觉或表征能力，可以知觉或表征全宇宙。每个单子遵照自身的意图形成了有序的宇宙统一体，即使相互孤立，它们的意图也形成了和谐。这是由预先建立的神圣和谐来协调的，按莱布尼茨的比喻是一对同步的时钟。这一切的结果是，可以得出理性主义的一个根本结论，即一切思想和经验都是天生的。莱布尼茨的单子论的精神因素不可能有外在的来源，这点与斯宾诺莎的形而上学相同。

理性主义的"天赋观念说"在此基础上建议，某个"观念"的东西或者"业已被辩护的真信念"的集合在出生前就已存在。笛卡尔认为，感觉的获得与心灵理解的丰富性之间存在一条鸿沟，一个无限完满的存在的上帝概念是先天的，不可能由不完满的人由经验直接获得，只能通过直观或演绎的方法获得。

但是，洛克的白板也有可能具备获取观念的属性，如若这个怀疑成立，理性主义者同样可以承认，"白板"只不过比莱布尼茨的"有纹路的大理石"的隐喻承诺较少的东西罢了。该大理石上的纹路可视作一种"作为倾向、禀赋、习性或自然的潜在能力而天赋在我们心中"。[①]虽然这种潜在的天赋观念说一定程度上回应了洛克的质疑，但是莱布尼茨也需要默认感觉经验的激活以完成潜在到现实的转化。

不过，我们依旧无法理解怎样获得概念与知识，首先，不同情况下概念是否共同拥有某种特征；其次，从经验获得概念似乎是循环。实际上洛克已注意到这点，他在《人类理解论》中提到，当感官注意到不变的各类事物时，所观察到的一些特殊的性质便会开始存在，并且该存在会由其他事物的适当作用所引起。通过这种观察，我们便可以得到因果观念。但是，我们显然不能做出这种观察，除非我们早已拥有因果的观念，这便陷入了一种循环当中。[②]

经验主义者应对的方法就是修订概念的内容，引入更多东西，区分印象与观念。印象是当下经验的内容：感觉、感受、情感、欲望之类。观念是印象所衍生的，简单观念是印象的副本，复杂观念是从印象经混合、转化、扩大或缩小所产生。这样，观念就由经验所得。休谟更进一步，所有观念都是特定感觉状态的表征。

反思传统的争论，我们不能解释一些概念及其内容怎样由经验获得，

① 〔德〕莱布尼茨：《人类理智新论》，《西方哲学原著选读（上卷）》，北京大学哲学系外国哲学史教研室编译，北京，商务印书馆，1981/2003，第495—496页。

② 〔英〕洛克：《人类理解论》，关文运译，北京，商务印书馆，1983/2019，第26页。

同时，这也并不意味着先天论就可无条件地接受，我们应该修正某些更加限制的内容与能力。至于那是什么，乔姆斯基从语言知识角度试图给出解答。

二、乔姆斯基的笛卡尔语言学

随着认知科学的发展，哲学家拥有大量工具来重新考察传统的争论，其中就有像发展心理学、进化心理学、认知人类学、神经生理学、语言学等经验研究。而现代认知科学关于发展与认知的理论研究中，先天论一直占主导地位。这归功于乔姆斯基的开创性论证，并且"先天性"外延不再局限于上述传统哲学的观念、原则、信念与知识范围内，而是解释成某个以特殊方式在生物或遗传上前定的、域特殊的心理机制、能力、技能、官能或表征集合。

现在暂且抛开生物学争论，而专注于语言的获得问题——我们怎样获得语言知识？这就有天生天养与后天教养的区分。语言的先天论者认为语言知识是天生的，但语言可能并非天生的，于是有了"反先天论"（Anti-nativism）、经验主义或行为主义。

（一）反行为主义

行为主义心理学是一门纯客观的实验性的自然科学，其理论动机是预测与控制行为，而非内省。于是，行为主义的主要特征是反心理主义——该方法主张我们可以（必须）提供不指向内在心理状态的心理解释。行为主义者通过对动物的研究发现，人与动物之间并没有严格的分界线。巴甫洛夫（I. Pavlov）研究狗对食物的条件反射等实验，探索大脑皮层和皮下的活动，他认为行为与神经系统密切关联；桑代克（E. L. Thorndike）更注重联结主义学习理论；华生（J. B. Waston）则提出遵循客观的研究方法来代替内省，如仪器观察、测验、言语报告、条件反射等，尽量追求术语表述的客观性；斯金纳（B. Skinner）的观点继承了华生的行为主义，每一种动物都有一系列自然发出的行为，有些行为是对刺激的反应。科学的任务就是研究控制的刺激条件与有机体反应之间的函数关系。这些是天然的唯物主义，可以由经验形成。同时，心理学还应该研究学习，比如人类的语言知识受制于两个因素：说话者当前所处的环境特征；说话者的巩固史（即对先前言语行为的重复与反馈）。这样说来，"知道"一种语言就是一件拥有行为倾向的集合的事情，倾向于说（或做）出适当的事情以回应其他说话者与世界。在这个意义上，"学习"就是获得倾向的集合。

斯金纳认为，掌握一门语言仅仅是拥有一套特定的行为倾向，有鉴于此，学习一门语言就等于获得那套行为倾向。这是通过一种操作性条件反射的过程发生的。"操作性"是指那些与特定环境条件或"诱发性刺激"没有可辨别的规律关系的行为。它们将与"应答者"进行对比，"应答者"是对特定刺激的可靠或反射性反应。因此，当有人戳你的眼睛时，眨眼是一种回应；婴儿咿呀学语的情节是操作性的。斯金纳认为，大多数人类语言行为都是操作性的：它们一开始与任何特定的刺激都不相关。然而，作为条件作用的结果，它们可以获得与刺激（或其他行为）的联系。在条件反射中，通过实施适当的"强化"（reinforcement），使相关行为更有可能（或在某些范列中更不可能）发生在对特定环境线索的反应中，比如依据主体对线索的反应，随时间的变化而给予或取消奖励或惩罚。按照斯金纳的说法，当儿童的言语操作者受他们的看护人训练，被置于某个特定环境条件下时，他们就学会了语言。然后，他们会因其各种语言行为而受到奖励（如父母的认可）或惩罚（如理解的失败），结果，他们对语言行为的倾可逐渐向更广泛的语言群体的倾向靠拢。同样，斯金纳认为，"理解"他人的话语是一种训练，以适当的行为来回应他们：一个人懂得"关上门"，只要你能对这句话做出适当的反应。

在斯金纳于20世纪80年代将行为主义推向巅峰之际，乔姆斯基对其进行强烈攻击。他把注意力集中在人类语言的两个事实上：（1）它们非常复杂；（2）儿童在没有经过太多系统训练的情况下就能掌握它们。第一点很显然是基于这样的判断，人类的言语行为并不类似于鸽子啄盘子或老鼠走迷宫，如此的行为主义解释太肤浅。语言本身就是一个复杂的系统，但要解释这点就需要一些理论构建，比如涉及丰富的语用、语义和句法知识。掌握一门语言则涉及语言规则与惯例的理解，乔姆斯基称之为"认知"（cognition）。

第二点，儿童无须训练即可掌握一门语言（母语），这并非受环境诸因素（包括他人的话语）所决定的。乔姆斯基批评，语言的使用独立于刺激，几乎任何词语都可以对任何环境刺激做出反应，这取决于一个人的心理状态，而非言语行为。乔姆斯基还批评，语言也无关训练历史的事。我们所说的话并不是由我们的强化（训练）历史决定的，这一点很明显，因为我们能够并且确实言说了我们没有受过训练说的话。孩子学习语言似乎根本没有受到"条件反射"的影响。显式训练（比如狗在学习命令下吠叫时所接受的训练）根本不是语言习得的特征。儿童在学习语言方面的成就似乎是不可思议的。乔姆斯基发现，笛卡尔首先在《谈谈方法》的第五部分认识到语言的创造性，围绕这一论题的语言研究就是《笛卡尔语言学》的理性主义立场，重点在于"刺激贫乏论证"。

（二）刺激贫乏论证

如果一个孩子只接触周围的句子，他怎么可能学会控制语言表达的无数规则呢？很少有人关注语言知识是如何获得的，以及先天观念在这一过程中可能发挥什么作用（如果有的话）。乔姆斯基提出，儿童学习语言就并非完全受制于外在的环境条件，因为输入是极其贫乏的，而儿童习得的语言却又如此丰富，这称为"刺激贫乏论证"（PSA）。针对这个问题，20世纪的大多数理论家都追随PSA观点，认为除非最终获得的大部分知识是先天的或天生的，否则语言习得不可能发生。也就是说，儿童在早期学习语言时不是基于语言的"白板"。乔姆斯基及其追随者认为，人类天生就有一个复杂语言的特殊倾向的集合——"普遍语法"（universal grammar，UG），这是一个描述所有自然语言最基本属性的理论（例如元素在移动时会留下痕迹，以及它们的移动会以各种方式受到限制）。因此，学习一种特定的语言就变成了一件相对简单的事情，即对这种先前拥有的知识进行详细阐述，因此对儿童来说似乎是一项更容易驾驭的任务。

在乔姆斯基看来，语言能力包含了对各种语言规则、约束和原则的先天知识；这种天生的知识构成了语言能力的"初始状态"。在与一个人在童年时期的语言经验的相互作用中，即在接触乔姆斯基所说的"初始语言数据"（the primary linguistic data，PLD）的过程中，它产生了一种新的语言知识，即一种特定语言（如汉语或英语）的知识。这种语言能力的"达到"或"最终"状态构成了一个人的"语言能力"，包括对语言语法的了解。根据乔姆斯基的说法，这些知识对于我们说和理解一种语言的能力是必不可少的。当然，这些知识对这种能力是不够的：在"语言表现"中，也就是实际的语言使用中，还有很多额外的知识需要承担。

论4.4　PSA[①]

P1：掌握一门语言（部分）包括知道它的语法。

P2：为了学习特定的语法规则，儿童G必须接触到某些类型的数据D，D可以证伪相互竞争的假设。

P3：初始语言数据（pld）不包含D。

所以

C1：G无法学习。

C2：普遍的情况是：许多语法规则无法从pld学习。

所以

C3：UG先天已知。

这里的先天性指的是哪个？语法？规则？pld？

假设初始语言数据是极其贫乏的，再假设儿童知道一连串无直接证据的东西，然后假设，人们获得语言的结构知识，并无直接证据，那么，这就必须在学习机制上有一定限制。如果说学习者关于语言运作的假设有许多方式来约束，而PSA只展示了约束的需要，它并没有说需要哪类约束，不一定是UG。倘若要坚持UG的先天性，那么如何对UG进行解释就得提上日程。按乔姆斯基的说法，它涉及两种含义：构成学习者所具有的语言官能的"初始状态"；状态的内容，包括一系列特性、条件等各类语言建构的原则、条件和规则系统，如"管约理论""原则—参数语法""最简方案"等。若先天性指向的是某种"初始状态"，这似乎过于宽泛，因为只要存在某种先天的东西或形式，先天论成立。若先天性指的是状态的内容，那么我们可能不必拥有UG，只知道关于语言的东西足以使我们掌握一门语言，先天论成立。

学界针对以上PSA论证的各个前提的模糊性提出疑问。

针对P1中的"知道"到底指什么，乔姆斯基使用"知道"这个词来描述说话者与语法的关系。这显然与命题态度或信念知识的标准情况不同，大多数说话者完全不知道语法规则，即使被告知它们是什么，许多人可能也不会理解它们。作为回应，乔姆斯基开始使用一个专业术语"认知"（cognize）来描述说话者和语法之间的关系，而避免使用带有哲学意味的术语"知识"（knowledge）。尽管说话者和语法之间的一种特殊关系是合理的，关于认知的确切性质问题也仍然没有得到回答。是否像

① Cowie, F., 2008: "Innateness and Language", *The Stanford Encyclopedia of Philosophy* (Fall 2017 Edition), (2008−01−16)〔2023−10−30〕, Zalta, E.N.（ed.），https://plato.stanford.edu/entries/innateness-language/.

信念一样属于某种表征关系吗？如果不是的话，那么"学习语法"意味着什么呢？如果是的话，说话者对语法的表述是"显性的"，还是"隐性的"？这些术语究竟是什么意思呢？同样地，说话者对语法的认知在其语言"表现"中起着什么样的作用？诸多问题与刺激是否匮乏的论点有关，根据答案的不同，大致上会有三种可能性。可能性一，语法是类似信念的实体，如我们头脑中的某些内部代码中明确地表示出来，那么这些信念是如何获得和证明的问题确实是一个紧迫的问题。基于不同的原因，它们是如何发挥作用的问题也是一个紧迫的问题。可能性二，否认语法在说话者的头脑中存在，如此一来，语言是如何学习的以及"证据"等在这一过程中扮演什么角色的问题就完全不同了。可能性三，一个人完全拒绝生成语法，对说话者的语法知识的内容采用不同的概念，但这又会影响一个人对学习过程的看法。换句话说，一个人对所学内容的看法会影响他对学习所需内容的认识。对语言习得的输出的"要求"越低，对输入的"要求"就越低。

针对 P2 的学习算法（learning algorithm），这个前提概括了这一主张——在许多情况下，学习者学习语法所需要的证据是由他们所使用的学习算法的某些假设所支撑的，同时，学习者也需要某种特定的伪证来纠正他们的错误。例如，错误的假设只有在数据中被明确证伪时才会被拒绝，这一观点表明学习者无法采取任何概率或整体的方法来确认和不确认。没有 UG 的学习者很可能确实会产生错误的假设，这表明他们产生假设的方法对背景信息或过去经验并不敏感。乔姆斯基在 PSA 的原始版本里所设想的非先天论中，语言学习者在方法上是受限的——它包括列举所有可能的语法假设，每一个都要与数据进行检验，每一个都被拒绝，以防它被明显证伪。

然而，关键的问题来自证伪本身，正如过去半个世纪科学哲学领域的大量工作所表明的那样，用这种方法学不到什么东西，我们很难找到提供伪造的证据。相反，假设生成必须以归纳为基础，确认是一个整体性的问题。因此，乔姆斯基的论证出现了两个问题。首先，如果语言学习者采用波普尔式（猜想和反驳）方法，那么就无法从数据中学习语言。换句话说，PSA 的不足之处并没有告诉我们很多我们不知情的东西。其次，语言习得并非通过波普尔式学习策略发生，它也不支持这个学习理论的具体替代方案。经验主义者可以回应的是，先天论试图反驳经验主义者眼中的闪光理论是毫无意义的，但是，乔姆斯基的方法如此富有成效，却有可能得到最佳解释。第二种回应是，补充语言学习的机制解释，如联结主义对语言习得。[1]第三种回应是，语言学习者通过使用归纳、类比和统计学习方法，以及为了确认和不确认的目的而检查更广泛的数据，来获得语法知识。譬如托马塞洛（Tomasello，2003）提出，儿童在学习过程中要很晚（约4、5岁）才形成抽象的句法概括，他们最早的话语受经验法则或"结构"的支配要少得多。更抽象的结构，用越来越像成年人的和（句法）的术语框架，运用模式识别技能（类比）和一种对传入数据和先前获得的结构的统计分析逐步形成。[2]

针对P3的问题是：pld包含什么？乔姆斯基及其追随者主要以两种方式回应这类发现。首先，他们认为，一些孩子能够听到"保护唐僧西天取经的是当过齐天大圣的美猴王吗？"这样的句子然后学习到了同类语句，仅仅证明是不够的。因为所有的孩子都学会了正确的规则，所以这种说法肯定是所有的孩子都能听到这种形式的句子。我们有必要再确认一点——儿童实际上什么时候掌握了相关的结构。不过在这个主题上做的工作少得惊人。其次，可能还有其他版本的刺激方案的不足。例如，克莱恩（Crain，1991）构建了一个关于儿童对某些限制运动的知识的获取的刺激论点。然而，这个结论仍然依赖于未经证实的直觉，即在pld中没有出现相关形式或证据。因此，它是不确定的。

纵观PSA的整个论证，从P1，P2，P3到C1，C2，C3的论证是有效的。然而，关键问题在于P2，"学习"含义有着模棱两可之义。乔姆斯基主义者通常认同这一点，他们退一步承认，来自刺激方案匮乏的论点并非无可辩驳；他们也前进一步声称，这是一个非常好的论点，但举证责任属于它们的批评者。

皮亚杰的认知发展理论则批评PSA的推理毫无价值，因为儿童思维与成人的本质差异在于，语言是认知能力发展的结果。他将儿童发育划分阶段：感官运动阶段（0～2岁）——婴儿通过协调听和看的感觉经验，以及肢体动作来认识事物存在，获得假扮游戏和延迟模仿两项认知技能；前运算阶段（2～7岁）——儿童开始运用词汇和图像符号来表征世界，因此又称之为符号化表征阶段；逻辑分组阶段（7～10

---

① Marcus，G.F.，1988："Can connectionism save constructivism？"*Cognition*，66，pp.153-182.
Marcus，G.F.，2001：*The Algebraic Mind：Integrating Connectionism and Cognitive Science*，Cambridge，MA：MIT Press
Marcus G. F.，2004：*The Birth of the Mind：How a Tiny Number of Genes Creates the Complexity of Human Thought*，New York：Basic Books.

② Tomasello，M.，2003：*Constructing a Language：A Usage，Based Theory of Language Acquisition*，Cambridge，MA：Harvard University Press.

岁）——儿童能够对物品进行分类；演绎的逻辑能力阶段（11～12岁）——儿童能够运用更抽象更理性逻辑的方法。经验主义者强调语言环境与经验积累的重要性，儿童所接触的语料就已足够。[1]所以我们还是应该关注语言输入的性质：针对P3，即使语料不提供相关信息，儿童也能够掌握某些语言规则；针对P2，儿童所接触的语料中并没有足够的信息作为一些语法规则建立的基础。[2]认知语言学派创始人兰盖克（R. Langacker）以心理学实验为基础，建议语言能力就是后天培养的，与其他认知能力相互渗透。

PSA的结论C3引发的UG"先天性"问题争论不休。围绕的"先天性"讨论实质上包含两个层次：一方面，我们心灵包含"许多"先天的心理结构——概念，信息主体，心理机制，偏见等；另一方面，"这些先天结构大多是域特殊化的，与域一般化（the domain-general）不同，它大体上关注相当特定的主体事件，如算术、大众生物学、素朴物理学、语言等"。[3]

"经验论和先天论的辩论不再是'你说经验——我说先天'的问题：在许多人看来，这是一个'要么忍受，要么闭嘴'的问题，而忍受的重担就落在经验论者身上。对于这种范式转变的所有因素都存在着重大的争议：关于表征概念的哲学争论（语法在什么意义上是'头脑中的'？），关于特定语言语法的结构和特征以及关于普遍语法的性质的技术语言学争论，关于乔姆斯基形式主义与儿童学习者和成人语言使用者的实验研究的相关性的心理学争论，等等。"[4]先天论者接受的是关于某种性状或心理学上的先天特殊化，非先天论者或经验论者宣称的是某种既定特性，并非先天特殊化。可以说，普罗大众将"先天性"视为人与生俱来的某种认知结构是种误解，因为这种观念会将有没有先天承诺视为判断先天论与否的标准，而要害却取决于我们先天赋予的概念的丰富程度。先天性，也就是承认天生的丰富性，评判先天论与经验论应当依据各自不同

① 参见唐世民：《Piaget与Chomsky的一场争论与语言习得的基本问题》，《广东外语外贸大学学报》2006年第2期，第29页。

② 参见Pullum, G., Scholz, B., 2002:"Empirical assessment of stimulus poverty arguments", *The Linguistic Review*, 19, pp.9-50.

③ Samuels, R., 2009:"Nativism", *The Routledge Companion to Philosophy of Psychology*, Symons, J., Calvo, P. (eds.), New York:Routledge, p.323.

④ Samet, J., Zaitchik, D., 2017:"Innateness and Contemporary Theories of Cognition", *The Stanford Encyclopedia of Philosophy* (Fall 2017 Edition), (2017-09-13)[2023-10-30], Zalta, E.N. (ed.), https://plato.stanford.edu/entries/innateness-cognition/.

倾向的方式。先天论者自然就倾向于——将心灵视为大量天生就设定的、相当复杂的、域特殊的结构与过程；相对地，经验论者则会认为经验的操作过程实质上属于更多的域一般。"经验论偏好于这样的认知建构：大部分是内容自由的，并且是在通用学习机制上，从感觉输入进行操作，以使得认知者建构对世界经验的心灵内容。相比之下，先天论者则倾向于认知建构是更细致又更丰富的内容负荷，例如，包含了推论的能力或原则，具体地设计为特定认知任务的获得与展示。这是先天论与经验论的真正争论所在。"①这一争论集中地反映到福多的概念理论中。

三、福多的概念先天论

福多继承了乔姆斯基的笛卡尔语言学，不过他并不关注语言知识本身，而是语义学，同时在概念理论上提出概念先天论，给出"心理模块性"（Modularity of Mind，MOM）与"思想语言"LOT两个经典假设，以此奠定其在心灵哲学与认知科学的领军地位。在本书涉及的不同之处，当谈论概念及先天论时，我们也会结合MOM与认知机制解释。

LOT是福多于1975年的《思想语言》一书提出的观点。首先对于MOP问题，福多回答，LOT是MOP。这一假设认为，我们认知当中的表征系统具有类似于计算机的语言，这是机器设计的一部分，所以不需要学习。因此，人类的LOT就有可能是先天基因的一部分，此类思想语言就先于第一语言存在于大脑中。当然，这种概念先天论的说法也极具争议性。相对于前面的概念能力观在个人水平上的关注，它更加注重对"亚人"（sub-personal）水平的表征系统刻画，该表征系统就是LOT，在MOP问题上诉诸更精致的概念版本。

（一）LOT1

关于思想语言LOT，福多写过两本书，一本是1975年的《思想语言》，可称为LOT1；另一本是2008年的，可称为LOT2。我们先来看LOT1，该书主要反对赖尔与奎因的行为主义，还反对还原论。行为主义有许多严重的缺点，福多试图表明"心理主义"（Mentalism）是二元论和行为主义的真正替代品，为功能主义辩护，遵循戴维森，提出作为特

① Simpson, T., Carruthers, P., Laurence, S., Stich, S., 2005: "Introduction: nativism past and present", *The Innate Mind: Structure and Contents*, Carruthers, P., Laurence, S., Stich, S. (eds.), New York: Oxford University Press, p.5.

殊科学的"非还原物理主义"。

在这样的背景下,福多提出心灵与命题态度之间的关系是计算,而计算,需要一个亚人层面的载体,即表征系统,这就是所谓LOT,就是主体在思维过程中所提取、加工的"心理语"(mentalese),用于储存与加载信息。所以,LOT理论假定了主体的思维过程通过对类语言(word-like)表征的操控而进行。对行为决策、概念学习与知觉等现象的研究表明,认知过程就是计算过程,所以,LOT实质上就是具有计算性质的物理符号。计算特征背后要有计算的媒介——表征系统,若能将此种表征系统归属于有机体,不失为合理的选择。福多心目中所谓的LOT计划是——将心灵与语言的联系镶嵌于符号操作装置之上。因此,"无表征,不计算"[1]。

我们对人类行为的诸多解释要诉诸信念、欲望之类的大众心理学研究,这归于所谓的意向性内容、心理内容、表征内容或命题态度成真条件等理论的探讨。一般的解释进路是,大众心理学解释是因果解释,因果解释要求因果律存在,而因果律则要保留在个人层面。然而这并不足以解释意向性,因为某些特定的信念与欲望怎样引起行动的研究恰恰是我们所需要的,许多人却避而不谈。所以福多建议,我们需要假设在意向性之下存在一个"亚人"层面的"心理表征"MR,这是产生意向性的原因所在。我们若想达到对意向性进行充分解释,仅当我们解释它下一层的表征是什么。最低限度地,一个表征就是某种处理语义属性的东西。

LOT1的副产品有两个,第一个是反学习。

福多早期的思想源自乔姆斯基。本来先天论反学习有两个方案,按照经验主义,概念C的学习过程是"假设—检验"过程,我们先假设C是X,再检验X是C,但前提是我们已经知道X是C。所谓的"假设—检验"方法指的是,要形成一个概念C,人脑会利用到已储存的信息库主动提出一些可能的假设,设想所需要的C可能会是X、Y、Z之类,然后根据实际情况一一检验,最后找到"X符合C"。

要注意,这里会涉及三个方面的理解。

第一,大脑已拥有的信息库是什么?这对跟随乔姆斯基路线的福多而言不是问题,他关心的是"像我们的心智始于先天的概念库存,不会没有,但总会是有限多"。[2]所谓的"始于"是从什么时间开始?是出生

① Fodor, J.A., 1975:*The Language of Thought*, Cambridge, MA: Harvard University Press, p.3.

② Fodor, J.A, 2008:*LOT 2:The Language of Thought Revisited*, New York:Oxford University Press, p.131.

之时，还是三十岁生日？是大脑神经元的髓鞘形成，还是指先于第一语言的获得？不管是哪种程度，福多胸有成竹地断言，LOT的先天版本总会是对的。

第二，心灵与世界之间存在着林林总总的联系，如感觉经验、运动反馈、饮食等方式，概念学习（如果有）只是其中一种联系，这是个开放的经验话题。卡莱的"儿童科学家"理论认为，孩子们天生就有一种好奇心和求知欲，这种好奇心和求知欲可以引导他们去探索世界，从而成为真正的科学家。卡莱提出"快速映射"（fast mapping）解释。实验结果表明，儿童在学习新的词汇时，只需要看到一个词一次就可以了，而不是像传统教学中那样需要多次重复。所以，儿童在一次映照（single exposure）后就可以学习词语的意义。福多认为，如果将概念总量增加的过程称为"概念获得"，那么作为其中一类的"概念学习"与其他类型是无法区分的，或许根本就没有"概念学习"这回事。

第三，概念学习通常会用到布鲁纳（J. Bruner）的"假设—检验"模型，即先假设、后检验的概念应用过程。如小明要学习概念"羊"时，他必须看到羊，然后观察羊的外形、听到羊的叫声等来区分出羊与非羊的东西。后来小明看到羊的对象。所以，小明习得了概念"羊"。按照"假设—检验"方法，小明应该先随机假设羊是"有角的""有蹄的""食草"等特征，然后按这些去观察某个动物是不是羊，直到确证"X符合C"。要害在于，如果我们一开始并不知道"羊"，那"有角的""有蹄的"特征列是怎样来的？我们怎样区分"羊"与"牛"？即使能区分，那标准从何而来？唯一的可能是你在经验学习概念"羊"之前，你已知道"羊"是什么。

论4.5

P1：概念C通过"假设—检验"模型进行学习。

P2：但是，"假设—检验"是一种循环。

C1：因此，概念学习不可能。

C2：因此，概念先天获得。

所以，要么我们接受循环的困境而继续"学习"，要么放弃"学习"。福多的概念先天论蕴含反学习论证。福多后来在LOT2中将复杂概念的不可学习也纳入其中，立场更为极端，以致所有的概念都不可学习。虽然他没有承认所有的概念都是先天的，但论证的后果却是如此，不得不认。

LOT1的第二个副产品——先天论。

在福多设计出一个表征系统后，怎样证明它的存在呢？他采取了两个论证。第一个是获得论证。LOT 论证的要害在于第一语言（或概念）的获得问题。欲达到对环境的表征，我们须预先知道一个作为表征的概念，并以之为基础而形成真值条件。由此，并不存在所谓的"概念习得"这回事，倘若存在一种内部的表征系统用于概念的获得或者学习，那它必须是曾经习得的语言，即"极端先天论"。试比较以下两种形式：

（1）你不能学习一种语言，除非你已"知道"一种。

（2）你不能学习一种语言，除非你已经"习得"一种。

因为计算机语言与程序设计是先于系统而存在的，那么，在福多看来，如果 LOT 是一种计算操作的话，这就不需要机器的学习，句（2）只是一种无穷后退，句（1）则用"知道"恰好可以防止此类问题。那么，作为一种思想语言的前提需要怎样知道，心理学作为一种科学是无法提供的，这只能诉诸素朴的大众心理，这便是先天论。下文会对这种先天论严加考察。

第二个是表征的结构化论证。作为先天 LOT 的直接结果是，思想语言系统具有一系列关于表征的基本词汇，也包括一些原初的概念；这些词汇或概念可以依据某些普遍的原则进行组合，具有了"句法"特征；同时，这些概念或词组的结构性特征关涉外在事物，即"语义"。

此种内部表征的类语言性质是：除非表征丰富的词汇与句法，否则无法作为思想的媒介。以上论证倚重的是表征操作问题，从可计算的表征到作为表征的概念似乎跳跃了一步。或者问：LOT 从作为计算符号到作为表征概念的合法性是如何实现的？原则上，思想具有生成性，这会涉及一系列无穷表征，但这生成性的问题也比较棘手，而且我们的心智总有些仅靠句法操作无法实现的情况出现。因此，福多先赋予内部表征系统充分的计算能力，甚至，表征系统具有复合的句法结构与语义[①]。这样，概念表征也就有了可计算的资源保证。可以明确，首先要有位于中介层面的内部表征系统，该系统必须拥有复合句法，这使得我们可利用有限的原初表征建构成潜在无限多的思想。

首先在涉及结构化对象的操作上，我们要求将之镶嵌于能够表达思想内容的句子的逻辑结构上，这里称为"结构化要求"——思想涉及心理语言的操作，当且仅当，心理表征以命题式的格式呈现，并借以产生语义属性。认为思想必定是类语言的经典理由是：唯有此假设才能说明思想的系统性。福多对这个假设做了最为详细、最有代表性的论述。我

---

① 参见 Fodor, J. A., Pylyshyn, Z. W., 1988: "Connectionism and cognitive architecture: a critical analysis", *Cognition*, 28, pp. 183-204.

们可以梳理出LOT的论证如下：

论4.6 LOT

（1）认知者的表征与推理的内容之间存在某种系统的关系。

（2）内容的系统关系必然反映出认知者的表征能力和推理能力的相关结构。

（3）结构化的表征所要求的前提是，表征的载体系统由重复出现的离散或分立的部分组成，这些部分通过系统的规则结合起来。

（4）任何一个由重复出现的离散部分组成的、按照系统规则结合起来的表征载体系统，都是一种语言。

（5）因此，必定存在一种思想语言。

前提（1）的思想系统性就好比如这样的例子，我能够理解语句"梁山伯爱祝英台"，同样也能理解语句"祝英台爱梁山伯"，智力正常的人也不会只能思考"梁山伯爱祝英台"而对另外一个思想一无所知。"梁山伯爱祝英台"和"祝英台爱梁山伯"都涉及相同个体和相同性质（祝英台，梁山伯，爱的关系）的意义上是系统地联系着的，唯一的差别是谁爱谁。那么，前提（1）主张，思考这样的事态的能力是聚集在一起的：如果你能够思考关于祝英台、梁山伯、爱或幸福的一个思想，也能够思考关于他们的其他思想，如祝英台爱梁山伯或者祝英台陷入爱河是愉快幸福的。也就是说，你可以思考关于在相同的呈现模式下相同物体、性质和关系的其他思想。

前提（2）所讨论的主体能力必须根植于某种结构化的特征中，也就是说，这些表达能力必然由它们相互作用的、用于表达世界的各个部分的各个组成能力产生。例如，思考"梁山伯很开心"与思考"祝英台很开心"的能力集合在一起的理由是，两个思想都包含关于"开心"的一般思维能力的运用。前提（2）的主张在于——除非我们假定各种不同的但相互作用的能力来表达物体、性质和关系（这些物体、性质和关系一起构成整个事态），否则就无法解释我们在全部内容中发现的能力及其限度的系统模式。更重要的是，随着思想者能够表达的内容范围扩大，假定不同的而又相互作用的各种能力去表达各部分内容，这会比没有结构化的能力去表达整体内容，效率会高得多。相对于上一章皮考克的能力观，LOT在这点上的解释显然就精致得多。

前提（3）主张结构化的表征必须由结构化的表征载体来承受，即由心理表征MR中重复出现的、系统的、相互作用的部分组成。如若要解释，关于"梁山伯爱祝英台"的思考能力与关于"祝英台爱梁山伯"的思考能力具有内在联系，那么持有的思想就被要求处于某种表征状态之中，这实质上就对MR做出殊型化的要求，两个MR之间必定存在结构关系，如同两个句子必须由相同部分组成。对于福多与皮利辛而言，关联内容的心理表征"必须由相同部分组成"，这相当于主张在"认知水平"上做出的规定，即大脑状态如何表达关于世界信息的描述水平，那么就具备以下条件：（1）必定存在对进入内容的物体、性质和关系进行编码的物理性质；（2）这些性质之间的物理结构必须编码那些被表达的组成部分之间的结构关系；（3）这些物理结构必须引起整个表征系统去行动。例如，表达"梁山伯很开心"的思想，要求在描述的认知水平或大脑中存在一种物理结构，它具有分别表达"梁山伯"与"很开心"的功能，将两种不同的物理性质结合起来，构成一个更大的、编码的结构关系。从"梁山伯很开心"到"梁山伯不开心"的推理必然存在于将这个物理结构变换到另一个结构的物理过程，后一个结构也包含编码梁山伯那种物理性质，但现在将它与表达"伤心"与"不"物理性质结合起来。

前提（4）主张，任何按照系统规则将重复出现的部分合成产生整体表征的系统就是一种语言。由于我们考虑的是思想的表征载体，这就得到结论——存在思想语言。一些支持者认为，思想语言主要是某种先天的LOT，如果这种解释是正确的，心理表征拥有内部结构，而且存在思想语言。

综上所述，思想的结构化要求必然区分表征内容与载体。不过，我们显然可以发现，前提（4）将可选的载体限定于一个类语言系统，而排除了其他备选方案。在这个基本的假设层面，却有人提出了不同意见，引发了所谓"表征格式"（Forms of Representation，FOR）问题，留待第七章详谈。

（二）RTM

"李逍遥相信懒羊羊很贪吃""李逍遥渴望拥有一支光头强的猎枪玩具"，假设对于每个"相信""渴望"之类的命题态度而言，存在着唯一的并且不同的心理关系R（如计算关系），且对于所有的命题p与主体S而言，S Bs that p，当且仅当存在一个心理表征C*。按照福多的想法，一旦思想语言假设是合理的，那么接下来就是要对表征系统进行刻画，"没有计算则没有模型"[①]。他的目标是刻画"认知理论的实质就是要将

① Fodor，J.A.，1975：*The Language of Thought*，Cambridge，MA：Harvard University Press，p.31.

物理（因果的）转换解释为信息转换，从而体现心理过程的合理性"。[①]
为完成这一转换，初步的工作是赋予思维"类语言"特征，"思想语言"
由此得名。通过 LOT 的建构，福多拥有了一个亚人层面的表征系统作为
思想载体。现在还要思考个人层面上的适当命题态度的充分条件，福多
称之为"心智表征理论"RTM。他总结为 RTM 的五项基本原则[②]：

论4.7 RTM

RTM1：心理解释通常是法则性的，并且完全是意向性的；

RTM2："心理表征"是意向性内容的初始载体；

RTM3：思维就是计算；

RTM4：意义可能是信息；

RTM5：任何能区分共外延的概念的东西实际上是"在头脑中"。

RTM1 展示的是心理解释就是意向性解释，我们会在第六章再详细
解释；RTM2 刻画的是表征系统，也就是作为思想载体的 LOT；RTM3 展
示认知主体与表征系统的计算关系；RTM1 与 RTM4 相结合就是福多关于
内容的因果理论；RTM5 谈论的是表征与因果力的最终承载者，即概念，
涉及"李白"与"诗仙"这些共外延的名称要求在心理过程的近因上区
分，成了窄内容理论。可以说，这五项基本原则就是对福多思想的概括。

1. RTM2+RTM3

RTM2 与 RTM3 要回答的是认知主体如何保持与表征系统的适当联
系？答案是："拥有一种命题态度，换言之，则是保持与内部表征的一种
计算关系。"[③]通过对人类认知的实验研究，日常的知觉与认知必须形成
对所处环境的表征，并且是以某种可计算的形式化方式呈现并操作的表
征。皮利辛认为，将表征系统视为一种在 LOT 中编码基于两个理由，一
方面涉及命题态度性质的模糊性，另一方面则对认知合理性的重视[④]。这
恰好符合我们对 MCP 的考察。

斯蒂奇形象地展示出大脑以"信念箱"与"欲望箱"构成的表征系
统，如图 4-1 所示。席夫则假定每个具有信念的人在其大脑有某种信念
箱，若某人具有相信 p 的事件片段，那么就在信念箱内具有一个关于 p 的

---

① Fodor，J.A.，1975：*The Language of Thought*，Cambridge，MA：Harvard University Press，
p.198.

② 参见〔美〕杰里·A.福多：《心的表达理论》，《认知视野中的哲学探究》，〔意〕洛伦
佐·玛格纳尼、李平编，广州，广东人民出版社，2006，第315-333页。

③ 同上。

④ 参见 Pylyshyn，Z W.，1984：*Computation and Cognition：Toward a Foundation for Cognitive
Science*，Cambridge，MA：MIT Press，Chap.7.

心理表征①。当某人表达"S相信p"形式的命题态度语句时，我们就可以对这个认知主体的信念做出归属分析，他正处于一定的信念状态中，这个状态能够起因果作用。

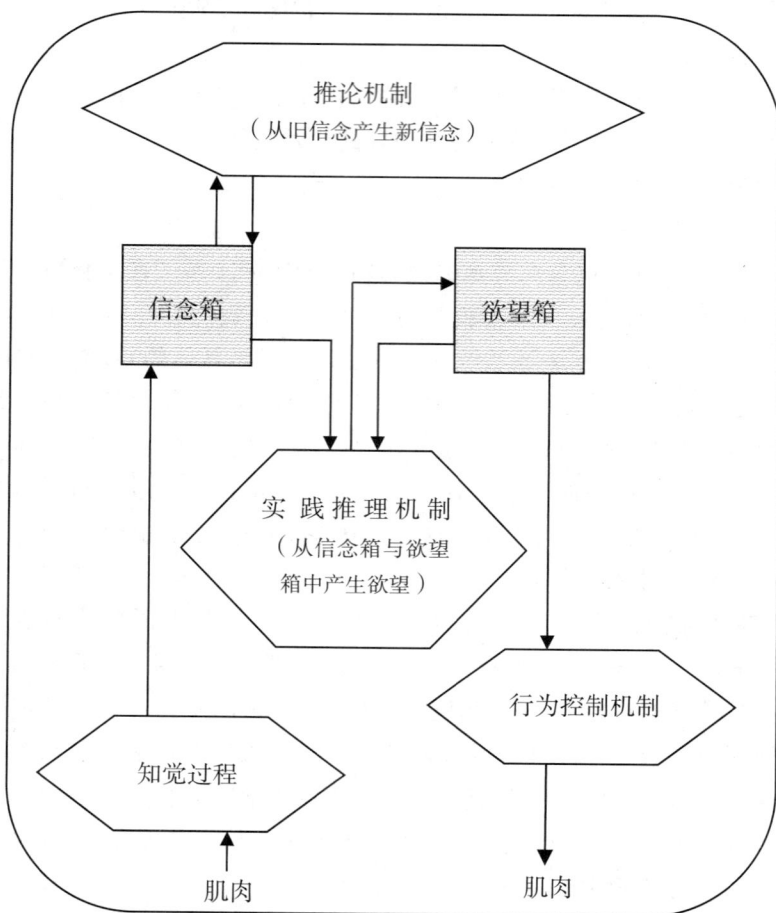

图4-1　信念箱与欲望箱②

　　主体应当对外在的知觉刺激具有一定的敏感度，当感觉系统接受刺激时，会推动主体内部的认知机制运行。比如会诱发大脑内部的信念箱开始活跃，可能会与推论机制互动，从事一定的高阶反思，从旧信念产

---

① 参见Schiffer, S., 1987：*Remnants of Meaning*, Cambridge, MA：MIT Press.

② 选自Stich, S., 1983：*From Folk Psychology to Cognitive Science*, Cambridge, MA：MIT Press, p.75.

生新信念以反馈给信念箱；信念箱也可能会驱动实践推理机制，该机制可以使得欲望产生而发送信号至欲望箱，进而促使欲望箱推动行为控制机制，使得身体各部分肌肉的运动，做出行为的表现结果。

倘若上述解释合理，我们便可在考察心理状态时于有机体与内部表征之间寻求突破。有机体能够按照形式上用于表征的计算规则，因果地完成交流。意向性状态具有因果力，该因果链可以从感觉的知觉刺激开始联结信念或其他心理状态，再联结到身体行为。一个意向性状态的殊型可以等同于大脑内部状态的殊型，而该殊型的状态的因果力，通过意向性过程（或心理过程）系统地与其内容相关。这样的过程属于计算处理。

在福多这里，MOF 是例示心理状态中起因果作用的东西——心理殊型。计算是以 MR 的句法定义操控；正是这一句法，而非内容，决定它的因果力。于是，概念 A 与概念 B 的句法差异，导致殊型 LOT 语句的因果力不同，使得两个 MOP 不同。

　句 1.6　张三相信李白是《望庐山瀑布》的作者。

我们可以大体按福多的理论重构如下：

　句 4.1　张三相信李白是《望庐山瀑布》的作者，当且仅当，

　　　　$(\exists\theta)(\theta 是心理殊型 \wedge B(张三,\theta))$

首先，主体张三 S 处于某个特定的意向性状态 "Bs that..."，假设主体相信某个关于"李白"属性描述的命题，同时具有一定的内容——《望庐山瀑布》的作者。那么，主体能够承载表征状态的前提，就是表征系统具有复合的句法与语义。当我们说系统拥有充分的表征资源进行编码时，这并不蕴含着概念及其信息内容之间必然的联系。换言之，我们尚需进一步分析其中 θ 的地位及其如何从 LOT 获得其意义。

"张三相信李白是《望庐山瀑布》的作者"就可以分析成：在张三的信念箱内拥有殊型化的 LOT 语句"李白是《望庐山瀑布》的作者"。个人能够将对象 A "李白"殊型化为不同状态下的语句，如联结到"诗仙""唐代诗人""《将进酒》的作者""饮酒后写诗更豪放"等等不同的内容。就认知主体能够表达的语句而言，这样的生成性是无穷的。表征系统的系统性体现在个人能够思考的对象 A "李白"与 B "诗仙"保持一定的关系 R（相同），认知主体可以建构成"李白是诗仙"的情况，他也有资源可以建构成"诗仙是李白"。认知主体能够相信"李白是《望庐山瀑布》的作者"是一个殊型化的 LOT 语句，这不足以使得张三相信"诗仙是《望庐山瀑布》的作者"，因为这属于另一个殊型化的 LOT 语句。两个

语句所启用的意向性状态的因果链不同，所以内容归属不同，而不管"李白"与"诗仙"的两个名称都指向同一个人。福多的RTM比起前面的IRS或CRS，就更能对错误信念以及不同的因果力做出合理解释。

能够称之为思想的语言应该是怎样的？前提必定是公共性，可共享。在当时背景下，计算机语言就成了首要选择，所以，LOT的必要条件是计算。福多通过三类认知现象来说明计算的必要性，行为决策、概念学习与知觉三个模型都将认知过程视作计算过程。进而，这样的计算特征背后预设了计算的媒介——表征系统，若能将此种表征系统归属于有机体，不失为合理的选择。由此，福多心目中所谓的LOT计划是——将心灵与语言的联系镶嵌于符号操作装置之上。

总体而言，LOT试图证明计算，只要证明了计算，就证明了表征系统的存在。"没有表征则没有计算"可以说是福多贯彻的宗旨。此类思想语言便是具有计算性质的物理符号。福多认为大脑对表征的操作纯粹是物理的和机械的。大脑及其所包含的表征是物理实体，这意味着它们只能对心理表征中的某些类型的属性敏感。当我说出"狗"这个词，最终不过是一种特殊的声波模式。这些声波具有一定的物理性质，可以对大脑产生一定的影响。它们有振幅、波长、频率等等。这些都是大脑通过感官直接敏感的属性。但事实上，这些声波对说英语的人来说代表怨恨猫是一种非常不同的属性——大脑不能直接敏感（或者至少，争论是这样的）。

在第二章时我们已谈到了计算主义，"计算主义"的基本论调是——"如果认为人类的认知是计算的一种特殊形式，那么也就同时坚持了这样的观点：（1）心灵在内部操作心理表征；（2）数字计算机是算法符号操作器。"[1]皮利辛明确表达了计算主义的任务则在于要考察"如何可能使人类（以及信息［机器］人这个自然种类的其他成员）基于表征的行为变成他们在物理上例示这些表征的认知代码，而他们的行为如何可能变成执行这些代码的操作之因果后承……认知是一种计算"。[2]

计算主义也招致众多非议，如哥德尔不完备定理的冲击[3]；常识上与

---

① R.M.哈尼什：《心智、大脑与计算机：认知科学创立史导论》，王淼、李鹏鑫译，杭州，浙江大学出版社，2010，第95页。

② 〔加〕泽农·W.派利夏恩：《计算与认知——认知科学的基础》，任晓明、王左立译，北京，人民大学出版社，2007，第5页。

③ 参见Penrose, R., 1989: *The Emperor's New Mind*, Oxford: Oxford University Press.

学习上的框架问题①；情绪对认知操作的影响②；中文屋反驳③等等。表征与计算可能不足以解释人类的心智基础，但这一假设已经较为成功地以理论与实验证据来解释心智。人们使用心理表征来完成知觉与认知活动，计算机程序则用内部的计算表征来完成各种计算。在这种情况下，被表征的世界可能包括外部情景以及计算机的内部状态。

福多认为，他提出的LOT正是弗雷格所要求的MOP，并且，福多通过引入认知科学的计算主义而完成他理想中的心智的表征理论RTM。"对思维最恰当的理解是将其视为心智中的表征结构以及在这些结构上进行操作的计算程序"④，所以在福多那里又会称为心灵计算理论CTM。表征是计算的，心理操作也是计算的，这也是认知科学中的多数人接受的观点。对福多来说，计算思维的最大优势在于，它解决了内容因果关系的难题。

论4.8　CTM

主体S相信p属于一种计算的关系R，当且仅当，R于S中具有一定的内在编码θ，且θ意味着p。

"相信"是一种联系到心理表征MR的关系，MR是θ，就是计算的LOT，而恰恰是这个MR的特性决定了意向性属性。

首先，主体张三S处于某个特定的意向性状态"Bs that..."，假设主体相信某个关于"狗"属性描述的命题，同时具有一定的内容——狗性。那么，主体能够承载表征状态的前提，就是表征系统具有复合的句法与语义。

2.RTM1+RTM4

当我们说系统拥有充分的表征资源进行编码时，这并不蕴含着概念及其信息内容之间必然的联系。换言之，我们尚需进一步分析论4.7中θ的地位及其如何从LOT获得其意义？

回答有两个选择，一个是LOT具有功能角色，它是属于整个因果系列中的一环，这也即前面皮考克的那种IRS，通过某个MR的因果联结来

---

①　参见 Dreyfus, H.L., 1979: *What Computers Can't Do: The Limits of Artificial Intelligence*, New York: Harper & Row.
Dreyfus, H. L., 1992: *What Computers Still Can't Do: A Critique of Artificial Reason*, Cambridge, MA: MIT Press.

②　参见 Haugeland, J., 1935: *Artificial Intelligence: The Very Idea*, Cambridge, MA: MIT Press.

③　参见 Searle, J.R. Minds, 1980: "Brains and Programs", *Behavioral and Brain Sciences*, 3, pp.417-457.

④　〔加〕P.萨伽德：《认知科学导论》，朱菁译，合肥，中国科学技术大学出版社，第8页。

说明MR的意义，"心理状态是由其因果角色来个体化的，在例示这些角色的大脑当中，由物理机制抽象出来的某个层面进行概念化"。[①]就好比如"狗"的MR意指狗，因为它因果上联结到了"动物""会吠""有犬牙""奔跑速度快"以及"属于犬科"等属性。前面已说到，福多一早撇清与IRS的关系，这里再看下大致的反驳意见是：若A与B仅仅是概念角色上的差异，那么直觉上f（A）到f（B）的推论就并非必要；而要实现f（A）到f（B）的推论，在皮考克默认的整体论下，A与B实质上是同一角色，即相同MOP，这已违背前面我们所要求的A与B的差异在于MOP不同。他更强调，IRS必须产生更强的整体论形式，而科学的心理学对如此之强的整体论概念毫无用处。福多又论证，推论角色语义学容易陷入循环谬误。

总之，福多倾向于第二个解决方案，"李白"与"诗仙"、"晨星"与"暮星"等概念殊型（token）与其指称具有因果关系，对常识心理学可做因果解释。

论4.9[②]

主体S相信p属于一种关系R，当且仅当，

（1）存在一种心理表征MR，MR意味着p；

（2）S对p产生关系R；

（3）R是一种计算的或功能的关系；且

（4）主体S相信p的过程是心理表征殊型MR*的因果序列。

"暴风雨要来了"的心理表征殊型MR*引起了"我要赶紧收衣服"的行动，"李白的诗很烂漫"引发"我要吟诗"或"我要喝酒"的行动，这是对常识信念、欲望的因果解释。稍微提醒一下，信息因果论会面临错误表征（misrepresentation）问题，我们的信念欲望可能会错误表征世界。比如乌云伴随着下雨，也可以表示有强风，那么乌云真实表征的应该是下雨或者强风。

整体来看，思想就是一个拥有句法（成分上）伴随适当语义结构的表征殊型化（tokening）。LOT受欢迎的原因在于它对思想与思维过程的合成性（包含生成性与系统性）等认知现象的强大解释力。"《大圣归

---

① Botterill, G., Carruthers, P., 1999: *The Philosophy of Psychology*, Cambridge: Cambridge University Press, p.177.

② 参见 Fodor, J.A., 1987: *Psychosemantics: the Problem Meaning in the Philosophy of Mind*, Cambridge, MA: MIT Press, p.17. 中文译本参见〔美〕杰瑞·艾伦·福多：《心理语义学：心灵哲学中的意义问题》，宋荣、宋琴、周慧君译，北京，商务印书馆，2019，第34—35页。

来》是一部很好的国产动画电影"，即使你没有看过这部电影，你也可以理解这句话，因为思想是生成的。你可以利用大脑原初存储的有限库存构造出无限多的表征，你也可以从"梁山伯爱祝英台"系统地构造出"祝英台爱梁山伯"，因为二者具有相同的原初成分结构，所以思想可以通过一个命题系统地构造出另一个命题。许多心智与认知的研究者们所认同的，正是LOT假设可以解释这类思想的无限性。

3.RTM5

从本体论上讲，RTM5回答的是第一章的MOP问题。MOP可以个体化概念，它确定概念的指称，那么，一个MOP就不能以多种方式去符合某个概念，因为这样会无法确定指称。所以，一个MOP只能以一个方式确定概念的指称。那么，在这个意义上，MOP实质上就是概念本身，按福多的直观理解就是MOP的差异体现在概念的句法区别上。但是，在MOP与指称区分的情况下，指称又已经不能个体化概念，因此，MOP就只能是心理对象。若MOP是心理的，那么，概念就是非公共的、私人的东西，这会出现一系列的后果，显然不符合我们常识上理解的可共享的概念。

因此，MOP可以是心理对象，在头脑中作为MOP的东西，等于作为抽象对象的那类MOP的殊型。弗雷格的想法错在，意义可被共享而又不可能成为殊型。正如本书开头指出的，他很清楚概念的指称并非其全部意义之所在，然而，他并没有看到思想的对象与载体的差异。虽然这种MOP一开始或许是理论的形上学要求，进而成为论证上一种功能性的、技术性的术语，然而它并非特设性的东西。它的的确确在心理过程中起作用，而我们就是追问它所起的作用是什么。在福多这里，MOP是心理殊型。

从内容理论来讲，RTM5回答的是窄内容，如人类的理性与内省，终究是"在头脑中"，还有本质主义及其他，这些我们会在第七章详细分析。

4.信息原子论

一套成熟的LOT系统拥有复合的句法与语义：分子的表征由更简单的原子表征所组成，分子表征的语义内容是由其原子的内容结合句法或形式的结构所组成的函数，并且对表征的操控是对原子表征的句法、形式结构因果敏感的。有了上述理论奠基，福多提出了信息原子论（Informational Atomism，IA），虽然他在后来的文本中也较少提到IA，但这是福多概念理论浓缩版。

论4.10　IA①

（1）信息语义学：内容习惯上是由某类心灵与世界的关系所组成。相应地，拥有一个概念（概念持有）至少部分地，习惯上是由"处于"某类心灵与世界的关系所组成。

（2）概念原子论：大多数词汇概念并无内在结构。

到了这一步，我们发现，LOT的张力并不局限于我们以类语言的媒介来思考，它更体现在它需要一种原初的无结构的原子表征——概念原子（conceptual atom）。福多的RTM最终需要围绕着概念原子"C*"展开，概念是为了表征。概念原子理论的提出具有一定背景，福多是针对以前各版本的问题而改进的，所以下面我们不得不引入认知科学中关于概念的研究。现在可以整理福多的理论如下：对于"S Bs that p"的命题态度，必须拥有一个类似LOT的表征系统，主体S通过它而指向该命题。当该命题"... that p"包含单称词项x*时，那么就可以分析成：S Bs that f (x*)；且x*表征P；P因果协变地引起x*。如图4-2所示。

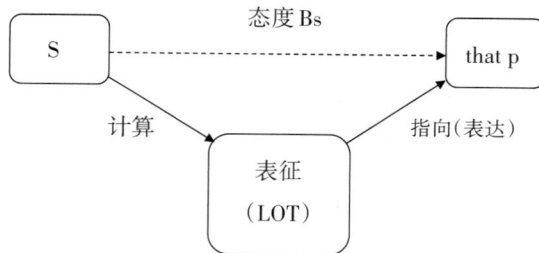

图4-2　福多的理论图式

关键的问题就是，概念原子是无内部结构的、不可分解的，并且是丰富且先天的，这就是福多的"概念先天论"。反对语言学习的理论传统始于乔姆斯基，福多则进一步推向概念先天论。我们要明白这也是LOT的庞大计划之一，因为对意向性的解释有赖于对心理表征的解释，而概念在福多意义上的本体论就是心理表征，它既非弗雷格意义上的抽象客体，也非达米特意义上的能力。LOT从何而来？它不需要被学习，正如机器设计的语言必须优先存在一样，LOT很有可能是人类先天基因的一部分，它优先于第一语言存在于大脑之中。为什么先天概念是必要的？

---

① Fodor, J. A., 1998: *Concepts：Where Cognitive Science Went Wrong*, New York：Oxford University Press, p.121.

福多最初的说法是：“思想语言是先天的。（我们）有义务说明其融贯地使用，而无义务说明它何以习得。”这就是遭受非议的“反学习论证”（anti-learning argument，ALA）。

这两个理论并不能孤立对待，前面已提到，福多跟随的是德雷茨克的信息语义学，而该理论明显会遇到所谓的“错误表征”问题，而福多在将其改进为因果协变理论时就借用了概念原子论的承诺。例如，从远处看去，陈六误将一匹狼当作狗，且有一匹狼出现使陈六想到“狗”这个概念。那么此时的“狗”对陈六而言表征什么呢？会是“狗”意指狗，还是“狗”意指狼呢？但有时我们看到狼也会错认为“狗”，也即由“狗”来表征，如果狗引起“狗”的概念，且如果狗不引起“狗”的概念，那么狼就不会引起；如果狼不引起“狗”的概念，狗依然会引起。我们会在第六章详细分析。

狼引起“狗”的概念是因为“非对称地因果依赖于”狗引起“狗”的概念，而决定这一非对称关系的乃是［狗—“狗”］的关系，实质上正是原子概念的内容要求概念携带其表达属性的信息，并且是（先天）“锁定”之后便无法更改的。

（三）LOT2

福多对形而上学的上述解释直到2003年的《休谟种种》，2004年在《心灵与语言》期刊的论战，还有2008年反省思想语言的《LOT2》，以及2015年与皮利辛合作的《无义之心》也未改变。[①]LOT2的主打标签一开始是承接福多原先的“概念原子论”，后来又称“概念笛卡尔主义”（Concept Cartesianism，CC）或“概念理性主义”（Concept Rationalism）[②]。当然，这里并未加以区分，福多本人也乐意使用“概念笛卡尔

---

① 参见 Fodor, J.A., 2004:"Having Concepts: a Brief Refutation of the Twentieth Century", *Mind & Language*, 19, pp.29-47.

Fodor, J.A., 2003:*Hume Variations*, Oxford: Clarendon Press.

Fodor, J.A., 2008:*LOT 2: The Language of Thought Revisited*, New York: Oxford University Press.

Fodor, J. A., Pylyshyn, Z. 2015:*Minds without Meanings: An Essay on the Content of Concepts*, Cambridge, MA: MIT Press.

② 此术语是普林兹等人将福多视为论辩对手添加的，福多也并无异议，故而于此不加区分地使用。参见 Prinz, J., Clark, A., 2004:"Putting concepts to work: some thoughts for the twentyfirst century", *Mind & Language*, 19(1), pp.57-69.

Prinz, J., 2005:"The Return of Concept Empiricism", *Handbook of Categorization in Cognitive Science*, Cohen, E., Lefebvre, C.(eds.), Oxford: Elsevier, pp.679-695.

主义"这一标签，因为他在反思近代的经验主义者休谟的理论时[①]，发现在概念问题上，休谟比笛卡尔本人更接近于"笛卡尔主义"。即便如此，他也没有自称为"概念休谟主义者"。可以推测，一方面的原因是乔姆斯基语言学的影响，LOT2将推进乔姆斯基在语言生成问题上的未竟事业[②]；另一方面的原因是，笛卡尔最早在第六个沉思及其辩护中提出，感觉是先由外在对象直接在感官之内引起的，在对象的推动下，物质的与精神的相结合，产生心理表征，我们于年少时积累的印象与习惯促使我们做出判断，如棍子的大小、长短、形状等。在这个意义上，福多解读，休谟的"观念"（idea）就是概念，而"概念就是心理表征的类型，并且由它们于心理上所表达的进行区分"。[③]所以，"门把"作为一种"表象概念"就不难理解。在休谟那里，观念能在心灵中保持，想到一个观念就是把这种观念激活，从而使之与知觉发生联系，这样的激活的条件恰恰就是福多强调的"触发""打动"。在这个意义上，福多完全是休谟的继承者，但是我们不能简单地把福多划归为经验主义者，他强调的是只针对概念的讨论，而这也中立于笛卡尔的先天论。所以争论"经验主义""理性主义"的传统标签在福多这里并无太多价值可言，换言之，他更关心概念的意向性内容的自然化。

LOT2的讨论还是福多所关心的意向性问题，"在心理状态上，一心一意将实用主义视为笛卡尔主义实在论上合格而又卓越的敌人"。[④]相比于1975年提出的LOT，福多最近提出的LOT2蕴含更大的哲学动机。20世纪涉及心灵、语言与世界关系的许多讨论及其背后哲学家的观念实质上是出于一种误解，这种说法根深蒂固，以致我们在考虑心灵与世界的关系时，只考虑主体心灵对概念的关系如何，那就意味着我们一开始就预设主体的认识论地位（如前文所讨论皮考克的概念实用论）。

如果在本体论上、语义学上、心理学上都承诺了这样一种认识论的优先地位，那么在讨论中却会将概念视为一种能力，大部分人可能会将之划入一类"知道怎样"，也有人会划入"知道那"一类，甚至还有可能，二者兼而有之。按这样的说法，先讨论"拥有"（having），再讨论"概念"，这样的术语排列更像是规范性、倾向性的刻画。

① Fodor, J.A., 2003：*Hume Variations*, Oxford：Oxford University Press.

② Fodor, J.A., 2008：*LOT2：the Language of Thought Revistied*, New York：Oxford University Press, p.19.

③ Fodor, J.A., 2003：*Hume Variations*, Oxford：Oxford University Press, p.15.

④ Fodor, J. A., 2008：*LOT2：the Language of Thought Revistied*, New York：Oxford University Press, p.12.

福多要拒斥认知能力优先于意向性状态的观点，因为思想要优先于知觉，思想优先于行动，概念优先于知觉对象，分析上概念个体化优先于概念持有，行动作为思想的外化而非内化等等。福多在反之则是落入实用主义（Concept Pragmatism）的陷阱中：知觉优先于思想；知觉优先于概念；行动优先于思想；分析上，概念持有优先于概念的个体化；思想是行动的内在化。前面对皮考克的讨论中已提到，概念实用论刻画概念的规范性条件，只关注主体能力，一方面陷入循环论证，另一方面缺乏合成性。如果说LOT1论证了概念的先天论，那LOT2就是要继续论证概念的合成性。

福多不像皮考克那样更多地从知识论的角度出发来思考问题，或者说他的立场倾向于认知科学角度，思考的是心理学问题。他在解释自己的理论时，就提到三种建构：

> 使命题态度心理学形而上地依赖于命题态度自然化理论的建构；
> 使命题态度形而上地依赖于心理内容的指称理论建构；
> 使心理内容的指称理论形而上地依赖于自然化指称。①

如果LOT2能够满足MOP的考察的话，那么，第三种自然化指称就是问题的要害，因而福多试图通过"纯指称论"（Pure Referentialism）②来提出自己的主张。概念是原子的，指称也是原子的。所以，概念保持内外一致，内容即指称；概念仅仅由内容与句法的属性来个体化；概念的内容由概念与指称间的因果协变确定。这样的话MOP就与其指称形而上地相互依赖。

假设信念和意向是行为的典型原因，因此认知心理学中的信念—欲望因果解释是可以的（至少在原则上）；除非你已经会思考，否则你就无法学习或说一门语言，包括第一语言。这两者的结合构成了福多与皮利辛所说的"基础认知科学"（Basic Cognitive Science）。信念、欲望等的标志是心智和心理表征之间关系的标志，心理表征是"散漫的"（也就是说，像语言一样）。这种指称是心理或语言表征的唯一语义属性，没有涵义之类。说到底，这种纯指称的概念就是原子，先天获得。

---

① Fodor, J.A., 2008: *LOT2: the Language of Thought Revistied.* New York: Oxford University Press, pp.51-52.

② 佰薇（Båve, A.）提出一种"指称的收缩论"（the deflationary theory of reference），可以说是与福多遥相呼应，不过佰薇的论证不关心意向性问题。参见 Båve, A., 2009: "A deflationary theory of reference", *Synthese*, 169, pp.51-73.

（四）先天概念的数量

"经验主义者坚持认为，很少有先天概念，大多数认知能力是在一些相对简单的通用认知机制的基础上获得的。另一方面，先天论者坚持认为，可能存在许多先天概念，并且大脑有大量先天分化，可以分成复杂的特定领域的子系统。"[①]回到福多这里，到底有多少概念是先天的？有两个答案，一个是5万个左右（以英语为母语的）；另一个则是人类所有的概念，无论简单还是复杂，概念先天论在福多这里走向极端，又称为"疯狗式先天论"（Mad-dog Nativism）。

在这个问题上，福多与平克（S. Pinker）有着不同的观点，根据平克的描述：

> 在其饱受非议的理论中，福多提出，人们天生就被赋予了大约5万个概念（一个普通英语使用者的词量的常规估量）。不过请注意，在这里，福多并不是以一个"先天与后天"之争的辩手身份登场的，而是以一个"词义的表征方式"之争的玩家身份现身的……一个人所拥有的原子词义有5万个左右。他还主张，假如词义背后的这些概念不是由天赋的组件在习得过程中组装出来，那么它们自身就是天赋的。由此可见，福多的激进天赋论并非来自基因决定论。福多认为，词义是一个不可分割的整体。遗憾的是，对于这一问题的看法，我们两个之中只能有一个是正确的。[②]

以上长篇引用平克的论述只为了展示平克与福多观点的异同。两人都支持LOT、心理模块性假设、RTM，还有先天论。福多在词义表征上坚持不可分的原子。平克以"语言本能"（the language instinct）的理论闻名，认为语言是生物进化的产物，作为语言能力是人类大脑中的一种基本认知结构，人类通过大脑中的特殊语言模块具有获取语言的倾向，它的发展与人类的智力和认知能力密切相关。语言能力的习得是一个复杂的过程，涉及多种因素，包括环境、文化、社会经验等。平克通过举例子（comparison）、做联结（coordinate）、造句子（production）等方式来解释语言的生成过程。此外，平克也关注儿童语言习得，提出了"语

---

① Margolis，E.，Laurence，S.，2022："Concepts"，*The Stanford Encyclopedia of Philosophy* (Fall 2023 Edition)，（2019-06-17）[2023-10-30]，Zalta，E. N.，Nodelman，U.（eds.），https://plato.stanford.edu/archives/fall2023/entries/concepts/.

② 〔美〕斯蒂芬·平克：《思想本质：语言是洞察人类天性之窗》，张旭红、梅德明译，杭州，浙江人民出版社，2015，第109页。

言习得装置"（linguistic learning apparatus）的概念，认为儿童能够习得普遍的语言规则（generality），表明他们具有总结规则的能力（creativity）。这与乔姆斯基的 UG 理论以及其他生成语言学家的理论一致，都认为语言是通过不同的成分组合而成的，而不是通过对现有语言结构的分析和构建。他认为，人类的先天概念包括两个方面：一是感知结构的先天性，即我们的大脑天生就具有对世界的感知能力；二是心理结构的先天性，即我们的大脑天生就具有对事物的分类、比较、归纳等认知能力。

在模块性假设上，平克支持心智模块化的观点，认为心智由专门处理特定类型信息的认知模块组成。根据平克的观点，语言是其中一个模块，与其他认知过程独立运作。"福多并不认为人类的心智仅仅由各种心理模块构成，这是因为各个心理模块的认知加工由于受限于特域性和封装性，只能完成专门化和局域化的信息加工，而人类的一些高级认知活动，例如对科学假说的评估与选择、类比思维、溯因推理等，往往需要涉及不同领域，具有全局性或整体性的特征，这是心理模块本身无法企及的。"[1]

在先天概念的数量上，针对母语为英语的使用者而言，先天概念有5万个的说法可能是从福多关于语言和认知的更广泛观点中推导出来的，如果笔者的解读没有失误的话。福多的观点或许比这更多更极端，因为牛津英语词典有大约50万个词条，这意味着有相同数量的先天概念。[2]对于一个典型的说英语的人来说，要么他的先天概念没有被触发，要么他没有学过表达他大部分概念的英语单词。在平克看来，我们当然有很多天生的概念，但远不及5万个，平克主张先天概念和普遍认知结构的存在，某些基本概念，如空间、时间、因果关系和能动性，在人类的头脑中是根深蒂固的。相比之下，按照福多的说法，"汽化器""门把手"都是先天的，甚至是人类所有概念都是先天的，过于极端。

据说，有人比较了"4000多种语言词汇库里的 100 个基本条目，发现它们表现出整齐的相关性"。[3]按照卡莱的说法，发展心理学家"试图在个体发生和进化的背景下，描述使人类认知起步的表征性资源"[4]。这

---

① 何睿、朱菁：《认知冲突协调问题与心智的架构》，《逻辑学研究》2015年第2期，第98–113页。

② Cain, M., 2021: *Innateness and Cognition*, London: Routledge.

③〔荷〕加斯顿·多伦：《人类语言的故事》，闻佳译，上海，文汇出版社，2021，第48页。

④ Carey, S., 2009: *The Origin of Concepts*, Oxford: Oxford University Press, p.537.

些资源包括"我们的概念系统赖以建立的个体发生原初动机"[1]。以上这些都非常接近NSM的研究计划。

NSM就是威尔兹彼卡（A. Wierzbicka）等人提出的自然语义元语言（The Natural Semantic Metalanguage，NSM）研究，他们基于证据表明，存在一个基本的、普遍的意义的小核心，称为语义元。因为它们在每种语言中都有相同的翻译，它们是原始的，就像数学的素数一样，它们不能用其他词来定义。NSM理论的支持者认为，每种语言都共享一个核心概念词汇表。按照高达和威尔兹彼卡（Goddard & Wierzbicka，2014）的研究，目前的数量是65个。我们可以看看这些词是什么，如表4-1所示。

表4-1 英语语义元指数列表[2]

类别	语义元
名词	I-ME, YOU, SOMEONE, SOMETHING/THING, PEOPLE, BODY
关系实体	KIND, PART
限定词	THIS, THE SAME, OTHER-ELSE
量词	ONE, TWO, SOME, ALL, MUCH/MANY, LITTLE-FEW
评价词	GOOD, BAD
描述词	BIG, SMALL
心理谓词	KNOW, THINK, WANT, DON'T WANT, FEEL, SEE, HEAR
言语词	SAY, WORDS, TRUE
行动、事件、运动词	DO, HAPPEN, MOVE, TOUCH
存在, 占有	BE (SOMEWHERE), THERE IS, BE (SOMEONE)'s, BE (SOMEONE/SOMETHING)
生与死	LIVE, DIE
时间	WHEN-TIME, NOW, BEFORE, AFTER, A LONG TIME, A SHORT TIME, FOR SOME TIME, MOMENT

---

① Carey, S., 2009: *The Origin of Concepts*, Oxford: Oxford University Press, p.537.

② Goddard, C., Wierzbicka, A., 2014: *Words and Meanings: Lexical Semantics across Domains, Languages and Cultures*, Oxford: Oxford University Press, p.12.

蒲冬梅：《自然语义元语言的理论基础及研究前景》，《外语学刊》2012年第4期，第45—49页。

类别	语义元
空间	WHERE-PLACE, HERE, ABOVE, BELOW, FAR, NEAR, SIDE, INSIDE
逻辑概念	NOT, MAYBE, CAN, BECAUSE, IF
强化词	VERY, MORE
相似词	LIKE-WAY-AS

语义元作为词汇单位的意义而存在（而不是在词汇层面），可以是单词、限定语素或短语，它们在形式上可能很复杂，它们可以具有组合变体或"等位基因"（用"-"表示）。每个语义元都有明确规定的语法（组合）属性。语义元可以被识别为通用的基本概念，就像福多的概念原子。表4-1是关于英语的，我们所关心的汉语大概有多少呢？据查普尔（H. Chappell）的实验对照有59个，如"存在、占有类"上，汉语惯用一个"有"字来表达，没有英语那么繁琐。[①]

对经验主义者而言，理想状态下这些词是感觉经验的。不过一个严格的批评就是，即使这65个是基本的，也不意味着它们就是先天的，比如上图的量词"一""二"，小孩子还是需要从小学起。NSM毕竟是跨语言、跨文化的研究，寻找普遍的人类概念，并不能确定是先天的还是后天的。另一种缓和的观点可以是，承认这65个（反正是少量的）是先天概念库存，其他的需要经验学习。针对NSM的研究成果，如果双方各让一步，如果先天论者与经验论者都同意，那么这65个可以作为我们谈论的前提，关键的问题在于，福多的"先天性"定位是否就只是数量问题，如果并非停留在数量上，而是另有所指，那么，指的是什么呢？我们还需要继续澄清。

四、"先天性"术语澄清方案

在语言、概念的获得问题上，先天与后天争议不断。通过乔姆斯基的语言学方案我们可以看到，先天论与经验论的争论牵涉到许多方面，根源也就在于"先天性"的术语模糊。而要澄清这一术语，则必须引入

① Chappell, H., 2002: "The universal syntax of semantic primes in Mandarin Chinese", *Meaning and Universal Grammar: Theory and Empirical Findings*, vol. 1., Goddard, C., Wierzbicka, A.(eds.), Amsterdam: John Benjamins, pp.243-322.

生物学领域进行分析，回答论4.1的论题（2）。

前面我们试图避免生物学的讨论，但历史上的纠缠却并非如此，行为科学、心理学、哲学从各自立场借用了生物学的"先天性"术语。如成语"鸠占鹊巢"描述的就是杜鹃鸟用巢寄生方式繁殖，幼鸟在其他鸟巢破壳出生后，第一件事就是把寄主巢穴里的其他蛋或幼鸟一个个推出去，天性使然。所谓的"先天性"相关的属性一般涉及以下几类[①]：（1）出生即有；（2）基因决定；（3）不变性：在发展中产生，而不管环境中的变化，其中的积极版本是发展中"渠化"（canalization），性状是对抗环境变化而缓冲发展机制的结果；（4）种群的普遍性（或种群中的典型成员）；（5）进化的适应性；（6）基因的排列；（7）由基因差异引起的表型差异，或基因遗传性状；（8）非习得的，或非心理获得机制的结果，即非适应封装机制的结果；（9）对行为系统可靠的内部组织化的模块……

（一）三种方案

根据不同取向，新近三种方案是学者们讨论较多的。

第一种方案是生物化，采取生物学解释。生物系统的复杂性导致此方案分化出多条进路。有的先天性解释诉诸种群，先天性是在正常发展过程中展示出来的倾向，由种群内的成员所普遍共享，是某类有机体的正常性状态，但分析过于粗糙。有的诉诸基因的观点，如果一个性状的发展是由"遗传"决定而非"环境信息"，那么它就是先天的。但是"遗传决定"本身就是有问题的，每种性状取决于遗传因素，也依赖于环境因素，我们很难单独归因为基因或DNA。并且，诉诸遗传决定似乎就表明了，基因型是规定有机体性状的细节的蓝图。研究发现，位于人类第7对染色体上有一个跟语言有关的基因——*Foxp2*基因（Forkhead box p2），学名叫叉头框P2基因，这是一个控制语言能力发展的重要基因。*Foxp2*在许多其他具有复杂发声及发声学习能力的动物中也有发现，例如鸣禽。如果该基因发生突变那就会影响语言能力。不过，按照现代遗传学的解释，基因与性状之间的关系是相当间接的。[②]

集大成者阿瑞（A. Ariew）精致地将先天性定位为由基因与环境交互

---

① Shea, N., 2012: "Genetic representation explains the cluster of innateness - related properties", *Mind & Language*, 4, pp. 466–493.

② 参见 Marcus, G., 2004: *The Birth of the Mind*, New York: Basic Books.

下的特定类型所生成，在发展中"渠化"①。一种性状（表型）x是渠化的，如果x的发展在因果上对环境和遗传变异不敏感；一种性状x是先天的，如果x是渠化的。索伯（E. Sober）也提出先天性的定义应该是：一个表型对一个既定基因型而言是先天的，当且仅当，该基因型在所有的发展环境下会突现。②他们都认为，当代生物学视角下，"渠化"是对"先天性"最恰当的描述。这个概念是由胚胎学引入的，发展定型是一个有机体怎样从受精卵发育而成的宽版本的部分。基因及其影响的集合成就"发展系统"而生成表型。许多表型的特征整个是由发展系统的动态机制来解释的，这样的先天性作为渠化就是一种度的刻画。若一个性状的发展被缓冲对抗的环境参数越多，那就越是先天的，缓冲的参数变化范围越大就越是先天的。但这放在认知科学领域中却有许多问题，首先，某些概念在广义的环境中突现，很可能不是因为它们的先天性，而是在广义的环境中容易被习得。如果某个心理结构是可习得的，那么它就不是先天的，比如：关于水是湿的信念。每个人都可以拥有它。我们不是习得它，因为它在所有环境下都保持一致。但我们也很难看出，关于水是湿的信念，不能由通用的归纳机制在所有环境下习得。因为倘若如此，水是湿的相关信念可以被习得，也可以在跨环境下不变。这样，它就既是先天又可习得，自相矛盾。另一个问题便是，若按此解释思路，我们必须具体说明相关的环境变异。③

方案二是消除主义，"先天性"术语终究要被消除。格里菲斯（P. Griffiths）认为，"先天性"一词伴随着人们的通俗用法，"大众生物学"天然地要求"先天性"的俗语，将之与"典型性""不变性"和"目的论"三个特征相混淆，还不如归还给其他领域，让"先天性"被其他精

① 参见 Ariew, A., 1996: "Innateness and canalization", *Philosophy of Science Supplement*, 63 (3), pp.19–27.
Ariew, A., 1999: "Innateness is Canalization: in defense of a developmental account of innateness", *Where Biology meets Psychology*, Hardcastle V (ed.), Cambridge, MA: MIT Press.
Ariew, A., 2007: "Innateness", *Philosophy of Biology: Handbook of the Philosophy of Science*, Matthen, M., Stephens, C.(eds.), Oxford: Elsevier.
② 参见 Sober, E., 1998: "Innate Knowledge", *Routledge Encyclopedia of Philosophy*, Craig, E. (ed.), London: Routledge, pp.794–797.
③ 参见 Cowie, F., 1999: *What's Within? Innateness Reconsidered*, Oxford: Oxford University Press.
Samuels, R., 2007: "Is innateness a confused notion?", *The Innate Mind: Foundations and the Future*, Carruthers, P., Laurence, S., Stich, S. (eds.), Oxford: Oxford University Press, pp.17–36.

确的科学术语所替换。所以，"先天性"的通俗用法应该被拒斥。①如此极端的方案恐怕未必得到大家认同，哈立迪（M. A. Khalidi）就反驳，就算有科学的"先天性"术语，通俗的"先天性"术语也并不冲突。换言之，消除主义者并没有给出二者不相容的理由，而"先天性"在认知科学中还有相当大的用处。

方案三的原初主义认为先天性是学科界限的设立者，某个特性是"先天的"，显示了它依赖于心理学之外的领域。考伊（F. Cowie）论证，"先天的"一词已在大量心理学史上具有意义的描述中被用来刻画一个特性的发展，而又不涉及心理学研究过程。②萨缪尔斯（R. Samuels）则建议，先天性的解释应该由心理学家让位给发展生物学家，这个理由可被看作是心理学解释学科上的原初。③某个认知结构（或能力）x是先天的，如果x是心理上的原初。也就是说不必通过心理过程而获得，同时在解释其获得上也暂无适当的科学心理学理论。原初论蕴含实质性的论题——心理学解释的本质。先天性作为心理学上的原初，指的是正常发展过程，像知觉或推论的心理过程并不获得心理特性。心理学无法说明它们怎样被拥有，或许神经生理学或分子生物学等其他学科可以解释。

原初主义与生物化进路之间有明显的调和。在这个意义上，阿瑞将福多与乔姆斯基划归为生物化进路，依据阿瑞的建议，先天性定型研究是通过实现心理学特性的策略，即如范式上用到了生物学性状，像心脏与头发。原初主义则建议，"定型化"不研究某个性状，而应将研究相关特性的心理学解释的界限条件。一个心理结构是先天的，如果它是某个正确的心理学理论所假定的，但尚未解释它怎样获得。比如，某个概念是先天的，如果我们必须转向对它的获得进行生物学、神经科学解释。福多与经验主义者也同意此种看法，两个阵营在这个立场上存有共识。

有了以上承诺，我们也就可以讨论什么是心理学解释，什么是非心理学解释。同时，在概念问题上，哪些概念是先天的，它们又是如何表征的，这便可以继续讨论。

---

① 参见 Griffiths, P., 2002:"What is Innateness？", *The Monist*, 85(1), pp.70–85.
Griffiths, P., Machery, E., 2008:"Innateness, canalisation and 'biologicizing the mind'", *Philosophical Psychology*, 21(3), pp.397–441.

② 参见 Cowie, F., 1999: *What's Within？ Innateness Reconsidered*, Oxford: Oxford University Press.

③ Samuels, R., 2007:"Is innateness a confused notion？", *The Innate Mind: Foundations and the Future*, Carruthers, P., Laurence, S., Stich, S. (eds.), Oxford: Oxford University Press, pp.17–36.

（二）对福多"先天性"的批判性考察

1.拒斥反学习论证

如前所述，在概念先天论问题上，福多应该是关注先天概念的数量问题，实际的情况是5万到50万的数量来自福多理论的推论，其疯狗式先天论反对概念学习：一个概念C是先天的就意味着C不可学习。所有的词汇概念都是先天的。他的先天论建基于以下反学习论证：

论4.5

P1：概念C通过"假设—检验"模型进行学习。

P2：但是，"假设—检验"是一种循环。

C1：因此，概念学习不可能。

C2：因此，概念先天荐得。

概念先天论原本是福多的"思想语言假设"的副产品，甚至是其"心智表征理论"RTM的附属，一个概念C的内容应该由某类（先天确定的）心灵与世界的关系所组成且C无内部结构。先天论比经验论的优势在于它解释了第一语言（或概念）的获得问题。欲达到对环境的表征，我们须预先知道一个作为表征的概念，并以之为基础而形成真值条件。试想在学习第一语言的时候，"你要学习一种语言，你必须先'习得'一种语言"。这类情况显然会陷入无穷后退困境，因此，并不存在所谓"概念获得"（concept acquisition）这回事，倘若存在一种内部的表征系统用于"概念学习"（concept learning），那它必须是曾经习得的语言，这种"极端"才是福多所要的概念先天论。所以他的策略是："你不能学习一种语言，除非你已经'知道'一种语言。"这种预先知道的语言就是先天的LOT。

按照福多捍卫先天论的时间先后，我们可以梳理出ALA的三个版本。

（1）ALA1：概念学习是循环

福多于LOT1提出对学习的批判。如论4.5所示，概念C的学习过程是"假设—检验"过程，后果是循环。要注意，这里会涉及三个方面的理解。

第一，大脑已拥有的信息库是什么？这对跟随乔姆斯基路线的福多而言不是问题，他关心的是"像我们的心智始于先天的概念库存，不会没有，但总会是有限多"。①按照福多的解释，获得一个概念就是知道它表征什么，它可应用于何种对象。学习"红"就是相信它用于所有红色的东西上，这至少是获得"红"概念的必要条件。没有人可以在缺乏"红"概念的前提下就相信"红"、表征"红"。为了避免上述的循环，相信概念C就不可能是获得C的过程，所以，原初概念C不可能被学习，只能一开始就被相信，一早储存在信息库里，那只能是先天的库存LOT。所谓的"始于"是从什么时间开始？是出生之时，还是三十岁生日？是大脑神经元的髓鞘形成，还是指先于第一语言的获得？不管是哪种程度，福多胸有成竹地断言，LOT的先天版本总会是正确的。

第二，概念学习是心灵与世界之间的联系之一，如感觉经验、运动反馈、饮食等许多方式，概念学习（如果有）只是其中一种，这是个开放的经验话题。福多认为，如果将概念总量增加的过程称为"概念获得"，那么作为其中一类的"概念学习"与其他类型是无法区分的，或许根本就没有"概念学习"这回事。

第三，经验主义者采纳布鲁纳的"假设—检验"模型，即先假设、后检验的概念应用过程。早在语言哲学里，戈尔德（Gold，1967）就质疑了语言学习中归纳推理的困难。②人类不能通过基于语言使用实例的归纳推理来学习语言。因为所有已知的语言家族都具有一个关键属性，即允许语法适用于每一种有限语言以及至少一些无限超集的语言。因此，如果学习者过早地得出目标语言是无限的结论，那么将会产生灾难性的后果。论4.5的P1针对的是传统的认知心理学。一般对"学习"的讨论采纳布鲁纳的"假设—检验"模型。所谓的"假设—检验"方法指的是，要形成一个概念C，人脑一般会利用到已储存的信息库主动提出一些可能的假设，设想所需要的C可能会是X、Y、Z之类，然后根据实际情况一一检验，最后找到"Z符合C"的匹配情况。以上分析符合我们关于概念学习的常识。然而，福多在P2中却质疑这是一种循环。因为我们先假设概念C是Z，再将Z匹配C。我们学习C之前并不知道C是什么，怎么可能假设出C是Z呢？前提只能是我们已经知道C是Z。所以学习概念C根本上不必要。例如小明要学习概念"羊"时，他必须看到羊，然后观察羊的外形、听到羊的叫声等来区分出羊与非羊的东西。后来小明看到

① Fodor, J. A., 2008: *LOT 2: The Language of Thought Revisited*, New York: Oxford University Press, p.131.

② Gold, E. M., 1967: "Language Identification in the Limit", *Information and Control*, 10, pp.447-474.

羊的对象；所以，小明习得了概念"羊"。按照"假设—检验"方法，小明应该先随机假设羊是"有角的""有蹄的""食草"等特征，然后按这些去观察某个动物是不是羊，直到确证"X符合C"。要害在于，如果我们一开始并不知道"羊"，那"有角的""有蹄的"的特征列是怎样来的？我们怎样区分"羊"与"牛"？即使能区分，那标准从何而来？唯一的可能是你在经验学习概念"羊"之前，你已知道"羊"是什么。

所以，要么我们接受循环的困境而继续"学习"，要么放弃"学习"。

（2）ALA2：经验的触发是偶然的；形而上学地锁定才是必然的

继续上述"假设—检验"模型的讨论，经验论者肯定会反驳，现实当中，从经验中学习是人类教育学与心理学的成功之处。所以，"经验"如何安置于福多的先天论就异常关键，这就有了ALA2：经验的触发是偶然；形而上学地锁定才是必然的。[①]

按照RTM，LOT符号与世界的关系应当体现为概念原子与其内容之间的因果关系，当我们面对一只羊时，给它命名为"羊"，命名符号"羊"是任意多的，或许还可以是"笔""灯""手机"。因此［符号—世界］的关系有可能是"多对一"的关系，这样就可以配成任意多的有序对。倘若如此，多个符号c_1、c_2、c_3映射同一个对象X，即"羊""笔""灯""手机"等任意概念看向同一只羊。反过来，当小明看到一个对象X时，被引起的符号也就应当是多个符号c_1、c_2、c_3，结果是小明看到对象——羊时，可能产生"兰""灯""手机"等多个任意的概念，这也是福多为错误表征问题把脉得出的根本原因。这种"看"的经验就很怪异，属于"无理因果"（brutal casual）过程。

针对这种无理因果，福多提出个有趣的方案，将［符号—世界］的有序对设定为唯一，有且又只有一对。具体说来，如果要保证"羊"的概念原子产生具有规律性，就必须"形而上学地"——概念"羊"（主动地）使得属性"成为一只兰"的联系产生，二者在形而上学层面就确定下来，成为"一对一"锁定的必然。先有"羊"，再有"羊性"，再有"羊的对象"。在这个意义二，经验早已无关紧要。经验学习的"合理因果"（rational casual）过程完全不必要。

细心的读者会发现，福多的概念是心理表征。概念使得它与属性的联系产生，"羊""笔""灯""手机"等就是心灵依赖的，那这些属性也会是心灵依赖的。继续推论，整个世界也是心灵依赖的，这不是唯心主

① Fodor, J. A., 1998: *Concepts: Where Cognitive Science Went Wrong*, New York: Oxford University Press, 128-143.

义吗？福多回答，唯心主义的担忧是多余的，因为心灵是实在的，表征是实在的，概念也肯定是实在的。这好比手指依赖于手，"羊性"依赖于心灵是很自然的。当然，这类营销广告的市场有多大是另一回事。

（3）ALA3：学习（前概念的）模板并不等于获得概念

既然经验触发是偶然的，那么，在此之前，我们的认知究竟发生了什么事呢？"羊"的概念怎样从小明的脑中蹦出来呢？福多提出了"模板"（stereotype）的解释，模板属于某个概念好的示例，它只是前概念表征，并不等于概念。他就此细化了前概念的两个阶段。第一个阶段是在获得概念之前，先形成某一概念的模板，心理学对这一阶段已有许多研究，这算作心理学过程。第二个阶段是从模板中产生概念，属于神经学过程，ALA2所讲的概念与其属性的关系锁定则发生在这一阶段。福多坦言："无论如何，意向性解释不能一路走下来，迟早神经学会接管。（的确，迟早物理学也不得不接管）那正发生的并不是先验问题。"[①]这里要考虑的问题是——从模板到概念是如何转变的？

福多接下来提出了"漩涡"（whirlpools）隐喻进行解释：心灵就像大海，船在大海上航行，船上的船员与导航仪都没问题。有时海上会出现一些漩涡，船会被漩涡产生的吸引场慢慢地卷进去。[②]回到概念问题，概念就是漩涡的吸引场，模板就是船。模板越好，就能越接近概念。反之，越接近概念，学习模板就越充分，更易锁定属性。所以福多在此区分，"可学习的"是模板，这属于经验的统计表征。这样的"先天性"是学会如此这般模板的过程之后抓取如此这般概念的倾向，这种倾向使得模板自动地跃迁到概念。

所以，ALA3的结论是，学习概念不行，学习模板可行。

2.福多的"先天性"定位

一般来说，我们很难同意"学习"不可行，人类的大多数行为是习得的，人类的大多数概念也是习得的。2021年的东京奥运会上，苏炳添在田径男子100米半决赛中以9.83秒打破亚洲纪录，并晋级决赛，如果按照先天的人种学说法，苏炳添是不可能通过后天训练进入奥运会男子100米决赛的。所以说，学习训练提供了人类在多变的自然环境下生存的灵活性，也正是有了学习，人类才能不断地适应环境。即使是几百万年前的人类祖先也得通过学习方可存活下来，所以，概念在这个意义上

---

① Fodor, J. A., 2008: *LOT 2: The Language of Thought Revisited*, Oxford: Oxford University Press, p.152.

② 同上，p.159.

怎能不通过学习获得呢？"网络""慕课""微信"等新生词汇是先天的吗？我们要反思的是，为什么福多要用怪异的ALA的三个论证来支持先天论？仔细分析可以发现，区分"学习"与"先天性"是关键，福多的"先天性"指的是什么？他所指的"始于"究竟要归于何种程度？以下我们将结合福多关于"先天性"的内涵来重新审视ALA的三个论证。

（1）"先天的"也是"可发展的"

首先，对ALA1的分析可知，福多将"先天的"等于"不可学习"。"学习"的本质是什么？"学习"真的拒斥先天性吗？我们承认，总有些概念是先天的，可能数量的多少还存在争议。前面的NSM研究已展示了某些有限的概念可能是先天的，但并不意味着它们完全不可学习。

传统的学习理论认为，有机体的行为变化有两种方式：一是先天遗传的种群经验，二是有机体后天习得的个体经验。研究者们也发现，低等生物主要靠前一种遗传经验来生存；而生物等级越高（如人类），依靠遗传行为则越少，后天学习越重要。现代心理学对学习的研究早已广泛地应用于教育学领域。如机能主义学习理论，受达尔文主义影响，强调了学习与适应环境之间的关系；还有最新的神经生理学研究、进化心理学理论等。

像皮亚杰与维果茨基（L. Vygotsky）等建构主义者提出，学习过程同时包含两方面的建构：一方面是建构新信息的意义，另一方面是社会文化环境对原有经验的改造和重组。[1]皮亚杰并非纯正的经验论者，他提出心理结构的发展涉及图式（scheme）、同化、顺应和平衡。图式源于先天遗传，在后天对环境的适应过程中，不断变化并丰富起来，像低级的动作图式，经过同化、顺应、平衡而逐步构造出新的图式。平衡也为皮亚杰的理论提供了先天论成分，它是一种协调内外部环境的先天驱动力，为往后的智力发展提供基础。所以，这类理论的有益启发是，"先天的"并不反对后天发展。

我们要做的是认真区分"先天的"与"可学习"，"可学习"也并不排斥"先天的"选项，当然这需要精致的分析工作与经验研究。某种行为是可学习的，如果该行为按某种方式表现出相对持续的变化。回到概念的讨论就是，概念C是可学习的，如果C按某种方式表现出相对持续的变化。假如我们将这种相对持续变化暂且称为"发展"的话，那么"先天的"就是"可发展的"。因此，学习并不拒斥先天性。

---

① 〔瑞〕皮亚杰 J.：《发生认识论》，范祖珠译，北京，商务印书馆，1990。
　　〔苏〕列夫·维果茨基：《思维与语言》，李维译，北京，北京大学出版社，2010。

（2）"先天的"不等于"形而上学必然"

ALA2提出"先天的"意味着"形而上学必然"。其中的要害在于概念原子不可分，所以表征内容也不可分。如果表征内容可分，那么形而上学就不是必然。①

结合ALA3来看，假如区分模板与非模板的特征，那么形而上学锁定有可能带来一些非模板的特征，而一旦有了这些，概念就不是原子的，也就不是先天的。假设"有角的""有蹄的""食草"等特征是"羊"的模板特征，"有四条腿的""有尾巴的"等特征是"羊"的非模板特征，那么，当小明看到"有角的"动物时的经验触发了"羊"的概念，连锁地触发了"有四条腿的""有尾巴的"等非模板特征，最后却指向了牛而非羊，怎么办？按照福多的解释，"羊"的原子应该是"羊性"这一不可分的表征。有专业的生物学知识背景的人会懂得，"羊"与"牛"同属于动物界、脊索动物门、哺乳纲、偶蹄目牛科，划分在于"羊亚科"与"牛亚科"之分，而"羊亚科"的成员又是牛科中最复杂的，这些表征丰富多样，常人可以在触发瞬间就获得所有"羊"的表征内容吗？你怎么能担保这些内容对应的不是一只"喜羊羊"或"克隆羊"呢？即使真的可以一下子获得，那所需的经验作用也不是偶然的触发那么简单。

福多坚持分解是无效的，因为"羊"是殊型化表征，所以必然是"一对一"的形上学锁定。要是这样，我们也可以接着福多的讲法说下去，如果真的是"一对一"的必然锁定，那么在日常生活中，我们怎么就会出现误将"羊"当作"牛"的"错误表征"问题呢？照理说，如果形上学锁定是必然，那么不可能存在误判。然而在日常生活中我们确实会犯错，而且错得不少。唯一的解决方式是不断地从错误中吸取经验教训，不断地学习，不断地改变"羊""牛"的表征内容以达到正确指称羊与牛，这才是发展。

简而言之，"先天的"是"形而上学必然"的要求很过分。如果概念是可分解的"分子"，而非福多的"原子"，那么形而上学锁定就不必要，经验的学习则成为必然。

（3）"先天的"是模块

对照ALA3与ALA1来看，两个论证是自相矛盾的。马格利斯与劳伦斯（Margolis & Laurence，2011）反驳，承认学习模板就默认了它是学习

---

① Prinz J., 2002:*Furnishing the Mind*, Cambridge, MA:MIT Press, p.233.
Margolis, E., Laurence, S., 2011: "Learning matters: the role of learning in concept acquisition", *Mind & Language*, 26(5), pp.507-539.

概念的一部分。

首先，按福多的逻辑，学习要求"假设—检验"，学习某个概念C的模板C_0就必然要求假设模板C_0的个别化条件从而进行检验。既然这样，那么我们也可以再假设C_0有了X、Y、Z之类，然后根据实际情况一一检验，最后找到"X符合C_0"。然而，做出正确的假设又要求学习C_0之前就已拥有了模板$C_{0.0}$，这样就陷入无穷后退困境。所以，福多对模板学习的解释并不融贯。

其次，倘若ALA1是合理的，那么它就削弱了ALA3。显然，ALA1反对学习，而ALA3又需要学习，将其放置在前概念阶段，二者相互矛盾。

再次，从模板跃迁到概念的成功率并非无可置疑。仅依靠神经学就足够吗？当前神经学的研究足以解释所有的转变吗？如果经验上的神经学解释及其证据是可变的，那它肯定会削弱ALA1。像维果茨基所强调的，学习受到社会文化的影响。"豆腐脑"作为传统小吃，这个概念在中国南方意味着是甜的，而在北方意味着它是咸的，一个从南方去到北方的人怎能接受这一概念的变化呢？没有学习是行不通的。

从学习"羊"的模板到锁定"羊性"是一种自动化过程，在福多那里这属于一种先天倾向，"我所建议的相当接近于标准格式塔对知觉封装运作的处理"[1]，知觉封装性是自动的，这正是他关于心理模块性假设的内容。

福多的心理模块性假设认为，"人类心智由一个中枢系统（类似于计算机的中央处理器）以及多个处于周边的心理模块所构成"。[2]他刻画了心理模块的九个特征：信息层面上，特域性、信息封装性、对中间水平表征的有限通路、浅输出；控制层面上的强制性；性能层面的快速；还有神经层面上，对应固定的神经结构、特殊的损伤模式、个体发育呈现特定的步骤与顺序。[3]进化心理学的众量模块性假设对其提出了严厉挑战，同时引发了许多争议，这是另外的话题了。

所以，遵从福多，学习模板是可控的，概念的获得属于模块自动化的事。按照认知神经科学的研究，大脑布罗卡（Broca）语言区能控制语

① Fodor, J. A., 2008: *LOT 2: The Language of Thought Revisited*, Oxford: Oxford University Press, p.161.
② 何睿、朱菁：《认知冲突与协调问题与心智的架构》，《逻辑学研究》2015年第2期，第98-113页。
③ 参见〔美〕福多：《心理模块性》，李丽译，上海，华东师范大学出版社，2002。

言，韦尼克（Wernicke）区的破坏会导致失语症。这些也是经验主义者承认的。如此一来，福多的先天性指的就是先天模块。①

从神经科学的研究来讲，概念（语言）的加工处理涉及文字的、口头的表征，对符号信息的理解，重要的问题就是概念如何储存于大脑以及如何被视觉或听觉输入抽取出来。心理模块假说提供的思路是，像布罗卡区与韦尼克区这类大脑特异性脑区所支持的概念（语言）的输入分析与产生输出，然后哲学的讨论将之归为概念（语言）能力。但是，概念（语言）能力的丰富性要求尽量避免对概念（语言）结构的简单分析，比如乔姆斯基与福多所说的那种快速反应与庞大的（先天的）存储数量。

值得深入讨论的就是，成年后获得的语言障碍的分离（如韦尼克失语症）可能告诉我们一些关于语言在成熟大脑中是如何组织的，但不能告诉我们语言是如何获得的或先天概念在这一过程中的作用。相比之下，儿童时期产生的语言分裂有时被认为与语言是否天生的问题有很大关系。平克（Pinker，1994）认为在"一般智力"和语言之间存在双重分离，这两种发育障碍称为威廉姆斯综合征（Williams Syndrome）和特殊语言障碍（Specific Language Impairment）。威廉姆斯综合征患者智商远低于正常范围（50～60），天生就有学习障碍，但他们能够流利地谈论许多话题，属于社交达人。相比之下，患有特殊语言障碍的人非语言智力正常（约90），但说话费力而缓慢，在表达和理解句子和单词时经常出错。平克认为这是一种双重分离，应该存在一种特殊的"语言习得装置"，与儿童可能拥有的任何一般学习能力是可分离的。②

在这个问题上，我们还可以继续探讨——在威廉姆斯综合征和特殊语言障碍的比较中是否发现了语言能力和一般认知能力之间的双重分离？答案可能是没有双重分离。因为，威廉姆斯综合征个体的语言，虽然有智力障碍，但在某些测试中，与语言障碍个体的测试结果是难以区分的。换个角度思考，对于普遍发展障碍，我们完全不清楚是否可以假设，像威廉姆斯综合征这样的表面上"完整"的能力是潜在神经和心理结构正常发展的结果。也就是说，我们已知大脑有能力通过在另一个区域拼凑解决方案来弥补一个区域的缺陷，但我们不能假设威廉姆斯综合征患者有一个"语言模块"，在其他认知系统被严重破坏的情况下，它或多或少

---

① Fodor, J.A., 2000: *The Mind Doesn't Work That Way*, Cambridge, MA: MIT Press.

② 〔美〕平克：《语言本能：探索人类语言进化的奥秘》，洪兰译，汕头，汕头大学出版社，2004，第317—350页。

地正常发展。综合考虑，威廉姆斯综合征患者的语言发展与正常儿童之间的众多差异表明，在这种情况下，这种"正常"的假设是错误的，从而削弱了威廉姆斯综合征中保留的"语言模块"的主张。[1]

五、小结

这一部分我们讨论了概念的发生学，着重分析概念先天论的论题演化。概念理论主要分成三个子论题。论题一讨论先天概念的可能性，先天论在传统的哲学史上，有两次浪潮，引领者一位是柏拉图，另一位是笛卡尔。论题二是先天性的含义与解释力，主要围绕乔姆斯基的理论展开，这部分审慎性分析乔姆斯基的刺激贫乏论证，指出论证各部分的缺陷。论题三研究人类心灵中先天概念的总量与明细表，我们集中讨论了福多的概念理论。福多的概念先天论糅合了心智表征理论与思想语言假设，福多站在极端的立场提出，所有的概念都是先天的，违背常识，肯定要考虑另外的可选方案。但福多的论证是较为有效的，需要对其抽丝剥茧才能找到其中的缺陷。可以说，人类具有乔姆斯基与福多所说的那种概念（语言）快速反应与庞大的（先天的）存储数量，这一说法是不充分和不可信的。在概念（语言）的习得过程中，可能有多个系统和多个过程在起作用。于是，"经验论者坚持认为，很少有天生的概念，大多数认知能力是在一些相对简单的通用认知机制的基础上获得的。另一方面，先天论者坚持认为，可能存在许多天生的概念，并且大脑有大量天生的分化，可以分成复杂的特定领域的子系统"。[2]

通过总结概念先天论的长处与短处，尤其是对福多极端先天论的批判性考察，我们发现，从数量上讲，先天概念显然没有像福多所说的那样多，如果有，那也是很少的。我们学习概念是基于有限数量的。自然语义元语言NSM的研究给出了65个左右的数量，或许经验论者与先天论者应该都能接受。从模块的角度讲，福多关于"先天性"的内涵似乎回到先天模块的解释上，但失语症与威廉姆斯综合症的案例又削弱了模块说。如此一来，我们就可以初步给出CE3。

① Thomas, M., Karmiloff‐Smith, A., 2002: "Are developmental disorders like cases of adult brain damage? Implications from connectionist modeling", *Behavioral and Brain Sciences*, 25, pp.727-788.

② Margolis, E., Laurence, S., 2022: "Concepts", *The Stanford Encyclopedia of Philosophy* (Fall 2023 Edition), (2019‐6‐17)[2023-10-30], Zalta, E. N., Nodelman, U. (eds.), https://plato.stanford.edu/archives/fall2023/entries/concepts/.

CE3：C 的先天概念库存承诺最少的数量。

如果遵循福多的反学习论证，概念学习是一种循环，那么，经验主义者要么放弃学习，要么避免循环。前者显然不可能是经验主义者心甘情愿的选择，唯有依赖后者，但是，循环可以避免吗？如果无法避免，那就还是需要学习。

在这个情况下，我们要么抛弃现有的理论，要么尝试设计并拥抱新理论。显然，后者更是我们应该努力的方向。如果概念是可学习的，那么它就是来源于经验。

第五章　概念经验主义

上一章梳理了概念先天论，尝试澄清了"先天性"术语，找出最少先天概念承诺。鉴于福多的概念原子论反对学习，立场过于偏激，我们不得不考虑另外的可选方案，概念很可能是非原子的，来源于经验。朱熹作过首《春日》的诗："胜日寻芳泗水滨，无边光景一时新。等闲识得东风面，万紫千红总是春。"对普通人而言，我们能够观察到春日万紫千红的美景，应该是利用感官不断看着、听着、闻着、摸着直面的东西，获得对这个外部世界五彩缤纷的认识。正因为如此，我们时常会把经验等同于感官知觉，这在知识论辩护上有这样一条诉诸知觉的进路。在经验主义者看来，我们透过知觉所意识到的世界不是一个独立的实在，而是一个表象，或表象体系，它们依赖于我们的心灵对感官刺激的反应。这一切都要从知觉经验谈起。

一、传统的经验主义

传统的经验主义与理性主义围绕着知识的本质、来源与界限等就不同主张而区分。[①]传统的经验主义是如何回答这类问题的？历史上，理性主义者和经验主义者在认识论上的争论已经延伸到形而上学的领域，哲学家们关注现实的基本本质，包括上帝的存在、自由的意志，以及引发当代心灵哲学激烈争吵的身心问题等。

（一）古典经验主义

古希腊哲学时期，在留基波（Leucippus）和德谟克利特（Democritus）看来，事物的本质在于无限数量的原子，原子不可分，具有不可毁性和永恒性。万物由原子与空间构成，结合则生成，分离则毁灭，这两个过程是原子固有的运动，由此造成事物各异。炽热的原子遍布于有机

---

① Markie, P., Folescum, M., 2021: "Rationalism vs. Empiricism", *The Stanford Encyclopedia of Philosophy* (Spring 2023 Edition), (2021-09-02)[2023-10-30], Zalta, E. N., Nodelman, U. (eds.), https://plato. stanford. edu/archives/spr2023/entries/rationalism-empiricism/.

体，其中的灵魂则由最精致、最炽热的原子组成，这是朴素唯物主义。感官知觉被解释为类似于被知觉物体的流射物或影像作用，在灵魂中引起的变化。这种影像从物体中飞出，把它们的形状加给介于中间的空气，由近及远改变分子排列，然后接触到感官的流射物。当物体的影像同由感官流射的影像相似时，才产生知觉。

1. 亚里士多德的经验哲学

亚里士多德的观点在今天看来与科学家所拥有的知识是相似的，主要得益于其关于自然哲学与感觉经验的理论。首先，亚里士多德发展了他称为第一哲学的科学，即形而上学。他将实体区分为质料和形式，形式在先，是第一性的，质料在后，是第二性的。形式是每一事物的本质，也是事物的原型、模型、形状。亚里士多德的自然哲学旨在获得关于易变事物的理论知识。然而，所有产生的事物，包括人工制品和偶然的产物，都有一个产生它们的源头，自然变化是由事物的内在原理和原因引起的，这可以相应地被称为事物的"自然"。掌握一件事的本质就是能够解释为什么它本质上产生：一件事的本质不仅有助于变化，而且是变化的主要决定因素。于是，亚里士多德提出事物存在的四因说，即质料因、形式因、动力因和目的因。质料因是事物存在的始源，决定事物的体质。形式因是事物存在的形相，决定事物的性状。动力因是事物存在和发展的原因，决定事物的变化。目的因是事物存在的终极原因，决定事物的目的。亚里士多德关心的是一个自然主义探索的领域，这个领域是连续的、目的论的。

在感觉经验上，亚里士多德认为人类灵魂拥有知觉能力以及所谓统觉、想象、记忆、愉快和痛苦……感官知觉到事物是通过感官的媒介而引起灵魂的变化。感官是潜在的，所知觉的对象是现实的。

统觉是灵魂中所有感觉的交汇点，位于心脏。通过统觉，我们能够将其他感觉所提供的信息整合起来，形成一个关于对象的全面图景，包括数量、大小、形状、运动和静止等方面。此外，统觉还能够形成类别和组合的影像，并具备保持或记忆（联想）的能力。人类灵魂还具有用概念进行思维的能力，能够思考事物的一般性和必然性。作为理性的一部分，灵魂能够把握概念，而理性潜在地包含了它所能想象或思考的一切。通过使用概念进行思维，理性得以实现。理性可以分为主动的或创造性的理性以及被动的理性两种类型。创造性理性是一种纯粹的现实性，其中的概念已经得到实现，它可以直接看到概念。被动理性中的概念是潜在的，概念的获得在某种程度上必须是感性的，因为在亚里士多德看来，共相是通过经验在灵魂中获得的，而经验来自对同一事物的许多记忆，而这些记忆又来自知觉。然而，亚里士多德认为，有些概念已经在一个人的感知经验中表现出来：孩子最初称所有的男人为父亲，所有的女人为母亲，只是后来才发展出将相关概念应用于特定个体的能力。孩子在学习说话时，已经拥有了"母亲"这个概念，但还没有掌握正确使用这个概念的条件。因此，知觉的作用，以及记忆和经验的作用，并不是为儿童提供普遍的概念，而是为他们确定一个条件，在这个条件下，他们可以正确地对一个个体或物种进行谓词。因此，作为一门科学的起点，得出定义的能力取决于人类使用语言的自然能力，以及体现这种能力的特定文化社会和政治条件。

2.培根的新工具

经验主义肇始于英国，弗兰西斯·培根（Francis Bacon）是典型代表，要以自然科学为基础，归纳法为基本方法，发明技术为目的。前人的哲学毫无进展是因为方法错误，受困于四种幻象，如种族幻象、洞穴幻象、市场幻象与剧场幻象①。人们要扫清这些幻象，要有新逻辑、新工具，这就是归纳法。

在培根看来，经典归纳法开始于某些观察，通过归纳，可以得出结论，也即最普遍的命题（普遍公理），然后向前推（通过推演），得到中间命题（中间公理）。这个过程的问题是，如果普遍公理被证明是错误的，那么所有的中间公理也可能是错误的。比如只需要一个反例就有可能导致整个理论的失败。所以，培根的归纳法就是有规律地、循序渐进地从一个公理走向另一个公理，直到最后才得出最普遍的公理。关键在于，每一步都要经过观察和实验的彻底检验，这样才能保证通往真理之路是可靠的。说他是经验主义者，除了方法论外，还有知识来源于感觉的态度。

3.霍布斯的唯物主义

培根强调了经验归纳的作用，霍布斯（T. Hobbes）则考虑推理的原则来源于感觉，感觉是人脑的运动，运动是普遍的原因，所以在霍布斯看来，哲学是自然物和政治体运动的科学，我们可以用运动解释一切事物。在这个意义上，霍布斯是个坚定的唯物主义者。对于知识，他给出

---

① 种族幻象指人性固有的幻象；洞穴幻象指个别研究者的私人偏见，受性格、教育之类影响；市场幻象指语词与名称混乱引起的；剧场幻象指的是公认的思想体系，如经歪曲的论证得出的理论或哲学。参见〔英〕伯特兰·罗素：《西方哲学史（下）》，何兆武、李约瑟译，北京，商务印书馆，1964，第64页。

了一个关于知觉的因果故事。物体对感觉器官造成压力，从而导致我们内部的运动直达大脑和心脏。这样就有了一种自内向外的运动。但是，从外表看来，这会像是来自外部的。因为这是将感觉当作了事物本身的属性，实际上，感觉是我们的内部运动，在事件序列作用下产生的内在之物是幻象。物体的红色只是物体的运动，我们体内的红色也是我们体内的运动，它引起或本身就是某种感觉。不过，红色本身属于感觉还是属于客体的问题霍布斯就不再回答了。

接下来是一个关于我们如何形成想法的故事。如，在一个时间 t_1 看到一个人，从另一个时间 t_2 看到一匹马，我们在脑海中设想出一个半人半马的人。我们可以从不同的经历中，提取想法，提取衰退的感觉，并将它们结合在一起。但霍布斯并不严格区分想象、想象的能力、记忆和理解这几个概念。想象和记忆是一回事，它们有两个名字，分别指向感官衰退现象的不同方面。如果我们想指向思想或图像本身，我们用想象；如果我们想指向衰退，我们用记忆。

最后是关于语言，学习语言就是要学习如何给对象命名，每个名词是知觉的标记，每个知觉是外在之物影响的结果，所以，名词就是知觉的结果。

4.洛克的知觉论

经验主义者谈论较多的一个理论源头是洛克。洛克于《人类理解论》中探讨人类知识的起源和范围。笛卡尔提出的天赋原则并不能完全保证人类知识的获得。因为关于天赋原则的倾向性说明不能作为充分标准，一方面，人们在开始运用理性时就发现公理，这不足以证明天赋性；另一方面，纵然我们知道公理，又在运用理性时用到公理，这也不能证明它们是天赋的。人类心灵更像是白板，一切观念都由感觉或反省得来。我们获得真理知识只能依赖于知觉。

按洛克的说法，知觉是趋向知识的第一步，也是知识材料的来源，因此，我们的感官愈少，所接受的印象则愈少。在洛克看来，感官一开始就容纳了某些特殊的观念，这就"装备尚在空虚的那个小室"[1]，而那些特殊的、人类心灵自身所直接观察到的东西，可称为观念。我们可以看看洛克的图景：

> 人心渐渐同它们(观念)有的相熟悉了,于是便把它们保存在记忆中,给它们定了名称。随后人心又可以进一步,来把那些观念抽象化

---

[1] 〔英〕洛克:《人类理解论》,关文运译,北京,商务印书馆,1983/2019,第15页。

了,渐渐会运用概括的名词,借着这个方式人心便储备了各种观念和语言,并且在这些材料上,来运用它的推理能力;这些能促动理性的各种材料愈加增长,则理性的运用亦日益明显。不过概括观念的获得及概括言语的应用,虽然常和理性在一块生长,可是这个亦万不能证明它们是天赋的……人心所从事的,仍是后得的观念。不是天赋的观念。①

洛克一方面在知识获得上反对先天论,另一方面坚持观念要建基于记忆的积累上。术语"观念"似乎是个五味杂陈的东西,只要是有意识的心灵面前所呈现的东西,则可称为"观念"。比如:我手上黑色的笔让我看起来是黑色的。我现在的确知觉到黑色观念,那么这个东西肯定就是黑色东西所呈现给我的。这就是我知识的来源,我们的知识不能超出观念外,这是洛克的知识范围。缺少观念,我们则一无所知……正如我们所要求的那样,观念表运了外界对象。但"观念"并不等于物质,因此,这有可能导致外部世界的怀疑论。因为黑色的观念并不能保证黑色的对象存在。

此时就要求引入第一性质与第二性质划分的讨论。"我谈到这些观念时,如果是指事物本身,则我所说的,乃是指物体中能产生观念的那些性质。"②洛克认为对象具有某种倾向性的能力能使我们产生各种观念,这就有了对象性质的两种区分:第一性的质与第二性的质。第一性的质包括了所谓凝性、广袤、形相、运动、静止与数目等,在洛克看来这依赖于物体,属于物体本身,亦可称为原始性质。第二性的质是借第一性的质在人心中产生各感觉的能力,如颜色、声音、滋味等,可以说是人心通过感官而附加于物体之上的,所以它只以描述言说的方式存在。

在这个基础上,洛克采取迂回战术,他首先考虑观念怎样通过经验产生。在堵住天赋观念的通道后,洛克认为"只有求诉于各人自己的观察和经验了"③,有两种途径:一是"外界的物象使理解得到各种可感性质的观念,这些观念就是那些物象在我们心中所产生的各种不同的知觉"④,这是感觉所得,我们的感官接受刺激,得到可感物的观念,由此进入心中。二是心灵对活动的观念加以理解得来,这是内部感官的"反省"所得,即人心对自己活动所添加的一层注意。大部分观念是通过第

---

① 〔英〕洛克:《人类理解论》,关文运译,北京,商务印书馆,1983/2019,第15页。
② 同上,第107页。
③ 同上,第73页。
④ 同上,第75页。

一层的感觉所来，有感觉，才会有观念。而在所有的观念当中，有种知觉最分明、最清晰的简单观念，它非人心所能创造，是人心所被动接受的一切知识的材料。这就是经验主义的基础。

从常识角度出发，简单观念就是我们由感官所直接获得的东西。第一性质在我们感官作用所发生的结果便是产生简单观念。洛克纲领最重要的特征是，心灵装备储存了各种简单观念，一旦这些简单观念进行复合，即可能通过少数联结原则而建构成复杂观念。这种推理是说，我们的观念要么是简单的，要么是由简单构造而成的，这种建构在不诉诸先天观念时即可完成，没有所谓必要的先天假设。

第一性的质和第二性的质二者如何区分？这似乎是一种本体论的承诺，接受与否都与洛克的经验主义无多大关系。这也确实易被吸收进自然哲学，因为所有的观念要么简单，要么复杂。然而我们也绝不会单凭自身就创造出简单观念，我们只能拥有或不拥有它。它又的确由经验决定，我们的知识便处在一种受限的方式中。（自然律）知识不能超出我们的经验，那么未经观察或不可观察的实体及属性，不可能拥有比关于它们的假说更高的地位①。若再追问简单观念的本体论地位，洛克似乎有所悬搁，因为他只说我们感知到观念。

5.贝克莱的现象主义

贝克莱所拒绝的答案是，物质是独立于思维的事物或物质。一个独立于思维的事物是指它的存在不依赖于思考（感知）事物，因此无论任何会思考的事物（心智）是否存在，它都是存在的。贝克莱认为，不存在这样独立于思维的事物。因此"贝克莱被认为正是现象主义（Phenomenalism）的奠基人，现象主义纯粹从感觉或感觉材料的角度来解释物理事物"。②著名的口号"存在就是被感知"显然是反表征主义的：（1）"我们感知普通的物体（房屋、山脉等）"。（2）"我们只感知观念"。因此，（3）"普通的物体是观念"。

推论有效的话，得出的结论是观念，贝克莱似乎又是观念论的。前提（1）看起来很难否认。面对前提（2）呢？这些哲学家对这一论点有一个明显的回应。这个反应通过区分两种知觉，即中介的和直接的，来阻止贝克莱对（3）的推论。因此，前提（1）和前提（2）被（1*）"我

---

① 参见G.A.J.罗杰斯：《洛克》，殷杰译，《科学哲学指南》，〔英〕牛顿·史密斯编，成素梅、殷杰译，上海，上海科技教育出版社，2006，第275-279页。

② Martin, C.B., Armstrong, D, M., 1968:"Introduction", *Locke and Berkeley: A Collection of Critical Essays*, Martin, C. B., Armstrong, D. M. (eds.), Palgrave Macmillan UK, p.12.

们直接感知普通对象"，和（2*）"我们立即感知的只是观念"的主张所取代。当然，这些替换反映了一种知觉的表征主义理论，根据该理论，我们通过直接（立即）感知观念，间接感知物质事物，而观念是依赖于思维的项目，观念代表了外在的物质对象，从而使我们能够感知它们。

贝克莱在回应时发现，表征主义的症结在于相似性原则：是什么让一个观念能够代表一个物质对象？虽然思想本身不存在于头脑之外，但也可能有一些类似的事物，它们是思想的复制或相似之处，这些事物存在于头脑之外，存在于一种未经思考的实体中。这种相似的假设是荒谬的，两个事物在被比较之前不能说相似或不同；一个观念只能像另一个观念，而非物质对象。如早晨的太阳的颜色只能是一种红色，北京鸟巢的形象只能像鸟巢。于是，因为头脑只能比较它自己的观念，而这些观念根据假设是唯一直接可感知的事物，所以表征主义者不能断言一个观念和一个非理想的独立于头脑的物质对象之间有相似之处。

如果贝克莱的相似性原则成立，一个观念只能与另一个观念相似，那么唯物主义的表征主义根本就会遇到大麻烦，很可能只剩下表征，而无物。因为现在物质对象是如何被表征的呢？如果物质对象被认为是延展的、实心的或有颜色的，贝克莱就会反驳说，这些感官特性属于观念，属于立即被感知的东西，唯物主义者不能断言物质对象在这些方面与观念相似。最后物质概念就成了一个完全空洞的概念。

唯物主义者可能会试图宣称，思想代表了物质对象，不是通过相似，而是通过由对象引起，这是另一段因果的故事了。

6.休谟的观念论

休谟是经验主义传统中的伟大哲学家，在他看来，知觉经验是所有意义与知识的来源。他将知觉分成两类：观念（ideas）与印象（impressions）。知觉首先触发的是印象，而所有的观念都来自于印象。"观念是印象的摹本"，这主要是休谟设定的"复制原则"："即我们的全部简单观念在初现时都是来自简单印象，这种简单印象和简单观念相应，而且为简单观念所精确地复现。"[1]这个复制原则涉及的是简单观念与简单印象的对应关系。我们看到一棵树，关于"树"的一些观察由观察的经验所产生，如"绿叶""树枝""树荫""硕果"……不同的印象。在此之前，我们肯定有"绿""叶""枝"之类的简单印象，一旦被激活，就与知觉产生了联系，从而形成相应的简单观念。不过，这里要注意，休谟并没

①〔英〕休谟：《人性论（二册）》，关文运译，北京，商务印书馆，1982/2010，第16页。

有说所有的观念都要求有印象对应，所有的印象都要求有观念对应。

休谟再把观念区分为具体观念与抽象观念。心灵具有某种能力将简单观念进行复合（联系或联结）或创造为复杂观念，这种能力就是想象。把感官和经验供给于我们的材料混合、调换、增加或减少罢了……①看到观念之间的差别，又能够加以分离。在现代术语中，"观念"通常是抽象的。抽象观象分解为具体观念，休谟将具体观念称作"意象"。具体观念再与简单印象对应，这样就确立了该观念的内容，如果不能这样追溯，这样的观念就是虚假的。

时间与空间在休谟那里就是抽象观念，当时间观念和空间观念通过因果关系建立联系时，就能够形成客观的时空观念，这就是我们的世界。要获得时空观就是从知觉获得抽象观念的一般方式，即通过知觉的相似性。休谟认为，观念通常会通过相似、接近和因果关系联系在一起，形成新的观念，这就是他的联想原则。比如绿树，我们并不是直接就有了一个关于绿树的实体观念，而是发现绿色东西，以及某个树状物（当然，树状是什么形状也可讨论）总是出现在那边的同一个位置，然后我们的心灵从绿色的观念自然就联想到树状物的观念，这种联系就好像是绿色与树状物吸附在同一个东西，于是，我们的心灵就假定那里有一个实体——绿树。这就是通过观念间的接近关系而产生实体观念的例子。

（二）实证主义、逻辑原子主义与实用主义

英国的经验主义由孔德（A. Comte）的实证主义所继承。"实证"（positive），取肯定、明确之意。随着自然科学的发展，科学知识越来越要求观察和实验，对孔德来说，把一切知识限定于经验范围之内，要求知识的实证性，就是他的实证主义原则。假如是经验之外的问题，那么认识就没有可能，讨论就没有意义。科学方法论方面，孔德强调归纳法，首先要注意累积感觉与感觉间的不变的关系，再将其简化为最小数量的关系。

马赫的影响主要在于"以科学的态度揭示了人类认识活动的心理模式，以实证的方法论证了感觉构成一切认识活动的基础，以实验的手段表明了科学研究的经济正确。这些就是马赫提出的'要素一元论'思想、感觉经验主义主张和科学的思维经济原则"。②马赫的世界要素说，是对孔德实证主义原则的具体化，物是要素的复合。马赫的要素属于非物理

① 〔英〕休谟：《人类理解研究》，关文运译，北京，商务印书馆，1981，第20-21页。
② 江怡：《分析哲学教程》，北京，北京大学出版社，2009，第74页。

非心理的，"中性的"一元的东西，消除了唯物主义与唯心主义的二元对立。中性要素限于经验范围之内，而经验是一种"意识要素"，就是"感觉"，于是，对"感觉的分析"是其感觉经验主义的核心。全部科学尤其是物理学基础，依赖于对感觉的分析，科学研究是处理物理经验和心理经验结合形式的活动。

马赫提出的"思维经济原则"（Doctrine of the Economy of Thought）出自《力学及其发展的批判历史概论》一书："在人的短暂的一生，由于人的有限的记忆力，任何名副其实的知识储存除了借助最大的智力经济，都是无法得到的。因此，可以把科学本身视为由下述做法构成的最小值问题：用尽可能小的思维消耗，对事实做尽可能完备的描述。"①要如何尽可能小的思维消耗？那就需要将世界设定为由具有某种函数关系的感觉要素构成，科学知识就不会反映客观实在及其规律，而是描述感觉要素，也即经验思维。马赫的著作还影响了维也纳学派与爱因斯坦的相对论。

罗素提出逻辑原子主义（Logical Atomism），强调语言和思维的基本单位是原子，而不是句子或思想。他认为，所有的语言和思维都是由原子组成的，而原子具有明确的逻辑结构和相互作用。主要观点大概有如下几个方面：

世界由相互独立的事实构成，对事实的分析要分割到不可再分为止，这就是逻辑原子，表述这些事实的命题就是原子命题。几个原子命题用"如果""或者""并且"连词连起来就构成分子命题，原子命题、分子命题加上逻辑规则就构成语言系统，哲学的任务就是对这些语言系统进行逻辑分析。

在认识论方面，我们可以不加推理地把我们所知道的一切事物称为"材料"。我们可以使用我们直接认识的这些材料——"感觉材料"——来构建相关的知识对象，大体上，我们可以将逻辑原子对应为认识论上的"感觉材料"。我们直接知觉到的是感觉材料，对感觉材料可以推论，再组织，达到对事物的整体认识。知识由此区分了直接的亲知（acquaintance）知识与间接的描述性（description）知识。

实用主义在某种程度上继承了贝克莱—休谟—孔德的经验主义传统，认为经验是构成世界的基础。它强调生活、行为和效果，将经验和实在视为行动的结果，将知识视为行动的工具，并将真理与实用性、效用或

①〔奥〕恩斯特·马赫：《力学及其发展的批判历史概论》，李醒民译，北京，商务印书馆，2014，第556页。

成功的运动联系在一起。皮尔士（C. S. Peirce）要找到一种清晰明确的逻辑方法来分析和理解人们的思想、概念、意义和符号，从而确定信念。因此，实用主义被视为一种科学的逻辑或方法论，其核心理念是意义即行动。"考虑一个我们已经有了概念的事物时，要看它会产生什么实际结果，对现实世界有什么影响。这些影响就是概念的全部。"①为确定某个概念的意义，就是要研究其真理性是产生的实际效果，效果的全部即意义。

詹姆士的实用主义认为，人的生命是有目的的，且，人与世界的理论应该以这个目的为标准来检验。把每个词的实际价值找出来，如果对于实际生活没有任何影响，那这个理论就是无意义的。只要能帮助我们成功联系经验里的不同的部分，概念则为真。因此真理是生活过程的一部分。作为过程的一部分，成功的经验创造了真理，并且，这也构成了证实的过程。

杜威的实用主义将经验放在了至关重要的位置。一方面，杜威从达尔文那里继承了这样一种观点：自然是一个复杂的、不断变化的、没有固定终点的交易过程的集合；在这种情况下，经验意味着有机体在自然之中，与环境交互作用。另一方面是詹姆士经验主义的影响。传统经验主义将经验狭隘地解释为意识的私人内容，盲目割裂主客体，造成二元对立，这是很有问题的。因此，杜威认为，一旦我们破除传统的二元对立，就能获得对经验的全新理解。经验就是人在环境中与之协调互动，更像是生命维持自身的中介，思想与感觉都发生于其中，经验优先。总体评价，杜威的观点更像是整体论。

（三）逻辑经验主义

"逻辑经验主义"与"逻辑实证主义"（Logical Positivism）这两个词都被用来称呼这样一个群体，他们是以石里克（F. Schlick）和卡尔纳普领导的"维也纳学派"（the Vienna Circle），包括艾耶尔（A. J. Ayer）、费格尔（H. Feigl）、弗兰克（P. Frank）、哥德尔、汉恩（H. Hahn）、克拉夫特（V. Kraft）、纽拉特（O. Neurath）、魏斯曼（F. Waismann）等人，还有赖钦巴哈（H. Reichenbach）领导的柏林科学的哲学协会（the Berlin Society of Scientific Philosophy），又称"柏林学派"。"逻辑实证主义"强调意义证实标准，并以此标准来拒斥形而上学；而"逻辑经验主义"则

---

① 〔英〕查尔斯·S.皮尔士：《如何形成清晰的观点》，韩露译，成都，天地出版社，2019，第42页。

更宽泛一些，它强调逻辑方法与经验主义立场的结合。洪谦这样评价：

> 逻辑经验主义的基本观点是经验主义和反形而上学……它认为科学知识的基础不是依赖于个人的经验感觉，而是依赖于公认的实验证实。在反形而上学方面……认为它无意义……它们是一些所谓"似是而非的问题"。另外还有一个重大的区别，就是无论休谟还是马赫都忽视逻辑的作用，仅以心理分析为其方法论的根据，而逻辑经验主义则把数量逻辑作为哲学分析和论证的主要工具。正因为如此，它才被称为逻辑实证主义或逻辑经验主义。①

旧实证主义的问题于在于原本科学地说明数学和逻辑时，加入了不太可靠的归纳。分析与综合之分是从莱布尼茨和康德开始，维特根斯坦对分析命题给出形式化刻画，以其句法形式或符合组合即可判定其真假。综合命题则需要证实。可证实性的意义标准问题是逻辑经验主义的中心问题。逻辑经验主义把经验命题划分为基本命题与组合命题，基本命题的内容与事实相符，就是真的；否则是假的。

在石里克看来，记录命题可以作为认知的必经之路，作为认知的起源，但无法作为认知的基础。二者还是有差别的，关键在于陈述是否代表一个已完成的认知。对瞬间感知进行陈述显然算不上完成，还要加上对体验到的东西的陈述，如此陈述就是确证。确证是一种观察陈述。"这时""这里""这个"等实指词出现，它们实指了某种直接呈现出来的实际事物，如呈现模式MOP，我们才能理解这类命题。这是我们经验认知的基础。

于是，逻辑经验主义尤其注重经验命题的可证实原则，也就是原则上我们可以根据（感觉的或知觉的）经验加以证实。恰如艾耶尔所说的："可证实性原则应当提出一个可以用来决定一个句子在字面上有无意义的标准。用一个简单的方式去表述可证实原则，我们可以这样说，一个句子，当且仅当它所表达的命题或者是分析的，或者是经验上可以证实的，这个句子才是字面上有意义。"②像形而上学的陈述就没有字面意义，一方面是形而上学家们受语法蒙蔽而提出表述不清的神秘的东西，另一方面是大众不了解语言而产生，这两类表述都无法证实，所以我们应该拒斥形而上学。理性主义者恰恰倾向于主张一个纯理智的超感觉的世界，在逻辑经验主义者看来，这种学说并非完全错误，而是字面无意义。一

---

① 洪谦：《论逻辑经验主义》，北京，商务印书馆，1999，第97—98页。
② 〔英〕A. J. 艾耶尔：《语言、真理与逻辑》，尹大贻译，上海，上海译文出版社，2006，第1—2页。

个命题在经验上可证实，它才具有事实内容。

卡尔纳普在《世界的逻辑结构》（1928）中断言，只有当每一个非逻辑术语都能用一种非常有限的语言明确地定义时，一个陈述才有意义。他在重建科学概念时区分了观察术语与理论术语，"可观察的"是普通语言的一个模糊术语，需要决定在它和它的否定"不可观察的"之间划出确切的边界。卡尔纳普继续认为，可观察与不可观察的二分法跨越了一个连续体，"可观察到的"从直接的感官观察开始，发展到极其复杂、间接的观察方法。显然，在这个连续体中没有明显的界线，只有程度的差别。随着更强大的观察工具的发展，不可观察的实体往往会进入可观察的领域。如"病毒"一度是一个理论术语，"分子""原子"也是，今天"原子"本身已经成为一个可观察的对象。

后来，美国科学哲学家汉森提出"观察是理论负荷的"。如果所有的观察和经验数据都渗透着理论，那么它们如何能够为科学推理提供基于现实的、客观的认知约束呢？[1]这个命题挑明了所谓纯客观的观察都不可能，当观察同一对象时，不同知识背景的观察者得出的观察结果是不同的。这个质疑被认为是逻辑经验主义的最大威胁。后来的经验主义者，如果坚守观察术语与理论术语的绝对区分，难度极大。于是有些人就继续坚持观察是"经验法庭"对科学假设和理论做出裁决的渠道，应该把问题颠倒过来——为什么认为经验结果的理论负荷会有问题？很可能这也不是什么坏事，如劳埃德（Lloyd，2012）的"复杂经验主义"（Complex Empiricism）不需要模型和数据的原始分离。博根（Bogen，2016）则认为"不纯粹的经验证据"（含科学家判断的证据）通常会告诉我们更多关于世界的信息。[2]

二、概念经验主义

（一）论题与原则

有了传统经验主义的积淀，现在是时候展现我们的概念经验主义

---

[1] Hanson, N. R., 1958: *Patterns of Discovery*, Cambridge: Cambridge University Press, p.19.

[2] Lloyd, E. A., 2012: "The Role of 'Complex' Empiricism in the Debates about Satellite Data and Climate Models", *Studies in History and Philosophy of Science (Part A)*, 43 (2), pp.390-401.

Bogen, J., 2016: "Empiricism and After", *Oxford Handbook of Philosophy of Science*, Humphreys, P.(ed.), Oxford: Oxford University Press, pp.779-795.

（Concept Empiricism，CE）。CE 是"在复兴古典经验主义的基础上发展起来的，但相比于后者，这一纲领吸收了当代表征主义和知觉理论的最新经验研究成果，同时运用相关的理论证据有效地澄清了古典经验主义的一些错误"。[①]同时，CE 又继承了逻辑经验主义留下来的宝贵遗产，一方面，它告诉我们，今天要谨慎地对待"概念"，哪些能用哪些不能用；另一方面，当前提倡一种自然主义，既要遵循逻辑经验主义者的训诫，又要遵循逻辑经验主义者的榜样。

假设，要在知识论辩扩意义上对概念经验主义与理性主义予以限定，那么，概念的获得肯定是首要论题；若不囿于传统，概念的经验主义应该拓展出新的论题。因而，有人也会称其为"新经验主义"（Neo Empiricism）。

概念经验主义，顾名思义，这是关于概念的经验主义解释，它由普林兹（Prinz，2002，2004，2005）、巴萨卢（Barsalou，1999，2008，2009）、加莱塞与莱可夫（Gallese & Lakoff，2005）、格林伯格（Glenberg，1997）、马丁（Martin，2007；Martin & Chao，2001）等人在哲学与认知科学研究基础上，强调概念的知觉表征。[②]CE 首先有一个论题，四项原则。

论5.1

"所有（人类）概念都是知觉表征的副本或其集合。" [③]

这个概念经验主义的论题提供了一个知觉经验优先的假设，并且表述了概念是"复制"（copy）这一事实，复制被恰当地认为是一个因果过程，"或其集合"则提供概念分子的结构版本。

在上一章中，我们分析福多原子论的缺陷，提出非原子的结构设想。现在开始考察一种基于知觉表征的"概念分子"（concept molecular）作

① 郁锋：《概念与感知：心灵如何概念化世界》，北京，中国科学技术出版社，2020，第147页。

② Prinz, J., 2004: "Sensible ideas: A reply to Sarnecki and Markman and Stilwell", *Philosophical Psychology*, 17(3), pp.419-430.

Gallese, V., Lakoff, G., 2005: "The brain's concepts: The role of the sensory-motor system in conceptual knowledge", *Cognitive Neuropsychology*, 21, pp.455-479.

Glenberg, A.M., 1997: "What memory is for?", *Behavioral and Brain Sciences*, 20, pp.1-55.

Martin A., 2007: "The representation of object concepts in the brain", *Annual Review of Psychology*, 58, pp.25-45.

Martin A., Chao, L., 2001: "Semantic memory and the brain: Structure and processes", *Current Opinion in Neurobiology*, 11, pp.194-201.

③ Prinz, J., 2002: *Furnishing the Mind: Concepts and Their Perceptual Basis*, Cambridge, MA: MIT Press, p.108.

为 MOP 的候选，我们不妨将这类学说称为"概念分子论"（Concept Molecularism）。首先，概念分子论并非达米特所说的那类分子论，达米特针对的是解释的优先性，即亚句子表达式或个别概念的获得优先于整个语言的获得。其次，尽管福多的概念原子论直接拒斥语义整体论与概念的结构性特征，概念分子论也并非语义分子论。概念分子论首先强调的是具有内在结构，是内部可控制的模型，也可以是内部推论的模型，总之它一定具有可分的结构。于是，概念分子论可以容纳福多的那类信息内容，只不过这类分子式的概念并非先天获得，而是后天可习得；更重要的，概念分子的信息内容并非取决于主体的其他心理状态，而是来源于知觉，在这个意义上它的理论依赖于经验主义。概念分子作为 MOP 的首要立场是，确定指称的东西必定是自身拥有一定内部结构的，而非只等于指称。因而，概念分子论要求区分载体与内容。

接下来我们可以在普林兹等人的理论上概括出概念经验主义的四项原则。

论 5.2

P1：概念是基于知觉表征的；

P2：概念是通过学习获得的；

P3：概念通过可靠的因果关系表征世界上的范畴；

P4：概念在语境上可变化。

首先需要澄清的是，普林兹曾提出四条原则，它们分别是："概念通过规律的和发生学的因果关系来表示范畴；概念是工作记忆中的可变结构；概念是由特定形态的记忆痕迹构建的；概念，以及组织概念的核心领域，都由学习获得。"[1]笔者此处重述为论 5.2，囊括了普林兹的四条原则，同时，为让讨论更具有针对性，添加了 P1。

论 5.2 的前两条直接来源于传统的经验主义，源于知觉。前面第二章讨论了概念的本体论问题，概念本体论上是心理表征，概念经验主义是关于心理表征本质的论题，是关于思想载体的论题。这里，概念经验主义并非传统知识论的经验主义。因为它不涉及辩护条件，尽管我们或多或少会讨论到知识必须植根于感觉经验，这也非论述的重点。概念经验主义也非语义经验主义，就是说，不主张意义要还原到知觉的确证条件。这个主题是说，概念要建构为心理表征级别，将知觉作为发生学的来源（如第四章所言）。

---

① 参见 Prinz, J., 2005: "The Return of Concept Empiricism", *Handbook of Categorization in Cognitive Science*, Cohen, H., Lefebvre, C. (eds.), Oxford: Elsevier, p.691.

P2说的是，传统上我们会把经验论与先天论当作死对头，因而历史上的经验论就贴上反先天论的标签，最初的动机也是反先天论。但这里要注意，概念经验主义并非等同于反先天论。在上一章对概念先天论的梳理中，我们在CE3上表明并没有完全反对的立场，具备一些初始概念库存，然后有了学习，这也有当代认知科学的新面貌呈现。

P3一直是当代心灵哲学的中心主题，借用当代流行的因果理论讨论意向性问题，概念可以通过可靠的因果关系而表征，下一章我们会详细分析。P4建议的是境遇化原则，范畴的表征会随着场合、语境的变化而发生改变，这要求范畴化机制解释，如果我们简单地假设概念是先天的、不变的，我们可能无法发现关于概念的重要事实。比如近年来认知科学的4E运动，包括了"涉身认知"（或称"具身认知"，Embodied Cognition）、"延展认知"（Extended Cognition）、"嵌入认知"（Embedded Cognition）与"生成认知"（Enactive Cognition），有了丰富的理论与实践研究。

下面，我们将展示概念经验主义的论5.1与论5.2。

（二）基于知觉经验

概念经验主义的论5.1提供了一个基于知觉经验的假设，我们在本章第一部分对经验主义发展史的梳理中，看到了哲学家们对经验优先的部分主张。论5.2的原则P1，也是将概念的基础置于知觉中。我们将关注两个问题：为何要基于知觉经验？基于知觉经验能带来什么？

"基于"（base on）是要找到最底层的基石、基础，可以理解为基础主义（无论强的或弱的）的方法。在上一节，我们已看到传统经验主义哲学家们对找到"基于知觉经验"的努力。近代以来，经验主义与理性主义围绕着知识论的辩护展开——知觉怎样给出关于外在世界的知识。该问题域是通过知觉上的某些实在论保证进行处理的，我们可以追问，关于物理的对象与世界的信念是否在感觉经验的基础上进行辩护？以及怎样辩护？我女儿看到电视上的足球比赛就异常兴奋，听到球场的欢呼也会手舞足蹈。我有理由认为小孩的认知往往是从观察的知觉经验开始的。人类是典型的视觉动物。关于"经验"，本身划分两种：一种是感官经验，包括我们视觉、听觉、味觉、嗅觉与触觉五种面向世界的感官，负责让我们获得外部对象的知识；另一种是反思经验，如对我们心理活动有意识的觉知，负责获得我们头脑的知识。

我们在第二章分析了奎因对经验主义两个教条的批判，并做了些回应，或许还有人不满，但对概念经验主义者而言已经足够了，毕竟它也并非两个教条直接攻击的对象。

还有一类质疑的意见来自经验主义的第三个教条，如戴维森（D. Davidson）对概念图式与内容的区分，塞拉斯（W. Sellars）对"所与神话"的批判。[①]

"概念图式（conceptual scheme）是组织经验的方式；它们是对感觉材料赋予形式的范畴体系；它们是个人、文化或时代据以检测所发生事件的观测点。"[②]假设概念图式就是某种语言，那么就会有两种情况：第一种情况，语言可翻译，用一个确定的概念体系去描述多个世界。这个情况没有太多问题。第二种情况是，语言部分可翻译部分不可翻译。之所以出现不可翻译，那是由两类语言描述两类世界造成的。翻译失败的要害是，存在某种外在于一切概念图式的中立的共同事物。人们可以在知识或经验中区分概念图式和经验成分（"经验内容"）——前者通常来自语言，后者来自经验、自然或某种形式的"感官输入"。尽管要对这种区别做出清晰的表述是有困难的（特别是就这两个组成部分之间关系的本质而言），但这种区别取决于能够在某种基本层面上区分来自我们的对知识的"主观"贡献和来自世界的"客观"贡献。然而，戴维森怀疑的是，对知识和解释的描述表明，我们无法做出这样的区分。态度已经与世界上的对象和事件相互关联（因果关系，语义和认识论），而对自我和他人的认识已经以对世界的认识为前提。因此，戴维森拒绝了概念图式的观点，也拒绝了任何形式的概念相对主义的观点。拥有态度和说话的能力，就已经具备了解释他人的能力，并对他人的解释持开放态度。

塞拉斯对"所与神话"的批判也是基于类似的怀疑。经验主义者所使用的概念已混淆两个层面，第一层面，我们对某物的感知在无需要任何概念的习得的情况下，就可构成知觉经验的基础，这说明非概念内容对判断而言是必要的；第二层面，某些心理事件是非推理地知道的，为其他经验命题提供证据，这成了经验知识的必要条件。这种概念的内容

---

① 〔美〕威尔弗里德·塞拉斯、〔美〕理查德·罗蒂、〔美〕罗伯特·布兰顿，《经验主义与心灵哲学》，王玮译，上海，复旦大学出版社，2017/2019。
关于第三个教条还有其他学者的不同表述，如张华夏将第三个教条表述为"是—应该"的区分，萨蒙则认为应该是科学解释就是推理。参见张华夏：《休谟价值问题和逻辑经验主义的第三个教条》，《科技工作者的社会责任与和谐社会建设研究——第二届全国"科技与社会发展"中青年南方论坛论文集》，2007，第221–222页。
萨蒙：《经验论的第三个教条》，孔德龙译，陈波校，《自然辩证法研究》1990年第4期，第46–53页。

② 〔美〕唐纳德·戴维森：《论概念图式这一观念》，《对真理与解释的探究（第二版）》，牟博、江怡译，北京，中国人民大学出版社，2007，第219页。

是非推理的，但必须给出"获得"的合理性解释，这是概念作为能力的问题了，我们已在第二章给出回应。

不得不说，在知识论的经验主义辩护策略中，经验在何种方式上是"优先"（first）的确实讨论得很多。首先，经验至少在直接性上是优先的。简单地说，经验是我们认知的起点。多尔蒂与瑞修（Dougherty & Rysiew，2013）列出了经验作为证据的四个作用：[1]

第一，信念最终需要经验的确证。日常生活中，大众基本上不会怀疑直接经验的证据，毕竟"眼见为实"。同时，大众也很少怀疑某人自身的经验。如果涉及经验，那么就通达了认知的坚定基础。

第二，理性的思考需要依据经验的判断。某人面前的是杨树还是柳树？一个理性的思考者在做出判断的时候需要依据自身经验，如果没有经验，那么就很难做出合理的判断。

第三，经验是通向真理之路的重要基石。"我前面看起来是一棵柳树"，这在经验中对我而言是明显的，"看起来是……"以某种方式向我呈现，就是外部事物的符号，如果可以，那就是MOP。

第四，争论的裁判需要经验担当。当两个不同流派之间发生了争吵，经验观察可以提供中立仲裁，客观地解决问题。两个人面对一棵柳树，那肯定是将两个人的经验放在一起进行评判，"我看到了一棵柳树"，第二个人说："不对，我看到了一棵杨树。"此时，第三个人说："我看到的是一棵杨树。"按照集体经验的话，第一个人的说法被后两个人的经验推翻了。如果还需要证据，那就再寻求科学的手段。

如果以上理由是成立的话，那么基于知觉经验的讨论也是值得信赖的。基于知觉经验能带来什么？[2]

如上，知觉经验作为证据，可以辩护我们关于外部世界或对象的信念，这是一条诉诸常识或感知觉的路径，主体通过感觉器官具备的感觉能力，知觉到某种东西，由此进行推论，此类东西让我们得知外在的世

---

① 〔美〕特伦特·多尔蒂、〔美〕帕特里克·瑞修：《经验优先》，《知识论当代论争（第2版）》，〔美〕蒂莫西·庞廉森等著，〔美〕马赛厄斯·施托伊普、〔美〕约翰·图里、〔美〕欧内斯特·索萨编，王师、温媛媛译，上海，上海译文出版社，2020，第32-41页。
Dougherty, T., Rysiew, P., 2013: "Experience First", *Contemporary Debates in Epistemology* 2nd edition, Steup, M., Turri, J., Sosa, E., Malden, MA: Wiley-Blackwell, pp.17-22.

② 本节部分出自拙作，《哲学与认知科学中的表征论题》，《"分析哲学：中国与世界"国际研讨会暨第七届全国分析哲学研讨会论文集》，2011年10月28日。有删改。

界对象及事件。传统经验主义者倾向于诸如以下表达式抒发他们的主张：通过主体S的感官，S知觉到P，P表达了外在对象O。

围绕P与O的关系，即知觉经验怎么会是我们通常理解的那样直接感知世界的东西？知觉哲学主要有四种理论研究。[①]

第一，感觉材料论（Sense-data Theory）。以摩尔、罗素和艾耶尔等人为代表，他们尝试回答的是P为何物问题。在一个经验中，某物O在S看来是P，其中P是一种感觉性质的（如红色），这种经验在于S被直接呈现在实际上是P的某物（例如，红色的东西）面前。就知觉的路径来看，一般人会将其划入一种受外界刺激而生的表象，这一层面的东西为知识论的讨论利用知觉经验为我们关于外部世界或对象的信念提供辩护。这可以分成两个问题：一方面，感觉经验的本质及其与世界的关系。感觉材料，即私人的非物理实体，确实能被主体所即时经验到的感觉性质。怀疑论者常常会攻击感觉材料P的合法性地位。另一方面，在感觉经验基础上如何对信念进行辩护，即"P表达了外在对象O"的认知合法性。

感觉材料理论在经验主义中一直占据重要位置。但感觉材料是什么？我们在不同的情境下，心灵直接意识到的对象会有所不同，但那个真实的外在对象却并非会因此而发生变化，因此我们直接意识到的并非那个真实的外在对象。摩尔第一次用到"感觉材料"术语，感觉材料便是在知觉中被直接意识到的依赖于心灵的对象，并且是呈现出来确实拥有的那种属性。感觉材料具有三个典型特征（虽然存在争议），它是那种在知觉中可直接意识到的东西；依赖于心灵；并且在知觉中呈现给我们。像摩尔、罗素等人倾向于将感觉材料理解为指向那些在知觉中直接意识到的东西，即第一种。贝穆德斯（Bermúdez，2000）则认为，假如理解为视觉上知觉到的物理对象的表面则会更好些。[②]

对感觉材料的反驳还有来自"知觉之纱"（veil-of-perception）的质疑，因为它毕竟是中介层面，即在心灵与外在世界之间设置了一道屏障，无法通达到独立于心灵的世界。间接实在论者反倒承认感觉材料作为中介并无大问题，我们正是通过这一中介知觉到独立的外在世界，这中间并非模糊不清的纱布或不可逾越的鸿沟。如果中介与外物之间无须推论，

① Crane, T., French, C., 2021: "The Problem of Perception", *The Stanford Encyclopedia of Philosophy* (Fall 2021 Edition), (2015-12-31)[2023-10-30], Zalta, E.N. (ed.), https://plato.stanford.edu/archives/fall2017/entries/perception-problem/.

② Bermúdez, J. L., 2000: "Naturalized Sense Data", *Philosophy and Phenomenological Research*, 61, pp.353-374.

那么感觉材料更像是直接赋予知觉经验当中，构成我们直接经验的基础，但这样的话我们就无法对之进行真假判断，无法对知觉信念进行辩护。可以肯定的是，信念最终需要用经验加以检验。

第二，朴素实在论（Naïve Realism）。奥斯汀（J. L. Austin）和斯特劳森（P. F. Strawson）等人主张至少在正常知觉中，感官直接感知到外部对象。[1]从常识上给出实在，它避免了从感觉经验到R到物理实在Y的推论辩护问题，支持者认为物理对象终究为自身知觉所意识到的，所以谈论的知觉辩护问题，应该在知觉意识下考察对象呈现给主体的"如此这般"，如"存在即是被感知"。但此理论似乎过于简洁，并未充分考虑知觉的精致化与复杂性。支持者认为物理对象终究为自身所直接知觉到的，但反对者怀疑这种"直接的"或"即时的"知觉何以可能？朴素实在论难以给出满意答复。另外，在错觉中，S认为某物O具有感知性质Q，而被认为被感知的普通物体O却具有P，不具有Q，这显然有问题。为了应对挑战，欣顿（J. Hinton）、斯诺顿（P. Snowdon）和马丁（M. Martin）等人将朴素实在论推进为析取论（Disjunctivism）。简单地说，S似乎看见一个Q，等于要么S的确看见一个Q；要么S没有看见Q，而只是仿佛看见了Q。根据朴素实在析取论者的观点，至少真实的经验是直接的普通对象，并且是它们的对象的直接呈现。不过，关键问题是，真实经验与错觉（甚至幻觉）之间如何析取分辨出来，否则信念就缺乏判定的证据（如前所述）。

第三，副词理论（Adverbial Theory）。以杜卡斯（Ducasse，1942）和齐硕姆（Chisholm，1957）为代表，他们认为需要承认的唯一实体是经验的主体，经验本身，以及这些经验被修改的方式。[2]副词论拒绝现象原则和整个概念，即经验是由可感知实体直接呈现的。当某人经历过红色时，像红色这样的东西被实例化了，但在经历本身中，不是被呈现的东西。这并不是说经验是红色的，而是说经验以某种方式被修改了，我们可以称之为"红色感知"。因此，对知觉经验的规范描述使用了知觉动词的副语修饰——理论说他们"在视觉上感觉到了红色的球体"，而不是

---

① Austin, J.L., 1962: *Sense and Sensibilia*, Oxford: Oxford University Press.
　　Strawson, P.F., 1979: "Perception and its Objects", *Perception and Identity: Essays Presented to A.J. Ayer with His Replies*, Macdonald, G. (ed.), London: Macmillan.

② Ducasse, C.J., 1942: "Moore's Refutation of Idealism", *The Philosophy of G.E. Moore*. Schilpp, P. (ed.), Chicago: Northwestern University Press, pp.223–252.
　　Chisholm, R., 1957: *Perceiving: A Philosophical Study*, Ithaca, New York: Cornell University Press.

将经验描述为某人"在视觉上感觉到了红色的球体"。需要强调的是，它更多的是一种关于经验自身本质的理论，而不是对描述经验语句的语义分析。副词论的问题在于"多属性"，假如经验对象包含多重属性，副词能否恰当地解释视觉经验中给定的空间结构和复杂性就是存疑的。副词论还无法公正对待知觉的现象性，这是无法令人接受的。

第四，表征主义，又称意向论（Intentionalism）。该理论在知觉上求助于意向性，认为它是一种心理表征的形式，因此，它有时也被称为表征主义的经验理论。以德雷茨克（Dretske，1995）为代表的学者主张知觉就是表征，它们因而可以表达不存在的对象，而不用引入心灵对象来承载错觉或是幻觉中出现的特别属性。表征主义也承诺感觉材料，独立于我们的知觉的物理实在引起了感觉材料，因而，我们只有关于外部实在的中介知识。以"S看到Y的R"为例，我们可以梳理出知识论的"表征主义"的论证思路。

论5.3

（1）R是Y（Y是R的指称或真值）。

（2）S（非认知地）看到R。

（3）S看到R的条件是，除非R是Y，否则R它就必须是自身当下对S而言所看到的如此这般。

（4）S相信了在（3）中所描述的条件，就把R当作Y。

此种辩护形式轻易地构造了知识论论证的三件套，S形成了关于Y的知觉信念是可辩护的。就知觉的路径来看，一般人会将R划入一种受外界刺激而生的表象，这一层面的东西在知识论的讨论中会将其列入知觉经验为信念提供的辩护。R是S在知觉经验的因果进路上获得关于Y的知识，怀疑论者从来就是预设了R与Y的严格区分，但是知识论的捍卫者却盲目地将我们的知识建立在二者的紧密联系之上，所以问题与前面的感觉材料论类似，这导致了争论不休。

表征主义的批评者认为，表征没有充分区分知觉经验和其他形式的意向性，譬如相信某事是这样的，或者希望某事是这样的，都是心理表征MR的形式。但这两种心理状态都没有任何"感觉"或现象性特征，如何将经验与单纯的思想区分开来呢？表征主义者可以回应，将其作为关于知觉意向性的基本事实，即它具有现象性特征。①即使是那些相信感受质的人也不得不承认，有些心理状态有感受质，有些没有。另一种回

---

① Kriegel, U., 2013: *Phenomenal Intentionality*, New York: Oxford University Press.

应是，为了充分解释知觉经验的现象性特征，我们需要将经验划分为意向性和非意向性的。

批评者还提出表征主义难以处理错觉与幻觉问题，无法区分真实经验、错觉与幻觉。表征主义者的回应是，这就是问经验如何将世界表现为存在，知觉、错觉与幻觉的现象特征的同一性是由内容的同一性构成的。[①]知觉的意向性内容解释了它的现象性。

知觉的意向性内容有时被称为"知觉内容"（content of perception）。意向性的标准形式是："S Bs that p"，知觉内容的一般形式是："S感知到p"。显然，感知经验是一种命题态度。[②]但是有的表征主义者并不认为经验是一种命题态度。[③]不过，这些意向关系和意向及物是可以分析或简化为命题表述的，争论还在继续。

当前，知觉经验的争论细化到究竟是概念内容（conceptual content）还是非概念内容（non-conceptual content）的问题上。麦克道威尔（J. McDowell）、布鲁尔（B. Brewer）等人坚持知觉经验拥有概念内容，可称作"概念论"一方，知觉经验状态提供经验信念的理由，仅当其拥有概念内容。"非概念论"一方，则以皮考克、贝穆德斯与伯恩（A. Byrne）等人为代表，坚持知觉经验拥有非概念内容。如皮考克论证，主体S处在知觉状态p时，合理地判断"R"是Y，仅当，S通过非概念方式知觉到表征R；非概念地表达R的方式是概念"Y"个体化条件的一部分。

现在的普遍做法是，将概念或非概念的内容归属于知觉状态以辩护知觉信念。主体拥有的可归属的状态内容在一个合理的表征网络中具有适当的位置；并且，该主体处于那种状态必须是它所拥有的概念能力的实现。麦克道威尔的缺点在于具先验特征的"概念能力"，皮考克认为现实中类人动物或人类婴孩并没有此种能力，并且自然界本身就存在许多的知觉现象差异，这并不要求概念性的东西对其刻画，它只作为概念的个体化条件之一即可，而麦克道威尔反问这些知觉差异现象是否超出了可能归之于主体的概念资源范围。即使承认一些可归于某些生物的状态能够带有合理恰当的表征内容，这也不能承认该生物所处的状态就是它拥有一个信念或行动的理由。

认同非概念内容存在的学者大多采纳（心灵哲学的）信息化进路以

① Tye，M.，2000：*Consciousness，Color and Content*，Cambridge，MA：MIT Press.
　　Byrne，A.，2001："Intentionalsm Defended"，*Philosophical Review*，110，pp.199-240.
② Siegel，S.，2010：*The Contents of Visual Experience*，New York：Oxford University Press.
③ Crane，T.，2001：*Elements of Mind*，Oxford：Oxford University Press，Chap.4.

达成对非概念内容的精致刻画。[①]福多（Fodor，2007）的处理是将"非概念的心理表征"问题转化为"心理上不表征为某物的心理表征"，即称"不表征 Y 的 R"为"非概念内容"。一个心理状态仅在它例示成"表征为"（representation-as）的状态方可称之为概念化的，在福多那里，该状态承载的内容必定携带关于世界的信息。他解释道，就像你可看到那只"不为猫的东西"，而不能在没看到它"为之猫"时就说看到它跟猫一样。在 MR 的理论中，你可以看到 R，仅仅要求心理上能够表达 R 即可，但看到 R 为 Y 就要求你应用 R 到能够表达概念"R"的心理表征上。此二者的区别在于一个是"表征"，另一个是"表征为"。按赫克（Heck，2007）的说法，概念内容与非概念内容的差异在于结构化特征上，若某一状态拥有合成结构则是概念的，反之则为非概念的。就此而论，某一状态表征的是非概念内容，恰恰就在于它缺乏适当的合成性结构，这也是知觉内容蕴含非概念内容的最好解释。

无论如何，知识论的经验主义辩护，一旦陷入二元对立的泥潭中就会无法自拔，问题的焦点还应该探究［R，Y］的合法性，据此分析知觉表征的深层结构性特征，这也是概念经验主义所关注的。

（三）知觉表征与载体

既然概念经验主义找到知觉表征（perceptual representation）作为基石，那么知觉表征的深层结构应该是怎样的呢？

论 5.1 显然得益于休谟的"复制原则"，即我们简单印象和简单观念相应，而且为简单观念所精确地复现。其实，熟悉福多理论的人们会发现，福多在 2003 年专著——《休谟种种》里，表达了与 CE 相同的观点，认为休谟的"观念"大体上等同于"概念"，而"印象"（impression）[②]等同于"感觉"（sense）或"知觉表征"[③]。当然，两人并不囿于传统的知识论，以现代眼光审视时，传统"观念"一语赋予了"心理表征"的

---

① 参见 Fodor, J.A., 2007: "The Revenge of the Given", *Contemporary Debates in Philosophy of Mind*, McLaughlin, B.P., Cohen, J.M., MA: Blackwell Publishing, pp.105–116.

Heck, Jr.R.G., 2007: "Are There Different Kinds of Content?", *Contemporary Debates in Philosophy of Mind*, McLaughlin, B. P., Cohen, J. M., MA: Blackwell Publishing, pp.117–138.

② 在福多那里，"印象"与"意象"（image）大体上并无差别。

③ 参见 Prinz, J., 2002: *Furnishing the Mind: Concepts and Their Perceptual Basis*, Cambridge, MA: MIT Press, p.108.

Fodor, J.A., 2003: *Hume Variations*, Oxford: Clarendon Press, p.28.

新内涵，这也直接孕育了当代的概念理论。福多认为要把知觉表征驱逐出心理表征，从而保留作为经验原子（印象）①，而普林兹等人则认为讨论必须囊括知觉表征。

因此，两人的分歧在于对"表征"的理解不同。那么普林兹是如何在知觉基础上提出概念的呢？

首先还是要回到洛克。普林兹以洛克的知觉理论为基础提出自己的概念理论。洛克表明了我们心灵所知觉到的只是"观念"。这个"观念"到了休谟那里，则是剔除了意象论（imagism）的观念——心理表征（或概念）②，而洛克显然再将之区分为第一性的质与第二性的质（the primary and the secondary qualities）③，真实本质与名义本质（real and nominal essences）。在这个意义上，福多的概念笛卡尔主义与普林兹的概念经验主义的分歧可追溯至此。

其次，MOP问题体现在概念理论上，不同于福多的概念原子，它的目标应该重新澄清为两个内容解释——意向性内容与认知内容，④哲学家跟心理学家都在为概念怎样达到这两种内容而努力。在前面的讨论中，皮考克等人的方案只讨论认知内容，却尝试去解决意向性问题；福多利用LOT解释MOP，在意向性解释上利用因果论与原子论的结合令人不满。普林兹修改了认知科学家巴萨卢的"知觉符号系统"（Perceptual Symbol System，PSS），利用认知科学的经验研究提出一种"代理类型"（proxytype）假设，并以此作为概念经验主义的基础来解释MOP获得问题。"代理类型"是计算机术语，代理是一种将等级类型表征为另一个对象的方法，代理类型通常指代理服务器的类型。⑤普林兹建议："概念是如此的探测机制：通过表述长时记忆网络包含（与生成）大量概念，来调和令人气馁的观察——在长时记忆网络中的每个东西有助于探测。正如我所建议的，概念是代理类型，它源于知觉的表征，

① 〔英〕牛顿·史密斯：《休谟》，《科学哲学指南》，〔英〕牛顿·史密斯主编，成素梅、殷杰译，上海，上海科技教育出版社，2006，第199页。

② 参见Fodor, J. A., 2003: *Hume Variations*, Oxford: Clarendon Press.

③ 普林兹坦言这并非精确的解读，而是理论启发的源泉，参见Prinz, J., 2002: *Furnishing the Mind: Concepts and Their Perceptual Basis*, Cambridge, MA: MIT Press, pp.277-279.

④ Prinz, J., 2000: "The Duality of Content", *Philosophical Studies*, 100 (1), pp.1-34.

⑤ 按照计算，你不能像传递句柄（handle）给对象那样动态地传递类型。将代理类句柄视为表示要构造的类型的编码值。工厂使用另一种抽象类，称为代理类，它有一个虚方法，返回您想要的等级类型对象的句柄。对于我们想要用工厂创建的每个类，我们需要扩展代理类并实现一个create object方法，该方法构造所请求类型的对象，然后构造扩展对象代理类，并获得可用于构造所请求对象的代理对象的句柄。

可由工作记忆抽取并表达一个范畴。"①根据这一解释，我们显然可以得出——源于知觉。

普林兹的"代理类型"、巴萨卢的PSS以及概念分子都是"知觉载体"，是为回答关于论5.1概念作为心理表征的本质或思想载体的论题。论5.2的P1这里蕴含两个假设：

P1-1：知觉优先性假设②：论及才智，感觉优先。

P1-2：模态特定性假设③：概念潜藏于特定知觉系统的表征编码内。

我们在上一节已经给出基于知觉的分析，经验主义者宽泛地界定感觉，只要涉及听觉、视觉、味觉、嗅觉、触觉等皆可，那么这是否意味着感觉就优先于认知，甚至概念本质呢？普林兹坦言，或许经验主义者可以选择某种形而上学的关系，例如概念是意向性的，这与福多保持一致，意向性依赖于有意识的状态，而有意识的状态是感觉的④。概念经验主义者的立场还可以更弱，他们倾向于承认一种因果的优先性，概念只要求知觉表征作为其因果的先决条件。若无知觉表征，则无概念。复制就属于这样的因果过程。

第二个P1-2模态特定性假设（the modal-specificity hypothesis）则强调，每个知觉系统（或许还有情绪、运动系统等）都是对各自特定表征格式的处理，这不同于类语言的格式由非知觉系统操控。原则上，这个假设也并不否认非模态符号（amodal symbol）存在的可能性，却拒斥独立的非模态符号系统。另一方面也不否定存在单一表征系统的可能性，至少没有明确知觉表征系统是唯一可能存在的表征系统。

因而相对于知觉表征而言，这种特定的模态性符号就是知觉符号（perceptual symbol），具有如下特点⑤：

（1）知觉符号是感觉—运动系统的无意识神经表征（neural representation）；

（2）知觉符号是图式性的、成分性的、不确定的；

（3）知觉符号是多模态的。

知觉表征的解释依赖于PSS：一个知觉符号是知觉中产生的神经激活的记录。如图5-1所示，假如李逍遥看到一头牛，大脑中的输入

---

① Prinz, J., 2002: *Furnishing the Mind: Concepts and Their Perceptual Basis*, Cambridge, MA: MIT Press, p.149.

② 同上，p.106.

③ 同上，p.119.

④ 同上，p.107.

⑤ 参见周燕、闫坤如：《科学认知的哲学探究》，北京，人民出版社，2007，第109页。

系统接收了牛的形状、大小、颜色等信号（印象），这些皆源于当下外围环境以及小赵本人的身体情况，继而转化为可用于输入操作的信号。

知觉符号的理论先驱是意象论①，科斯林（S. Kosslyn）在这方面做了大量有贡献的工作②。早期心理学中，赫尔姆霍兹（H. Helmholtz）就提出，知觉可划分为两个阶段，首先感觉器官把物理世界分析成基本的感觉；然后再将这些感觉单元整合成关于对象及其属性的知觉。吉布森（J. Gibson）则认为知觉是直接的，人类提取的是直接来源于环境感觉信息中的稳定性，尽管在知觉过程中，视网膜的大小取决于与对象的距离和视角，但距离和视角的变化并非随机，而是有规律的，物体反射光的某些属性在各种视角和视距条件下是保持不变的。环境中的对象视觉系统的作用就是觉察这些稳定性。概念也就是在这个基本的层面上，由最初给定的知觉所提供的。③巴萨卢论证，概念的产生较为弹性，它并非储存于长时记忆中的整体性范畴，研究表明，它往往会在工作记忆中形成临时表征④，这就是模态性的知觉表征。当它一旦被激活时，就从记忆中抽取出来，形成表征。派维奥（A. Paivio）的双编码理论也重视知觉意象在认知中所起的作用⑤。

---

① 下文讨论表征格式时会详细说明。

② 参见 Kosslyn, S., 1980: *Image and Mind*, Cambridge, MA: Harvard University Press. Kosslyn, S., 1994: *Image and Brain: The Resolution of the Imagery Debate*, Cambridge, MA: MIT Press.

③ 参见 Neisser, U., 1987: "From direct perception to conceptual structure", *Concepts and Conceptual Development: Ecological and Intellectual Factors in Categorization*, Neisser U. (ed.), Cambridge: Cambridge University Press, pp.11-24.

④ 参见 Barsalou, L.W., 1987 "The instability of graded structure: implications for the nature of concepts", *Concepts and Conceptual Development: Ecological and Intellectual Factors in Categorization*, Neisser, U.(ed.), Cambridge: Cambridge University Press, pp.101-140.

⑤ 参见 Paivio, A., 1971: *Imagery and Verbal Process*, New York: Holt, Rinehart & Winston. Paivio, A., 1986: *Mental Representation: A Dual Coding Approach*, New York: Oxford University Press.

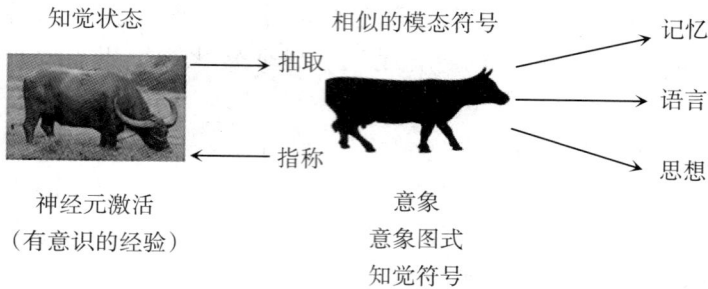

知觉状态　　　　相似的模态符号　　　　记忆

抽取　　　　　　　　　　　　　语言

指称　　　　　　　　　　　　　思想

神经元激活　　　　　　　意象
（有意识的经验）　　　意象图式
　　　　　　　　　　　知觉符号

图5-1　知觉符号系统①

知觉符号涉及无意识处理，属于前意识处理与自动化技能。"更重要的是，知觉符号的基本定义是：归于神经元层面上无意识的神经表征——非有意识的心理意象——组成知觉符号的核心内容。"②神经科学中有关盲视的研究发现③，无意识处理会在有意识的视觉意象缺乏时产生。神经元是大脑内部基本的信息处理单位，它们依靠各自的外形、功能、位置和神经系统内的相互连接方式来彼此区分。神经元接收信息，按照一定的规则进行加工处理，如编码处理，然后调整自身的活动状态，最终将信息传递给其他神经元。神经元间突触的传递信号通过的是化学信号，少数情况下为电信号。这些信号引起突出后神经元细胞膜的变化，这导致细胞内外出现电位差并产生电流，从而实现神经元的信息传递，持续产生就构成了一个神经环路。④讨论往往集中在神经元转换上，因为接收的神经元要进行解码，一般称为"转换解码器"，它负责提取信息而非表征信息。要害就在于解码的方式也有许多种，现在必须得确定一种，所以一个表征集合所表征的东西往往是由编码过程决定的，而非解码过程。这也是模态特定性假设的另一层理解。因此，知觉符号的假设就是从这种基础性的神经表征开始，这类处理往往是自动化的、无意识的。

---

① 引用的例图有所改动，原文中图片是椅子，参见 Barsalou, L.W., 1999: "Perceptual Symbol Systems", *Behavioral & Brain Sciences*, 22, p.578.

② 同上，p.583.

③ 盲视是这样的现象：某人在其视觉区域中展示对某些视觉刺激回应而在知觉上是盲目的。分两类，一类是主体无论任何刺激都是无意识的知觉，但在偶然时可以预测到视觉刺激的方面，像位置、运动类型；第二类是当主体意识到一定的盲区的运动，但又无视频的知觉，这可能是由人眼的追踪运动引起的，该运动会功能上正常。盲视则会是由视觉上的大脑回应部分的损伤引起的。这个证据可以间接地由两月大的儿童观察到，虽然很难确定这是否足以回答问题。

④ 参见 Gazzaniga, M.S., Ivry, R.B., Mangun, G.：《认知神经科学——关于心智的生物学》，北京，中国轻工业出版社，周晓林、高定国等译，2011，第2章。

这个符号形成过程应该被视为神经表征。无意识的神经表征只允许部分神经元得到激活，这就决定了表征是不充分的。如果激活的神经元配置处于知觉状态下，选择性注意就在这个神经表征下进行操作，分离出激活的神经子集。要是选择性注意所关注的只是一个对象的形状，过滤掉对象的颜色、纹理等，那么神经元就会表征这个被选择的对象的模态，该激活被部分地存储。

这样说来，知觉符号的形成过程选择与存储了知觉状态中的激活神经元的子集。所以说此时的表征并不完全，它并非一个整体性表征。认知神经科学家研究发现，六脑中知觉加工往往又是多通道的。每种感觉都为我们提供一种关于世界的独特信息，颜色是视觉的，声调是听觉的，信息的差异主要体现在对外界表征的不同，但与此同时，这又是一种统一的多感觉体验。这种多通道加工可能是两个或更多感觉信息汇合的区域。有的神经科学家研究了猴子的颞上沟的某些细胞对视觉、听觉和躯体感觉的刺激反应。在所记录的200个以上的细胞中，有超过20%的细胞是双通道或三通道的。以视知觉为例，初级视皮质（V1）的输出是两条通道，一条是下行纵向神经束，沿腹侧通道（ventral pathway）到达颞叶皮质轴突，这块区域负责物体知觉与识别；另一条是上行的背侧通道（dorsal pathway），抵达后顶叶皮质轴突，这块区域负责识别物体位置。

研究表明，多感觉区涉及颞叶，还有顶叶、额叶、海马等区域。现在取得成果较多的是上丘。这是一个皮质下的中脑区，参与了对运动控制和定向，包含视觉域、听觉域和触觉域。上丘中单个细胞对联合三觉的反应要大于分别呈现的，这就是"多感觉整合"（multisensory integration）现象。②日常生活中，在嘈杂的教室内看着某人的脸与之交谈，理解起来上总会比不看着对方要快得多，利用功能性磁共振成像（fMRI）技术来研究唇读的人员发现，沉默的唇读激活了听觉皮质，左侧颞上沟

---

① 参见 Hikosaka，K.，Iwai，E.，Saito，H.，Tanaka，K.，1988："Polysensory properties of neurons in the anterior bank of the caudal superior temporal sulcus of the macaque monkey"，*Journal of Neurophysiology*，50，pp.1615–1637.

亦可参见 Gazzaniga，M.S.，Ivry，R.B.，Mangun，G.：《认知神经科学——关于心智的生物学》，北京，中国轻工业出版社，周晓林、高定国等译，2011，第5章。以下几处实验的引用皆有所参考。

② 参见 Stein，B.E.，Meredith，M.A.，1993：*The Merging of the Senses*，Cambridge，MA：MIT Press.

Holmes，N. P.，Spence，C.，2005："Mutisensory integration：space，time and superaddityity"，*Current Biology*，15，pp.762–764.

很有可能整合了来自两种视觉通道与听觉通道的信息。^① "多感觉整合"为CE提供了一个很好的实验支持，因为它对外在世界给出了近乎融贯的表征，如果有这类整合的表征产生，那大脑也肯定必须整合来自各个不同感觉通道的信息，很可能多模态的表征就会聚集在某个区域才可生成^②。达玛西奥（A. R. Damasio）的工作极大地启发了概念经验主义者的假设，他利用神经解剖学与神经病学的研究提出，思维过程涉及了知觉中心的再激活，特别是在我们知觉的过程当中。同时，他研究发现，大脑内的汇集区对感觉与运动皮层中实体或事件的瞬时表征进行碎片整理，这一区域可以整合感觉运动的信息映射。^③

知觉符号的形成在知觉的经验上操作时，不仅体现在视觉上操作，还有诸如听觉、触觉、体觉与味觉等多模态，还有本体感觉与内省等。这样的知觉符号也就是多模态的。以上就是对P1-2的解释。

一言以蔽之，在这两个前提下讨论的概念可以建构为一级拥有知觉来源的心理表征，但又不必涉及通过表征而达到意义。若MOP是此类表征的话，那么，在经验主义图景下的MOP问题解答就有赖于更精致的机制刻画。

如果PSS或代理类型的分子式假设是概念的话，思维过程就是一种"模拟"（simulation）过程。"模拟"通常指的是在计算机建模中所使用的模仿特定行为或过程的方法，这种方法需要一个计算机程序明确列出贮存和加工信息的方式。建模的结果可以通过检测输出，以与要模拟的行为或加工过程的匹配程度而进行测试，然后该模型就可以预测新的行为或加工过程。此处的模拟具有两个典型功能，一方面可作为一个探测与追踪的机制，另一方面可在工作记忆中激活以组成思想的部分。于是，概念经验主义的论5.2的P1又应该蕴含第三个假设：

P1-3：概念处理涉及知觉状态的激活与操控。

① 参见 Calvert, C. A., Bullmore, E. T., Brammer, M. J., Campbell, R., Williams, S. C., Mcguire, P. K. et al., 1997: "Activation of auditory cortex during silent lipreading", *Science*, 276, pp.593–596.

② 参见 Stein, B. E., Stanford, T. R., Vaughan, J. W., Wallace, M. T., 1999: "Multisensory Intergration", *The MIT Encyclopedia of the Cognitive Sciences*, Wilson, R. A., Keil, F. C. (eds.), Cambridge, MA: MIT Press, pp.574–575.

③ 参见 Damasio, A. R., 1989: "Time-locked multiregional retroactivation: a systems-level proposal for the neural subtrates of recall and recognition", *Cognition*, 33, pp.25–62.

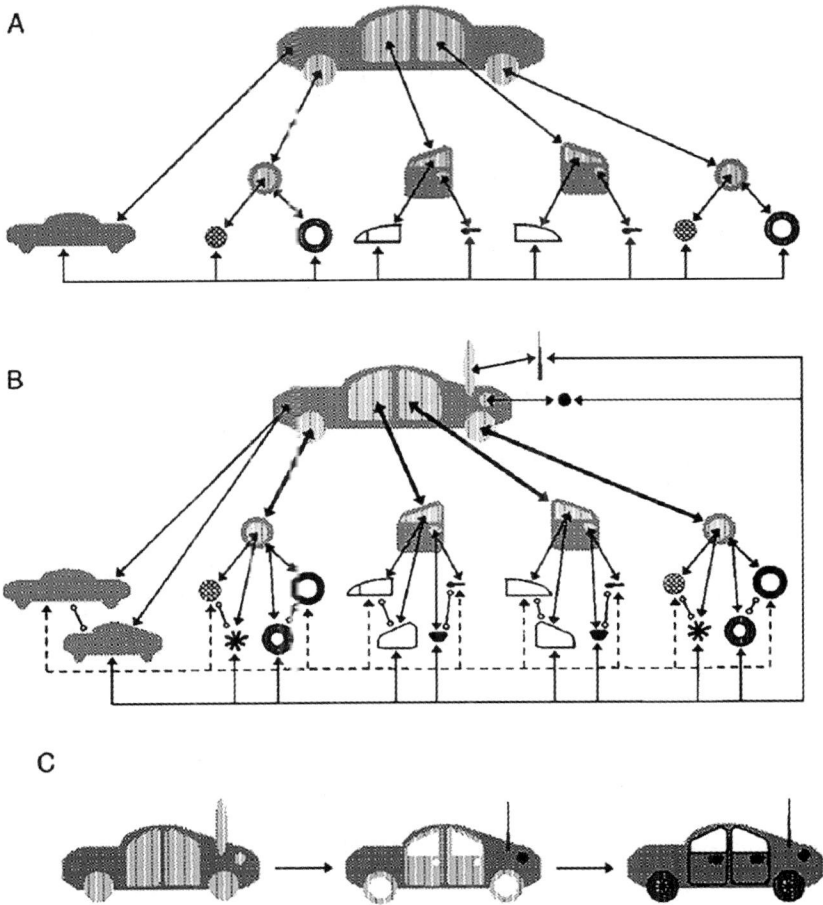

图5-2　情形A指看到第一辆车后处理成的初始框架表征；
B指看到第二辆车后框架的发展；C是根据B的框架所建构的模拟[①]

　　这原本涉及认知过程的本质，诸如范畴化、归纳、演绎、决策、语言理解等。概念经验主义者认为，载体由知觉表征激活，这些认知过程涉及对知觉表征的操控。

　　巴萨卢使用了"模拟"过程加以解释。因为知觉符号并不独立于长时记忆而存在，相反，相关的符号会变成模拟器（simulator）以使得认知系统可以建构成特定的模拟。

　　如图5-2所示，假如赵灵儿在校道上走着，她旁边开过一辆车，关

----

① Barsalou, L. W., 1999: "Perceptual Symbol Systems", *Behavioral & Brain Sciences*, 22, p.590.

于"车"的知觉符号的储存过程，就是听到车的声音（引擎声，与路面的摩擦声，树叶被卷起的声音等）的过程。然后她回过头，看到这辆粉红色的车，首先是前部，车子接近时又看到了侧部，开过时看到了后部。她注意到了车窗、车轮、车牌号等。按照PSS的解释，她有选择地提取车的部分信息，然后记忆就会进行空间性整合，可能用到对象中心的指称框架。当然，这在相当程度上依赖于赵灵儿个人的选择性注意，一些车窗、车轮、车牌号等信息会做知觉记录而整合为空间上有组织的系统。结果，知觉者就可以在没有车时进行模拟。她可以预计车子从旁边看会怎样，或者从前面看会怎样。因为这可以整合知觉到的从早先组织系统抽取的信息，所以后来也可以模拟融贯的经验对象。

这样的过程允许人们模拟事件的序列。事件序列会包含本体知觉，像踩油门、听到引擎声、车子震动之类。知觉符号可以从实体或事件中抽取出来，整合成一个架构（frame），该架构包含由前范畴成员抽取出的知觉符号。如，从"车"抽取出来的知觉符号整合到"车"的架构中，包含了由前示例所抽取的知觉符号。在处理了许多"车"之后，多模态的信息总量就确定下来，表征个体对车子的感觉会是怎样的。换言之，车的架构包含了这类东西经验的外延上多模态的信息。需要注意，模拟器生成模拟，模拟也依旧是部分的、非完整的、失真的、分子式的。

三、小结

本章我们提出了核心观点——概念经验主义CE。通过对传统经验主义的梳理，概念经验主义继承了知觉经验的珍贵遗产，现在再重述一下，概念经验主义提出，概念都是知觉表征的副本或其集合。经过第四、第五章的讨论，我们添加了以下四条原则：

CE4：**概念是基于知觉表征的；**

CE5：**概念是通过学习获得的；**

CE6：**概念通过可靠的因果关系表征世界上的范畴；**

CE7：**概念在语境上可变化。**

早在上一章对概念先天论批判时，我们已尝试对CE4与CE5做出辩护。本章继续围绕CE4做了详细说明，为回答关于论5.1概念作为心理表征的本质或思想载体的论题，我们依赖于普林兹的"代理类型"与巴萨卢的PSS给出了概念分子作为知觉载体与MOP的候选。同时，我们分析了论5.2的P1这里蕴含三个假设；知觉优先性假设；模态特定性假设；

以及概念处理涉及知觉状态的激活与操控。接下来就是概念经验主义的表征问题。依据不同的界面，概念分子首先区分了表征的内容与载体。从载体上讲，概念并非福多的无结构原子，而是具有分子结构；绝大部分概念来源于学习而非先天，学习就是由于强化练习而产生的概念库存的相对持久的变化，该变化正是对概念内容不断重塑的结果。接下来的问题就是：概念内容的变化到底如何？概念又是如何表征对象的？共指称的两个概念如何进行替换？下面两章会将内容划分为意向性内容与认知内容，完成MOP问题所要求的表征。

第六章 概念的意向性内容

在第一章中，我们讨论句 1.6 "张三相信李白是《望庐山瀑布》的作者"时，"李白"这一个概念表征着中国唐代著名诗人，字太白，号青莲居士，写过《蜀道难》《望庐山瀑布》等诗，被誉为"诗仙"的人。这就是概念蕴含的内容，也是我们前文所提的 MOP 问题蕴含意向性问题。命题态度的语义属性要还原为意向性属性，而关于 MOP 的第二个条件，使命题态度有效，就必须放到意向性讨论的图景中来看待。一方面要回答表征状态问题：通过什么，表征状态算作是表征的？显而易见，通过意向性，表征状态才算作是表征的。如果没有意向性，我们很难想象一个概念可以指称一个东西，"橙"指称橙，"菠萝"指称菠萝，也就是说，意向性是指称的必要条件，由此才有 MOP。另一方面要回答内容确定问题：通过什么，表征状态拥有内容？同时，概念经验主义图景下的表征内容是如何固化的？

一、意向性

"意向性"问题，又称"心理内容"问题或命题态度问题等。从词形上看，"意向性"一词与"内涵性"（intensionality）一词在英语上极为相似，但二者不应混淆。一方面，在当代英语中，"内涵性"和"意向性"意味着"非外延的"（non-extensional）和"非外延性"（non-extensionality），其中外延性和意向性都是单词和句子的逻辑特征。例如，"有心脏的生物"和"有肾脏的生物"有相同的外延，共同享有相同的个体。然而，这两个表达有不同的含义，因为"心脏"这个词的外延的确与"肾脏"这个词的外延不同。另一方面，"意图"（intention）和"意向"是一种特定的心理状态，与信念、判断、希望、欲望或恐惧不同，"意向性"是许多不同心理状态的普遍特征：信念、希望、判断、意图、爱和恨都表现出意向性，"意图"更多地与行动有关。

当前心灵哲学关于意向性的讨论源于布伦塔诺，他在其名著《从经验的角度看心理学》中明确指出，心理现象的特征在于——将心理现象从物理现象区分出来的东西——"意向性"：

每种心理现象都具有这样的特征,这种特征被中世纪的经院哲学家称为一个对象的意向性内存在(intentional inexistence),在我们这里则会称之为对一个内容的指称或对一个对象的指涉(此处勿理解为意指一个实在对象)或固有的客观性(immanent objectivity),尽管这么说不完全没有含糊性。每种心理现象都把某个事物作为对象包含在自身之中,尽管包含的方式不一。在表达中某物被呈现了,在判断中某物被肯定或否定了,在爱中某物被爱,在恨中某物被恨,在欲望中某物被欲望等等。

　　这种意向性内存在是为心理现象所特有的。没有任何物理现象能够表现出类似性质。因此,我们完全能够为心理现象下如此定义:它们都意向性地把对象包含于自身之中。①

　　在布伦塔诺的阐释中,"意向性内存在"究竟是什么意思？如何理解心理指向对象,该对象不一定是"实在的对象"是什么意思？心理"意向性地把对象包含于自身之中"是什么意思？这些问题都涉及对"意向性"的解释。

　　在上述引文中,布伦塔诺制定了"意向性"研究的三个论题②：第一,它是意向性现象的组成部分,因为它表现为爱、恨、渴望、相信、判断、感知、希望等心理状态,这些心理状态指向与自己不同的事物。第二,凭借意向性,心理所指向的对象具有意向性内存在的性质。第三,意向性是心理的标志：所有且只有心理状态表现出意向性。

　　一个"心理状态关于或指向,可能存在或不存在,可能拥有内容或不为真的对象"③的特征,就是"意向性",这是心理现象（状态）的本质特征,也就是说,心灵的本质在于能够指向自身以外的几乎所有事物。后世的哲学家们基本上认可布伦塔诺的这一观点,并做出极大的努力来论证那个外部的事物是如何进入我们心灵的。意向性的概念在分析哲学传统和现象学传统中都发挥了核心作用。若将布伦塔诺这段广为流传的

---

① 译文参见 Brentano, F., 1874/1995: "The distinction between mental and physical phenomena", Terrell, D., Rancurello, A., McAlister, L. (trans.), *Psychology from an Empirical Standpoint*, McAlister, L. (ed.), New York: Routledge, p.xx. 中文版参见〔德〕布伦塔诺：《心理现象与物理现象的区别》,陈维纲、林国文译,《面对实事本身现象学经典文选》,倪梁康编,北京,东方出版社,2000,第49—50页。

② 参见 Jacob, P., 2023: "Intentionality", *The Stanford Encyclopedia of Philosophy* (Spring 2023 Edition), (2023-02-07) [2023-10-30], Zalta E. N., Nodelman U. (eds.), https://plato.stanford.edu/archives/spr2023/entries/intentionality/.

③ Kim, J., 2011: *Philosophy of mind.* (3rd.), London: Routledge, p.24.

论述与弗雷格的MOP问题相比较，我们会发现二者具有某种惊人的相似性，指称并非一个表达式或概念（单称词项）的全部意义所在①。意向性状态的形式化表述可以是：

论6.1

S Bs that p。②

"Bs"填入的可以是"相信""欲望""意图""期望"之类的心理术语。像齐硕姆（R. Chisholm）③论证，对意图或心理现象的报告或描述不能简化为（或消除）对行为的描述。意向性报告的意向性或非外延性表明，对心理现象的描述和解释不能用描述非意向性现象的词汇来描述或解释。按齐硕姆的推论，意向性必须以心理术语解释，"p"也只能是心理事物而非物理事物。"Bs"不能是"S"与"p"之间的物理关系，但作为被关系项却又必须存在，换句话说，"S""Bs"与"p"一个都不能少。

齐硕姆的意向性标准有三个方面。首先，一个句子报告了一个意向性现象，如果它包含一个据说是指某个对象的单数术语，那么它和它的否定都不暗示这个据说是指的单数术语是否存在。第一个标准相当于承认，如果一个包含单数术语的句子报告了一个有意的现象，那么它就不满足存在普遍化定律（从"Fa"推断"∃xFx"）。其次，如果一个真句包含一个单数术语"a"，并且如果将"a"替换为共指称术语"b"导致将真句转化为一个假句，只在"b"替换了"a"这一点上与前者不同，那么它就报告了一个意向性现象。第二个标准相当于承认，如果一个包含单数术语的句子报告了一个意向性现象，那么它就无法通过替换测试。最后，如果一个复杂的句子包含一个嵌入的"that"从句，它报告了一个意向性的现象，那么它和它的否定都不包含嵌入的"that"从句所表达的命题的真理。

如果说，"p"所指的是我面前的这杯水，它如何摆脱外在世界限制而进入心理呢？这就需要哲学家们尝试将论6.1换成一种意向性状态具有内容：

---

① 参见〔英〕迈克尔·达米特：《分析哲学的起源》，王路译，上海，上海译文出版社，2005，第5章。

② 以下部分参见拙作，《自然化心理内容》，《哲学动态》2010年第3期，第79—83页。

③ 参见 Chisholm, R., 1957: *Perceiving: a Philosophical Study*, Ithaca, New York: Cornell University Press.

论6.2

X具有内容p。

从常识心理学（Folk Psychology）上讲，一个心理状态是具有内容的，X是心理状态，由X来锁定表征对象p，且整个表征系统具有组合句法与语义[1]。但是心理状态"X"仅仅只替换了论6.1式中的"Bs"，实质上并没有改善多大的局面。关于命题态度成真条件，或意向性内容，或心理内容的理论探讨，学界普遍认同福多的诊断："如果常识的意向性心理学真的被摧毁了，那么这将是我们物种历史上无法比拟的，最大的理智灾难。"[2]正如斯蒂奇指出的，福多对心理内容自然化理论的工作是为常识心理学辩护的一个不可或缺的步骤。关于心理内容的自然化似乎是水到渠成的，当今许多心灵哲学与认知科学家普遍认为发展一种可接受的内容理论是相当重要的，但是这种理论要成为清晰的理论似乎要有一段相当长的路要走，这或许是研究者们乐在其中的原因所在。不管怎样，要着手研究内容理论，我们该如何入手呢？斯蒂奇提供一种思路，他限定了内容理论的三个条件：

（1）自然主义（Naturalism）

（2）错误表征（Misrepresentation）

（3）精致的意义（Fine-grained Meanings）[3]

回答内容问题，要从这三个条件出发考虑，否则将身陷囹圄而无法前进。

第一，心理表征的语义学需要自然化。研究者们试图用各种方式来阐明，纯粹地将自然术语放在意向性的讨论当中，我们在第三章已尝试论证自然主义的主张，主张意向性是自然的一部分，或按科学上可理解的方式，或按脑状态与世界的因果联系来解释[4]。"自然的"是寄生在自然的概念之上的科学，自然属性是来自自然科学的某种（真实的）理论。

① Fodor, J.A., Pylyshyn, Z.W., 1988: "Connectionism and cognitive architecture: a critical analysis", *Cognition*, 28, pp. 3-71.

② Fodor, J.A., 1987: *Psychosemantics*, Cambridge, MA: MIT Press, p.XII.

③ Warfield, T.A., Stich, S. (eds.), 1994: *Mental Representation: A Reader.* Cambridge, MA: Blackwell, pp.1-8.

④ 丹尼特、丘奇兰德与斯蒂奇等人只承认意向性的本体论方面，对因果关系有所保留。

自然主义并无一个确定的定义，它更关注的是研究对象的总体进路①，本体论上承认自然界（及其现象或过程）是唯一的存在，方法论上则强调每个获得知识方法包含或建基于经验科学的方法之上。人们心灵哲学中的理论分野体现在本体论与方法论不同程度的差异上，唯物主义、物理主义、行为主义、功能主义。这里不一一展开，自然主义者们大多会承认，心灵的意向性现象并非与某种抽象客体之间的关系，也非一种与物理现象无关的但又不可还原的基本现象。于是，现在对命题态度的基本共识是，语义事实不应该被看作是原始的或不可分析的。并且，语义属性如何由更基本的非语义属性提出来是需要解释的，比如格赖斯纲领将语义属性还原为意向性属性，福多也曾极力呼吁：

> 迟早物理主义者会汇编出一大堆根本不可还原属性的词汇……但是"关于性"却不会在其中，意向性不能那样深入。很难看到，面对这种考虑，一个人怎样能够在一定程度上，不是还原主义者，而是实在论者呢？如果语义与意向性是某些东西的真实属性，那么它必须是经由其自身（或可能依随于?)既非意向性又非语义属性的一致性。如果"关于性"是真实的，那么它必须真的是其他东西。②

强调心理表征MR理论不需要诉诸语义学概念的另一个理由是，自然主义的约束是尝试避免循环。恢复心理表征的语义属性是明显被调用来解释信念、欲望与其他命题态度PA状态的语义属性的。一个理论家采取这种策略来解释PA的语义学属性与句法实体，而这策略却并不能诉诸在MR的语义学属性的解释当中的命题态度属性与句法实体。如果做到这点就会陷入循环。例如，在命题态度语句下，"我相信明天会下雨"的语义分析明显为了解释主体"我"的信念，抑或是分析"我想喝水"的欲望的语义属性，而如果仅仅为了解释像"我""想"或"相信""喝""水"这类语句的句法，我们有理由怀疑会陷入循环解释。

第二个错误表征问题是意向性普遍存在的问题。人会犯浑，表征内容也总会出错。我拥有"杯子里有水"的信念，但实际上这个杯子里的水刚刚被我喝光了，没有续多一杯，我依然相信"杯子里有水"，此时的

---

① 参见 Papineau, D., 2020: "Naturalism", *The Stanford Encyclopedia of Philosophy* (Summer 2021 Edition), (2020-03-31)[2023-10-30], Zalta, E.N. (ed.), https://plato.stanford.edu/archives/sum2021/entries/naturalism/.
〔美〕罗纳德·N.吉尔：《自然主义》，殷杰译，《科学哲学指南》，〔英〕牛顿·史密斯主编，成素梅、殷杰译，上海，上海科技教育出版社，2006，第370—373页。
② Fodor, J.A., 1987: *Psychosemantics*, Cambridge, MA: MIT Press, p.97.

信念就是错误的。原本一个"自然符号"（natural sign）①——"乌云"会可靠地表征将要下雨的事态，一旦天并没有下雨，实际上天气依旧闷热，或者只刮了一阵大风。这样的符号就不能正确地表征真实的世界。另外还会涉及人们想象、假设、抽象概念、空名等情况。表征错误地表达了世界，当我们诉诸表征与世界的关系解释时，对于如此日常犯错的现象就要给出合理解释。

第三个条件要求精致性解释。比如，对论6.2的要求不只是一个状态，而是一个心理状态承载着某个心理表征，该表征具有内容。还有类似孪生地球的思想实验是一个很强的约束，在另一个孪生地球上张三是否相信那水是XYZ，而非H_2O？合理的语义学理论都给出了不同版本的研究方案，我们下面会加以分析。

总之，接下来的工作就要对心理内容给出自然化进路上令人满意的解释，自然主义者会尝试概括为②：

论6.3

X表征p，当且仅当，c。

论6.3的进路由自然主义者引领，声势浩大，他们不仅仅将"X"换成心理术语"x"（以示区别），还关注双条件句的右边"q"，由此在对心理内容的研究上，自然主义阵营标榜的旗帜可表示如下：

论6.4

x表征p，当且仅当，q。

他们强调"q"不能是心理术语，并且"q"必须用物理术语来填充。自然主义进路的特点在于探究一种将思想符号与其内容相联系的机制，斯坦普（D. Stampe）是现代最早提出内容理论的哲学家之一，根据该理论，内容是可靠原因的问题。③德雷茨克的书《知识和信息流》（1981）是对信息理论发展的另一个重大影响主流，对心理内容的自然化是寻求一种因果性与目的论的解释，下面对因果协变论（或信息论）、目的论（Teleology）、功能角色语义学、初始原因论等四种典型理论给予分析讨论。

---

① 参见 Dretske，F.，1994："Misrepresentation"，*Mental Representation：A Reader*，Warfield，T. A.，Stich，S.（eds.），Cambridge，MA：Blackwell，pp.157-173.

② 参见程炼：《意向性：或如何将之安置在自然界》，《哲学门》2010年第18期，第229-249页。

③ Stampe，D.W.，1977："Towards a causal theory of linguistic representation"，*Midwest Studies in Philosophy*，2（1），pp.42-53.

二、因果协变论

对于思想符号与其内容的关系，德雷茨克与福多首先考虑的是一种因果关系，也就是说，表征内容是由心灵与世界之间的因果联系处理的。因果性的考察是心理内容自然化进路中最流行的观点，我们通常将两人倡导的理论统称为因果协变论，但两人的观点有点差别。

（一）信息语义学

所谓信息就是对世界认知的某种碎片化呈现，信息论是建立在"表征"的意义上的，每当自然世界中存在因果关系时，每当世界的一种状态携带关于另一种状态的信息时，这种"表征"就适用，所以我们说"七个年轮意味着这棵树有七岁了"。德雷茨克与埃文斯都将信息内容（informational content）作为人际间成功交流的基础[①]，交流更像是一种"信号传送"，是一类能够携带信息的物理事件。其中的"信息"就是信号当中的某一片，这个术语就与语义相区分，它是"客观用品，不要求或不预设解释过程而只属于客观用品的产生、传送与接收的这样一类东西"。[②]而语义显然要涉及认知主体的心理状态。如"这个杯子是透明的"的内容就可以用"a是F"的数字化形式来解释。

如果一个信号x携带着a是F的信息，那么：（1）x会尽可能多地携带由a是F所生成的信息；（2）a是F；（3）x所携带的关于a的信息量是（或者包含着）由a是F（并非由a是G）所生成的信息。

比如"这朵花a是红的"，假设颜色"红的"携带2个字节的信息，若是携带的信息少于2个字节，那就不能说a是红色的。但是，a可能携带的是"颜色"的信息，若同样是2个字节的话，那么就无法表达"这朵花a是红的"。所以还要求a是F，并且达到信息量的要求。不过条件（3）的表述并不明确携带前后的信息量精确差异，德雷茨克的立场也没有强硬到要求信息的完全保真，这里只需要给出一定的概率即可。能够称之为"信息内容"的就应该是如下所示[③]：

---

① 参见 Evans, G., 1982: *The Varieties of Reference*, New York: Oxford University Press, Chap.9. Dretske, F., 1981: *Knowledge and the Flow of Information*, Cambridge, MA: MIT Press.

② Dretske, F., 1981: *Knowledge and the Flow of Information*, Cambridge, MA: MIT Press, p. vii.

③ 同上，p.65.

论6.5

一个信号x携带a是F的信息，当且仅当，在给定条件x（且k）的情况下a为F的概率是1（任单独给定k，则少于1）。

附加的k说明接收者已知道这种概率一开始就存在。德雷茨克解释心理内容为一种认知结构拥有语义内容，该内容是以完全数字化形式携带信息。比如说，"小罗相信盒子里的球要么是红色，要么是蓝色"，取消球是蓝色的概率（指概率减为0）也就意味着球携带红色（概率加到1）的信息，其中就蕴含着一条律则（或非严格的惯用联系）：当a不是F时，就可以排除x发生。这也就是因为概率为0表示着我们并没有成功交流。这种定义的标准化体现在事态真假两种可能性，在现实世界中要么发生，要么不发生。当然这也不意味着只存在0与1之间的变化，因为有可能球是蓝色的概率增加到0.5（或0.3），这表明所携带的信息量不会很大，所以这就允许模糊的情况出现，这也符合常识。

不过问题就恰恰出现在这里。因为德雷茨克的律则是：当a不是F时，就可以排除x发生。只要概率不是0，x总是会发生的。如果情况是，S携带信息P"球是红色的"，R携带信息Q"球是蓝色的"，那么，（S∧R）就不会携带关于（P∧Q）的信息，即"球是红色的而且是蓝色的"，因为认知主体只会选取其中的一个。德雷茨克是这样分析的：F是G是分析上的必然（即F蕴含G）；认知主体拥有内容a是F；认知主体并不拥有内容a是G。如果F与G是规律上相关的，那么必然携带a是F的信息也携带a是G的信息。在他看来，信号并不能只携带其中一节信息而不管另一节，同样地，系统也并不会分别处理嵌入于F的G，这也不可能过滤[1]。

但这样处理导致了在错误表征问题上相当严重的后果，换个角度分析，德雷茨克的信息论在医果形式下（信息因果论）则可表述为[2]：

论6.6

x*表征P，当且仅当，P引起x*。

"杯子""球""狗"等示记各自表征了杯子、球、狗等属性，但需要条件来激活它们，很明显，正是杯子、球、狗等引起了各自标记的发生。德雷茨克考虑心理内容的原始材料是"信息P"，如果一种结构的语义内

① Dretske, F., 1981: *Knowledge and the Flow of Information*, Cambridge, MA: MIT Press, p.174.

② 参见 Fodor, J.A., 1990: *A Theory of Content and Other Essays*, Cambridge, MA: MIT Press, pp.57-64.

容在信念内容上相同的话，它们就拥有相同的意向性状态。像"杯子""球""狗"这些标记 x* 具有内容，因为它们具有自然而有效的因果关系——"P 引起 x*"。

（二）错误表征

如前所述，我们也知道在日常生活中，人们的信念常常会犯错，即"信息 P"，按照论 6.6，应该 100% 保真，而实际情况却相违背。也就是论 6.6 没有为"错误表征"留下解释空间。所有的候选错误都由于它们的出现而转化为无误的。或者是，以一种可能出错的方式指定表征内容。后来德雷茨克也意识到问题很严重并萌生思想转向（即目的论）[1]。信息论应该为"错误表征"提供可能性空间，因为我们的信念欲望可能会错误表征世界。比如乌云伴随着下雨，也可以表示有强风，那么乌云真实表征的应该是下雨或者强风，因此又称之为"析取问题"。原来按照因果论，奶牛引起"奶牛"的标记是因果有效的，这时小明将一匹马说成是一只"奶牛"（假设这个错误很大），马引起了"奶牛"的标记，这时候在论 6.6 中的情况就会是"奶牛"一词指向了马或者奶牛，因果论该如何进行析取呢？

这一问题后来是由福多来处理的。作为认知科学计算主义与表征主义的领军人，福多在意向性问题上与信息论不谋而合。一开始他的思想语言 LOT 只在句法上做文章，后来则修正为具有复合的句法与语义特征，LOT 的简单符号的语义内容就是由与其所表达的属性的因果关系确定的。本书第四章详细分析了福多的理论。为解决析取问题，福多提出了著名的"非对称的因果依赖性"（asymmetric causal dependence）来进行处理。他主张，一个思想语言的术语"x*"会指称 P，且只有 P，提供 P 与其他主体的因果联系，其他的 M 会引起标记"x*"是非对称地因果依赖于标记"x*"与 P 之间的因果联系。

论 6.7

x* 表征 P，当且仅当，P 引起 x*，且 x* 与 P 协变。

关键的描述术语还是"引起"，因为它是因果性的，一边是指向外在事物属性的术语"x*"，另一边是物理对象 P。福多试图增加"协变"（co-vary with）来回应析取问题的诘难。试想将"x*"应用于中央案例 P与边际案例 M。"x*"对 M 的应用非对称地依赖于对 P 的应用，这会是：

---

① 参见 Dretske, F., 1988: *Explaining Behavior: Reason in a World of Causes*, Cambridge, MA: MIT Press.

①P引起标记x*；且

②如果P并不引起标记x*，M就不会引起；且

③如果M并不引起标记x*，P依旧会引起。

假设，我从远处看确实错将一匹狼当作狗，且有一匹狼出现使我想到"狗"这个范畴。那么此时的"狗"对我而言表征什么呢？情况应该是：

④狗引起"狗"的标记，且

⑤如果狗不引起"狗"的标记，那么狼就不会引起；

⑥如果狼不引起"狗"的标记，狗依然会引起。

尽管福多的非对称因果依赖的处理较为漂亮，但反驳意见也不少。综合各意见，最有力的主要是这样两类。

第一种意见是针对因果链的不确定性问题。任何心理符号总是携带着关于事件的信息，在导致心理符号的因果链中，你在哪里停下来，去确定后者的意义？就像在"狗"与狗之间，存在着一条长串的因果链，其中有一些媒介，比如，狗的外表、网膜映象、视网膜神经。我们想让"狗"意指狗，但很有可能实际上意指的是因果链中的一环，不是狗，而是模拟狗的形状所引起的网膜映象，或视网膜神经。这又怎么解释呢？福多引用心理学中的"知觉恒常性"①加以回应——我们的知觉机制的输出比输入更稳定。知觉状态对末梢对象的因果依赖，不会非对称地依赖于邻近刺激的因果依赖，换言之，先前固化的［"狗"—狗］的机制比起其他［"狗"—网膜映象］联系更可靠，心理内容上的考察要求"狗"意指狗，而非狗形的网膜映象。

因果链不确定的另一种可能性是"非心理干预"。我们一直认为"X"是某种大脑活动，比如某些神经元的放电。但是，一些干预措施，比如某类致幻剂或一些精心设置的微电极（像脑机接口、VR眼镜），可能会触发这样的大脑事件，而不考虑这些大脑事件与外部世界其他事件

---

① 知觉恒常性（perceptual constancy）指的是知觉在照度、距离和位置等发生一定范围的变化时，对物体的知觉仍旧保持恒定的心理倾向。知觉恒常性是格式塔心理学的一个重要原则，福多所谓的心理学经验证据皆借用了格式塔心理学的资源，格式塔体系的关键特征是整体性、具体化、组织性和恒常性。可参见

Fodor, J.A., 1990: *Theory of Content and Other Essays*, Cambridge, MA: MIT Press, p.190.

Fodor, J.A., 2008: *LOT2: The Language of Thought Revisited*, New York: Oxford University Press, p.126, 192. 不过要注意，福多在知觉层面上强调自上而下的约束，而在信念或语义层面上又是拒斥整体论。参见 Fodor, J.A., Lepore, E., 1992: *Holism: A Shopper's Guide*, Cambridge, MA: Blackwell.

的联系。如果基本上所有的大脑活动都是如此人为诱导的，那么似乎对于所有假定的心理表征，都将存在一些定律，如"微电极导致X"，而不依赖于"狗导致X"等定律。"如果是这样的话，那么非对称依赖的第二个条件将很少或永远不会得到满足，因此该理论与实际的认知科学实践几乎没有关联。"①

如果真如上述所言，就出现了不用P引起标记x*的情况，这个因果作用发生了，并且产生效果了。事实上，我们所假设的"狗导致X"的定律是由单一的视觉感官投射调节的，当然，也有其他感官。福多也可以回应对物体的感知涉及因果中介这一事实所带来的挑战。"微电极导致X"，而不依赖于"狗导致X"等定律，如果破坏狗引起"狗"定律，它就会因此破坏"微电极导致X"定律，但反过来，而破坏其他的定律，并不一定破坏［狗—"X"］定律（即，依赖性不对称）。

第二种反对意见由卡明斯（R. Cummins）以实证主义的方法提出。②为分析起见，现将"狗"换成"猎犬"，将"狼"换成"野狼"。

⑦如果猎犬没有引起"狗"，那么野狼也不会；

⑧如果野狼没有引起"狗"，那么猎犬也不会。

现在问：按福多的非对称的因果依赖性，在什么条件下，句⑦真而句⑧假呢？

先考虑句⑧的情况，野狼没有引起"狗"有两种方式：要么（a）野狼看上去像一只猎犬，但并未引起"狗"；要么（b）野狼看上去不像猎犬。如果（a）为真，那么猎犬无论如何都不会引起"狗"的标记，所以句⑧为真，但我们是想要句⑧为假，故无效。如果句⑧为假，就必定是（b）为真。那么：如果野狼看上去不像猎犬的话，那么即使野狼没有引起"狗"，猎犬仍会引起它们——这样使得句⑧为假。

再考虑句⑦的情况，猎犬没有引起"狗"会是：要么（a）猎犬看上去像狗，但并未引起"狗"；要么（c）猎犬以前就看上去不像狗（现在猎犬这个样子）。如果（a）为真，那么猎犬与野狼都没有引起"狗"，句

① Adams, F., Aizawa, K., 1992: "'X' Means X: Semantics Fodor - Style", *Minds and Machines*, 2, pp.175-183.
Adams, F., Aizawa, K., 1994: "Fodorian Semantics", *Mental Representations*, Stich, S., Warfield, T. (eds.), Oxford: Basil Blackwell, pp.223-242.
Adams, F., Aizawa, K., 1994: "'X' Means X: Fodor/Warfield Semantics", *Minds and Machines*, 4, pp.215-231.

② 参见 Cummins, R., 1989: *Meaning and Mental Representation*, Cambridge, MA: MIT Press, p.58.

⑦为真。但是前面已经论证如果（a）为真，句⑧为真，故再次失效。如果（c）为真，那就不会影响野狼与"狗"之间的联系——因此，句⑦为假。

上述分析的要害在于，假如猎犬与野狼之间的确具有很强的相似性，相对于"狗"这个通俗用法而言皆可适用，那就不必区分了，也就没有既使得句⑦为真又使得句⑧为假的情况出现，句⑦与句⑧所映射的客观情况都为真。这也就意味着，句④—句⑥的分析是无用的，因为按福多的理论，应该是"狗"意指狼（或野狼）。

另一个极端是按照专业的生物学分类方法质疑，"狗"与"狼"都是属于同一类（脊索动物门，哺乳纲，食肉目，犬科，犬属），现在选择其中一级，"狗"与"狼"都属于犬科或者动物，非对称依赖性是失效的。

然而，因果论可以回应，利用生物学分类方法对福多的质疑是无效的，因为现在讨论的是通俗的用法，不可能动则要求专家来进行严格区分。福多的理论要求的是，用非对称依赖性包裹的概念x*是语境不敏感。如，2012年新闻上曾经有过这样一个报道，山东枣庄发生了狼咬人的事件，某户人家的"哈士奇"宠物狗走失，因为形状与狼极为相似，被当作咬人的狼而抓获。不必区分学习概念与使用概念两个时期，对于心理表征与语词表征也是适用的。①而卡明斯的实证主义反驳恰恰抓住了通俗用法上基于相似性的犯错，这种混淆是通俗常见的，错误表征或析取问题正是在这个语境敏感的条件上提出的。所以有理由怀疑，如果一开始在标记"x*"的范畴上出问题，即便福多在论6.7中对"q"填入一种因果联系，并给出非对称的因果依赖性解释，也依旧无法解答心理范畴被错误分类的问题，就像句①—句③中的情况，很有可能M的标记"m*"是被错误划分到"x*"了。

三、目的论语义学

既然析取问题在信息因果的角度看很难解决，那么像米利肯（R. Millikan）、帕皮纽（D. Papineau）、谢伊（N. Shea）等目的论的支持者考虑的不是什么引起表征，而是考察表征的全部因果作用，尤其关心表征形成机制的生物学功能或者目的。"从科学哲学解释模型来说，目的论的

---

① 参见桑福德·戈德堡、安德鲁·佩辛：《关于心理内容的种种理论》，《心灵哲学》，高新民、储昭华编，北京，商务印书馆，2002，第814页。

解释模型是：A在环境E中采取B的行为，是因为B能够达到目的G。"[1]
其理论动机是，思想和身体一样是一个进化的系统，一个能够处理信息、设定目标和执行计划的系统。我们理应期望在它内部找到具有适当功能的运行机制——也就是说，应该是这样的系统以一种方式而不是另一种方式行动。从某种意义上说，它们之所以存在，只是因为它们在过去以一种方式而不是另一种方式行动，并被证明是成功的。我们很自然地认为，命题态度——特别是信念和欲望——将具有适当的功能，在我们的认知中以一种方式而不是另一种方式运作。欲望应该让我们采取行动，而信念应该在任何给定的环境中，通过提供对现实状态的正确表述，引导这些行动走向成功。

目的论的另一个动机是，生物系统使用的许多自然符号很少与它们所表征的现象同时发生，因为一个进化的特征并不一定总是或经常成功才能被选中。它只需要赋予拥有它的生物某种优势。这种解释可以在析取问题上取得一些进展。假设一种地鼠使用某种警报信号来警告潜在的捕食者——鹰。针对鹰的叫声的反应多半是虚惊一场，有可能是由任何从头顶飞过的大鸟触发的。因为地鼠在树下躲藏的代价很小，而在有老鹰靠近的情况下，收益就非常大了。宁可无谓地躲藏多次，也不要冒险在该躲的时候不躲，否则结果肯定会被吃掉。因此，就传递的信息而言，这一警报信号似乎只是"大鸟"的意思。但是，当我们考虑地鼠叫声在生活中所起的作用时就会发现，只有当它传递着老鹰在上面的信息时，才会选择用来发出警报。

一个有机体是有目的的，意味着该有机体具有某种动机，一个心脏有泵血的功能就是说这个心脏为了泵血或心脏的存在就是为了泵血以供有机体使用。目的论者采取更自然的生物学方式来处理析取问题，认为因果协变论的错误表征应该是在进化过程中形成的。"P引起x*"是因为，知觉表征的内容是当知觉系统执行它的内容时，能引起知觉表征的任何东西，或者，当条件最适宜发挥其功能时引起。那错误表征就是进化的副产品，或者是祖先遗留下来的产物不适用于当下环境。

可采用以下形式表示：

论6.8

x*表征P，当且仅当，x*是由进化所设计定型，并展示了正常环境P。

① 张志林、张华夏编：《系统观念与哲学探索：一种系统主义哲学体系的建构》，北京，中国社会科学出版社，2020，第158页。

或

论6.8.1

x*表征P，当且仅当，有机体拥有x*的目的（功能）用P展示。

论6.8先给出"进化"解释，因为人类心智跟身体一样是一种进化而成的系统，"正常"形成条件是由生物体进化的历史实现的。该生物体使用的符号"x*"与其表征的环境P很少共同发生。在论6.8.1中，我们将进化替换为目的，展示生物学的目的论，人和自然界的万物都有其固有的目的，而某个功能也是进化的产物。心理语义规范至少在一定程度上依赖于功能规范。功能通常被认为在某种意义上既是目的论的又是规范性的，但"目的论的"和"规范性的"都需要再加以限定。用索伯（Sober，1985）的话来说，远靖功能主义"把功能放回功能主义"①。它采用了一种"正常"或"适当"功能的概念，这种概念被认为是目的论的，因为它是一种关于某物用途的概念，它的作用是什么。我们的疼痛具有正常或适当的功能，是由身体损伤引起的，并引起某些其他内部状态和运动输出。米利肯、帕皮纽、谢伊的目的论有各自的哲学旨趣，我们可以区别对待。

（一）信息目的论语义学

按照析取问题，如果某物具有指示另一事物的功能，那么它就应该指示它，但是因为物品并不总是执行它们的功能，所以也有犯错的余地。信息论语义学是很难回答的。德雷茨克（Dretske，1986）从生物学看到了希望，并尝试将信息论与生物学的目的论相结合，这就是信息目的论语义学（Informational Teleosemantics）。这个理论转变的初衷是，我们在寻找"大自然犯错的方式"。他用生活在海洋中的厌氧细菌的例子来说明这个问题，这些细菌有微小的磁铁（磁小体）被磁极北极吸引，这可以引导细菌向下进入海底相对无氧的沉积物。磁小体的功能似乎是引导细菌进入厌氧状态。如果我们拿着一块磁铁在旁边"愚弄"细菌，让细菌向上走向死亡，这看起来就像一个自然歪曲的案例。用德雷茨克的话来说，问题在于我们不确定应该如何描述磁小体的功能。我们可以合理地说，它们具有指示无氧沉积物的功能；也可以合理地说，它们具有指示地磁甚至局部地磁北极的功能。如果说的是后者，错误表征是不可能发生的。因此德雷茨克的初步结论是，根据他迄今概述的理论，我们不能

---

① Sober, E., 1985: "Panglossian Functionalism and the Philosophy of Mind", *Synthese*, 64, pp.165-193.

把析取问题视为一个明确的错误案例。

但这在另一方面也揭示了目的论的"功能不确定性问题"（the functional indeterminacy problem），磁体例子可以用来说明其中的几个问题。譬如"远端内容问题"（the problem of distal content），心理表征如何表达世界的远端特征，而不是更近端的携带信息的事物。该问题是这样的：假设我们有一个简单的系统，它只有一种方法来检测环境中某些特征的存在，如厌氧细菌只有一种检测厌氧条件的方法。在这种情况下，如果内部状态指示了远端特征（厌氧条件），它也将指示更近端的特征（局部磁北），因为内在状态是通过指示后者来指示前者的。德雷茨克进一步指出，即使一个生物有几种方法可以探测到一个给定的远端特征，例如，细菌也可以通过光传感器探测到厌氧条件，这里仍然会要求有一个更近端的特征的分离，这样一来它仍然可以算作具有指示更多近端的特征分离的功能。

这一现象在自然界是普遍存在的，那分离是后天学习的还是先天赋予的？很大可能是后天的，能够表示确定内容的生物必须能够学习到同一远端特征的任意数量的新认知路径。相关的表征是通过条件反射来表示远端特征，而不是更多近端特征的分离。然而，这种学习机制的存在是否真的能解决远端问题还存在争议。

（二）"欲望优先"版本的目的论语义学

帕皮纽认为，生物功能正是日常信念欲望的成真条件，而这种讨论所针对人类心理表征的解释需要涵盖整个人类认知，因此又可称为"自上而下"[1]的考察。按他的说法，"欲望的表征力是优于信念的"。[2]所以他的理论又称为"欲望优先"版本的目的论语义学（"desire-first"version of teleosemantics）。一种信念殊型表征的真值条件要求前提蕴含一种欲望殊型表征被获得，因为是生物的功能或目的生成该条件的。如果援用上述方式，可将帕皮纽的理论概述为：

论6.8.2

x*表征P，当且仅当，有机体基于x*的当下行动会满足目的P。

P是欲望带来的特定功能（specific function）。当我们讨论人类整个决策系统时，其"整个的生物学功能是，产生引起生物学上适当结果的

---

① McDonald, G., Papineau, D.(eds.), 2006: *Teleosemantics: New Philosophical Essays*, New York: Oxford University Press, p.5.

② Papineau, D., 1993: *Philosophical Naturalism*, Oxford: Blackwell, p.62.

行动。……我们的欲望会在不同时候随行为不同而有不同结果。……我们的信念在任何时候选取最有效意义时也会不同"。①更详细地说，这个理论是这样运行的。根据帕皮纽的说法，欲望的满足条件是"欲望的生物学目的所产生的效果"。②他的意思是"过去的一些选择机制偏爱那种欲望——或者更准确地说，形成那种欲望的能力——因为欲望产生了那种效果"。③因此，我们的欲望具有带来特定条件的功能——要么是在遥远的过去增强我们祖先适应的条件（如果选择机制是自然选择的话）；要么是在最近的过去构成对我们奖励的条件（如果选择机制是一种个人学习的机制的话）。这些条件就是我们欲望的满足条件，就是欲望版本提供的内容。假设我肚子饿了，想满足食欲就会去打开冰箱看有没有食物，这种欲望与某种信念相配合，促使我去看冰箱，因为"相信冰箱里有食物"，这是保证我获得食物的欲望会被我的行为所满足的条件。于是，信念的真理条件（大致）可以等同于保证基于该信念的行动将满足与之相一致的欲望的条件。

帕皮纽理论的两个部分都受到了批评。针对他对欲望内容的描述，批评者提出了两种主要的反对意见。

首先，欲望以 p 作为满足条件，但似乎欲望不可能具有实现 p 的功能。如反例一，完全新颖的欲望，比如老王想他坏掉的手机埋在一棵菠萝蜜树下的欲望，这种欲望缺乏选择的历史，因此，从表面上看，没有功能。反例二，有机体（如人类身体）可以有不增强健康或无回报的行为的欲望，如自杀的欲望，以及不能给自己带来满足的欲望，如对晴天的渴望或改变过去的渴望。为了回应这些反例，帕皮纽认为可以诉诸欲望的组合性。一旦一些基本的欲望和信念有了内容，构成这些态度的概念也获得了内容（由于它们在这些态度中所扮演的角色），然后这些概念可以重新组合，产生进一步的欲望，这些欲望可能是完全新颖的，不能促进自身的满足，或指向既不增强健康也不有益的行为。但是，这个解决办法必须详细说明，才能完全令人信服。简言之，一旦一些基本的欲望和信念有了内容，构成这些态度的概念也获得了内容（由于它们在这些态度中所扮演的角色），然后这些概念可以重新组合，产生进一步的欲望，这些欲望可能是完全新颖的，不能促进自身的满足，或指向既不增强健康也不有益的行为。但是，这个解决办法必须详细说明，才能完

---

① Papineau, D., 1993: *Philosophical Naturalism*, Oxford: Blackwell.

② 同上，pp.58-59.

③ 同上，p.59.

全令人信服。

第二条反对帕皮纽的意见是，欲望的内容高度不确定，如欲望有级别的高低之分，我对食物的欲望通常会引起一系列的反应：某些身体动作的发生，食物的摄入，营养的吸收，最终，我的生理健康增强了。可以说，所有这些事件都可以被描述为"欲望的生物目的所产生的效果"，因此，这个理论似乎并没有赋予我的欲望一个独特的内容。后来帕皮纽的回应是，欲望的内容是由它的"特定功能"决定的，将之描述为最低水平上产生的直接效果，在功能分析中它作为一个未分析的成分出现。这一举措排除了诸如"我诱发了营养的吸收"或"我增强了我的生物适应性"（对于欲望，即假设的对食物的欲望）等内容，但它是否成功地完全解决了不确定性问题是有争议的。

（三）适当功能的生物语义学

相比之下，米利肯的目的论则采纳生物学系统的烦琐项目，其出发点考虑的则是"在简单的非人生物中，对危险或食物的原始生物学表征"。①

米利肯的主张有两个：②

主张一，所有表征，本质上，是由一个生产者传递给一个或多个消费者的信息。表征位于二者中介。

（1）应该生产的生产者系统；

（2）以特定方式回应一个或多个消费者系统。

主张二，每一个表征都属于一组相互关联的表征。

此集合的表示必须以系统的方式与某些其他（通常是外部）状态相对应，以便使用者能够执行其适当的功能。

（1）生产者P发送给消费者C的每个表征R，都属于可以发送给C的P的一组相关表征。

（2）这个集合的每个表征，如果它是殊型的，必须"映射到"（对应）特定的事态，以使C正常工作。一个表征必须映射到的特定状态当然是被表征的事态，即这个表征的内容。

---

① McDonald, G., Papineau, D. (eds.), 2006: *Teleosemantics : New Philosophical Essays*, New York : Oxford University Press, p.6.

② Schulte, P., Neander, K., 2022: "Teleological Theories of Mental Content", *The Stanford Encyclopedia of Philosophy* (Summer 2022 Edition), (2022-05-26) [2023-10-30], Zalta, E. N. (ed.), https://plato.stanford.edu/archives/sum2022/entries/content-teleological/.

米利肯提出一个核心概念——"适当功能"（proper function）。这是一种规范性概念：一个功能F是适当的，如果F是由进化设计定型的。对这个F可以分为三重意思①进行理解：

第一，任何有机体都会做许多事情，但不全都是其适当功能的展现。一方面进化有可能伴随着副产品，如一个心脏泵血；它也产生心跳声，引起心电图波动，还会心律不齐。另一方面要注意仅有泵血的功能才是心脏现在存在的目的，这也就意味着在任何情况下进化的F都是必然起作用的。

第二，一个有机体即使它不曾或从未展示过F，F也能够是适当的。比如鱼类繁殖时，雌鱼将未受精的卵产在水中，雄鱼将精子排在水中，卵细胞与精子在水中相遇完成受精，从而繁殖后代。但能完成受精作用的很少，为避免绝种，雌鱼排出的卵会有很多。虽然F不必然起作用，但F也可能通过其他的方式进行展示。

第三，一个有机体可以拥有适当功能，也可能有时无法适当展示。如先天性心脏病，在胚胎发育时期，心脏及大血管的形成若受阻时，则会引起局部的解剖结构异常；或婴儿出生后心脏本应自动关闭的通道却未能闭合。这会在临床上表现出心功能不全、发育不良等症状。这样就意味着在任何条件下功能F也不一定能够起作用，由此也可以解释反常功能、功能故障、功能紊乱、功能损伤等问题。

这样的功能就是"适当功能"，是"按设计展示的"规范性概念，简化为以下表达式：

论6.8.3

x*表征P，当且仅当，有机体拥有x*的适当功能以P展示。

我们可以说"自然选择"是一个盲目的机械力所致，当然也是由生物生存的本能所致。"设计"不应被视作先天的本能，而应被视作由经验所调整的，可以在规定方式的经验中学习的，那么在这个意义上，"进化设计"所确定下来的应该是有机体中各系统的基础设计方案，而非学习方法。一个不太恰当的比喻就是，计算机程序设计的C语言中，最基础的算法是确定的，而运算过程与建基之上的数据结构可以是灵活的。再比如有些基础的设计方案使得人类的认知系统中具有语言学习的倾向。换言之，功能F起作用的方式就是先天的，而功能起作用这个过程本身就不是先天的，可以在经验中调整。所以，支持学习方案的适当功能也可以不是先天的，而是可经验调整、学习可得的。由此谈论另外一个"正常功能"的概念进行对比就比较明显。"适当功能"是一个规范性概念，而"正常功能"是一个描述性概念。一个功能F是正常的，仅当F是进化设计的，并且可以在学习中重塑。"适当"与"正常"一样在关于生物功能上既有规范的又有历史的解释。

可以看到，目的论将表征的成真条件置于进化路线，迎面而来的冲击便是"沼泽人"（swampman）思想实验[①]，这个用来直接攻击"进化"概念的沼泽人明显是缺乏进化历史的。

（四）任务功能的变种语义学

尼古拉斯·谢伊（Nicholas Shea）于2018年提出一种新版目的论——变种语义学（Varitel Semantics）。在米利肯和帕皮纽的基础上，谢伊提出多元主义（Pluralism）。多元是为了"给表征松绑"，如表征的实在论、功能的多元论，以及简化行动（把个人层面的表征放在一边）。这样也就蕴含内容的外在主义（Externalism）。谢伊的核心概念是集中在功能多元上，塑造了一个"任务功能"（task function）。

论6.8.4

x*表征P，当且仅当，有机体拥有x*的任务功能以P展示。

内容是由任务的稳定性和鲁棒性（robustness）构成的功能。根据谢伊的说法，任务功能有三个特征，这三个特征通常在自然界中同时存在，它们与"结果"的产生（运动、行动或行动的结果）有关。更具体地说，表征系统产生的结果是：（1）鲁棒性，（2）稳定性，（3）它们是由"内部组成部分与环境的相关特征处于可利用关系"的机制带来的。[②]

让我们依次看看这三个特征。

首先是鲁棒性，结果F的产生应该是鲁棒的。这意味着F是（a）"对一系列不同输入的响应"和（b）"在一系列不同的相关外部条件下"所产生的。根据问题范围的不同，F的产生可以被描述为或多或少的鲁棒。特别重要的是定义（a），因为它的要求足以完全排除某些结果。例如，如果一种植物的花朵闭合只是对温度变化的反应，那么花朵闭合的行为就不能称得上是一个稳健的结果。然而，如果植物闭合花朵也是为了响应其他输入，例如光照水平的变化，那么这种行为确实被视为（最低限度的）鲁棒。

其次，系统S产生结果F应该是通过一个自然选择的过程，如一个个

---

① 参见 Davidson, D., 1987：" Knowing one's own mind", *Proceedings and Addresses of the American Philosophical Association*, 60, pp.441-458.

② Shea, N., 2018：*Representation in Cognitive Science*, Oxford：Oxford University Press, pp.51.

体学习的过程，或者通过对S的生存有贡献而稳定下来的。换句话说，F必须是S的一个病因功能，尽管应该注意到，谢伊扩展了可以建立这种功能的过程，除了自然选择和学习，还包括过去对生存的贡献。此外，谢伊允许表征系统可能具有设计功能而不是稳定功能，因此稳定对于表征来说不是严格必要的。

最后，通过系统S产生结果F必须包含一个内部组件（载体）的机制，该机制与环境特征具有可利用的关系。在许多情况下，所涉及的可利用关系是信息性的：机制的内部组件携带有关环境的信息。在其他情况下，可利用关系是结构对应关系：机制的内部组成部分彼此之间的关系是外部世界实体之间的"镜像"关系。此外，可能还存在其他类型的可利用关系。这种关于构成表征性内容的关系的多元性是谢伊将其方法命名为"变种语义学"的原因之一。

谢伊的方法非常吸引人的一个方面是，他密切关注表征的解释性作用，并为他的理论可以解释表征属性的"解释性购买"（explanatory purchase）的主张提供了详细的论据。另一个潜在的优势是，谢伊不依赖米利肯的生产者—消费者模型，而生产者—消费者模型长期以来在目的性语义学文献中占主导地位，是采用一种更灵活的框架，允许高度互联的表征系统，不能被清晰地划分为子系统。如此一来，目的论的功能不确定问题就可以容纳进来。

（五）对目的论的质疑

第一，功能不确定。类似错误表征问题应该是在自然选择的进化过程中形成的，但福多认为该问题对目的论是个致命伤。在青蛙的视觉系统中，存在着这样一些细胞，能够专门对既小又黑，且快速运动的对象（如苍蝇）做出反应，并且它发动各种追捕、取食的行为（如伸舌）。把反应细胞当作符号的例示，那么符号的意义就可说是像苍蝇或类似苍蝇的东西，这样的直观是目的论者同意的。然而，如果该视觉细胞的功能不是分辨苍蝇，而只是分辨既小又黑，且快速运动的点（如蜜蜂甚至子弹）。碰巧，这样的分辨器对于青蛙而言就有进化上的优势。在正常环境下，大量飞过的黑点对它们而言就常常是苍蝇。但这不要求青蛙的视觉细胞是苍蝇分辨器。也就是说，只要求在自然选择过程中，苍蝇或运动的小黑点其中一种实际被成功捕食到就行。而问题明显是，依据如此析取的青蛙怎能成功存活下来呢？

第二，沼泽人。如前所述，当沼泽人出现时，他是戴维森在某个时间点 t 的一个共时（在某个时间点，但不随时间延长）物理副本。两者之间的关键区别在于，沼泽人的历史与戴维森的历史截然不同，因为他的存在纯粹是基本粒子碰撞的结果。重要的是，他是凭空的，从未参与我们的进化，显然没有自己的进化史或发展史。他也不是上帝创造的，也不是机器复制的。相似之处不过是惊人的巧合。沼泽人的设计外观具有欺骗性，因为他绝不是从任何设计过程中衍生出来的，无论是自然的还是有意的。根据病因学理论，沼泽人的组成部分没有功能；根据精神内容的目的论理论，他的大脑状态类似物没有内容。

针对这种思想实验，目的论者有两种基本策略。一种是对沼泽人有意识状态的要求松绑。譬如谢伊对"沼泽人挑战"的回答是，反对内容部分由历史决定，这就缩小反对的范围，然后接受结果，提出一个积极的论点：在这些简单的系统中，内容应该部分取决于历史。反对的范围在两方面有所缩小。一方面，沼泽人并不会缺乏内容或意识状态或思想。个人层面的表征状态的内容可能确实是历史固定的。另一方面，因为即使在我们简单的案例研究中，一旦系统有机会与其环境交互，一些内容也会很快建立起来。另一种策略是认为直接不接受沼泽人的思想实验带来的直觉，无论如何都不能证明目的论是错的。

第三，复杂概念与能力。对目的论意旨的最有力的反对意见，也是最难评估的，是不清楚这些理论如何解释我们最复杂的概念和认知能力。当然，其实这个问题对所有的自然化内容理论都是一样的，是否能清楚地说明我们如何思考民主、美德伦理、独角兽、AI？内容的目的论的一个明显问题是，不存在的事物不能在自然的选择过程中发挥任何作用。另外就是因为它们在我们的环境中无处不在，它们不能凭借一些简单的选择性故事就有资格成为表征的内容。

目的论在论 6.4 中隐含着"应该"一词，这是由进化论的论证所蕴含的结论，但也恰恰表明生物学功能本质上是不确定的[1]。目的论对论 6.4 的 "q" 填入的是一套生物进化系统，而我们也要看到心理学并不是历史科学[2]，心理学关注的是进化设计定型的功能在当下如何展示为正常功能的适用方式，即我们的心智当下处理或获取知识的方式，这并不是过去时。依据青蛙的例子，我们追问：它们的功能是表征苍蝇，还是表征关

---

① 叶峰：《当前表征内容理论的难点与一个解决方案》，《外国哲学》2008 年第 19 期，第 1—30 页。

② Botterill, G., Carruthers, P., 1999: *The Philosophy of Psychology*, Cambridge：Cambridge University Press, p.174.

于苍蝇或者蜜蜂这类范畴呢？当下如何区分这些范畴呢？因果协变论对语境并不敏感，目的论同样也显然无法给出回答。

有评论认为，目的论的真正价值在于为指称内容的理论提供真实、正确或满意的条件等，而非认知内容或MOP。[1]如果这样的话，就不满足我们所要求的MCP三件套。

四、功能角色语义学

功能主义阵容庞大，有推论角色语义学IRS，有概念角色语义学（Conceptual Role Semantics，CRS）[2]，指概念"知道如何（能够）做某事来提供关于知道（或相信，或说出）事情是如此这般的说明。它从在使用表达式以及获得和配置信念的实践中所隐含的东西这一方向出发，探讨概念清晰的命题或原则的内容。……总之，通过行为来解释内容，而不是相反"，[3] "理解一个概念也就是掌握一个语词的使用"。

与IRS同属一个阵营的有概念角色语义学。表征往往是通过在认知过程中起因果作用而落实的。某人的思想属于整个因果网络，我们可以通过某一个状态的角色或作用R来锚定其内容。这样说来，功能角色实质上就通过因果作用进行解释，按照因果论，某一个心理状态成为表征，并且通过因果作用而拥有其内容。于是每个概念A，都拥有一定的功能角色F或作用R，主体关于A的命题态度都是拥有R的状态类型下（因果网络中的）殊型，概念A的呈现模式m_1与共指称的概念B的呈现模式m_2，二者的区分就是体现在因果力的不同。我们可整理成如下论证[4]：

---

① Schulte, P., Neander, K., 2022: "Teleological Theories of Mental Content", *The Stanford Encyclopedia of Philosophy* (Summer 2022 Edition), (2022-05-26) [2023-10-30], Zalta E. N. (ed.), https://plato.stanford.edu/archives/sum2022/entries/content-teleological/.

② 也有程序语义学，许多人称功能角色语义学，这里不做区分，参见 Field, H., 1977: "Logic, meaning and conceptual role", *Journal of Philosophy*, 69, pp.379-408.
Harman, G., 1937: "(Non - solipsistic) Conceptual Role Semantics", *New Directions in Semantic*, Lepore, E.(ed.), London: Academic Press, pp.55-81.
Block, N., 1987: "Functional Role and Truth Conditions", *Proceedings of the Aristotelian Society LXI*, pp.157-181.

③ 〔美〕罗伯特·B.布兰顿：《阐明理由：推论主义导论》，陈亚军译，上海，复旦大学出版社，2020，第3-4页。

④ 哈尼什将该图式划入LOT内考察，这里认为并不恰当，有部分改动，参见〔美〕R.M.哈尼什：《心智、大脑与计算机：认知科学创立史导论》，王姝、李鹏鑫译，杭州，浙江大学出版社，2010，第186页。

论6.9

1.如果作用 R 属于命题态度语句中的句子表征，那么，它的内容就由与 R 相关的推理关系决定，如：

（1）由"作用 R"，推出……；

（2）由……，推出"作用 R"。

2.通过与作用 R 相关联的具体推理关系来确定 R 的具体内容。

3.如果作用 R 属于命题态度语句中的表征，如概念，那么，它的内容就由其整个思维的表征系统中所分担的角色来决定。

这可以是功能主义论证的一个前提，关于心理状态的功能主义是普遍的，也体现了作为心灵哲学弄潮儿的"功能主义"的本色。如"水龙头"的功能就是通过开与关控制水的流量，"茶壶"的功能就是泡茶。"思想的内容是由其概念所建构的，而概念的内容则由个人心理学的功能角色所决定。"[1]有角色体现也就有落实者（realizer），这也是功能主义多重可实现的重要特征，单个心理状态、属性或事件可由多个物理的状态、属性或事件来落实。像关于"猫吃老鼠""老鼠吃大米"的信念内容也就处于相互联系的因果网络中。我们区分因果网络的表征，是通过具体说明可能的原因路径到其系统中的发生，还有到发生的可能的结果路径。若限制发生在系统内的心理状态之间以确定因果关系，则称为窄的或短臂的（Narrow/Short-armed）CRS；若将因果链延长至远端环境或社会文化，则称为宽的或长臂（Wide/Long-armed）CRS。布洛克（N. Block）就提出二元版本，意义有两个成分，一个完全"在头脑中的"（in the head）概念角色成分，在推理等思维过程中起因果作用，联结其他语句一并调节着感觉输入与行为输出；一个属于外部成分，要利用头脑各表征之间的关系，还利用到指称与（或）世界表征的真值条件。

一个概念角色如何于主体的思维过程当中发挥作用？比如说，小明看到不远处有只狗，在心理上会有这样的想法，有只狗在附近，引起了他的恐惧，而事实上并没有这样的效果，不是因为他相信狗是危险的，而是小明小时候被狗吓过。那么，是否这样的效果就可归属于他所包含的同一性思想呢？以这样的方式，如果以相同的"那只狗很危险"表达并不使你感到威胁的意思，那么我们就不拥有相同类型的思想。

比如分析"黑狗很危险"，按照 CRS 的分析，是作为"黑狗是一种动物"的推论结果。同样的，"黑狗不危险"是倾向于作为"黑狗很温顺"，

---

① Harman, G., 1987: "(Non-solipsistic) Conceptual Role Semantics", *New Directions in Semantic*, Lepore, E.(ed.), London: Academic Press, p.55.

还有"黑狗不温顺"的推论结果。"黑狗危险吗？"又可能是作为"动物危险吗？""黑色的动物危险吗？"的推论结果，这种推论可以无限延长。

关于"黑狗"这个概念角色只是作为整个心理系统当中的子集，换言之，某个心理内容的原因与结果应该放在整个主体的思想系统中考察。如果研究前面论6.9就会发现第1个前提的两个子前提是循环的，这就提出了另一个问题：一个指称过程是什么？怎样从认知转换的其他类型中来区分推断？例如"白狗"与"黑狗"是否一致，按CRS，二者的概念角色应该是一样的。布洛克坦言，显然在推理当中，我们的确会拉入许多不想要的东西，但要是推理链够长的话，你与我之间在"从 x 到 y"之间推理的重要方面应该都会是一样的①。

简而言之，在概念角色语义学这里，如果MOP是概念角色，那么一个概念的指称就可以根据它在信念网中所处的位置来确定，享有位置则可以具有因果力，从而使得命题态度有效。两个共指称的概念不同，它们所起的因果作用也不完全相同，所以对同一认知主体而言，信念状态也不会完全相同。

（一）能力优先

第二章时，我们已看到福多反对皮考克关于概念的能力观，因为能力观造成的直接影响是，心理表征在解释上毫无用处。这涉及相应的语言能力问题，达米特的观点很明确，心理表征观可以将语句翻译为第一语言，但将第一语言翻译成先验语言却难以置信。在概念问题上也一样，要么无穷后退，要么先天具有，这都无法令人满意。不过能力观对语言生成的解释力不足，对语言操作的讨论更是少之又少。

皮考克方案的一个缺陷便是，就概念研究来看，我们原本是寻求某种心理学解释，但皮考克找到的是知识论处理方式。这种批判主要来自福多，因为皮考克偷换了心理学的"概念表征什么"—知识论的"能力组成概念"这样的论题转换。知识论方案与心理学方案的优先性问题则成了新近争论的焦点②。

按概念实用主义的标签，概念的持有条件实质上是规范性条件，并优先于意向性条件，所以，概念实质上是一种理性的能力。拥有一个概

① 参见 Block，N.，1994："Advertisement for a semantics for psychology"，*Mental Representation：A Reader*，Warfield，T. A.，Stich，S.（eds.），Cambridge，MA：Blackwell，p.94.

② Rives，B.，2009："Concept Cartesianism，Concept Pragmatism，and Frege Cases"，*Philosophical Studies*，144，p.221.

念就是能够将该概念应用于对象中，对它推理、分类等等。但是，这样的话，IRS就是一种循环论证，以前面图3-2的"合取"为例，当我们要学习"合取"时，学习到什么呢？一无所有，我们根本无法学习到"合取"，因为它是"原初强制"的推论，所以，除非我们一早已知道"合取"是什么，否则没人可以学习到"合取"。归根到底，问题还是论6.9前提1的循环反复，通过因果作用推出表征内容，通过表征内容又可推出因果作用。

另一个例子是分类，"红"的概念持有条件就包含了能够区分出红色的东西与非红色的东西的一种分类能力，相应地形成"红"的信念状态，但是，你也无法学习到"红"。因为学习"红"是什么时，我们就尝试应用"红"到它的外延上，区分出"非红"的东西；但是，"原初强制"的推论使得我们一早就知道了"……为之红""……的颜色是非红的"，这样说来，你根本不用学习到"红"，陷入循环。皮考克首先的回应是理论的建构并非知识论的优先性，即能力优先于概念是个误导。因为在图3-1中，他已一并给出了概念、概念条件与语义值。如图3-2的合取与理性的第二条原则所表示的那样，关于真的彻底判断（outright judgement）可以在不提及能力的情况下被解释，规范条件即是在这个意义上求真。既然能力与概念无优先性，一切都依赖于理性的第三条原则，所有的蕴含关系都是先验的。这造成"皮考克（时常）坚持促成信念的理由是先验的，我（福多）认为这在实践上总是后验的……"[1]福多也坦言，皮考克在概念个体化上的解释是正确的，即如果说作用属于命题态度语句中的表征，那么，它的内容就由其整个思维的表征系统中所分担的角色来决定。但问题还在：既然能力与概念无优先之分，那也就是循环。

这的确是个致命性打击。因为皮考克也承认这种分类是循环的，并且本身就无法解释[2]。除非给出先验论证，否则只能尝试从知觉经验角度给予回应。他首选后者，因为他在非概念内容理论上也经营多年。举出先验同一的概念为例子，如同我们前面曾提到的等边三角形例子，皮考克也提出"等边的直角四边形的对边的平分线对称"与"等边的直角四边形的对角的平分线对称"，这两个先验共存的属性，在两个具体环境下

① Fodor, J.A., 2004: "Reply to commentators", *Mind & Language*, 19, p.105.

② Peacocke, C., 2004: *The Realm of Reason*, Oxford: Oxford University Press, p.89.

被直观看到时，这个三角形会显示出不同的知觉经验的非概念内容①。知觉经验的表征内容具有适当性、精致性与境遇化（situated）特点，他利用现象学论证，窗的高度与门的高度、地毯的蓝色与羊毛的蓝色不一样。当我们知觉到高度或颜色的属性时，我们所看到的不是两对象共享的属性，而是各自依赖于对象本身。它们是不是相同高度，同一种蓝色呢？若采用科技手段，我们可以测量各自的波长，测量门与窗的高度，但是这种方法并不会告诉我们原初的知觉经验内容，因为这已经是一种新的测量的经验。换言之，颜色、高度的知觉还是依赖于原初的对象。经验到两个先验共存的概念，在对其区别或分类时，是不一样的，即不同经验会导致不同知觉概念的个体化"正方形"与"对称菱形"。角平分线对称可以给出理由以应用第二个概念"对称菱形"到对象上，而不是自身应用第一个"正方形"到同一对象上。在这个意义上，不同知觉概念的个体化就不同，因而分类也就不会陷入循环当中。

如果皮考克的回应是可行的话，那么我们至少可以相信，循环论证在知觉经验的情况下可以避免，知觉概念的个体化不尽相同。

（二）整体论

前面分析心理内容的自然化理论时，我们并没有把CRS或IRS列为其中一个理论，主要原因在于它们并非因果论与目的论的直接竞争者，所关注的也不是同样的问题。它们专注于一个指称的真值条件，如外部对象怎样成为头脑内部运行的事件这类问题。前面也提到，IRS的关键问题是，怎样才能算作是一个概念角色的同一性与差异性。因为它承诺了语义的整体论，将不同个体的特定状态看作是拥有表征内容的状态，这就要求所有的状态都拥有相同的功能角色。如果内容由所有的表征的推论关系确定，则为（强）整体论；若内容由一些其他状态确定，则为（弱）整体论，又称语义分子论。如张三与李四都相信"王五的文章写得很好"，所以两人的因果作用是一样的。但是，假如与此同时，张三相信"王五是个自大的人"，李匹相信"王五是个啰唆的人"，那么添加了两个因果作用，心理内容就可能不一样，在认知或知觉能力上就不一样。一

① 皮考克在非概念内容问题上的相关论述可参见

Peacocke, C., 1992: "Sense and justification", *Mind*, 101: pp.793–816.

Peacocke, C., 2001: "Does perception have a nonceptual content？" *The Journal of Philosophy*, 98, pp.239–264

皮考克·C.：《为非概念内容辩护》，田平译，《世界哲学》2002年第3期，第9–14页。

个信念的内容取决于该有机体的其他一切信念。因此，张三与李四两个人若出现一个信念的差异，相关的概念角色就可能不同，所表达的意思也就不一样[①]。

IRS可以回应，不同人的信念内容可以具有稍微不同的因果角色。功能角色是功能上潜在的，相同的条件集合可以适应现实中信念不同的人。如"王五的文章写得很好"的信念内容不作为张三与李四内容差异的必要基础。不过这个回应也遭到福多的反驳，所谓核心信念与边缘信念之间能够区分的难度是相当大的[②]。例如，水是无色无味的液体，组成这个核心信念的因果链有很多，清洁工人、家庭主妇并不需要知道氢与氧化合能生成重水，也不必知道从D_2O与H_2O之间的区分中推论出水属于H_2O，他们只要知道无色无味的液体就是很干净的意思即可。

IRS还可以这样回应，不同功能角色的相同内容主张，这样的信念是非内容的同一，它是强的内容相似。这里就得注意，信念的同一过程并非二元概念，而是从完全不信，到部分相信，再到完全相信的变化[③]。这个回应的强度依赖于主体能力，张三与李四的信念，拥有相同内容，而同时又认识到理论上要限制，功能角色的差异规定了内容的差异。这又回到前面一节的问题上来。

（三）合成性问题

IRS面临违背合成性的危险[④]。普遍认为，语言与思想本质上要求解释人类怎能获得许多复杂思想，为何能在基本简单的句子上习得对复杂句子的理解？IRS威胁这条原则，按福多与勒柏的说法，非惯用表达的复杂的概念角色不是常常作为成分的概念角色的操作。

因为意义是合成性的，IRS没有合成性，所以意义不可能是IRS所描述的那类东西。福多他们要求的合成性包含了生成性与系统性。每种自然语言都是在有限的、原初的词汇与句法建构原则系统上发展出来的。如下例子：

"黑狗很危险。"按照IRS就可分析成：黑狗→很危险。同时呈现如下形式：

---

① 参见高新民、刘占锋：《意向性·意义·内容——当代西方心灵哲学围绕心理内容的争论及其思考》，《哲学研究》2003年第2期，第86—91页。

② Fodor, J.A., Pylyshyn, Z. W., 1988: "Connectionism and cognitive architecture", *Cognition*, 28, pp.3–71.

③ Cummins, R., 1989: *Meaning and Mental Representation*, Cambridge, MA: MIT Press.

④ Fodor, J.A., Lepore, E., 2002: *The Compositionality Papers*, Oxford: Oxford University Press.

（1）（"黑"∧"狗"）→很危险；

（2）（"黑色的动物"∧"非黑色的狗"）→很危险；

（3）（"黑色的猫"∨"黑色的牛"∨"黑色的马"）∧（"白色的狗"∨"灰色的狗"∨"棕色的狗"）→很危险。

……

这样就要求有个无所不知的全能上帝，普通人无法符合这个要求，所以 IRS 是错的。皮考克也承认思想的合成性特征，但他的回应是，合成最底层的那个最初的来源是可以争论的，它有可能来自于"组成概念内容的先验特征"。[1]然后再利用主体的认知能力进行推论，能力不可分解，但这也不意味着就该像福多所认定的那样概念是不可分解的。所以，要害还是在于概念的分解得回归指称层面，甚至语义值层面来进行解释。

例如，对复合概念"黑狗"就可以分析成由"黑"A 合取"狗"B 组合而成（A∧B）。某个实体（或对象）要成为"黑狗"（A∧B）的语义值，基本条件就是要保持住这样的关系 R：概念"黑"A 的语义值与"狗"B 的语义值之间保持某种关系 R。首先，我们就要解释识别能力怎样确定概念的持有条件。识别能力有助于概念的个体化，你可识别出"狗"，还拥有隐知识，如"这是狗"指的就是它是其他人也可识别的相同的那类动物。其次，解释这个条件在确定某物成为概念的语义值起作用。对于"狗"而言，满足它外延的对象就是普遍可触发识别能力的那类东西，并且满足拥有"狗"的隐知识的内容。哪个对象满足这个合取条件，依赖于与世界联系的方式。但是，正如前面所分析的，皮考克的上述分析还是依赖于持有条件、概念与指称一同给出的情况。这还是循环问题，除非回到知觉经验层面来回答。

（四）MOP 并非概念角色

回到 MOP 问题，概念角色是否严格意义上的 MOP 呢？这一个问题是由席夫本人做出否定回答的[2]。

现在，假设 MOP 是概念角色 CR 或功能角色，可以出现两种情况。第一种情况是，当 that-从句只包含单称词项时，如"小灰是狼"的命题对于张三而言就具有了关于'小灰"的 MOP，即 m_1，而 m_1 又例示狼性，所以张三通过 m_1 而具有"小灰是狼"的信念状态。第二种情况是，当

---

[1] Peacocke, C., 2004: *The Realm of Reason*, Oxford: Oxford University Press, p.90.

[2] Schiffer, S., 1990: "The Mode-of-Presentation problem", *Propositional Attitudes: The Role of Content in Logic, Language and Mind*, Anderson A., Owens J.(eds.), CSLI, p.249.

that-从句是复合语句时，或者从句内包含"小灰是狼"的形式表达 h（A），或者从句内包含"小灰是狼"的某种间接的、部分的描述。当张三面对第二种情况时，MOP 就会混乱而无法确定指称，就无法与第一种情况相容，所以 MOP 不是概念角色。

第二种属于什么情况呢？用 BEL 表示主体、对象与 MOP 三元关系时，"小灰是狼"，其 MOP 可以表现为如下形式：

论 6.9.1

(S，<小灰，狼性>) 当且仅当 （∃m) BEL (S，<小灰，狼性>，m)。

如若 MOP 是概念角色，我们就无法达到这样的分析。因为在分析命题态度时，所要表达的是从人到语句之间的关系，假设以一种内在编码的形式处理，将语句殊型化为信念。设 h（A）是包含名称 A 的内在编码语句，如"小灰是狼"。h（B）"小黑是狼"，A 与 B 其实都指称同一只狼。那么，现在要求 MOP 是概念角色，则可做出以下推论：

（¬h（A））→h（A）读作："并非小灰是狼"蕴含"小灰是狼"；

（¬h（B））→h（B）读作："并非小黑是狼"蕴含"小黑是狼"。

对于主体张三而言，他可以理性地相信 h（A）与¬h（B），即张三相信 A 并非 B。但是，现在假设，李四在聊天当中知道张三并没有认识到小灰与小黑都是同一只狼。所以原本同样是关于狼的命题 q，张三可以合理地相信或不相信。但是，在 MOP 是概念角色的情况下，我们所知的就是在主体中不同的语句，h（A）与 h（B），两个句子都指向了 q，而第一个名字是小灰，第二个名字是小黑，李四合理地相信 h（A）与¬h（B）。然而，原本对于李四而言，他明明相信 A 等于 B，因为他的的确确知道小灰就是小黑。这就出现不相容的情况，这样的概念角色并非融贯。

席夫利用上述各种复杂的构造提出了反驳，他想透露的信息是，如果 MOP 是概念角色的话，主体就无法认识到共指称的两个 MOP，这排除了 MOP 是概念角色的解释。因为放在功能主义的图景中，IRS 及其同族的概念角色语义学所考虑的是对心理状态类型的刻画，一个状态的角色在内部状态的结构中起到一定因果作用，如调节刺激的输入与行为输出。状态与内容的区分是明显的，但 IRS 并没有解释不同 MOP 是如何共存于不同的心理状态。换言之，因为心理内容可以通过其所在的概念角色而固化，但是，不同的概念角色又怎样确定指称并不清楚。

如果上述分析是正确的话，我们无理由接受作为概念角色的 MOP。

（五）小结

从第二章我们也可以看到，皮考克将 MOP 处理为概念的推论角色，在探讨概念的个体化条件时有益于弗雷格案例的讨论。一方面强调了主体的理性能力，彻底地讨论命题态度的有效条件。"王五相信晨星是金星"，因为"晨星"的概念自身具有推论功能，使我们能够判断出"晨星"实际上指的是金星。这个指称在皮考克那里是通过概念及其持有条件共同确定的，"晨星"的内容取决于这个概念在信念网络中所处的位置。皮考克又在另一方面讨论了殊型概念下以非概念内容来实现该条件，"晨星"的识别在很大程度上依赖于在天亮前后，面对东方地平线上所看到的那一颗特别明亮的星体。

与此同时，我们也看到各种质疑，用概念角色对 MOP 的解释还不充分。关注主体的理性能力，符合弗雷格的普遍性约束；概念与概念的持有条件能使得命题态度具有内容，这至多是知识论方案的考察，强调内容的归属并没有像皮考克所说处于极为重要的位置。甚至倘若反过来，内容的意向性条件作为知识论条件的一部分，如福多的心智表征理论，那么，皮考克知识论的方案很可能是错的。皮考克能力观的强约束面临着严重的循环问题，因为他是利用持有条件、概念与指称一同给出的，虽然融贯，但也容易陷入循环反复。我们也分析了，皮考克利用知觉经验来回答概念的个体化问题至少可以避免循环，论证在知觉经验的情况下是可以得到有效解决的，不同的知觉概念个体化不尽相同，这也是我们下面可以继续挖掘的资源。批评者还注意到能力观对心理表征的拒斥，故而强调思想的生成性，同时又注意到概念的因果作用对心理过程的解释力。当然，如果要调和的话，能力观对心理表征的存在保持中立或许是不错的选择，因为它很好地坚持了弗雷格的普遍性约束。

概念角色不能完全回答 MOP 问题，如果我们能够就在 MOP 作为心理表征下说明一些能力，并注意到知觉经验层面，至少就可以接近 MOP 问题的答案了。

三、初始原因论

鉴于因果协变论、目的论、功能角色语义学的困难，那么我们该如何处理意向性内容呢？以普林兹为代表的概念经验主义者提出一种混合模型——初始原因（incipient causes）的处理方案，他很谨慎地给出内容固化的必要条件，表述为：

论6.10

x*表征P，仅当，x*有规律地与P协变，并且一个P曾是x*的初始原因。[①]

论6.10还是坚持前面因果协变论的主张，所谓"有规律地协变"是为限定潜在的心理内容，防止出现诸如因果链、语义生成之类问题。不过因果论的困难点在于析取问题，所以论6.10的亮点体现在将一个P作为x*的初始原因。按照因果论，一开始我们能够将概念"狗"应用于对象狗（可能是猎犬）上，就表明了我们可以成功地锁定并固化关于"狗"的信念内容，这是第一次获得概念"狗"的情况。然而，后来发展的情况就应当区分开来，因为信念内容并非一味地保持不变，无论因果论还是目的论，都忽视甚至是错误认识学习期的情况。例如德雷茨克会认为，将"猎犬"与"野狼"进行区分时，猎犬引起"猎犬"在学习上会（可能、也许、或者等虚拟情形）牵涉到"狗"的内容。但是要注意，此时的"狗"已经被析取了，这才是析取问题的根本所在。根据这一思路，我们现在就要求从源头上取消虚拟的模态，"狗"的意向性内容应该是属于最初能够引起"狗"的那一级别的对象，如"犬科"。

如此说来，学习与获得如何区分就很重要。获得本身是一个过程，一个概念变成存在于我们大脑的东西，表征内容固化，这类获得或许是一个共时性的过程。但这并不意味着我们的概念不会改变，一旦一个概念已被获得，它可以被持续地修改。如果我们称这个过程为学习，那么学习就是正在进行的事件，我们可以再次使用那些修改对象的信息。所以必须明白一点：学习是可重塑的，已得的概念内容可以修正。在这个意义上，学习是对已固化的表征进行应用，这与错误表征的情形是相容的。

有人会反驳，我们可以在没有看到其中一个实例x的情况下获得一个概念"x*"。普林兹认为这些获取的案例在日常生活中比比皆是，这种属于表征的应用，其意义已在其他情况下先行固化了。怎么获得是一回事，而怎么应用是另外一回事。人类的知识大多是间接的，而范畴化[②]正

[①] Prinz, J., 2002: *Furnishing the Mind: Concepts and Their Perceptual Basis*, Cambridge, MA: MIT Press, p.251.

[②] 人类拥有分类的认知能力，使用一个范畴来指向某类事物，即"范畴化"过程。我们会把京巴与腊肠犬都称为"狗"，而不是把大象放进来，原因就是我们可以根据二者具有某些相似的特征而划分为一类，大象没有与二者近似的特征，所以不属于"狗"。

是承认这类间接知识。例如李逍遥小时候从一幅图画或一个描述中获得一个"虎"的概念，固化"虎"的并不是亲身在动物园里看到那只真正的虎。如此概念的意向性内容是从"虎"概念的表征得来的，这也是初始原因的内容。

还有种反驳意见会提出，假设李逍遥第一次经验到物理对象x，并且获得了一个概念"x*"，但以后不再将"x*"用于X（可称为"对号入座"），而是将"x*"应用到Y（可称为"换座"）。普林兹考虑到这情况有点复杂，得详细区分。第一个可能性是，"x*"未被应用于X，因为它被修正而不再协变。或许"x*"在习得之后应用于Y，且在再识别时修正，那就与Y协变而不是X。但这时的概念是原始获得的那个吗？概念的心理内容不是依赖于刺激初始概念的实例X，而是依赖于后来的Y。当修正导致其他规律性时就算作"转换"。不过很可惜，普林兹没有讲明其他规律性是什么。这里提供了一个值得思考的可能性空间，"y*"被发现或者从"x*"到"y*"是基于一种相似性的推理，这恰好是心理的范畴化现象。

普林兹考虑到另一个可能性是，原始概念从未被转换。"x*"在一些意外情况下不用于X。当一概念被习得后，其载体就从未看到X而是"像X"的Y。这使得"x*"被标记了，但不是"x*"指向Y，这样的错误是允许存在的。普林兹已提醒到类比，我们将"x*"用于Y是基于X与Y具有一定的相似性，不过他又未做深入讨论。如果再坚定相似性立场，那很有可能这里是错将"y*"划归为"x*"那一类，用"x*"来标记Y。如果按心理的范畴化解释，将"x*"视作属于包含"y*"的次级范畴的话，这样的用法是允许的。

另外的反驳涉及空名（指派非现实东西），这对原因论的问题由来已久。像"飞马""独角兽"的概念不能以因果指称为基础，因为其指称不存在。一些哲学家已论证像"自由意志"的抽象概念也是空的。如果它们并不指向任何东西，那么它们会指向相同的东西（无）。如果它们指向相同的东西，我们怎样去区分？

概念经验主义的回答是，我们可以诉诸它们的合成结构。可能"飞马"是一个表征某种马形人与翅膀的东西。"独角兽"会是一个表征马身与独角的东西。"自由意志"会分成相关词语或不由其他引起的因果力图式的知觉表征。这些非常不同的心理表征可以被用于解释彼此不同的空名意义。第八章我们还会回应这类问题。

诉诸概念结构可以帮助解决沼泽人论证。我们必须在沼泽人与我们之间观察到一种主要差异，即，沼泽人拥有一个错误的信息，那是他已遇到过去他的概念的例示，他的概念提取自然类的错误信念。那信念是以错误的假设为前提的，当他看到许多自然类时，其实是他过去见到的同一种类的另一个成员。前提是存在一个遭遇的知觉经验的历史，追溯到一个初始原因，他确实可以指出与形成一个新的概念。我们可以通过实际遇到例示来形成自然类概念。

六、小结

上一章，我们给出概念经验主义的四项原则，本章是对CE6的详细分析。

CE6：概念通过可靠的因果关系表征世界上的范畴。

我们对论6.4"x表征p，当且仅当，q。"进行自然化分析，在对q找到各种精致刻画方案的比较中，得到了：

CE6.1：x*表征P，仅当，x*有规律地与P协变，并且一个P曾是x*的初始原因。

MOP问题在此处就是具体表现在x上，也就是各个方案的标记x*。各理论无一例外地就要面对概念x的问题，该问题又必须从心理范畴出发来考察。可以肯定，倘若MOP是意向性属性的话，那么，MOP问题的（自然化）解释就必须依赖于概念理论的研究。从科学实践中找到各层面的资源，如神经生理的、计算的、生物的、心理的、个体的、社会与文化的，相应地采用不同学科的理论加以解释，利用各项经验研究成果，以期找到MOP的适当候选。

要注意，概念经验主义给出的CE6.1，是概念表征的必要条件之一，如果要找到其他条件充实理论，那么就还需要借助其他内容，下一章我们继续探讨。

第七章　概念的认知内容

命题态度具有内容，且属于因果上有效的心理状态，讨论认知内容的恰当理由在于，我们能够理解命题态度之间的因果相互作用，仅靠概念的意向性内容来个体化是不充分的，还需要表征的另一个内容，这就是在人脑的物理结构中实现的"认知内容"。这些物理结构是有关内容的载体，可以概念的显微结构实现，经验主义认为载体由知觉表征激活。本章尝试论证的是，概念的认知内容以概念分子结构呈现。首先是分析概念的认知内容的可能性，其次会比较概念的诸多结构，最后用多重表征格式为概念分子辩护。

一、认知内容的窄进路

前几天林老师来办公室找我，我冲了杯茶给他喝。他是雷州青年运河的研究专家，一边喝茶一边聊起了当年雷州青年奋斗的青春。这杯茶水对他而言，是当年青年人汗水背后的担当与奉献。这杯茶水对我而言，除了 H_2O 外，还有一时写不出来化学式的茶多酚。那么，凭什么说，我们面对着同一杯茶水，该内容应该存在某些相同的东西。这个东西会是什么？大多数哲学家会回答——"窄内容"。当然，这里倾向于使用"认知内容"（cognitive content）的表述，查尔默斯则用"epistemic content"一词，以下讨论会将三者混合使用而不做细致区分。

（一）宽内容的论证

首先的一个回答是，这个东西就是概念的窄内容，而不是宽内容。我们的思想的内容是由主体的内在属性决定的，这是窄的、狭义的，并非外部的环境决定，并非宽的。几乎每个人都同意我们的思想指向世界上的客体，它们由世界的状态所影响。传统的看法有一类内部论（也称窄内容），坚持我们思想的内容由主体的内在元素决定，因此，两个主体内在完全相同的话思想内容也会相同。外部论（宽内容）坚持我们思想的内容通常由环境的状态决定，由此，两个内部一致的主体，如果他们在不同的环境下，就会有不同的思想。

查尔默斯曾给出这样的界定：当一个思想或内容的概念仅仅依赖于思想者的内在状态时（即，当思想者的每个可能的内在复制品有相应一致内容的思想或概念时），这样的内容就是窄的。窄内容指内容从世界的关系抽象出来而再具体化，这个相对限制就强。而另一种是宽内容，指内容是按相关的世间的客体与性质而具体化，当内容并不依赖于思想者的内在状态时（即，当一个内在的复制品可以拥有一个不同的思想或概念），这样的内容就是宽的。①

1. "孪生地球"思想实验

对于（语义）外部论或者宽内容而言，强有力的论证莫过于普特南的"孪生地球"思想实验②与伯奇的"关节炎"思想实验③。

假设宇宙中存在一个和地球几乎一模一样的星球，被称为"孪生地球"。这个孪生地球和地球几乎所有的东西都一样，唯一的不同是，孪生地球上不存在 H_2O，而是 XYZ。不过，这不意味着孪生地球上没有"水"，而是说该星球上的"水"就指称 XYZ 这种化学物质，并且地球上所有有水的地方，在孪生地球上都被 XYZ 所取代，那里的江河湖海都是由 XYZ 构成的。除此之外，孪生地球上的一切都和地球上一模一样，包括林老师和我——在孪生地球上，也存在一模一样的林老师和我的复制体。

然而，孪生地球上的林老师在谈论或想到"水"时，他所谈论或想到的内容是 XYZ 而不是 H_2O，尽管当他想到"水"时，他脑中的神经状态和地球上的林老师想到"水"时脑中的神经状态一模一样。可见信念等意向性的心灵状态，其内容是由外界决定的，与主体与外界环境的因果历史有关。这也说明，拥有相同的神经生理基础的心灵状态的内容可以不同，心灵状态的内容是取决于其接触的外界环境的，而不受制于其物理基础。我们可以简化为孪生地球论证（Twin-earth Argument，TEA）

论7.1　TEA

P1：地球人 S 拥有 C，其内容 W 是 H_2O。

P2：孪生地球上物理上相同的 S* 拥有 C，其内容 W 是 XYZ。

C1：同样的 C 的内容 W 不依赖于主体 S 与 S* 的内部，而是依赖于

① Chalmers，D.，2002："The components of content"，*Philosophy of Mind：Classical and Contemporary Readings*，Chalmers，D.（ed.），New York：Oxford University Press，p.616.

② Putnam，H.，1975："The Meaning of'Meaning'"，*Mind，Language and Reality*，Cambridge：Cambridge University Press.

③ Burge，T.，1979："Individualism and the Mental"，*Midwest Studies in Philosophy*，4，pp.73-121.

外部。

C2：心理内容W必须由外部决定。

S与S*的物理属性完全一样，理应拥有完全相同的内在属性。但当他们使用"水"这个词时，他们指的是不同的物质，也就是说他们的内在属性不足以确定他们指的是什么。如果一个词的意义足以决定它的指称，那么它的意义也不能由它的内在属性来决定，它也就不完全在头脑中。S拥有C的内容是宽的，仅当它是依赖外延的。普特南的"孪生地球"思想实验告诉我们，S拥有的概念C依赖于外延，如果一个心理内容不完全在头脑中，那么它就不能单纯由心灵决定。心理内容必须由外部决定。

在"孪生地球"思想实验中，关键一点在于自然类（natural kinds）的信念，绝大部分人类在通常情况下，并不会知道自然类的本质属性，如水的本质属性是H_2O，即便假设孪生地球水的本质属性是XYZ。也就是说：思想内容是在个体化条件下为宽的，包含在思想者环境中的性质。

2. "关节炎"思想实验

另一个是伯奇（T. Burge）的"关节炎"思想实验。这里稍微重构一下。本来"关节炎"一词指的是关节处的疼痛。假设在广东省的雷州半岛上的人们讲雷州话，他们一直将"关节炎"一词用来指向大腿上的疼痛。有一天，足球运动员小李出雷州半岛外参加足球比赛，踢球伤到了大腿，他去找医院看医生，让医生帮忙看，说："我有关节炎，好疼。"医生说："这不是关节炎。"小李觉得很奇怪："'我有关节炎'错了吗？"如果他在雷州半岛内说"我有关节炎"，这句话就是对的。

在伯奇案例中，他用的是两个世界。在真实世界W_1里，"关节炎"被定义为关节位置的炎症。现试想在另一个世界W_2，关节炎被定义为骨头炎症。假设小李感到自己腿部骨头疼痛，并对他的医生说"我患有关节炎"，在世界W_1里，小李的这句话是错误的，因为他所描述的内容与医学定义不符。但是在世界W_2里，小李的这句话是正确的。

论7.2　AA

P1：如果S所在共同体中专家使用一个词，W，表达了一个概念C，且S至少能用W且在使用上要遵从专家的意见。那么S也拥有C。

P2：假设S所在共同体中专家使用一个词，W，表达了一个概念C，S至少能用W且在使用上要遵从专家的意见。

P3：S拥有C。

P4：物理上可能的：

（a）孪生的S*应该习惯于S世界中相同的自然类的世界，S*的共同体中的专家缺乏C，但W表达了不同的概念C*，且，S*应该至少能够并遵从W的用法；

（b）S应该缺乏C*。

C1：因此，S*有C*。（P4a为真）

C2：因此，S与S*拥有不同概念。（C1与P4b）

C3：如果S与S*拥有不同概念，那么，社会外部论为真。

C4：由此，社会外部论为真。（C2与C3）

不同于"孪生地球"实验中将内容的决定因素归于外部的自然环境，"关节炎"的内容在很大程度上取决于语言社群（linguistic community）的言语实践（speech practice），在不同的社群中会有不同的意义和真值。"关节炎"的词语普遍用于共同体所指向的风湿性疾病，在不同的共同体内，个人的关于"关节炎"的信念会有不同的内容。伯奇还认为，这一论证可以推广到所有心灵状态，所有心理内容都是广义的宽的内容。因为近乎所有词语的意义都是不被完整地理解的，都需要外在的语言社群的言语实践来补全。因此，也就不存在狭义内容，只存在广义内容。伯奇提供了较广的其他例子强调这点，如沙发、合同……这些例子如果成功的话，就展示了在我们关于自然类信念之外所延伸的宽内容。我们思考的东西不仅取决于我们的内在属性，也取决于专家的意见。关于我们到底在想什么，我们听从专家的意见。因此，这种社会环境的贡献有时被称为"语义遵从"（semantic deference）。"语义遵从"现象与普特南的"语言分工"密切相关。普特南的观点是，只要有专家了解某些词汇的含义，我们就不需要所有人都拥有这种专业知识，我们可以依靠专家的知识。然而，在伯奇的案例中，这种现象不仅仅是语言上的：我们不仅要听从专家对"关节炎"一词的理解，我们还要遵从专家对关节炎疾病性质的判断，从而影响了我们使用的词语的含义，影响了我们思想的内容。

3.对宽内容的质疑

"孪生地球""关节炎"的两个思想实验提出的宽内容引起了巨大反响。一些信奉自然主义的学者会很容易基于具体化的外在条件，"自然而然地"滑向宽内容阵营，"非窄即宽"，从而认定窄内容就是毫无前景的死胡同。当然，尽管许多人这样做，但这样未免过于简单。

第一种回应来自西格尔（Segal，2000）、斯托内克尔（Stalnaker

1989，1990，2008）①等人，他们认为，外部论者的观点过于极端，似乎要迫使我们无条件接受。如果宽窄的界限在于人的脑颅，那么外在的宽内容到底有多宽？我记录在日记本上的往事回忆算不算？我每天在微信朋友圈发发牢骚算不算？现在的脑机接口技术如此先进，将来有一天，我打破脑颅的限制，将我的意识上传到超级计算机上，那么，这样的内容算是宽的还是窄的？据延展心智的解释②，这些应该是宽的。但是，内容绝对会是无限的吗？难道就没有一点窄的内容吗？从常识上讲，普罗大众拥有的东西或多或少还是内在的，如每个人拥有自主意识，感受到自然的灿烂阳光、祖国的大好河山。每个人还拥有自由意志，徘徊在学校饭堂窗口前，选择卤肉还是素菜。

第二种回应是，极端的外部论令人从这个极端走向另一个极端，即极端内部论。巴赫（Bach，1987）、克兰（Crane，1991）与西格尔（Segal，2000）③等人认为，某些空的自然类概念"麒麟""朱雀"，原本是想指称自然类物质，但现实中却不存在。在这些例子中，环境不能做出普特南所讨论的那种贡献，因为环境不包含相关的类型。然而，这些人在他们的推理中使用这些概念，他们的行为在一定程度上可以用这些概念来解释。如果是这样，那么我们就可以拥有不含环境成分的自然类概念。现在看来，就我们对推理和行为的解释而言，我们认为我们推理的类型是否真的存在并没有什么区别：只要我们认为它们存在，我们就会做出同样的推论，执行同样的行动，不管我们的判断是否正确。这可能会使我们怀疑，即使在非空的自然类概念的情况下，我们的推理和行为也最佳解释为那些内容不由环境决定的概念。简而言之，就其概念内容

① 参见 Segal, G., 2000: *A Slim Book about Narrow Content*, Cambridge, MA: MIT Press.

Segal, G., 2007: "Cognitive Content and Propositional Attitude Attributions", *Contemporary Debates in Philosophy of Mind*, McLaughlin, B.P., Cohen, J. M., MA: Blackwell Publishing, pp.5-19.

Stalnaker, R. C., 1990: "Narrow Content", *Propositional Attitudes: The Role of Content in Logic, Language, and Mind*, Anderson, C.A., Owens, J.(eds.), Stanford: CSLI Publications, pp.131-145.

Stalnaker, R., C., 1989: "On What's in the Head", *Philosophical Perspectives*, 3, pp.287-316.

Stalnaker, R.C., 1999: *Context and Content*, Oxford: Oxford University Press.

Stalnaker, R.C., 2008: *Our Knowledge of the Internal World*, Oxford: Oxford University Press.

② 参见 Clark A., Chalmers D., 1998: "The Extended Mind", *Analysis*, 1998, 58(1), pp.7-19.

③ Bach, K., 1987: *Thought and Reference*, Oxford: Oxford University Press.

Crane, T., 1991: "All the Difference in the World", *Philosophical Quarterly*, 41, pp.1-25.

Segal, G., 2000: *A Slim Book about Narrow Content*, Cambridge, MA: MIT Press.

而言是窄的。

关于"关节炎"的例子，西格尔认为，把一个认为大腿可能有关节炎的人看作有关节炎的概念是很奇怪的。关节炎只是关节的炎症，一个没有意识到这一点的人有关节炎的概念似乎很奇怪。相反，我们应该说，伯奇的案例中的人拥有不同概念，一个错误连到"关节炎"的概念。因而我们会想否认，那个人真的相信，他大腿有关节炎。他所相信的是很难用英语表达的，因为我们不能拥有这个词，来用于所有的与仅是关节炎的案例。

第三种回应就是适度内部论（Moderate Internalism），这类观点就是同时容纳内容的宽窄两方面，如二因素语义学（Two Factor Semantics）、二维语义学。一方面接受普特南与伯奇的案例，另一方面还接受窄的内容。一般来说，我们会认为，说常识心理学所谈论的日常内容就是宽的。相应地，我们再做出区分，某些独特的专业术语用于非日常的内容，科学心理学是窄的。那么，我们还能否就可以简单地下定论说宽内容是对的，窄内容是错的呢？从当今认知科学的发展来看，显然不会。因此，我们应该关心的是科学心理学能否采用外在个体化的内容概念，而不会轻易否定窄内容存在的必要性。

（二）窄内容的论证

内容理论的这场辩论对知识论有着深刻的影响。内容位于心灵与世界的中介，始终伴随着怀疑论的困扰。争论是关于内容的个体化条件，窄内容理论家们应该同意的是，每个殊相思想会拥有真值，真值会标准上涉及事态。当某人思考殊型思想时，某人的整个注意力会是在思想关心的词汇上。但我们否认的是，思想的真值条件会是本质上同一的，也就是说，相同思想，在不同环境下，会拥有不同真值。

弗雷格案例的困难开始出现就在一开始的相同指称，不同的MOP。金星与晨星在相同位置上，有相同真值，但面对思想，MOP却不同。按弗雷格式的解释，MOP应该决定指称。它们在指称上不同而在MOP上相同，这是不可能的。人们注意到有许多术语在MOP上似乎没有什么不同，且会指向不同的事物。所以，要么我们说，MOP并不决定指称，要么实际指称属于MOP的个别化条件之一。这样的话，窄内容的捍卫就是合理的。

其实，在另一方面，我们又期望心灵的因果性是取决于其物理基础的，也就是内在的（intrinsic）和地方性的（local），而与外界的环境无关。由此我们又要面临心灵的因果性的又一难题：意向性的心灵状态是如何凭借其外在的内容具有内在的因果作用能力的？对于这个问题，我们至今没有满意的答案。

以下我们将会看到有关窄内容（认知内容）的几个论证。

1. 内省论证

内省进路论证（Arguments from Introspective Access）由洛尔（Loar, 1988）与包格辛（Boghossian, 1989）[1]等人提出，我们应该能够内省地决定是否我们的两个思想具有相同内容。林老师1的思想与孪生的林老师2的思想原则上是不能内省地意识到差异的。从这个内部论来说，两个林老师的思想认为一个XYZ，一个H_2O，这是不可能的。

假设林老师1到了孪生地球，最初他的水的思想会是继续关于水的，但再过一段时间，他逐渐比受到XYZ影响，再接着就不再接触H_2O，他的思想会是XYZ而不是H_2O。

如果这是正确的话，那么他的"水"的思想会有很大不同。然而这样的改变在内容上会是完全无形的（不可见的）。从他的主体观点来看，他的思想表现出跟以前一样的内容。

如果存在一类我们所拥有的内省进路的心理内容，并且内省进路必须包括这样的能力，即认识到在何时心理内容出现一致或不一致，那么拥有这类的内省内容就不能是宽内容。

这样的话就建议，我们需要一种窄内容的概念去获得我们即时意识到的那类内容，就是将内容的因果力转换成内省。但是，这个论证的有力在于透明性，如果内容是不透明的话，那它不能提供心理解释，从而形成自我知识。[2]一个人"看穿"（透明的）心理状态来直接考虑它所表征的东西。一些哲学家利用状态是"透明的"这一观点来推进理性主义者对自我认识的解释，这是非经验主义的。

简言之，内容是透明的，如果它不是透明的，那它不能提供心理解释，从而形成认知知识。所以，认知内容有存在的必要。

2. 理性论证

理性论证（Arguments Concerning Rationality）来自前述的"克里普

① Loar, B., 1988: "Social Content and Psychological Content", *Contents of Thought*, Grimm R., Merrill D (eds.), Tucson University of Arizona Press.

Boghossian, P., 1898: "Content and self-knowledge", *Philosophical Topics*, 17, pp.5-26.

② 参见任会明：《自我知识与窄内容：关于心智外在主义及其影响的反思》，杭州，浙江大学出版社，2009。

〔美〕格特勒：《自我知识》，徐竹译，北京，华夏出版社，2013。

克之谜"。克里普克（1979）①假设了一个法国人皮埃尔，从小到大都是说"Londres est jolie"（法语：伦敦很美）的，这个信念有（宽）的内容是伦敦很美。后来他移居英格兰，他有第二个信念，在英格兰的表达是"London is not pretty"（伦敦很丑），皮埃尔从未认识到他所认作 Londres 的城市与认作 London 的城市是同一个。他的两个信念彼此矛盾，而没有任何非理性的成分错误。在内部论者看来，首先，笛卡尔"我思故我在"的哲学沉思告诉我们，主体的理性显然是内在的。皮埃尔拒斥的是拥有同样的宽内容，拥有不同的窄内容。其次，理性的人是不会相信自相矛盾的东西，信念会自我调节。再次，内容的类取决于某人的信念是理性的，是窄内容。

斯托内克尔（Stalnaker，1990）提出，皮埃尔要求我们去区分符合他的世界，像"伦敦是美的"这样的命题，并非按世界的精确描述，而是由我们用于描述那些信念的句子所表达的内在表征，如果按一个意思两种 MOP 而言，必须是窄的。②

3.现象意向性论证

现象意向性（Phenomenal Intentionality）是一种由现象意识构成的意向性。这种论证就提出，现象意识（Phenomenal Consciousness）在解释意向性状态时起关键作用，存在某类意向性内容，这些由心灵活动的现象意识所决定。

传统心灵哲学家会划分意向性属性与现象性属性，现象性属性不得不处理"像什么"的意识经验的感受特征，如感受质。意向性属性不得不处理心理状态的表征内容，如心理内容。现象性属性与意向性属性关系的一种观点析取论认为，二者是彼此独立的，这是20世纪50年代到80年代心灵哲学家们的标准态度。③意向性与现象性的另一个关系是表征主义。经验的现象特征完全由意向性本质所决定。于是，现象意向性的主要论题是，当表征主义是对的，现象性与意向性之间则拥有亲密的关系。

①　Kripke, S., 1979: "A Puzzle About Belief", *Meaning and Use*, Margalit, A.(ed.), Dordrecht: D. Reidel, pp.239–283.

②　Stalnaker, R.C., 1990: "Narrow Content", *Propositional Attitudes: The Role of Content in Logic, Language, and Mind*, Anderson, C. A., Owens, J.(eds.), Stanford: CSLI Publications, pp.131–145.

③　Lycan, W. G., 2008: "Phenomenal Intentionalities", *American Philosophical Quarterly*, 45, pp.233–252.

论7.3　PI

P1：存在着普遍存在的意向性内容，这些内容在构成上仅仅依赖于现象意识。

P2：现象意识在构成上仅仅依赖于窄因素。

C：因此，普遍存在的意向性内容在构成上依赖于窄因素。

这个论证的两个前提，P1是从现象意向性到窄内容论证的一个前提。另一个前提P2是承认，经验的现象特征自身就是窄的。不过，这两个前提也不能说毫无争议。如，P1的争议在于，意向性的内容整个由现象学所决定，我们需要找到证据支撑，即便实验的数据也行。拒斥P2的人则认为，凭什么现象学的构成一定是窄的，总不能又说是直觉吧。

捍卫者诉诸普特南著名的"缸中之脑"（brain-in-vat）思想实验来支持以上两个前提。[①]假设外星人合成了一个与你大脑相同的结构，并将其连接到一个计算机控制的设备上，该设备向这个类似大脑的物体提供输入，从而在相当长的一段时间内保持与你大脑的相似性。直觉上，物理上与你相似的脑，也可共享你的现象学，假设是窄的话，那类脑的东西也会是窄的。另一个强有力的回应来自知觉经验的内容。如果知觉经验是现象决定意向性的一个真实例子，但这也是唯一的例子，来自现象意向性的论证会显示知觉状态的窄内容的存在。

如果以上是对的，现象意向性的论证会让我们有理由相信命题态度拥有窄内容，宽内容则是派生的。

4.因果论证

因果论证是在内容讨论中使用最广的一个。假设心理状态必须有一类因果地解释行为的内容，那么，

论7.4　NC1

P1：某人在地球上的心理状态S通过拥有的内容MC来因果地解释行为。

P2：一个实体的因果力CP，其生效的能力，必须是实体的内在特征P_i。

C1：因此，孪生地球的那个人享有的内在属性P_i，必须拥有因果力CP。

P3：宽内容没有刻画化内在属性P_i，至少没有在本质上刻画，因而，

---

① Putnam, H., 1981:*Reason, Truth and History*, Cambridge: Cambridge University Press.
当然，又是普特南，尽管前面他用"孪生地球"的思想实验来反驳窄内容，这里却用他的另一个思想实验来支持窄内容，或许只有他自己清楚他的最终立场是什么，如果算是内省的特许进路的话。

两个孪生兄弟不需要共享宽内容。

C2：心理状态 S 必须有内容，即孪生兄弟之间共享的内容 MC，且内在属性是 P_i。

上述 NC1 中，P1 的最大理由来自常识心理学，我们对行为的解释就是信念或欲望内容的因果作用的结果，"我口渴了"这个内容，导致"我拿起水杯来喝水"这个行为起着主导性作用。

在 P2 中，林老师 1 与孪生的林老师 2 物理上同一，内在属性同一，因果力也必须同一。不过，这里要注意的是，因果作用力是局部的，环境的特征仅能通过个别的内在属性的方式影响个别的行为。另一个理由是因果力应该是可以跨语境评价的，不管是地球还是孪生地球，不管是本地还是雷州半岛，"口渴"的内容导致喝水的动作的因果作用力都是一样的。

当然，外部论者还会攻击 P2——因果力 CP 必须是内在属性 P_i。实际上，如果 CP 的触发来自外部环境，如无色的"水"，那刺激视网膜神经的因果作用力，恰恰是外在的"无色"，那该如何解释？所以，NC1 的因果论证只能解释个体内部神经系统的因果角色，仅此而已。

P3 试图给出的是，孪生兄弟不需要共享宽内容，当然，这有可能是本质主义的要求。

5.本质主义论证

概念的认知内容牵涉到本质主义（Essentialism）。直觉上，一个概念的认知内容或多或少具有某些本质的东西，正是这些东西的存在决定了其外延是什么。当我们说涵义决定指称时，一种可能便是由概念的本质决定了我们所能认知的内容，因而 MOP 也是代表概念本质。假如从事物到概念这一维度，本质主义是指认为万物皆有其本质，如柏拉图认为存在一种不可见的抽象形式，即本质。另一种是可见的可感觉的事物，也就是说，本质是理想的形式。所谓本质（essense），就是使某对象是其所是的条件。本质主义观点认为，存在着能够被称为本质的东西，它决定了对象是什么。古典的亚里士多德式本质主义（Aristotelian Essentialism）区分了本质属性与非本质属性，本质属性就是对象存在的原因。按亚里士多德的四因说，本质实际上就是形式因，是我们对于某物是什么所下的定义。例如人的本质就是"人是理性的动物"。这种本质主义观点就是通过"属"加"种差"来区别人与动物，从而理解的一般是存在物的类别，而不是存在物的个体。它所要回答的问题是，我们实际上是如何理解某类存在物的？它预先确定了寻求答案的形式，即，我们实际上是通过把握某种性质来理解存在物的类别的。这种固有属性必然源于本质。

在科学哲学中，本质主义追求的是完美科学，可以消除分歧错误，但终究被认为是过于理想而遭受重创。张志林与陈少明在《反本质主义与知识问题》一书中利用家族相似性为本质主义辩护。一个家族内可以有几个本质：本质1是所有成员共同拥有的特征，本质2是绝大多数成员拥有的特征，本质3是家族相似网络拥有的核心特征。应用最多的是生物学本质主义（Bio-essentialism）。本质在于不变性，而物种的进化分类却是不断变化的。目前生物学家和生物哲学家都认同"基因本质主义"（Genetic Essentialism）倾向，即认为生物具有内在不变的、决定外部性状的本质——基因。基因本质主义主要有四个方面的具体表现：不可变性或决定性、特定病因学、同质性或离散性、自然性。①

也有观点认为真正的科学家并不认为自己是本质主义者，因为本质涉及"终极"问题，正如牛顿、爱因斯坦最后的思考一样，科学家不试图去回答关于宇宙的"终极"问题。另一个原因在于本质的确定性将扼杀对科学知识的探索。如此说来，我们更倾向于接受操作主义，某一个概念是可操作性的，取决于它是否符合可观察、可测量、可检验、可证伪等操作，而非直觉上获得的定义。

洛克区别了第一性的质与第二性的质。洛克认为对象具有某种倾向性的能力能使我们产生各种观念，这就有了对象性质的两种区分：第一性的质与第二性的质。第一性的质包括了所谓凝性、广袤、形相、运动、静止与数目等，在洛克看来这依赖于物体，属于物体本身，亦可称为原始性质。第二性的质是借第一性的质在人心中产生各感觉的能力，颜色、声音、滋味等，可以说是人心通过感官而附加于物体之上的，所以它只以描述言说的方式存在。

普利兹则区分真实本质与名义本质。真实的本质是能令任何存在物如其所是的东西，是洛克第一性的质，也就是亚里士多德意义上的自然类；名义本质是普遍的名称所代表的抽象观念，是洛克第二性的质。每一类的个体中，皆有其各自的真实本质，从科学观察上看，它们应该具备相同的微观结构，但我们缺乏科学仪器的帮助，无法通达到这样的认识，我们只能使用名义本质的相关术语来理解。反对者认为洛克的讲法过于仓促，正如用"无色无味的液体"来理解"水"这一大众化认识或许行得通，但科学家，特别是化学物理学的进步早已告诉我们，水的化

---

① 陆俏颖：《人类基因编辑与基因本质主义——以 CRISPR 技术在人类胚胎中的应用为例》，《自然辩证法通讯》2019年第7期，第23-30页。

学式是 H_2O，这才是它的重要本质。自然类应该用真实本质来确定。克里普克与普特南就是持这种观点。原本在科学理论中概念的意义做出弗雷格式的解释，不同时期的科学家会对某个概念做出不同的表述，按库恩的不可通约性来讲，这是不连续的，如"电子"有能量，带二分之一自旋，属于费米子……直接指称理论认为，这些连续的科学理论都是对"电子"的定型（stereotype），外延则是相同的，都是"电子"的自然类的真实本质。

西格尔（Segal，2000）就此揭示"专家观点"确定认知内容的重要性，如弱消费主义（Weak Consumerism）论题：

第一，在典型案例中，一个主体的概念的外延条件是由专家观点部分确定的术语来表达的；

第二，一个概念的认知内容决定其外延条件。

弱消费主义中，一个主体用术语表达的概念的外延条件部分取决于专家意见，尤其是科学家，如科学心理学在确定认知内容上起决定性作用。回到"孪生地球"实验中，孪生地球上的水不是 H_2O，而是 XYZ。来自地球的科学家发现之后肯定会说，这个无色无味的透明液体肯定不是水，而是另外的东西。这就说明，正是由其真实本质，科学的仪器的检测、鉴定之后，才确定其外延。这样孪生地球上的"水"就不是水。有关这一思想实验有诸多讨论，我们这里要明确的是普特南的自然类是否可以接受。比如说，当遇到无色无味透明液体时，我们直觉上称呼为"水"是否恰当，按老百姓普遍意义上所认知的去理解，就是无色无味透明液体就是水，而不管其内在的化学式 H_2O、XYZ、D_2O……

举个例子，中央电视台《走近科学》栏目有一期"天降神水"的故事。该故事是这样的：有一天，一个村子突然从天上掉下来两块冰，全村都惊动了，大家都看到这是冰块，有人说这是"无根之水"，是"神水"，能治百病……后来经过科学分析，原来这是飞机卫生间掉下来的"蓝冰"——就是化学处理后的飞机人员的排泄物。这个故事说明，老百姓对"水"与"神水"的认知总是依赖于其名义本质。我们并不完全掌握科学术语，"神水"其实是蓝色的除臭剂。这说明，克里普克—普特南的方式对于自然类大众化解释没有帮助，尊重专家只在科学语境中起作用。

假如前面对概念窄内容的论证是可行的话，那么，即便是析取，我们至少还有一些心理状态的内容是窄的。窄内容的价值旨在捕捉主体对世界的看法，即世界是如何根据主体而存在的。一种非常自然的思考方式是，把一种信仰或其他思想的窄内容看作是一种划分事物可能存在的方式的方法，分为与这种思想相容的方式和被这种思想排除的方式。宽内容因两个思想实验在学界颇受欢迎，却并不能提供认知内容所需的那种划分，比如本书一开始关注的弗雷格案例、MOP问题。认知内容是需要解释概念怎样共指称的，像普特南的孪生地球，认知内容理论要解释"孪生地球"实验中的"水"的概念虽然指称不同，但认知内容相同。概念经验主义的概念分子提供了解释。

二、概念的显微结构

概念分子是一种结构性表征的说法，在此之前，我们还要梳理一下认知科学概念的显微结构。[1]

（一）经典理论

要回答概念 C 是什么，最经典的方式就是下定义，而完美的定义要求具备充分必要条件，这种观念统治了一段悠久的历史，不论是日常生活还是哲学理论。在实验心理学中，最早提出经典理论（the Classical Theory）的学者是美国心理学家赫尔（C. Hull）。[2]经典概念观之所以能够在如此长久的思想史上占主导地位，原因在于它具有极其强大的解释力，能够对概念获得、范畴化、认识辩护、分析性推导、指称确定等等重要的现象做出统一的说明。

经典理论认为，概念是范畴的心理表征，是概括性的表征，由一组充分必要的特征组成。这类概括性的表征是从相应范畴的特殊实例中抽象出来而得到的信息；该信息正好反映了对于那些实例普遍成立的方面。"三条边"和"封闭的几何图形"是所有三角形共同具有的特征。同时，它又不必对应于某个可能的持殊实例，并可应用于一切可能的实例。

经典概念观的核心假设是"下定义"，表达一个概念的各个特征，对于定义该概念而言，每一个特征都是必要的，而全部特征结合在一起又是充分的。一个特征单个上是必要的，也就要求，概念的每一个实例都必然具有这个特征；对于一组特征合取上是充分的，即，具有该组特征的每一个实体都必然是该概念的一个实例。通过规则的范畴化：定义作

---

① 以下部分分出自拙文，《关于概念的几种理论》，《新东方》2017年第1期，第10-14页。

② Hull, C. L., 1920: "Quantitative aspects of the evolution of concepts", *Psychological Monographs*, 28, pp.1-86.

为规则起作用。对于确定范畴成员关系来说，一种性质是必要的，如果所有成员都具有这种性质；一组性质合取上是充分的，如果具有这些性质的任意实体属于该范畴。

直到20世纪50年代维特根斯坦的家族类似学说出现，以及20世纪70年代的心理学发展，经典概念观才遇到严肃的批评。首先，定义概念第一个问题是困难的，甚至是不可能的。柏拉图在《游叙弗伦》等诸多篇章质疑，维特根斯坦对"游戏"概念的分析表明了，对于大多数概念来说，无法规定它们的定义特征。心理学上，经典概念学说缺少经验支持。像"三角形"之类的少数概念可以确定其定义特征，但大多数概念很难得到定义特征。[①]第二个问题来自分析性。蒯因对分析命题与综合命题划分的经验论教条的批评，也否定概念具有定义的观点。[②]

第三个是无知和错误问题：尽管人们对一定事物有大量的错误认识甚至是无知，但也可以拥有相应的概念。例如，有人相信人是上帝创造的，相信人有灵魂，相信灵魂不朽。这些信念包含大量的无知和错误，但不妨碍接受这些信念的人们可以拥有"人"的概念。

第四个是概念模糊性问题：模糊概念或分类不确定性的存在。例如，番茄属于"蔬菜"还是"水果"？[③]这个事实与经典概念观的定义特征假设发生矛盾。概念模糊性表明范畴没有绝对确定的边界。经典概念观认为，概念有确定的外延，范畴化判断因而应该产生确定的答案。但模糊概念存在的事实与这种观点发生冲突。

第五个是典型性效应问题：经典概念观不能说明范畴化的典型性效应。按照经典概念观，特定范畴的所有成员是等价的，因为它们具有相同的定义特征。或者说，所有成员都是特定范畴的好例子，不存在某些成员比另一些成员成为该范畴的更好例子的情况。不过许多证据也表明，范畴化的典型性效应是普遍现象。相比鹅，知更鸟更可作为鸟类的好例子。愈是典型的成员，其范畴化愈容易，范畴化的效率愈高。对于"哺

① Smith, E., Medin, D., 1981: *Categories and Concepts*, Cambridge, MA: Harvard University Press.

② 蒯因:《经验论的两个教条》，陈启伟等译，《蒯因著作集（第4卷）》，涂纪亮、陈波编，北京，中国人民大学出版社，2007，第29-50页。

③ 19世纪末，美国发生了著名的尼克斯诉赫登案（Nix vs. Hedden）。当时美国的关税法规定水果可以免税而蔬菜不行，引发了番茄进口商和收税官员间的争议。在庭审辩论中，原告尼克斯认为，西红柿有丰富的果汁，可以生食，同一般蔬菜也不一样，而且西红柿的形状及色泽也都属于水果范畴。被告赫登认为，西红柿是蔬菜，要烹制后才能成为佳肴。最后，最高法院大法官全体一致支持被告方。他们认为，从植物学角度看，番茄是果实。可是在日常生活习惯中，人们把它当作蔬菜。

乳动物"而言，"狗""虎""狮"比"鲸鱼""海豚"等更容易被范畴化，相应的范畴化时间也愈短。人们判断范畴成员的典型程度与该成员具有范畴的特征的数目多少高度相关。换言之，成员的性质在某个范畴内呈现愈频繁，相对于该范畴，给予这个成员的典型程度的评估值就愈大。知更鸟具有鸟的许多有代表性的性质，如飞翔、鸣叫、吃虫子、在树上筑巢等，它们因而被评定为非常典型的鸟。相反，企鹅没有这些性质，被当作非常不典型的鸟。总之，经典理论不能说明普遍存在的典型性效应。

（二）原型理论

罗斯基（E. Rosch）、梅尔维斯（C. Mervis）、里皮斯（L. Rips）、史密斯（E. Smith）、汉普顿（J. Hampton）等人提出的原型理论（the Prototype Theory）认为，概念作为范畴的心理表征，可以由范畴成员的一组典型特征组成。[①]我们可通过统计推理来组织范畴（概率解释）；或者按照家族类似原理来组织（直观解释）。如此一来，特定概念的实例（或范畴的成员）是否具有组成概念的某个（些）特征，就是盖然性问题，而不是必然性问题。知更鸟和企鹅都是范畴"鸟"的成员，前者具有"飞翔""在树上筑巢"等典型特征，后者则没有。同时，人们也可根据关于特定范畴的实例的过去经验，抽象出一组典型特征，这些典型特征的总和叫作该范畴的集中趋势或原型（the central tendency or prototype），构成该范畴的概括性表征。

比起经典理论，原型理论具有若干优点。第一，以反本质主义的观念取代本质主义的形上学。经典概念论用下定义的式来规定事物的必然本质，这种本质主义更像是一种形上学（关于世界是怎样的）。原型理论

① Rosch, E., 1978: "Pinciples of categorization", *Cognition and Categorization*, Rosch, E., Lloyd, B.B. (eds.), Hillsdale, NJ: Laawrence Erlbaum Associates, pp.27–48.

Rips, L.J., Shoben, E.J., Smith E E., 1973: "Semantic distance and the verification of semantic relations", *Journal of Verbal Learning and verbal Behavior*, 12, pp.1–20.

Smith, E.E., Shoben, E.J., Rips, L.J., 1974: "Structure and process in semantic memory: A featural model for semantic decisions", *Psychological Review*, 81, pp.14–241.

Rosch, E., Mervis, C.B., 1975: "Family resemblance: studies in the internal structure of categories", *Cognitive Psychology*, 7, pp.573–605.

Hampton, J.A, 1979: "Polymorphous concepts in semantic memory", *Journal of Verbal Learning and Verbal Behavior*, 18, pp.441–461.

Smith, E., Osherson, D.N., Rips, L.J., Keane, M., 1988: "Combining concepts: a selective modification model", *Cognitive Science*, 12, pp.485–527.

的反本质主义观念则是说明人们怎样看待世界的一种认识论或启发式的方法论。第二，解释了范畴成员的典型性现象。为了解释典型性效应，原型观假定人们根据范畴成员的特征与原型特征的匹配程度来做出相似性判断。范畴成员的典型性与它所具有的有代表性的特征的数目有关。这个数目等于该成员与原型特征匹配的特征数目（因为原型表达该范畴的有代表性的特征）。第三，原型观也解释了范畴成员的分类时间上的差异现象（范畴化的快慢问题）：成员越典型，范畴化越容易，效率越高。

原型理论也有缺点。原型理论将概念当作是语境独立的（context-independent），但在日常生活中，我们的典型性判断会随着语境的变化而变化。如相比牛奶，茶是中国人休闲语境下的典型词语；相比办公室白领的工作语境，咖啡则是典型词语。另一个针对典型性的问题是，原型效应并非都来自集中趋势。例如，关于目标派生范畴的工作表明，典型效应来源于对理想状态的相似或近似，而不是对于表现集中趋势的原型的相似。[①]再有就是合成性问题。原型理论难以说明组合现象，同样，组合概念的典型性难以依据其成分概念的典型性加以预言。[②]福多与勒柏也一直反对，原型像成语"唇亡齿寒"是一同给出的，但是，概念必然是组合性的，否则无法解释新语义为什么是生成的。复合概念"宠物鱼"由概念"宠物"与"鱼"的组合而成。所以说，概念不是原型。[③]

（三）范例理论

范例理论（the Exemplar Theory）并不认为人们可以产生任何抽象的与概括性的表征，概念是范例集合的表征，范畴化则通过将对象与所存

---

① Barsalou, L. W., 1985: "Ideals, central tendency, and frequency of instantiations as determinants of graded structure in categories", *Journal of Experimental Psychology: Learning, Memory, and Cognition*, 11, pp. 629–654.

Barsalou, L. W., 1987: "The instability of graded structure: implications for the nature of concepts, *Concepts and Conceptual Development: Ecological and Intellectual Factors in Categorization*, Neisser. U.(ed.), Cambridge: Cambridge University Press, pp.101–140.

② Medin, D.L., Shoben, E.1988: "Context and structure in conceptual combination", *Cognitive Psychology*, 20, pp.158–190.

③ Fodor, J.A., Lepore, E., 1992: *Holism: A Shopper's Guide*, Cambridge, MA: Blackwell, p.267.

储的范例的集合相比较来完成。①这里的范例理论对记忆的假设不同于原型理论，范例理论认为，遭遇到范畴成员以形成记忆，并在高阶认知处理中调出默认的记忆来使用，而在原型理论中，长时记忆内储存的是刻画范畴的参量。

范例理论较为出名的是马丁与谢弗（D. Medin & M. Schaffer）的语境模型（contex model），每个范例都可以表达一个对象的形状、颜色、大小与位置四个属性，可分别配值。就颜色而言，可以有"红""蓝"两色的值，各自表达为"0"与"1"，再填入四个属性，主体在识别时会选择性地注意到某些属性，而另一些属性的值就缺失。例如，一个概念，由两个范例表征所组成，主体遇到两个相互竞争的对象，按照形态、颜色、大小与位置四个属性来配值。第一个对象占其中50%的共享（范例一加上范例二）特征；第二个则有75%的特征符合范例一，而25%符合范例二。经过运算可以进行相似度评价，第一个对象有一半的相似度，第二个则有62.5%的相似度。按照这个方式，范例理论可以解释超出原型特征的那些不典型的案例。②

对于范例理论的一个担忧是要求从记忆中调取并计算评价时可能耗费较大，它可能要求调取所有储存的范例表征来进行比对，接着要计算，然后才能肯定哪个最相似。还有个问题是范例理论无法解释新颖的合成表征，像"宠物天竺鼠""老虎花罗汉鱼"这些新的宠物品种，或许你没见过就不知道是什么，更别提"麒麟""玉帝"这些虚构概念。也就是

① Medin, D. L., Schaffer, M. M., 1978: "Context theory of classification learning", *Psychological Review*, 85, pp 207–238.

Brooks, L. R., 1978 "Nonanalytic concept formation and memory for instances", *Cognition and Concepts*, Rosch, E., Lloyd, B.B.(ed.), Hillsdale, NJ:Erlbaum, pp.169–211.

Nosofsky, R. M, 1986: "Attention, similarity, and the identification - categorization relationship", *Journal of Experimental Psychology:Learning, Memory, and Cognition*, 115, pp.39–57.

Nosofsky, R. M., 1988: "Exemplar - based accounts of relations between classification, recognition, and typicality", *Journal of Experimental Psychology:Learning, Memory, and Cognition*, 14, pp.700–708.

Nosofsky R.M., 1992: "Exemplar-based approach to relating categorization, identification, and recognition", *Multidimensional Models of Perception and Cognition*, Ashby F.G.(ed.), Hillsdale, NJ:Lawrence Erlbaum Associates, pp, 363–393.

② 参见 Prinz, J., 2002: *Furnishing the Mind:Concept and Their Perceptual Basis*, Cambridge, MA:MIT Press, pp.65–66.

说，如果没经验过范例，应用概念的能力是无法解释的。[1]甚至，即使我们可以表达这些未经验过的概念，它们也有可能无法包含范例表征。

（四）理论之理论

理论之理论（the Theory-Theory）认为，概念作为范畴的心理表征，总是包含在一定的心理理论（Mental Theories，即作为内部心理表征形式的理论）之中，其结构体现在一定心理理论所规定的概念间关系。[2]正如其名字那样，文献中常常混淆"理论"，卡莱（S. Carey）就建议，可将概念的第二种含义当作基本含义，相对于第一种含义来解释概念的性质。[3]概念的理论观力图使范畴化理论远离早期经验论模型，按照经验论的范畴学说，范畴化不过是参照一组感觉性质来核对实例。理论之理论还把概念当作理论术语，以便心理学可以模仿科学哲学对理论术语的处理方式来考察概念。所以，与范例观不同，理论之理论对认为概念处理更像是问题处理的机制。像科学哲学家讨论科学概念变化问题那样，这种理论观提出了概念变化的心理学解释和说明。

理论之理论涉及多个认知科学领域（认知心理学、发展心理学、科学教育等），这类理论在说明儿童的内部知识组织和认知发展方面取得了重大的成果。其基本观念是：儿童利用与科学家相同的认知手段来发展他们关于世界的日常知识。特别是儿童发展出抽象的、融贯的概念系统，即，提出理论。这些理论使得儿童能够预言新的证据和解释证据。儿童积极地对世界进行试验和探索，验证理论的预言，收集相关的证据。对于理论的一些反面证据，开始只是利用原有理论来重新解释，从而消除反常。但是，如果该理论预言被否证的情况日益增加，儿童最终会转向

---

① 参见 Rips, L.J., 1995: "The current status of the research on concept combination", *Mind & Language*, 10, pp.72-104.

② 参见 Murphy, G.L., Medin, D.L., 1985: "The role of theories in conceptual coherence", *Psychological Review*, 92, pp.289-316.

Carey, S., 1985: *Conceptual Change in Childhood*, Cambridge, MA: MIT Press.

Keil, F.C., 1989: *Concepts, Kinds, and Cognitive Development*, Cambridge, MA: MIT Press.

Rips, L. J., 1989: "Similarity, typicality and categorization", *Similarity and Analogical Reasoning*, Vosniadou, S., Ortony, A. (eds.), Cambridge: Cambridge University Press, pp.21-59.

③ 参见 Carey, S., 1985: *Conceptual Change in Childhood*, Cambridge, MA: MIT Press.

Carey, S., 1991: "Knowledge acquisition: enrichment or conceptual change?", *The Epigenesis of Mind: Essays on Biology and Cognition*, Carey, S., Gelman, R. (eds.), Hillsdale, NJ: Lawrence Erlbaum Associates, pp.257-291.

寻求其他不同的理论，以取代现有的理论。

当然，理论之理论的观点也涉及前面所谈的无知与错误问题，有人并没有表达出关于"鸟"的本质属性，而他却有可能拥有这个"鸟"的概念，尽管他还是对"鸟"一无所知。第二个是稳定性问题，理论之理论允许一个概念的内容随着心理理论变化而变化，这样的后果是，两个人无法共享一个相同的概念，甚至同一个人在不同时间段下也无法拥有一个相同的概念。第三个问题是，"如果科学中理论的变化机制自身难以理解的话，那么诉诸科学并无裨益。"①

（五）原子理论

第四章已分析，福多概念理论的另一个组成部分就是概念原子论。②概念原子论一方面是针对语义整体论提出的反驳，最早可追溯到克里普克、普特南与戴维特（M. Devitt）等哲学家的反摹状词传统③，他们的历史因果理论想说明，我们获得原初概念的内容是由因果关系所决定的。概念原子论采用一种相似的策略，拓展外延到概念的所有类，而不仅仅是专名。另一个理论背景是认知科学的概念理论，鉴于当时遇到像缺乏

---

① Margolis, E., Laurence, S, 1999: "Concepts and cognitive science", *Concepts: Core Readings*, Margolis, E., Laurence, S.(eds.), Cambridge, MA: MIT Press, p.51.

② 参见 Fodor, J. A., 1990: "Information and representation", *Information, Language, and Cognition*, Hanson, P. (ed.), Vancouver: University of British Columbia Press, pp.175–190；

Fodor, J. A., 1998: *Concepts: Where Cognitive Science Went Wrong*, New York: Oxford University Press.

Margolis, E., 1998: "How to acquire a concept", *Mind & Language*, 13, pp.347–369.

Millikan, R.G., 1998: "A common structure for concepts of individuals, stuffs, and basic kinds: more mama, more milk, and more mouse", *Behavioral and Brain Sciences*, 22, pp.55–65.

Millikan, R.G., 2000: *On Clear and Confused Ideas*, Cambridge, MA: Cambridge University Press.

③ 或称为直接指称理论，参见 Kripke, S., 1972: *Naming and Necessity*, Cambridge, MA: Havard University Press

Putnam, H., 1975: "The Meaning of 'Meaning'", *Language, Mind and Knowledge*, Gunderson, K. (ed.), Minneapolis: University of Minnesota Press, pp. 215–271.

Devitt, M., 1981: *Designation*, New York: Cambridge University Press.

定义（经典观）与合成性的困难（原型观）①，概念原子论者为了改进，提出一种概念缺乏结构的观点，所以概念原子论针对的是概念的结构问题。

概念原子理论的问题也不少。第一，福多的论断一般被认为是极端先天论的代表，如果概念是先天的，那么我们现在的学习与探索就毫无意义。但是，不经努力获得知识可能吗？第二，原子理论在解释上排除了范畴化，分类要求概念具有结构，而原子的概念缺乏结构，所以我们不需要分类即可获得相关的概念。第三，在原子理论中，我们缺乏分析性直觉。我们从形成概念到做出判断，这需要抽象概念、分析和综合，才能判明和断定某个事物是什么、不是什么、是否具有某种属性，但是按照原子理论，这种认识的高级阶段是缺失的。第四，空名拥有相同的内容。例如按照原子理论"孙悟空"与"美猴王"，这类的空名没有指称，那么这两个概念就无法区分，内容一致。由此推论，所有的空名概念内容也一致。"美猴王"怎么可能与"魑魅魍魉""牛鬼蛇神"的内容一致？

结合前面对福多理论的批判，简言之，原子理论过于极端而饱受非议。

三、概念的多重表征

上述认知科学关于概念的研究主要将概念的显微结构划分为两类：一类是有结构，包括了经典理论、原型理论、范例理论、理论之理论；一类是无结构，只有原子理论，这也是概念经验主义者与福多争论的焦点之一。马切里（Machery，2009）曾对经验主义有过批判，依据他的思

---

① 马格利斯与劳伦斯对各概念理论进行了详细分析，参见 Margolis, E., Laurence, S.,
1999: "Concepts and cognitive science", *Concepts: Core Readings*, Margolis, E., Laurence, S.
(eds.), Cambridge, MA: MIT Press, pp.3–81.
而 Thagard 和 Toombs 的分析则没有考虑原子论版本，参见 Thagard, P., Toombs, E.,
2005: "Atoms, categorization, and conceptual change", *Handbook of Categorization and Cognitive Science*, Cohen, H., Lefebvre, C.(eds.), Oxford: Elsevier, pp.234–254.
关注认知发展的学者也是直接忽略原子论，如：
Murphy, G., 2002: *The Big Book of Concepts*, Cambridge, MA: MIT Press.
Carey, S., 2009: *The Origin of Concepts*, Oxford: Oxford University Press.
Machery, E., 2009: *Doing without Concepts*, New York: Oxford University Press.

路①，概念经验主义与理性主义的争论衍生出两个论题。

论7.5

（1）概念以何种表征格式来编码？

（2）概念处理实质上涉及哪种状态以及状态的操控？

论7.5的（1）讨论的是载体，是关于概念的结构。作为一种心理表征，概念以何种格式进行编码？概念经验主义强调了在感知优先假设中隐含的一点：概念经验主义是关于心理表征或思想载体的本质——应该采用知觉运动形式，如概念分子、知觉符号、代理类型。概念笛卡尔主义者认为会涉及一种类语言的格式，如LOT。"表征载体"一说正是来自福多，我们的命题态度是镶嵌于某个表征载体之上的，从而具有内容。我们可以同意表征载体与表征内容的区分，但不同意将载体直接等同于认知内容。

涉及命题态度讨论时必须正视表征的内容与载体区分问题。如果命题态度通过内容的论述是系统性、生成性与因果关系上有效的话，那么它们必须拥有将内容的结构映射到结构化的载体之上②。福多讨论LOT时就提出，在涉及结构化对象的操作上，我们要求将之镶嵌于能够表达思想内容的句子的逻辑结构上，这里称为"结构化要求"——思想涉及心理语言的操作，当且仅当，心理表征以命题式的格式呈现，并借以产生语义属性。所以思想必定是类语言的经典理由是：唯有此假设才能说明思想的系统性，福多也认为他的LOT是弗雷格所要求的MOP（尽管我们前面对福多的理论也做了一定的批判与反思）。弗雷格涵义或MOP正是在表征的载体与内容相混淆的背景下提出的③；澄清表征的内容与载体的差别又恰好可以使得我们对MOP问题做出正确的解答。

论题（2）涉及作为范畴化、归纳、演绎、类比、计划和语言理解的基础的认知过程的性质，像概念经验主义者认为，推理和范畴化期间从长时记忆中提取和恢复概念，将某些知觉表征殊型化，模拟或者再现的过程，认知处理就是对这些再现的知觉进行操控。而概念笛卡尔主义者会坚持这一过程应该由严格意义上的高阶认知过程（或称之为思想）来完成，不涉及知觉过程，唯有处理LOT那样的概念原子。换言之，两个

---

① 马切里是在批判概念经验主义时提出的，参见 Machery, E., 2009: *Doing without Concepts*, New York: Oxford University Press, p.109.

② 参见 Bermúdez, J.L., 2005: *Philosophy of Psychology: A Contemporary Introduction*, New York, London: Routledge, Chap.9.

③ Millikan, R., 1997: "Images of identity: in search of Modes of Presentation", *Mind*, 106, pp.423–519.

论题的核心是第一个，回答了概念作为表征的本质是什么，第二个论题也简单得多，那MOP问题也就迎刃而解。因此，我们接下来就进入表征格式问题进行讨论。[①]

（一）表征格式之争

关于载体，实质上就是讨论表征内容所承载的表征系统究竟是什么。由于格式在计算与认知建模方面具有重要作用，因而表征格式FOR问题也就从计算机科学进入认知科学。同样对理解"表征"的实质也特别重要，这个问题就进入哲学领域。维特根斯坦的《逻辑图像论》2.15节曾给出一个看似解决的方式："一幅图像的诸元素以特定的方式互相关联，这点呈现了诸物件也是以这样的方式互相关联的。我们称该图像的诸元素的这种关联为其结构，称该结构的可能性为其描画形式。"[②]

如果载体并非福多的概念原子，那还会是什么？比如说以心理意象为理论先驱的概念分子。"关于思想的载体，就是包含我们整个思想相关对象的心理（大多是视觉上的）意象的思维过程，以及通过意象间联结（大多是习得的）方式影响的思想。"[③]例如画一张华南虎的画，拍摄一张华南虎的相片，有人会说这就是华南虎，也有人会不确定地说它看起来像一只华南虎，不过我们还是可以用这张画像或图片指称华南虎。

但是单从当代认知科学的发展来看，FOR问题就有以下四个较为激烈的争论：（1）模拟格式（analog formats）或者命题格式是不是认知建模所必需的？（2）联结主义格式与符号表征格式当中，哪一个是正确的？（3）知识是作为事例（instances）还是作为规则（rules）而被表征？（4）涉身认知是身体发挥作用还是情境起作用？如果是身体，那么身体在认知中的作用是因果的还是构成的：身体是否仅仅使严格来说由大脑执行的认知成为可能，或者相反，身体本身进行认知。

1.心理意象

认知科学早期，安海姆（R. Arnheim）曾尝试从视觉的艺术欣赏角度切入对人类认知过程的研究[④]，同时另一个思潮又正从认知心理学中酝

---

① 本节部分出自拙文，《哲学与认知科学中的表征论题》，《"分析哲学：中国与世界"国际研讨会暨第七届全国分析哲学研讨会论文集》，2011年10月28日，有删改。

② 〔奥〕维特根斯坦：《逻辑哲学论》，韩林合译，北京，商务印书馆，2013，第12页。

③ Botterill, G., Carruthers, P., 1999: *The Philosophy of Psychology*, Cambridge: Cambridge University Press, p.191.

④ 参见 Arnheim, R., 1969/1997: *Visual Thinking*, Berkeley, LA, London: University of California Press.

酿。科斯林提出另外可选的表征格式——心理意象①。安德森（J. Ander-son）从认知科学角度质疑心理意象与心理语双格式争论能否通过实验解决②，这表明最初的MR含义已有所动摇，很有可能不是LOT③。马切里因而又将这一格式问题称为"安德森问题"（Anderson's problem）。④就计算表征形式上给出概念的合法性，模拟论与命题论的分歧在于哪类计算符号或数据结构在认知理论中可接受，并且哪个更易获得意象的经验属性。20世纪70年代模拟与命题之争或许是误导，现在人们也倾向于图像与描述的说法。

心理表征涉及心理意象的操作，仅当，心理表征以类似知觉的模拟格式呈现，并借以产生语义属性。这是心理意象论的基本立场。常识上我们也常常会采取具体的形象的思考方式，诸如当下被人问到"学校""书本"与"政府"等词语时，我们脑海中总会或多或少地浮现出某个接触过的具体形象。笛卡尔、洛克与休谟等人就"观念"与"心理意象"方面已逐步地深入探讨。思想的媒介就是对所涉及的思想对象在心理表达的某种意象，及其通过这些意象的联结而彼此影响的思想。

20世纪60年代就有学者将心理意象的研究写入心理学报告。心理学的感觉剥夺实验与迷幻药的研究激起了人们对心理意象的兴趣。后来在意象的记忆研究上更是得到强有力的支撑⑤。但是，计算主义的拥护者则质疑、否定这些发现⑥。他们认为，几乎所有的相关意象都必须通过心理语表征来解释。科斯林在计算主义范式下发展出一种视觉意象的类图像（quasi-pictorial）计算理论。类似于计算机制图法。计算机制图文件储存

① Kosslyn, S., 1973: "Scanning visual images: some structural implications", *Perception & Psychophysis*, 14(1), pp.90–94;

Kosslyn, S., 1975: "Information representation in visual images", *Cognitive Psychology*, 7, pp.341–370.

Kosslyn, S., 1980: *Image and Mind*, MA: Harvard University Press.

Kosslyn, S., 1994: *Image and Brain: The Resolution of the Imagery Debate*, Cambridge, MA: MIT Press.

② Anderson, J., 1978: "Arguments concerning representations for mental imagery", *Psychological Review*, 85(4), pp.249–277.

③ 参见 Block, N, (ed.), 1981: *Imagery*, Cambridge, MA: MIT Press.

Tye, M., 1991: *The Imagery Debate*, Cambridge, MA: MIT Press.

④ Machery, E., 2009: *Doing without Concepts*, New York: Oxford University Press, p.112.

⑤ Paivio, A., 1971: *Imagery and Verbal Process*, New York: Holt, Rinehart & Winston.

⑥ Pylyshyn, Z., 1973: "What the mind's eye tells the mind's brain: a critique of mental imagery", *Psychological Bulletin*, 80(1), pp.1–24.

Pylyshyn, Z., 1981: "The imagery debate: analogue media versus tacit knowledge", *Psychological Review*, 83, pp.16–45.

信息于一种压缩的、类图像的形式，但它们可展示出来又转化为能在电脑显示器上显示的数字化图片。同样，视觉信息可以压缩描述式被储存于大脑中，所以我们经验到一个意象，仅仅是在这个信息被用于创造二维的视觉空间图时，位于"视觉缓冲"的特定功能记忆区内，并没有相同的显示器来展示它。因此我们所经验到的一幅图像，能用于认知过程的乃是数学图，一种在视觉缓冲内的功能性图像。后来科斯林将"视觉缓冲"解释为少数视网膜映射区①。

意象可以引导行动，也可以从记忆中提取视觉信息，对视觉信息进行操作，言语的与动觉的心理叙述也会用到意象……心理意象一般分为好几类：梦境，常常是多模态的；幻觉，一般出现在服食精神药品之后，或者心理扭曲与感觉缺失时；基于记忆时，能够再现你所看到的；想象；映射等。心理意象在大多意义上指的便是作为有意识的知觉经验下的产物，它或许是心灵或大脑中某种类图像的表征，或是能够产生此类经验的某类图像心理表征。援引尼格（J. Nigel）对心理意象的解释，我们就可以发现其中涉及几类混淆，如下：

> 心理意象（其变种有时被通俗地称为"视觉化""心灵之眼所见""头脑所听""想象感受"等）是准知觉体验；它类似于知觉经验，而又在无适当外部刺激时发生。它也通常被理解为承载着意向性（如心理意象总是某物或其他事物的意象），因此作为一种心理表征的形式处理。传统上，讨论最多的"视觉"心理意象被认为是由心灵、灵魂或大脑中出现的类似图片的表征（心理意象）引起的，但这已不再被普遍接受。②

可以看到，心理意象的讨论涉及三种内涵：（1）本质上作为知觉是有意识的经验；（2）假设上心灵与、或大脑产生的类图像的表征；（3）假设上，从（1）直接产生的任何类别（类图像或其他）的内在表征。意象的模糊性就恰恰在"有意识的经验"与"表征"两种定义的选择中徘徊，牵涉了知觉问题、现象学问题与感受质问题等，甚至意象论者自己在不同场合混合使用，这就为后来的命题论者的反驳打开后门，因为他们会坚持认为心理操作涉及语言或符号系统。对于心理意象论的反驳有

---

① 参见 Kosslyn, S., 1994: *Image and Brain: The Resolution of the Imagery Debate*, Cambridge, MA: MIT Press.

② Nigel, J.T.T., 2014: "Mental Imagery", *The Stanford Encyclopedia of Philosophy* (Fall 2021 Edition), (2014-09-12) [2023-10-30], Zalta, E.N, Nodelman, U. (eds.), https://plato. stanford.edu/archives/fall2021/entries/mental-imagery/.

三个方面：（1）拒斥图像隐喻；（2）心理意象在认知上不可渗透；（3）心理意象不应具有空间属性。学界普遍认为第一个反驳最为有力。

就心理表征而言，LOT 的支持者对这个意象论的图像隐喻极为不满。因为常识上我们会将其视为某种"图像"，一种只在隐喻层面上存在的"内在图像"。关于这个隐喻的考察就牵涉两个子问题：

（1）知觉表征是否类图像？类图像是否具有物理属性？

（2）如果是类图像的话，究竟我们该如何看到它？

科斯林一开始将"心理意象"处理为某种"阴极射线管"（cathode ray tube）的隐喻，意象就像是映射到心灵的显示器，能够被视觉系统知觉到。因此它显示的是某种表面意象（surface image），以某种特殊的意象格式而存在；意象按通俗的说法则必须通过"心灵之眼"（mind's eye）来"看"（looking），并且会被储存于长时记忆当中。他对上面两个问题采取一石二鸟的策略，即站在与命题论相同的"表征"隐喻立场回答。"头脑中的图像"是个错误的术语，假如思想语言假说成立，我们当然也可以建构一个跟 LOT 一样包含类物理律的表征系统。心理意象也不必完全是物理对象的复制品，它可以对其进行模拟，在这个意义上，心理意象论也被称为"模拟论"。我们的任务也就是刻画这个意象模拟或转换的规律与过程，这跟 LOT 的任务是一样的。

然而，这种"心灵之眼"是什么东西？"看"又是怎么一回事？模拟论一开始似乎预设了很多知觉的现象学概念，内省的证据却并无解释。皮利辛首先挑起这个争端①。没有人可以说清通过"心灵之眼"看到的是什么东西。他后来借此反驳拓展为"小人论证"。赖尔、维特根斯坦与埃文斯也曾经提出类似的怀疑，既然用到"心灵之眼"，那么它必定隐含着大脑当中存在某个小人，或者是某种功能上等同于成熟的包含眼的视觉系统，这样方可在头脑当中对其重新知觉并做出解释。同时，我们又必须看到"心灵之眼"并非那类实体性的东西，如果对之进行刻画，我们又需要借助另外的东西，陷入了无穷倒退困境。

科斯林回答："我们可将心灵之眼设想为信息处理器，即按'概念上的'范畴来解释类图像表征（即那些视知觉经验下的东西）。"②认知科学的符号主义将程序处理为某种通达于内部表征的过程，心理意象论者同样可以将"心灵之眼"解释为意象所依托的内部表征过程。因此，在这

① 参见 Pylyshyn, Z., 1973:"What the mind's eye tells the mind's brain: a critique of mental imagery", *Psychological Bulletin*, 80(1), pp.1-24.

② Kosslyn, S., 1980: *Image and Mind*, Massachusetts: Harvard University Press, p.18.

个意义上询问"心灵之眼"看到什么，就跟询问计算机如何读取程序的问题同气连枝。所以在这个层面上，科斯林只会保持沉默。退一步言之，意象性的隐喻就像是科学中的操作性定义，没人会直接承认大脑里有一幅具体的图像。要是一旦做出这样的承诺，心理意象就会成了心理命题论者所期盼的图景之一。

在心理语言与心理意象的属性比较上，我们可看出前者是同构异质的（isomorphic）包含关系、包含句法，因而是抽象、离散的，又可真值评价。心理意象三者皆无，模拟的异构同质（isomerous）表征是持续性的而非离散的。科斯林却试图向表征的同构性靠拢，因为心理意象涉及主体的"特许属性"（privileged properties），即意象产生于空间性（二维或三维）的媒介中，以"抽象的空间同构"（abstract spatial isomorphism）来展示被表征对象的部分方位、尺寸等，以"抽象的表面属性同构"表达对象的纹理、颜色等。这样来看科斯林的心理意象就是，如果意象是功能性的、固有的、特定的类图像式表征，那么意象应该可以影响信息处理过程。

结合心理意象的概念与前面的结构化要求，泰尔（Tye，1991）指出，这里实质上涉及两种意象——"表征的意象"（如关于某只虎在心理形成的图像式表征）与"现象的意象"（如关于这只虎的虎纹对主体构成的现象属性）①。倘若心理意象要刻画成描述式的，那么就有两种可能，一是"表征的意象"有别于"现象的意象"，后者也就只能由第一人称陈述，结果是无法在信息处理中起因果作用，它属于"副现象的"；二是"表征的意象"产生"现象的意象"，如果意象是描述性的，那么主体所内省到的肯定是描述性的东西，但这肯定也是"副现象的"。所以泰尔的结论是，如果执意要求心理意象的结构性描述，那我们所追求的心理意象肯定属于副现象的。

简而言之，对意象隐喻质疑的着力点在于，主体意识到的应该是描述式的而非图像式的，争论还在继续②。如果意象表征并非有意识的存在，而只是高度图像化、结构化的表征，同时又是无意识的表征，那么就可以为这一植根于经验主义传统的假设谋求更大的活动空间，而概念

① 参见 Tye, M., 1991: *The Imagery Debate*, Cambridge, MA: MIT Press, Chap.4.
② Pylyshyn, Z., 2003: "Return of the mental image: are there really pictures in the brain?", *Trends in Cognitive Sciences*, 7, pp.113-118.
Kosslyn, S., 2005: "Mental images and the brain", *Cognitive Neuropsychology*, 22, pp.333-347.

分子很好地完成了这项任务。

2.联结主义

联结主义其实我们在第二章讨论反表证主义时已经有所谈论，这里再概述一下。在一个神经网络中，一些节点会被指派为"输入单元"，另一些则被指派为"输出单元"，其余的则为"隐单元"，现在考虑的就是输入与输出的模式解释。比如说激活一个输入单元，神经网络内部的各个节点就会反复地接收信息，这会一直持续到该网络达到一个稳定的配置。输出单元的活动模式的语义解释，就是系统的表征。在这个意义上，联结主义更注重思想的系统性与生成性。

分布式表征都是跨所有单元的活动模式，因此没有区分简单表征和复杂表征的原则方法。可以肯定的是，表征是由各个单位的活动组成的。从某种意义上说，这些表征是亚符号的，因为对其组成部分的分析将符号层面抛在了后面。分布式表征的亚符号性质提供了一种新的方式来理解大脑中的信息处理。如果我们用一个数字来模拟每个神经元的活动，那么整个大脑的活动可以由一个巨大的数字向量（或列表）给出，每个神经元一个。大脑来自感觉系统的输入和它对单个肌肉神经元的输出也可以被视为相同类型的向量。因此，大脑相当于一个向量处理器，心理学的问题就变成了这样的问题：在向量上的哪些操作可以解释人类认知的不同方面？联结主义网络是非认知的，在某种意义上，它们的操作不涉及计算主义者所面临的问题，但仍然是计算的，只要刺激它们的输入节点就可产生激活模式，导致输出节点的特定激活值。

在早期争论中，人们似乎做出了关于人类认知的本质的根本不同的主张。随着联结主义学说的发展以及两种格式比较研究的深入，人们逐渐清楚地认识到：

（1）联结主义格式和符号格式都可以得到（或允许）强有力的计算；

（2）两种格式所允许的计算能力都过于强大，以至于难以对人进行建模，因而在人类认知建模时有必要做一定的限制而不是扩展计算能力；

（3）还是由于两种格式强有力的计算，符号系统和联结主义系统可以相互模拟，同时都可以模拟人。

3.知识表征

20世纪90年代，围绕知识表征问题又出现了一场争论。知识表征是指个体在头脑中对外部世界的信息进行存储、组织和处理的方式。它涉及人类对事物、概念、关系和规则等的理解和记忆。知识表征可以是内在的，也可以是外在的，可以通过语言、图像、符号、概念网络等形式来表示。知识表征在认知过程中起着关键的作用，它们为我们理解和解释感知信息、引导决策和行为提供了基础。通过知识表征，我们能够对世界进行分类、归纳、推理和预测。例如，当我们看到一只动物，我们可以将其识别为狗，因为我们在知识表征中存储了狗的特征和特点。

将知识解释为规则表征，采用的是"如果……那么……"（IF...THEN...）的结构，纽厄尔、肖与西蒙在1956年编写了智能程序"逻辑理论家"，可以证明逻辑的定理，还有策略性规则。[1]后来推广到对人类思维的理解上通用问题求解器（GPS），GPS采用规则来模拟人类解决各类问题。[2]再后来就有了安德森的ACT系统、莱尔德与罗森布卢姆的SOAR程序。在"如果……那么……"的结构下，"如果……"部分表示的是条件，"那么……"部分表示的是行动，整个结构可以表达世界的一般信息，也能表达如何完成事情的信息。如"如果这个足球整体过了门线，那么系统就会显示进球得分"，这句话表达了足球赛的基本规则。该结构还表达语用的规范性，以及推理规则。平克（Pinker，1994）则在语言学领域，论证规则对语言的重要性。作为规则的表征可以解释的是，人具有心理规则，并且人使用这些规则在一个可解答的空间进行搜索的程序，以及形成新规则的程度，还要使用和形成规则的程序产生智能行为。

不过，规则是抽象的，人们可以将学习理解为对规则的获取、修正、运用，反对者会认为规则也可以经由事例（instances）形成，由归纳法学习。"如果X是一门交叉学科，那么X会很难学。"类似规则的抽象表征只在抽象层面谈，不能保证表征是在学习过程中获得的，学习者如果每次运用时都要调用规则，就存储和计算而言，这是一种非常昂贵的方法。因此，像语言学习这种可以从他们接触的许多过去时形成的例子中提取规律和例外，从他们的经验中抽象出来，形成一套规则（可能以符号主义或联结主义的方式体现）来管理过去时的形成，这是更节俭的。在内隐学习迁移的情况下，受试者无法（容易地）用语言表达他们用于执行辨别任务的知识，并且似乎没有任何令人信服的计算或处理理由说明为什么在学习期间应该进行抽象，而不是在测试中进行抽象。由于缺

① Newell, A., Shaw, J.C., Simon, H., 1958: "Elements of a theory of human problem solving", *Psychological Review*, 65, pp.151–166.

② Newell, A., Simon, H., 1972: *Human Problem Solving*, Englewood Cliffs, NJ: Prentics-Hall.

乏间接或偶然测试的证据，抽象知识假说似乎没有令人信服的支持。①

争论的焦点在于两个不同的理论假设：知识究竟是作为规则，还是作为事例而被表达？规则表征假设知识作为规则而被表达；事例表征假设知识作为事例而被表达。争论的结果表明，所争论的知识表征问题，是关于格式和建模的语用学问题，而不是关于心理表征的可检验差异的问题。

4.涉身认知

来自物理环境、社会环境的考察是经验主义的一大背景，"物质世界挑战的背后的核心思想是认为思维并不仅仅发生在人的头脑之中，早期认知科学（如计算主义）似乎将思维局限于发生在心智中的计算加工过程，而忽视了人们与物质世界之间进行了连续而丰富的交互作用的事实"。②德雷弗斯利用海德格尔的哲学理论质疑，形式化的表征前途暗淡③；塞尔的"中文屋"思想实验也打击了人工智能④，而人工智能学家温诺格拉德和弗洛尔斯（Winograd & Flores）、布鲁克斯利用昆虫机器人的设计提出无表征智能的可能性⑤。吉布森在生态光学上指出环境在知觉当中的重要作用⑥，认知语言学的拉考夫（G. Lakoff）等人各有针对性地指出身体与直接知觉在思维过程中所起的关键作用⑦。于是，一股标榜认知主体在不同情境中并实现与环境互动的运动悄然兴起，这就是以"涉身性"（embodiment）为代表的4E运动（embodied，embedded，extended，enactive，即具身—嵌入—延展—生成）。这项运动被称为认知科学转向第二代认知的范式革命。瓦雷拉（F. Varela）与克拉克（A. Clark）

① Plunkett, K., Marchman, V., 1991:"U‐shaped learning and frequency effects in a multi‐layered perception: Implications for child language acquisition", *Cognition*, 38（1），pp.43–102.
Redington, M., Chater, N., 1996:"Transfer in artificial grammar learning: A reevaluation", *Journal of Experimental Psychology: General*, 125（2），pp.123–138.

② 〔加〕P.萨伽德：《认知科学导论》，朱菁译，合肥，中国科学技术大学出版社，1999，第150页。

③ Dreyfus, H., 1979: *What Computer Can't Do*, New York: Haper and Row.

④ Searle, J., 1980:"Minds, brains, and programs", *Behavioral and Brain Sciences*, 3, pp.417–424.

⑤ 参见 Winograd, T., Flores, F., 1986: *Understanding Computers and Cognition: A New Foundation for Design*, New Jersey: Ablex Press.
Brooks, R., 1991:"Intelligence without representation", *Artificial Intelligence*, 47, pp.139–159.

⑥ Gibson, J., 1979: *The Ecological Approach to Visual Perception*, New York: Houghton Mifflin.

⑦ 参见 Lakoff, G., Johnson, M., 1980: *Metaphors We Live by*, Chicago: University of Chicago Press.

等人的工作更是对涉身化的研究起到推进作用①。巴萨卢的考察是基于感觉运动区产生的模态性符号（modal symbol）提出的。

传统计算主义在标准认知科学的范式下遵循知觉—认知—行动的顺序，并集中于对认知的考察，可以是认知科学的大脑中心主义，以及它对计算机的依赖，阻碍了对认知的正确理解。而涉身认知则考虑知觉—运动循环的观念，强调"感知与运动过程、知觉与行动本质上在活生生的（lived）认知中是不可分离的"。②

夏皮罗（Shapiro，2011）列出涉身认知的三个主题：③

第一，概念化（Conceptualization），有机体的身体的特性限制或约束了生物体可以获得的概念。也就是说，生物体理解其环境的概念取决于其身体的本质，因此不同的生物体对环境的理解也不同。

第二，替代（Replacement），传统认知科学所依赖的一系列受计算启发的概念，包括符号、表征和推理，必须被抛弃，以支持其他更适合研究身体信息认知系统的概念。

第三，构成（Constitution），身体（或还有世界的部分）不仅对认知过程的因果有贡献，它还在认知中起着构成作用，实际上是认知系统的一部分。因此，认知系统不仅仅包括神经系统和感觉器官。

嵌入式认知假设认知任务需要一定程度的认知耗损，当智能体将自己嵌入一个适当设计的物理或社会环境中时，任务所需的认知"负荷"可以减少。于是，我们应该提供适当的机会，让个体与物理或社会环境互动，从而提高他们的认知能力。比如，驾驶一艘大型海军舰艇所需的认知负荷超出了任何一个人的能力，但可以分配给许多专家，每个专家都有自己的特定任务。④

延展认知由克拉克与查尔默斯（Clark & Chalmers，1998）提出，为增强主体认知能力，环境和社会资源不仅仅是认知系统的有用工具，实际上还是更大认知系统的组成部分。因此，我们可以扩展认知理论解释在脑颅的神经系统之外，环境或身体的某些部分也可以。⑤

① 参见〔智〕F.瓦雷拉、〔加〕E.汤普森、〔美〕E.罗施：《具身心智：认知科学和人类经验》，李恒威、李恒熙、王球、于霞译，杭州，浙江大学出版社，2008。
Clark，A.，1998：*Being There：Putting Brain，Body，and World Together Again*，Cambridge，MA：MIT Press.

② 〔智〕F.瓦雷拉、〔加〕E.汤普森、〔美〕E.罗施：《具身心智：认知科学和人类经验》，李恒威、李恒熙、王球、于霞译，杭州，浙江大学出版社，2008，第139页。

③ 〔美〕夏皮罗：《具身认知》，李恒威、董达译，北京，华夏出版社，2014。

④ 〔美〕E.哈钦斯：《荒野中的认知》，于小涵、严密译，杭州，浙江大学出版社，2010。

⑤ Clark，A.，Chalmers，D.，1998："The Extended Mind"，*Analysis*，58(1)，pp.7-19.

生成认知有三个小阵营，如瓦雷拉等人的自创生成主义（Autopoietic Enactivism）从生命系统的生物动力学角度来看待认知。[1]认知也是通过交叉于大脑、身体和世界的感觉运动过程的操作产生和指定的，心理过程和非心理生物过程之间没有明显的界线。感觉运动生成主义（Sensorimotor Enactivism）是一种解释知觉体验的意向性和现象学的理论，它强调感知是通过对环境的积极探索而存在的。这种理论认为，我们的运动和感觉状态与世界之间存在着相互依赖的关系模式。[2]第三种是激进生成主义解构和消除认知科学中的心理内容概念，旨在用具身的、互动的解释取代所有表征性的认知解释。[3]

针对涉身认知，一个重要的争论是围绕认知中表征的角色。传统认知科学通常依赖于认知过程涉及抽象心理表征的概念。批评者认为，具身认知挑战了这种表征主义观点，强调了感知运动相互作用和情境性在认知中的重要性。他们主张采用更动态的认知模型，不过度依赖内部表征。

（二）多重表征

综上所述，无论是心理意象、联结主义还是涉身认知，都在一定程度上就表征格式问题对心理语的学说造成冲击。争论也至少表明，表征的格式并非单一，没有说哪一方可以强势到完全压倒另一方，这也恰恰取决于哪一项的经验证据解释更丰富。心理意象论以经验主义为基础，联结主义以神经科学证据为依据，概念分子论吸收了二者的优点，涉身认知的发展启发我们，概念表征不会是一种纯命题的，或原子式的。我们在第五章讨论知觉表征时就支持多感觉表征，这意味着多模态的格式很可能是存在的。我们可以称之为"多重表征"、表征的多元主义（Pluralism）或表征的多重进路。

拉卢梅拉（E. Lalumera）在反对马切里的概念理论时，提出概念是一种多重可实现的功能性概念。[4]概念作为一种功能类，无论是广义上还

① 〔智〕F.瓦雷拉、〔加〕E.汤普森、〔美〕E.罗施：《具身心智：认知科学和人类经验》，李恒威、李恒熙、王球、于爽译，杭州，浙江大学出版社，2008。

② Noë, A., 2004: *Action in Perception*, Cambridge, Ma: MIT Press.
   O'Regan, K. J., Noë, A., 2001: "A Sensorimotor Account of Vision and Visual Consciousness", *Behavioral and Brain Sciences*, 24(5), pp.939-973.

③ Hutto, D., Myin, E., 2013: *Radicalizing Enactivism: Basic Minds without Content*, Cambridge, Ma: MIT Press.

④ Lalumera, E., 2010: "Concepts are a functional kind", *Behavioral and Brain Sciences*, 33, pp.217-218.

是狭义上都是多重可实现的，这里的"广义"是指它们可以通过具有不同结构特性的物品来实现。在狭义上是多重可实现的心灵哲学中"多重可实现性"一词的传统意义。心理学没有理由与功能类"概念"的多重可实现性相分离。伊萨克讨论概念工程时就提出，就是关于概念的，且是一种作为多种可实现的功能类概念。概念工程是一种认知功能主义，相当于一种翻新思维的过程，旨在改善概念作为认知工具的功效，从而从本质上改变人们思考事物的方式，使其更适合于执行它所支撑的认知任务，理应运用在我们整个认知生活中。这些都为概念的多重表征提供有效支撑。

"原子"术语提出后相当漫长的一段时期内，普遍被认作不可分的物质，但随着科学的发展，原子还可再分。"原子论是形而上学的哲学/概念的，而不是实证的信念。人们肉眼看不见原子在空隙中运动，世界最终是由原子和空隙构成的观点也没有实证支持。虽然原子论是哲学/概念的观点，但它非常符合现代新兴的观念，而且对促进新科学观念的发展有很大的帮助。"[①]哲学意义上的"概念原子""概念分子"作为隐喻似乎更恰当些。

一个论证是基于"波粒二象性"（wave-particle duality）的概念。关于光子和电子是波还是粒子的问题，爱因斯坦最早提出了光量子来解释光电效应，这使人们开始认识到光波同时具有波和粒子的双重性质。1924年，德布罗意在其博士论文提出"波是粒子，粒子就是波"的假说，一切物质都具有"波粒二象性"。一方面，科学家慢慢注意到X射线既有波动性，如衍射和干涉等现象，又能够在光电效应现象中呈现粒子性。另一方面，经典世界中，波是量子化的，而粒子不是。如钢琴的琴弦，在经典世界中没有量子化的粒子，这样，原子内观测到的能级的量子化很可能就是振动的"物质波"的结果。后来在1927年，戴维森、革末与汤姆生的电子衍射试验也证实了这一假说。

令物理学家不安的是，波与粒子似乎没有共同点，但二象性又属于同一个东西。就像爱因斯坦说的，"用连续空间函数来运算的光的波动理论，在描述纯粹的光学现象时，已被证明是十分卓越的，似乎很难用任何别的理论来替换……但仍可设想，当人们把连续空间函数进行运算的光的理论应用到光的产生和转化的现象上去时，这个理论会导致和经验

---

① 〔美〕理查德·德威特：《世界观：科学史与科学哲学导论》，李跃乾、张新译，北京：电子工业出版社，2014，第173页。

相矛盾"。①也就是说，解释光的波动要运用一套理论，但又要用另一套理论来描述光的这些粒子的行为，两种观点若单独解释光的现象是不完全的，但是组合在一起更好行得通。假设我们接受如上的波粒二象性，那么，对概念结构的描述是否具备这类波粒二象性？如概念的多重表征，在认知内容上按原子论的表述，在意向性内容上按分子论的表述。微观状态之间是跳跃式的量子跃迁。2019年美国耶鲁大学的科学实验证明，量子跃迁的过程可以被预测，且开始后可以被阻断。这一发现颠覆了传统的量子跃迁观念。②

如果按照波粒二象性来支持多重表征格式，那么我们就要小心谨慎些，因为分子论与原子论是不相容的。不过，需要提醒的是，我们在前面论证反原子论时，并没有完全否定概念原子所确定的本质的东西。一个水分子，包含了两个氢原子和一个氧原子。如此一来，三个原子假设是概念原子的话，那么哪一个才是真正决定水分子的本质的东西？还是说，两个氢原子和一个氧原子合起来造就了水分子？这或许存在认识上的误区，水分子是由一个氧原子和两个氢原子构成的。但并不准确，我们此时还需要尊重专家，纯水是由 OH^- 离子、$H_2O \cdot H^+$ 离子、H_2O 分子组成。水分子 H_2O，是由两个 H 原子各提供一个电子与 O 原子共享，O 原子提供两个电子分别与两个 H 原子共享，形成共价键，以满足 H 原子和 O 原子最外层均是稳定结构。量子力学告诉我们，电子的运动方式跟我们常见的物体不同，它不符合牛顿的惯性定律，它的运动方式就是——概率波。因此，它的运动轨迹就形成了电子云。共价键的电子云，与一般的电子云不同之处在于，一个电子的电子云将两个原子核都包含在内了。由于共价键的电子云与单独原子的电子云形状不同，所以我们可以说，分子中的原子与单独存在的原子是不同的。因此，这里"作为原子"的概念与概念原子，并不相同。概念原子与概念分子更像是一种隐喻的。假设就是共同的，当我们在分子层面谈论时，水就是无色无味的液体；当我们是在原子层面上谈论时，水的分子结构决定了它是无色无味的液体。水分子由两个氢原子和一个氧原子组成，呈 V 形分子结构。每个水分子都与四个邻近的水分子形成氢键，这种分子间的相互作用力使得水分子之间相互吸引，形成了一种稳定的晶体结构。由于水分子的结构非

---

① 〔美〕爱因斯坦：《爱因斯坦文集（第二卷）》，范岱年、赵中立、许良英编译，2010，第42页。

② Minev, Z.K., 2019: "Catching and Reversing a Quantum Jump Mid-Flight", *Nature*, 570 (7760), pp.200-204.

常稳定，因此它不会表现出明显的颜色或味道。当光线照射到水中时，水分子会吸收部分光线并散射其余光线，从而使水呈现出淡蓝色。但是，由于水分子的相互作用力非常强，所以即使有微量的杂质或溶解物质存在，也不会对水的颜色或味道产生明显的影响。

回到认知科学的论点就是，认知系统的复杂性要求我们使用不同的表征格式、方法和解释风格。[①]心理学与AI属于不同的解释水平，恰如贝穆德斯提出的界面问题（the interface problem）[②]那样，功能、表征与神经计算属于不同界面。这意味着，没有一种表征格式可以处理所有级别。对于任何给定的表征系统的建议，反对者很可能会找到反例或一些关键的数据出来要求做解释。还有一些研究人员可能正在等待发现一种解释所有认知过程的表征方案。但是，这样的方案很大可能会是错误的。心灵与认知科学需要多重表征。

四、认知内容与概念分子

综上，多重表征为概念分子论的可能性提供支撑。同时，我们还区分了载体与内容。思想为获得内容所需要的不仅仅是机制而且是一种载体。当陈六子认为广州塔在广州时，他的思想部分是关于塔的，部分是关于广州的，且部分是关于两者的地理关系的。思想怎能做到对客体、属性、关系敏感？心灵的建构有可能是经典式的，有可能是联结式的，还有可能是其他的。正确的看法必须展示思想的不同部分是要致力于环境特征的不同部分。这会包括心（脑）的物理状态的差异而作为思想不同表征。

那么概念的认知内容会是什么呢？伊利-瓦库里与霍桑（Yli-Vakkuri and Hawthorne，2018）曾用较为复杂的形式刻画了"窄内容"，我们获得概念内容需要更精确的方式，诸如内容、关系、功能角色与认知可能性等。[③]普林兹则认为，"认知内容允许两个共指称的表征，无论是术语还是概念，在语义上与一个认知主体不同"。[④]于是，我们有很好的理

① Markman, A., Dietrich, E., 2000: In defense of representation, *Cognitive Psychology*, 40, pp.138–171.
② Bermúdez, J.L., 2005: *Philosophy of Psychology: A Contemporary Introduction*, New York, London: Routledge, p.35.
③ Yli-Vakkuri, J, Hawthorne, J., 2018: *Narrow Content*, Oxford: Oxford University Press.
④ Prinz, J., 2002: *Furnishing the Mind: Concepts and Their Perceptual Basis*, Cambridge, MA: MIT Press, p.7.

由考虑，概念不能由意向性内容单独个体化。具有认知内容的概念必须能够处理孪生地球与弗雷格的案例。首先，弗雷格关于事实上真的同一性陈述包含两个区分的术语可以提供信息，不管那术语是否有相同指称。其次，弗雷格观察到我们不能自由地替换共指称的术语是在相同的语言学语境下。如果指称提取出内容，这些句子拥有同样真值。两个同一的共指称的概念可以是提供信息的，且通过句子，我们可以拥有信念，该信念包含了一对共指称概念中的一个，而不拥有包含另外的相应信念。这就意味着，概念的内容也不能简单地由指称提取。

认知内容应该是我们在一个类中观察到的属性的观念所组成的复合观念，因而它更像是分子式。"代理类型自身可以说构成了认知内容。"①"代理类型非常适合解释认知内容，这一事实也可以通过考虑它们对心理学的其他解释性贡献来证明。"②显然，认知内容蕴含的信息要比代理类型多得多。比如自然类概念"金"的认知内容一部分是窄的，它们在头脑中，另一部分却是外在地被个体化。我们依靠它来识别出"金"的属性，像"黄色""有光泽""延展性强"等。

洛克曾提供一个有益的思路，他认为，自然类的"（实体观念）它们在人心中具有两个参照对象：（一）有时它们是指示每种事物中假设的实在的本质的。（二）有时人们只以为它们是人心中对实际存在的外物所有的一些图画和表象；至于表象的途径，则借助于那些事物中所发现出的各种性质在人们心中所生的观念"。③洛克说的是，我们的观念既指事物的真实状态，也指我们所认为的事物的状态。自然类"金"不能简单地归为一个概念原子，其实是一个复杂的概念分子，由对应于像"黄色""有光泽""质软""延展性强""可熔"和"重"的属性的概念组成。这个概念分子指称的是下面这些属性的本质以及这些属性本身。如此一来概念分子就是双重指称，包含意向性内容与认知内容。

为方便理解，我们可将概念分子 C 视为一种具内在结构的探测机制 D，D 可以叫探测器（detectors）。（1）D 内部区分 x 与 y；（2）探测是一种机制，一种在 D 与被探测者 P 之间调节的过程；（3）D 包含因果律的过程，该律则可作为对意向性的信息原子论的基础，概念分子论试图将概念等同于有结构的探测机制，不伴随原子的指示，而是一种初始原因。

① Prinz, J., 2002: *Furnishing the Mind: Concepts and Their Perceptual Basis*, Cambridge, MA: MIT Press, p.270.

② 同上，p.272.

③ 〔英〕洛克：《人类理解论》，关文运译，北京，商务印书馆，2019，第384页。

如前所述：

CE6.1：

x*表征P，仅当，x*有规律地与P协变，并且一个P曾是x*的初始原因。

MOP是概念分子，CE6.1表明，意向性内容可以表征某一范畴恰恰在于初始状态下锁定的属性与概念间的初始链条，同时，概念分子又强调多模态的知觉，这使得可以在后来的学习中重塑。通过将结构联结到信息语义学，概念分子试图将结构用于解释像范畴化的东西，而律则的关系解释意向性。以概念"书"为例，概念"书"在启动后就携带"印刷有文字、记录信息，并装订成册的纸张"信息；而探测器是调节指示器与属性之间关系的机制，也携带一部分"书"的信息，一部分是"乙"（部首），一部分是"丨"，还有"丶"等。一旦这些结构进入了与外在属性间的因果关系，那就是概念。确定意向性内容依赖的必须是因果作用，增加这个分子的表征结构，会比起原子的探测更快速更容易。如果概念是探测机制，那我们就可以预测概念指称时的各类对象的相似性与范畴化。

以这个为基础，概念以两种方式被个体化。概念C的一对概念标记x与y可以按共享其真实内容或按共享其名义内容来识别，即意向性内容与认知内容。"金"的意向性内容是使金为之金的东西，即被观察到的属性的种类成员，原来就是一个看似不可分的东西，内部无法认识，随着科学发展，我们发现"金"就是化学元素"Au"，原子数量为79，这取决于共同体的专家（科学家）。认知内容是可观察属性的观念所组成的复合观念，认知内容处于心灵中，意向性内容处于世界中，并例示前者。更简单点说，认知内容指向意向性内容。

论8.5

C是概念分子，由一对概念标记x与y可以按共享其意向性内容或按共享其认知内容来识别；

意向性内容x，表征遵从专家界定的本质属性P；

认知内容y在一种意义上是窄的，可以表征x与被探测者P之间的初始原因关系；

认知内容y在另一种意义上是宽的，内容信息可以不断地修改重塑；

且x例示y，x指称P。

因为x例示y，x指称P，所以概念分子C拥有双重指称。如"金"拥有双重指称，由x与y按共享其意向性内容或以共享其认知内容来识别

——有光泽的，黄色的，有延展性的。"金"指向一种意向性内容x，化学元素为"Au"，原子数量为79。这是尊重专家的界定的本质属性（在孪生地球可以是zyx）。认知内容y在一种意义上是窄的，可以探测"金"与被探测者"黄金"之间的初始原因关系。"金"指向另一种认知内容y，是宽的、有光泽的、黄色的、有延展性的。"金"的化学元素"Au"例示有光泽的、黄色的、有延展性的。

有一种质疑的声音就是，概念分子不是承诺了某种本质主义？答案是肯定的。我们接受的是，它提取两个不同的本质仅仅是因为我们遵从专家（科学）所告诉我们的。假设科学家做出以下两个假设：第一个假设，研究的种类拥有单一的本质基础，比如要避免"翡翠"这类含多种矿物质的特例。另一个假设，科学家工作是在这样的假设下，即概念的内容是由其初始原因所决定的。这两个假设是普遍相容的，但它们在四种方式下存在争论。第一，问题是形而上学的：一个概念的初始原因有时会没有它们与其他客体相共享的简单的本质属性。第二个问题是认识论上的：我们常常不可能知道我们概念的初始原因是什么。第三个问题是社会学的：一个共同体的不同成员联系到一个既定公共词汇的概念时，会由不同初始原因被习得。第四个问题是语义学的：一个人可以在遇到不同种类的情况下获得一个概念。以上问题要让科学家处理单一本质而言是非常困难的。因此，即使他们开始假设概念提出单一种类，他们有时被迫说，概念指向一对不同的种类。"翡翠"被析取似是而非的理由有多种。如果是这样的话，"翡翠"被析取的事实完美地符合我们所要处理的内容。即使科学家假设我们的理论是正确的，"翡翠"的例子会由于我描述的各类问题而提出来。为遵从那些科学家，他们坚持相同语义规则决定我们非遵从概念的内容，我们会时不时地用"翡翠"的概念来应对责难的。

像"孪生地球"实验那种，水1是H_2O，水2是XYZ，二者又例示为"无色无味的液体"。两种水的化学式都只在大脑记忆中，而当孪生兄弟S1与S2各说出"水"时，意指的都是知觉状态下无色无味的液体，而不是陷入普特南什么化学式的陷阱中。要考虑的就是，当孪生兄弟在课堂上，或书本中，或实验室里学习到水的化学分子结构时，那这时的"水"就会是从S1的记忆库中提取"水"的外延性范围，也就是属性1无色、属性2无味、属性3液态等等。这些是多感道进入大脑的，在神经刺激反应中，也在工作记忆中。然后在S1大脑中浮现出"水"的知觉符号。此时可能会在你长期记忆库里下行反馈出来H_2O。这H_2O结合了各种知觉属性呈现。而正是这个使得"水"等同于H_2O。还是前面的话，析取是允许的，不过当尝试用范畴化解释时，我会说两种水都属于一类水。如果你确实要说两种实质上是不同的东西，那么你就要先回答——为何两种水都共同具有无色无味液体的属性呢？

简而言之，概念经验主义者的概念本质上是分子式的，而非福多的原子式的。

回到弗雷格那里，在MOP与指称之间的关系问题上，如果弗雷格主张MOP决定指称，那么我们完全可以考虑名义内容或概念分子来解释MOP，它们组成我们概念的认知内容，即我们所获得的那类内容。而实际上，倘若我们将名义内容与MOP等同，那么弗雷格案例的反面也应该为真，则指称在某种意义上会决定意义。假如要再审视那些在我们概念的真实内容中的对象，则可促使我们变化代理类型，以致其名义内容在较大程度上与真实内容相符，不同于福多本体论上的共时性一劳永逸方案，这个是动态平衡的学习机制，这也恰恰更符合我们的日常经验（大众的）与科学（专家的）研究。

概念分子还适合范畴化解释，这也容易通过替换测试。范畴的识别常常依赖于长时记忆系统，一个对象被知觉时，我们会用到一系列的特征进行配对，如果有些特征与记忆中的特征配对成功的话，就可以提取出来。这种被知觉对象与记忆的相似性往往是由所匹配的权重来评价，符合该对象的识别就在于范畴涉及的记忆系统中具有高度的相似性。

五、小结

概念仅靠意向性内容来个体化是不充分的，还需要表征的认知内容，在前面讨论概念理论时，我们曾对各理论进行了分析。定义观提出了概念的充分必要条件，问题过多；原型理论与范例理论都是基于相似性的推理，但相似性并非指称的充要条件，并且与理论之理论一同强调范畴化机制；原子论取消了概念的结构，容纳公共性与合成性，概念的信息内容很好地解释了意向性内容，但牺牲了范畴化机制。因为具结构的特征能够说明范畴化与相似性，放弃这类心理学普遍适用的解释机制代价太大，所以，基于多重表征格式提出的概念分子就必须要将概念的信息成分与分子式的结构相结合。

CE8：

C是概念分子，由一对概念标记x与y可以按共享其意向性内容或按

共享其认知内容来识别；

意向性内容 x，表征遵从专家界定的本质属性 P；

认知内容 y 在一种意义上是窄的，可以表征 x 与被探测者 P 之间的初始原因关系；

认知内容 y 在另一种意义上是宽的，内容信息可以不断地修改重塑；

且 x 例示 y，x 指称 P。

希望 CE8 可以给出概念经验主义版本的概念分子对表征问题的回答，概念分子具有双重指称方式。一方面是在世界中的意向性内容 x 指向那个拥有的本质 P，另一方面是在心灵中的认知内容 y 在一种意义上是窄的：它们依随于头脑内的东西。两个人内部像是拥有同样的概念分子来探测。但认知内容 y 在另一个意义上是宽的：它们是世界属性的集合，在头脑中，但却是外在地被个体化，因而内容信息又会被不断地修改重塑。

第八章　概念的组合与学习

行文至此，本书明确了概念经验主义所有的八个主张，整理如下：

CE1：在本体论上，概念C是心理表征。

CE2：概念C是自然的；并且C可以用自然的方法加以解释。

CE3：C的先天概念库存承诺最少的数量。

CE4：概念C是基于知觉表征的。

CE5：概念C是通过学习获得的。

CE6：

概念C通过可靠的因果关系表征世界上的范畴；

x*表征P，仅当，x*有规律地与P协变，并且一个P曾是x*的初始原因。

CE7：概念C在语境上可变化。

CE8：

C是概念分子，由一对概念标记x与y可以按共享其意向性内容或按共享其认知内容来识别；

意向性内容x，表征遵从专家界定的本质属性P；

认知内容y在一种意义上是窄的，可以表征x与被探测者P之间的初始原因关系；

认知内容y在另一种意义上是宽的，内容信息可以不断地修改重塑；

且x例示y，x指称P。

前面几章，我们已尽可能对八个主张做了分析与论证，概念经验主义的优点在于承诺更少的先天概念库存，如第四章给出的那些概念。从CE4到CE8，概念经验主义也绝非想象中那么一帆风顺。一种适当的概念哲学理论，还需要充分考虑概念组合（concept combination）与概念学习（concept learning），比如复杂的抽象概念、概念的学习与变化，以及新概念的创造等。面对概念笛卡尔主义、概念消除主义的质疑，本书最后给出回应与辩护。

概念组合是"从相对简单的概念中形成相对复杂的概念的过程"，①

---

① Osherson, D. N., Smith, E. E., 1981: "On the adequacy of prototype theory as a theory of concepts", *Cognition*, 9(1), pp.35–36.

"是一种形成新的知识体系的能力"。①那些复杂的抽象的概念应该是存储在长期记忆中的，但长期记忆的概念库存有限，因为我们是有限的生物，在第四章我们也尝试列出了有限数量。因此，为了实现语言理解、推理等各种认知目的，需要基于知觉动态地产生复杂的抽象的概念。

一、抽象概念

（一）概念的操控

基于知觉如何获得抽象概念？理性主义者可以简单地诉诸理性能力或高阶认知操控抽象概念来回答即可，经验主义者却要认真地回答概念的操控问题，无论简单还是抽象。如果我们观察一个小孩开始学习，他往往是从形象的画画开始的，而非抽象文字，如果抽象文字也能算作是先天的，那理性主义管辖的范围也太广了。

假如概念经验主义所预设的概念分子成立，那么诸如范畴化、归纳、演绎、决策、语言理解等认知过程也就可以进行解释。这些认知过程涉及对知觉表征的操控，巴萨卢认为最好理解为"模拟"过程。与此相对，概念原子论并不涉及这些。"标识一个代理类型大致上等同于进入这类知觉状态，即如果某人知觉到表达的东西时的那个知觉状态。"②普林兹就展示出一个概念的处理（RCA模型）包含三个阶段：检索阶段（retrieval stage）；合成阶段（composition stage）；分析阶段（analysis stage）。如图8-1。

向李逍遥提问对两个概念的描述，如"大汤匙"与"宠物鱼"时，他首先进入第一阶段检索。他会搜索储存的表征，该表征很可能在记忆库中是混合物。如果他经常接触"大汤匙"与"宠物鱼"，足以让他获得相关概念，那么就会抽取到工作记忆中以产生临时的表征，可以简单地使用口头线索来唤起那个概念。如果没有找到该化合物，只找到"汤匙"没找到"大汤匙"，则要进行跨列表（cross-listing）搜索，当然，很有可能"铁的""木的""陶瓷的"这些材质，是包含在"大汤匙"的特征中的。这个过程相对于联结"大"与"汤匙"就更精确地表达一个范畴。

① Machery, E., 2009: *Doing without Concepts*, New York: Oxford University Press, p.207.

② Prinz, J., 2002: *Furnishing the Mind: Concepts and Their Perceptual Basis*, Cambridge, MA: MIT Press, p.150.

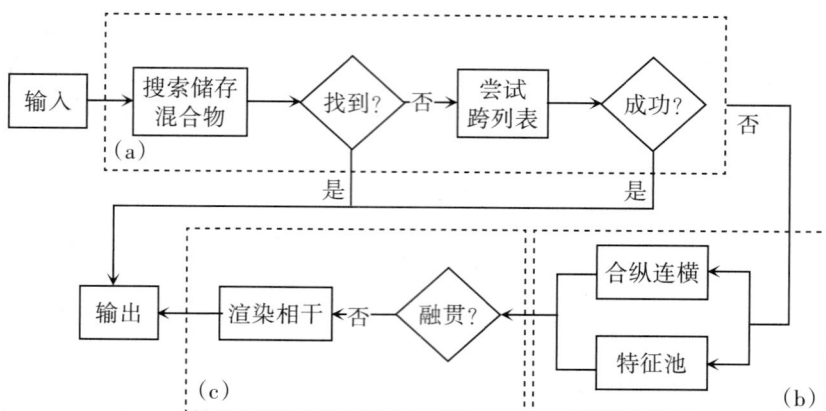

图8-1 a是检索阶段;b是合成阶段;c是分析阶段①

如果是只找到"宠物"或"鱼"而没找到"宠物鱼",也是同样跨列表查询,如"宠物狗""宠物猫""金鲳鱼""马鲛鱼"……我们可能首先通过识别"宠物"和"鱼"来识别"宠物鱼",但一旦它被识别为这两种东西,就形成了"宠物鱼"的表征。

如果检索阶段不成功,就将进入合成阶段。我们可以尝试通过应用组合规则连接一对概念。其中一些规则是合成的,它们可以在没有范例记忆或背景知识的帮助下应用,在"特征池"中找到包含在被组合的概念中的信息就足够了。两个概念的特征被简单地汇集在一起,然后,进行如下调整:在任何一个概念中,权重较高的特征保持较高混合物;接下来,剩余的特征被分配权重,作为它们对两个概念的重要性的函数(如平均);最后,将权重非常低的特征从表示中删除。

实际上,我们还是难以找到"宠物鱼",那么就要用普林兹称之为"合纵连横"(alignintegration)的过程,这是由"对齐"(alignment)与"集成"(integration)组成的合成词。要使"宠物"和"鱼"对齐,需要在"鱼"中查找与"宠物"最相似的维度值,而不是"可食用"那一列,这样就会找到"金龙鱼""小丑鱼""人字蝶鱼"……然后我们会发现在汉语语境中,"宠物鱼"通常被称为"观赏鱼",要去水族馆或花鸟鱼市场才能看到。于是,"宠物鱼"用来识别在水族馆或花鸟鱼市场看到的实例,而不是菜市场。如果我们反复遇到属于相同两个概念的对象,我们可以通过为化合物创建单独的表征来避免必须经历概念组合过程。"合纵

① Prinz, J., 2002: *Furnishing the Mind: Concepts and Their Perceptual Basis*, Cambridge, MA: MIT Press, p.308.

连横"可以让不同的概念与相同的维度对齐，但以不同的方式集成，这是个完美组合的过程，但上下文高度敏感。

"合纵连横"与"特征池"有时会受到背景知识或范例知识的影响，相似性起着重要的作用。当两个概念非常相似时，进入"特征池"的可能性更大，如"斑马""骡"。如果不同的组合是并行竞争的话，有可能进入"合纵连横"。如"鱼"里选择"宠物"这个策略可能特别容易，更有可能赢得这种竞争，但合成阶段有可能并行尝试多种策略。

最后，这个新表征要经过分析，是否与要检索的与解决的任务相匹配，渲染相干的东西，以复真实的模式呈现，完成融贯的输出。我们说"观赏鱼"生活在碗里，因为我们的"观赏鱼"概念是从与通常生活在碗里的鱼的接触中抽象出来的，尽管我们的"鱼"概念不是。

这三个阶段中，后两个综合了不同概念理论的特点，最主要的特点体现在第一个检索阶段，它实质上涉及概念于知觉状态（巴萨卢称为模态状态）中储存与重现（re-enactment）的两个过程。

当一个对象或事件被知觉时，它激活了相关的神经状态的特征探测器。一旦特征列活跃地表达时，联结区的联结神经元获取这类激活，整群神经元进行编码，而每个单独的神经元都会参与其中。局部上，该类模态性相邻的联结区获取了激活类，视觉的就获取视觉类。依次地，高阶的联结区，如颞叶、顶叶、前叶前部就整合了这些激活类。

一旦联结的神经元获取一个特征类时，它们就可重新激活。这就是重现或模拟过程。联结区部分地重现在先前知觉的状态，当提取一个于对象上所展示的行动时，就会部分地重现并生成它的运动过程。必须注意以上谈论的都是部分的，这个过程并没有对完整知觉状态的复原，它是不完全的、不精确的、不必然有意识的。巴萨卢认为，或许相对而言，无意识的可能性要更高些[1]。无意识的重现更多地发生于知觉、记忆、概念化、理解等。一旦觉察时，它就组成了我们前面所讨论的心理意象，这就是有意识的。

以上知觉状态的操控集中体现于巴萨卢对"模拟器"的刻画中，即多模态模拟的过程，这样的模拟器在处理涉及抽象概念的任务时起到不可磨灭的作用。我们前面在图5-2已大体上看到模拟器对于"车"的基本运作，但是，概念经验论的一个要害就是抽象概念问题，一个好的认知模型必须能够给出清楚的解释或预测。按照巴萨卢的认知研究，一个

---

[1] 参见 Barsalou, L. W., 2009: "Simulation, situated conceptualization, and prediction", *Philosophical Transactions of the Royal Society*, 364, pp.1281-1289.

抽象概念的处理分为三个过程：

（1）架构（frame）：构造抽象概念的事件序列（多模态的、涉身的）。

（2）选择性注意：抽取出概念的核心表征以脱离背景。

（3）内省：对比模拟与情境表征，若匹配则确定映射，识别出核心表征的焦点元素，重复前面过程；若不匹配则回到前面。

问题关键也是在第一个过程——架构，这是巴萨卢早期提出的模型[①]，这要求有序对以及值域的归属，还涉及关系的处理。后来巴萨卢认为这也可以称为属性模拟器（property simulators）与关系模拟器（relation simulators）[②]，抽象概念处理都会不同程度地运用到两类模拟器。一个属性模拟器产生与范畴成员的属性的重复处理过程中，它具有四个特点：可以获取多模态的信念，并生成多模态的模拟；属性模拟器显然不孤立运作，它会置于语境下、对象的背景中；并非生成整体表征、高度图式化的范畴，而是某个特定的范畴；这些属性的特定模拟会在某些优先次序下被组织，如，与人相关的日常用语的处理总会快于与非常用的处理。

关系模拟器则表达一个范畴成员的多重方面及其配置。如"在……之上"的关系。人们会重复地处理各种空间关系，然后从中收集所需的"之上"的信息，并从经验中抽取再过滤。一旦"之上"的模拟器存在，它就可以生成许多不同的模拟，而每个都可以表达特定的"之上"的区域。当然，其他表示空间关系的模拟也是可行的。

按照以上的模拟器配备，我们现在来模拟"真"的抽象概念。

---

① 参见 Barsalou, L.W., 1987: "The instability of graded structure: implications for the nature of concepts", *Concepts and Conceptual Development: Ecological and Intellectual Factors in Categorization*, Neisser, U.(ed.), Cambridge: Cambridge University Press, pp.101-140.

Barsalou, L. W., 1993: "Structure, flexibility, and linguistic vagary in concepts: manifestations of a compositional system of perceptual symbols", *Theoris of Memory*, Collins, A.C., Gathercole, S.E., Conway, M.A.(eds.), London, UK: Lawrence Erlbaum Associates, pp.29-101.

② Barsalou, L.W., 1999: "Perceptual symbol systems", *Behavioral and Brain Sciences*, 22, pp.577-660.

Barsalou, L.W., 2003: "Sitated simulation in the human conceptual system", *Language and Cognition Process*, 18, pp.513-562.

子事件1　　　　　　　　子事件2

A:"在云上面有一只气球是真的。"

B:"在云上面有一只气球是假的。"

C:"在云上面没有气球是真的。"

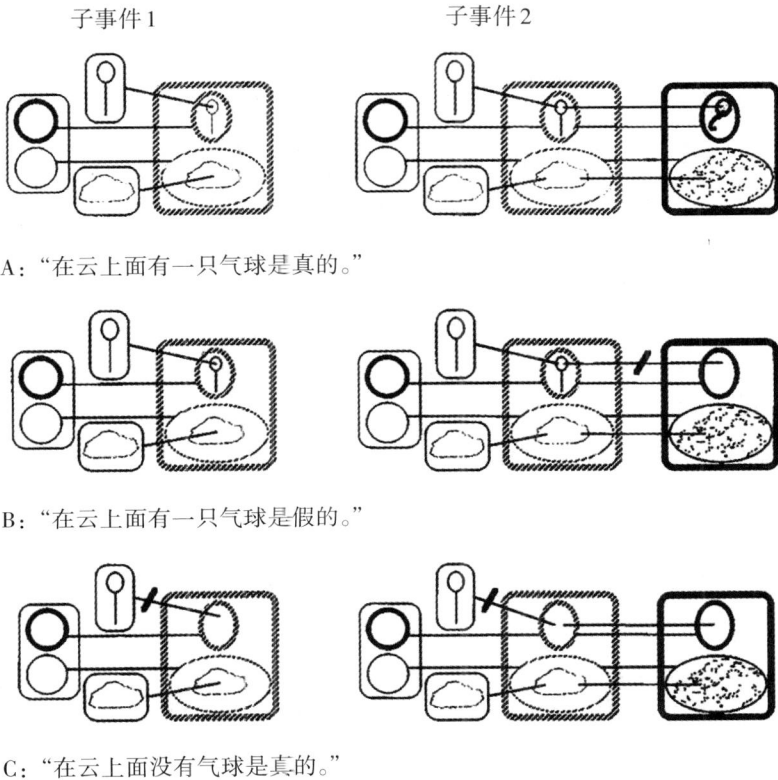

图8-2　A描述"真",B描述"假",C描述"否定"①

首先,架构一些"真"的事件,如图8-2关于"气球是否在云上面"的事件。在A的子事件A1中,主体建构一个事件的模拟,可以是某人告诉他来建构,也可能是他自己以前亲眼看过"气球在云上"。子事件A2则是主体知觉到这个物理情境,并尝试映射出模拟,这是因为主体尝试回忆先前的特定的情境。主体可以按照这个模拟去评价是否与精确的表征相匹配,有"气球""云"以及"在……之上"。如果与表征完全匹配,那么就会说"在云上面有一只气球是真的"。以此类推,A用知觉符号说明一种真实感,B利用知觉符号解释一种虚假感,C使用知觉符号来解释一种否定感。带有细实线的框代表模拟器,粗虚线表示模拟;带有粗实线的框代表感知到的情况。

根据这类模拟可以尝试来解释"假""否定""愤怒""析取"等抽象

---

① Barsalou, L.W., 1999:"Perceptual Symbol Systems", *Behavioral & Brain Sciences*, 22, p.601.

概念①。比如"道德败坏"可以这样分析:"道德败坏",按照休谟的理解,一般就分析为私密地与主体当下的坏的情感反应相关。所谓"坏",即倾向于令人产生失望、愤怒、糟糕、恶心、耻辱等情感体验,这依赖于对当下事件行动的本质,由适当情境下产生的适当的情感。在经验主义的图景下,情感就是涉身化的、境遇化的,就像对危险的恐惧,产生于身体对周围环境遭受的压力,这无须概念化。当然,道德情感产生的原因很复杂,但至少必须是对周围环境的知觉反应,并借以产生意义,情感因而可以纳入概念经验论的框架内。

概念经验主义者在抽象概念的解释上总会比不上理性主义者,但是我们也必须明白一点:二者的论证负担其实是相同的。大家并不关心一个任意的符号假说应该怎样来解释抽象概念,福多直截了当地将抽象概念设定为先天所得,大家就觉得更心满意足了。可是如果因为这样就直接扼杀概念经验主义者的尝试,那也未免过于草率。因此,尽管有许多不同意见都会反驳经验主义的这类模型,但是经过前面各类的分析,我们也应该相信这样自然化尝试是相当进取的。

如果接受模拟器的假设,接下来的问题便是:属性模拟器与关系模拟器如何共存于知觉符号系统中,二者是先后关系还是平等关系,由此导致的要害便是,产生知觉符号的感觉运动状态是否能与当下的心理状态相区分,并不清楚。

上述问题提出的最主要动机在于:巴萨卢与普林兹的概念经验主义预设了一种涉身化立场,即人类是一个认知依赖于各种感觉运动的身体。在上一章讨论表征格式之争我们已做介绍。

概念经验主义的神经生理学基础是,神经成像和神经心理学研究提示在大脑的感觉皮质中都发现了专门化,但是也有研究发现,即便颜色或运动知觉的皮质机制丧失,人们仍然保持看的能力。在感觉丧失的极端情况下,知觉的皮质系统可能会被完全重组。即使在感觉系统完好的人中,听觉、视觉、触觉、味觉与向躯体感觉这五种感官系统也不是孤立的,而是一致行动以构建表征。

概念经验主义的另一个假设是重视运动区,行动控制是依层次组织的。行动涉及选择,目标维持,环境中的对象识别,视觉空间属性转换为动力需求,准备运动,执行与在线运行的执行控制。首先在躯体感觉

---

① 参见 Barsalou, L.W., 1999: "Perceptual Symbol Systems", *Behavioral & Brain Sciences*, 22, pp.599–603.

Prinz, J., 2007: *The Emotional Construction of Morals*, Oxford: Oxford University Press.

输入上，一般是先通过最底层的脊髓，经运动神经元投射至大脑的运动区，导致肌肉兴奋。当然，其中就包括了运动皮质在内的皮质和皮质下结构，这些结构可以在一种更抽象的层面上表征运动。前运动区侧皮层会涉及运动的准备（对外在对象），还有对其他行动的观察中（镜像神经元），这对模拟与技能习得是很重要的。对象的视觉处理包含一个腹侧通道（涉及显性的认知对象）与背部通道。背部通道编码对象的相关行动的属性，腹侧通道则在顶叶与顶额网络中对发展的行动计划做出反应，行动计划基于当前外部实在与个体目标。

最近的行为研究表明，抽象概念也比具体概念在更大程度上需要情感处理。对于抽象词汇，该区域的激活受到词汇的享乐效价（积极或消极情感关联的程度）的调节。对1400多个英语单词的相关分析进一步表明，抽象单词在情感关联方面的评分通常高于具体单词，这支持了抽象单词处理通常需要情感处理的观点。我们认为，这些结果支持语义表征的涉身观点，尽管具体概念基于我们的感觉—运动经验，但情感经验对于抽象概念的基础至关重要。情感词汇比抽象词汇更容易被形象化的原因是，尽管情感不是可以通过感官体验的具体对象，但它们在感知上与特定的形象联系在一起，也就是说，它们唤起了一些感官体验的内容。情感词汇比抽象词汇更容易理解图像，似乎是合理的。

以上神经生理学研究都展示了这样一个图景：大脑的运作是一个交互式的系统，无论是下行还是上行。这类观点无疑对福多的"心理模块性"假说提出挑战。因为在他看来，语言是一个输入系统，而不是一个可以影响不同知识域中的中央系统的一部分，这样的输入系统具有的特征是特域性的、信息封装性的、功能上可定位的。知觉符号系统PSS对抽象概念的处理就建议要用到"内省"，这已大相径庭了。

（二）信念导向机制

另外值得关注的是对大脑认知地图的表征以及神经流形（neural manifolds）两个重要的研究。

认知科学研究表明，哺乳动物（可能包括一些昆虫）利用空间布局的心理表征进行导航。瑞斯克拉（Rescorla，2017）总结了认知地图（cognitive map）研究中有关地图表征（cartographic representation）的几种属性：地图表征物理空间的几何方面；具有真实性条件；具有几何结构；只有当地图复制了它所代表的区域的显著几何方面时，它才是真实的。①

2014年诺贝尔生理学奖颁发给了发现大脑中的GPS定位细胞的三位科学家。②近年来的研究位于脑中海马体及其邻近脑区中存在表征空间特征的位置细胞（place cell）和网格细胞（grid cell）。人类大脑中具备了帮助跟踪其位置的脑细胞，该神经细胞被称为网格细胞，其功能就像大脑内置的GPS系统，它还参与大脑记忆活动。当参与大脑研究的志愿者探索一个虚拟环境时，这些细胞就会被激活。研究人员称，这些细胞就像是一个内置的GPS系统，而且有可能也参与大脑记忆。这一系统可能参与了物理空间认知以外的信息处理，比如图片空间、嗅觉空间，甚至关系空间的表征，提示脑中可能用一套通用的机制在处理一系列表面上截然不同，但是具有深刻共性的信息维度。

这类GPS的证据对我们的有益启发是，产生知觉符号的感觉运动状态是否能与当下的心理状态相区分，我们现在可以整理相关的资源进行解答。假设存在一个信念导向机制（Positioning Mechanism for Belief, PMB），该导向机制用于个人的信念固化，基础是建构于知觉符号之上的空间表征（spatial representation）③。空间表征的神经科学证据是同样调用了大脑的感觉运动区，所以它是知觉与行动的联合产品，也是模拟器的集合。另一方面，空间表征在抽象概念（思想）处理中起重要作用④。

以空间性思考最初是为了生存，或许是伴随人类进化而来的基础表征能力。对象在空间中是主体在世最初的遭遇，指称就在这个基础上进行架构，对象与指称的架构都依赖于空间性表征。特维斯基（B. Tver-

---

① Rescorla, M., 2017: "Maps in the Head?", *The Routledge Handbook of Philosophy of Animal Minds*, Andrews, K., Beck, J. (eds.), New York: Routledge, pp.34–45.

② O'Keefe, J., Dostrovsky, J., 1971: "The hippocampus as a spatial map. Preliminary evidence from unit activity in the freely-moving rat", *Brain Research*, 34, pp.171–175.
Hafting, T., Fyhn, M., Molden, S., Moser, M.B., Moser, E.I., 2005: "Microstructure of spatial map in the entorhinal cortex", *Nature*, 436, pp.801–806.

③ 参见 Tversky, B., 2008: "Spatial cognition: embodied and situated", *Cambridge Handbook of Situated Cognition*, Robbins, P., Aydede, M. (eds.), Cambridge: Cambridge University Press, pp.2010–2216.
Vosgerau, G., 2007: "Conceptuality in Spatial Representations", *Philosophical Psychology*, 3, pp.349–365.
Jagnow, R., 2011: "Ambiguous figures and the spatial contents of perceptual experience: a defense of representationalism", *Phenomenology and Cognitive Sciences*, 10(3), pp.325–346.
Mandler, J. M., 2012: "On the spatial foundations of the conceptual system and its enrichment", *Cognitive Science*, 36(3), pp.421–451.

④ 参见 Gattis, M., 2001: *Spatial Schemas and Abstract Thought*, Cambridge, MA: MIT Press.

sky）将空间划分为自我的心理空间、身体的空间、身体周围的空间与导航空间四个[1]。第一个与自我意识相关；第二个身体空间可以追踪身体的各个彼此相关的部分，或通过自身的本体知觉，或通过视觉追踪他人的身体；第三个周围的空间就是用来追踪外界事物的，身体、对象、场景可以成为一个三轴的坐标空间；第四个则拓展到导航空间，负责接收各类碎片的知觉符号，它们要求捆绑以达到一般的对象与指称架构。后面三个空间就从属于感觉运动的交互。

信念导向机制可以通过空间表征进行以下刻画：

论8.1　PMB

离线状态下，信念根定于身体所习惯的世界事件模拟；

联线状态下，信念根定于当前语境下如此这般的事件模拟。

离线状态，指的是当主体未知觉到对象表征时，大脑的长时记忆网络会收集先前知觉经验所获得的知觉符号进行整合，这有助于以后探测概念使用。经验主义的一个很大的预设是对记忆系统的依赖，同时，又在理论上给记忆添加不必要的负担。离线状态下，身体所习惯的世界不断地与身体交互，有助于减轻记忆的负荷并促进记忆内容的固化。此时可以说并未真正处于知觉的信念状态下，所以是离线的。这种交互是习惯性的，意味着大脑的感觉运动区没有接触到新信息，并不活跃，范畴可以根定于无意识的神经元（集）表征，所以在这个意义上也是离线的。

联线状态，指的是当主体知觉到对象表征时，大脑就可以由工作记忆抽取并表征一个范畴。前面我们已讨论了知觉概念，现在可以尝试讨论抽象概念，如"李白"。当一个主体问及两个概念的描述如"李白"与"诗仙"时，首先他会搜索储存的表征，如果他在记忆中找到了两个概念的单个示例，就会抽取到工作记忆中以产生临时的表征。如果只找到"李白"而没找到"诗仙"，则要进行跨列表搜索。当然，很有可能"唐代著名诗人""《望庐山瀑布》的作者""爱好喝酒的人"等等关系是包含在"李白"的特征中的，当前的语境决定了这个搜索的强与弱。如果是在两个人之间的对话当中的，那么，最近语境会激活范畴最邻近的特征，像"谁""什么""哪里"会激活"姓李的""人""唐代的诗"，这些可以再层层往下搜索，利用到关系模拟器与属性模拟器以完成联结，"李白"与"诗仙"就可以更精确地表达一个范畴。如果还不成功，则进入

---

[1]　参见 Tversky, B., 2008："Spatial cognition：embodied and situated", *Cambridge Handbook of Situated Cognition*, Robbins, P., Aydede, M.（eds.）, Cambridge：Cambridge University Press, pp.2010-2216.

合成阶段，通过一个或多于一个的合成规则以产生新的表征"李白是《望庐山瀑布》的作者""李白是诗仙"。最后，这个新表征要经过分析，是否与要检索的"李白"相匹配，完成融贯的输出。

以上的信念导向机制只是一种涉身化进路研究的一个初步机制，里面还有更为精致化的工作去完成，比如可以借助认知科学的资源。[1]一个例子是数字，数字足够抽象，而"涉身数字处理"（embodied number processing）是数字认知领域新兴和统一的重要主题之一。[2]

涉身数字认知是指我们对数字的表征或处理必须依赖于源自感知和动作的大小的感觉—运动激活。感觉和运动编码在数字表征和心算中的作用是重要的，因为这两种代码共享同一类信息，即关于量和大小的知识。这种以感觉—运动量为基础的数字概念，是在数字认知中体现的充分必要的前提。越来越多的经验证据表明，身体表征的激活有助于数字认知。与这一事实相一致的是，类似的顶叶脑区支持对数字和抓取动作进行级的处理，[3]如大数有助于手张开反应。[4]反过来，数字处理会干扰手动按钮响应的持续时间。[5]数字处理也会影响对物体的运动可视性的判断，例如他们的抓握能力。[6]

帕特罗等人（Patro, Nuerk & Cress, 2015）调查学龄前儿童的计数习惯，发现一个有趣的现象。按照典型的文化计数偏好，如从左到右计

① 刘晓力提出基于涉身认知划分在线认知与离线认知，在线认知包括知觉、想象、意识与情感等，离线认知则包括思维、推理、语言等高阶形式。参见刘晓力等：《认知科学对当代哲学的挑战》，北京，科学出版社，2020，第24页。

Löhr, G., 2019: "Embodied cognition and abstract concepts: Do concept empiricists leave anything out?" *Philosophical Psychology*, 32(2), pp.161-185.

陈巍、殷融、张静：《具身认知心理学：大脑、身体与心灵的对话》，北京，科学出版社，2021。

② Bergen, B.K., 2012: "Louder than words: The new science of how the mind makes meaning", New York: Basic Books.

Lindemann, O., Fischer, M.H., 2015: "Embodied number processing", *Journal of Cognitive Psychology*, 27(4): pp.381-387.

③ Simon, O., Mangin, J. F., Cohen, L., Le Bihan, D., Dehaene, S., 2002: "Topographical layout of hand, eye, calculation, and language-related areas in the human parietal lobe", *Neuron*, 33, pp.475-487.

④ Andres, M., Davare, M., Pesenti, M., Olivie, E., Seron, X., 2004: "Number magnitude and grip aperture interaction", *Neuroreport*, 15: pp.2773-2777.

⑤ Kiesel, A., Vierck, E., 2008: "SNARC-like congruency based on number magnitude and response duration", *Journal of Experimental Psychology: Learning, Memory, and Cognition*, 35, pp.1-5.

⑥ Badets, A., Andres, M., Di Luca, S., Pesenti, M., 2007: "Number magnitude potentiates action judgements", *Experimental Brain Research*, 180, pp.525-534.

算来自西方文化的学龄前儿童。重要的是用哪只手数数，因为大家都喜欢先开始从用过的手（右手）算起同侧。其次，这些基于手的对空间计数策略的影响对于触手可及的对象会被放大距离。然而，需要强调的是这些与身体有关的计数偏见似乎随着年龄的增长和发病而消失。这表明身体和数字表示的文化特征，可能会变得更明显或更不明显，这取决于参与者的特定年龄。[①]

概念经验主义者认为，将平均感觉运动符号转换为非模态符号的步骤在方法上是有问题的。[②]第一，转导（transduction）的性质，即符号的编码和解码，仍然不清楚。第二，通过消除对转导的需要，概念经验主义者声称以一种更强大和更简洁的方式避免了符号基础问题。因此，概念经验主义者并不否认，模态符号原则上可以解释与模态符号相同的现象，相反，模态符号首先具有方法论上的优势。

二、概念的学习与变化

经验论与先天论的争论在先前第四章已有所论述，这里的概念理论可以追溯到柏拉图、笛卡尔、莱布尼茨和其他哲学家，他们将先天观念的存在理论化。部分由于这个原因，关于概念系统的先天论有时被简单地描述为认为存在先天的想法或概念，而经验论则认为心灵最初是一张白纸，没有任何先天的结构。然而，这种区分方式显然并不明智。首先，把经验论描述为心灵没有先天结构的观点，将会导致不幸的后果，即没有真正的经验论者。长期以来，经验论与先天论之争的各方都认识到，没有任何先天结构的大脑。但实际的情况是一块真正的空白石板是无法学习的，所以，一定有什么东西可以解释为什么人类会对周围的世界有所了解。即使是极端的行为主义者也要有意识地解释先天机制，大多数人会将之归于"能力"。还有一点需要提醒的是，虽然先天论者确实比经验论者更有可能接受先天概念以及其他类型的先天心理结构，但是，仅仅关注概念是不是先天的并不符合主流。所以，概念基于知觉的理论发展空间并没有想象中那么小。一般先天论者会认为语言习得的先决条件

① Patro，K.，Nuerk，H.C.，Cress U.，2015："Does your body count？ Embodied influences on the preferred counting direction of preschoolers"，*Journal of Cognitive Psychology*，27，pp，413-425.

② Barsalou，L.W.，1999："Perceptual Symbol Systems"，*Behavioral & Brain Sciences*，22，pp.577-660.

是一般的认知能力和资源。相比之下，语言先天论者声称，人类婴儿至少获得了一些不是从语言经验中习得的特定语言信息。

（一）概念的学习与论证

先天论的直接后果肯定会导致学习的无效性，就像柏拉图的"回忆"说，我们根本不需要学习。这一说法违背常识，有必要将其庖丁解牛。

如前所述，在哲学与认知科学的研究中，有关"先天性"问题讨论的是——"知识在何种程度算作是先天的或者由经验获得？人类行为最初是由天性还是教养塑造？"这类问题嫁接到概念理论则成了根本问题——人类概念及其发展是由先天因素决定，还是由后天因素决定？由此就有了先天论与经验论之分。

在术语使用上，先天论者只会采纳"先天的""遗传的"等词，而对"经验""学习"等术语不屑一顾。值得注意的是，假设我们依据先天与后天的二分法来看待人类发展乃至概念发展，那么我们的答案也就只能被迫在先天论与经验论之间来回摇摆。不过，许多理论上的论证与经验上的证据表明，二分法的预期显然不太成立。在CE的拥护者眼中，概念来源于学习依旧是其理论的重要基石。假如我们要回答概念的起源问题，那么，学习的本质是什么就是值得考量的。

"学习"是教育学与心理学的重要论题之一。人类绝大多数行为皆要靠学习得来，即便是最为极端的先天论者们也不得不承认，在遥远的远古时代，人类祖先也需要学习方可生存。学习心理学的研究者们一般会默认后天可学习的原则，因此，他们首先会解答学习是怎样发生的，究竟是学习者重要还是环境重要？若回答前者，研究者们则关注于学习者的先天因素或遗传决定因素；若是选择后一个选项的研究者，他们则倾向于认为可从后天生活中获得经验。所以，严格说来，对于概念的来源问题，我们应该用"先天获得"与"经验学习"两类不同的使用术语划归先天论与经验论两派。另外，心理学研究者们会分析，概念如果是经验学习的，那么个体该如何在后天生活中获得经验？这里则可再细分为两个层面，第一个层面是要回答个体如何获得心理机制的问题，第二个层面是要回答个体如何获得客体经验的问题。心理学的联结主义、认知主义等各流派则汇集于此。

研究者们普遍接受金布尔（Kimble，1961）的定义："学习是由于强化练习而产生的行为潜能的相对持久的变化。"①依据该定义，学习与经验密不可分，从效果来看，学习要求有行为变化；变化的原因则来自经验；但变化不必在经验后即刻发生；行为变化是持久的；经验必须加以强化。学习一般分为传统经验主义、行为主义以及建构主义三类："第一种传统把学习描述为一种简单、机械的记录，知识的获取通过一个随时待命的、'空白的'、始终专注的大脑来进行，学习被看作知识传递的直接结构。……第二种传统建立在训练的基础上……通过形成这样一种条件反射，个体最终会选择适当的行为——至少应该如此，也就是选择可以使他得到奖励或免受惩罚的行为。……第三种传统就是所谓的'建构'教学法。它从个体自发的需求和'天然'的兴趣出发，提倡思想的自由表达、应变、自主发现和探索。"②

广义与狭义之分是必要的，因为研究"概念学习""范畴学习""概念抽象"之类，已关注到先前遇到范畴成员获得概念。广泛使用的是"概念习得"（concept acquisition），此处会保留"概念学习"在狭义上使用。如此定义，概念学习是形成概念的能力，从遇到一个级别的成员而得出一个等级。通常而言，我们认识一个概念 C，往往是不断地增加其内容的，除了前面所述的学习问题外，这里还涉及概念的变化问题，也就是认知发展。结合哲学二所讨论的概念问题，我们可以得出初步的论断：如果概念获得是知识增长的前提，那么"概念学习"就是由于强化概念练习而产生的概念库存的相对持久的变化。下面将展示概念学习的几个论证与例子，这些例子可以增加经验主义的学习论证。

1.综合的持续学习机制

既然福多反对学习"假设—检验"模型，那么马格利斯（Margolis，1998）提出了另一种非"假设—检验"的综合模型——基于综合征的持续机制（syndrome-based sustaining mechanisms）。综合征（Syndrome）属于医学专业术语，多种疾病或因素引起的症状、体征和疾病组合，表现为复杂的临床表现，此时医生可针对出现的其中一种表征，察觉可能一并出现的相关变化（相邻特征），而实际的病原、疾名或相关生理变化可能无法确诊。这就相当于多重表征格式下的概念学习。一个类比论证来自"者行孙"案例。《西游记》第三十五回描述了这么一个故事：金角大

① Kimble, G.A., 1961: *Hilgard and Marquis' Conditioning and Learning*, Englewood Cliffs, NJ: Prentice Hall.

② 〔法〕焦尔当：《学习的本质》，杭零译，上海，华东师范大学出版社，2015，第21-22页。

王与银角大王偷出太上老君的法宝——紫金红葫芦，该法宝只要喊出对方名字，若对方应答，那就会被吸入葫芦内。孙悟空，利用分身术逃出，改名"孙行者""行者孙""者行孙"，但无论唤作什么，一旦答应，皆被吸入紫金红葫芦内。"孙悟空"代表某个本质的属性，应答是触发可靠的因果机制，改名"孙行者""行者孙""者行孙"则是相邻特征组，属于综合征。

这种获得模式大概是这样的：

论8.2

（1）某人（也可以是幼儿）认为某些范畴是自然的种类，这些范畴服从于本质主义的原则。允许某些人对某一类型的知识相当匮乏，只要他们准备利用他人更详细的知识——尊重专家。

（2）这一原则认为，一种最易接近的属性并不是决定类别归属的因素；确切地说，是拥有一种基本属性（或一组属性）可靠地导致了这种综合。

（3）某人也倾向于对属于一种类型的特征做出反应，而这些特征正是一种类型的特征。

（4）事实上，有些自然类的病症是存在的。[①]

（5）基于综合征的概念学习持续机制是可行的。

在概念学习时，首先，某人必须知道一系列显著的、相对容易获得的属性，这些属性高度表明了这种类型，他必须相信某物之所以属于这一类不是因为它表现出了综合征而是因为它具有基本属性，或一组属性，这些属性构成了这类病症，这是综合征的可靠病因。

2.奎因式自举学习

假如概念先天获得，那么概念的新表征从何而来？不靠学习靠什么？苏珊·卡莱（Susan Carey）在她的《概念的起源》（*The Origins of Concepts*）[②]一书中分析，按照先天论，概念理论存在所谓的"连续性论题"（the Continuity Thesis）：

所有成人概念系统的表征结构与推论能力，要么在贯穿发展时显现，要么在成熟时产生。[③]

这个问题就是第四章开头提出的，连续性与非连续性之争。概念C

---

① Margolis, E., 1998: "How to Acquire a Concept", *Mind & Language*, 13(3), pp.347–369.

② 以下部分出自笔者拙文《论概念的起源》，《自然辩证法研究》2016年第9期，第9–14页。

③ Carey, S., 2009: *The Origin of Concepts*, Oxford: Oxford University Press.

由先天所得之后，应当在后天的哪种情况下被触发出来？情况一是笛卡尔模型，如遗传病完全由遗传因素决定，并且在出生一定时间后才发病，概念C就像这类先天性疾病，等到个体发展成熟时才会呈现。情况二是柏拉图模型，C一直都贯穿于个体的发展过程，只不过在某个适当过程中才会被触发并呈现出来，福多对经验触发的论述正是此类模型。

不过，福多依旧无法解释新表征必须经由某种学习过程来形成，如"有理数"。即使福多自己论证"汽化器""门把手"这些人工制造物的概念先天存在，我们普通人也很难接受小孩子一出生就拥有"汽化器""门把手"如此的复杂概念。假设要符合直觉的常识，我们或许应该思考这样的可能性——如果旧概念系统CS1与新概念系统CS2之间是不连续的，那么学习就是可能的。这里还可以退让一步，承诺旧概念系统CS1是先天的。

卡莱提出，新的概念表征概念起源于发展，而"奎因式自举学习法"（Quinean Bootstrapping Learning, QBL）是新表征资源建构的基础。她利用儿童发展心理学证据与库恩的范式转换理论，提出了QBL是可能的。卡莱承认存在某部分先天的概念系统CS1，不过当前获得的新概念集合CS2比CS1更有表达力（expressive power），且二者不可通约。因此，许多概念是经由QBL发展而来，并不存在所谓连续性论题。那么，QBL是什么？

自举法的典故来自一个德国传说，英雄闵希豪森男爵能够通过拉他自己的靴带而把自己从沼泽中提出来。在语言发展中，自举法通常被解释成婴儿第一次解读成人的话语以及获得它们的意义和形式的过程。显然，奎因式自举法来自奎因的理论，这里涉及奎因提到的三个隐喻：纽拉特之船、梯子与烟囱。

第一个"纽拉特之船"隐喻，指在行船过程中修船时，我们必须竖个木架结构使之飘浮并支撑着船。"不接地"意味着在船上树立支架，表明并没有先前的概念集合。第二个"梯子"隐喻，指学习者的概念是"部分接地的"。我们在概念系统中建构了触地的梯子，直到我们拥有某个平台能够自我维持，那么再从另一边踢掉梯子。梯子隐喻表明我们需要一部分已获得的概念做支撑。第三个"烟囱"隐喻，按奎因的话来讲，即"我们可以假定，对于这样一些不同的小品词的语境学习是同时进行的，以至它们渐渐被弄得相互适应起来，演化出一种融贯的用法模式，它与社会模式相匹配。儿童沿着一座理智烟囱的内壁向上攀爬，他通过挤压其他壁面而把自己支撑在某一壁面上"。①奎因式自举法的目标在于提供一个非先天来源的结构。恰如布洛克（N. Bolck）所评价的："奎因式自举法的一个重要（或许必要）特征是，它（要求）诸如在书写或口头语言中的或数学记号系统那样的显性符号。自举隐喻方面包含建立一个无根基的结构，这在应用中则是，学习者最初直接地学习'彼此间符号系统的关系'，而非通过映射每个符号到业已存在的概念上来间接地学习。"②

通过以上三个隐喻，卡莱强调，概念的起源正是来自"奎因式自举法学习"，我们所修建的结构包含我们最终会获得的概念之间的关系——这是在要被学习的概念间的关系结构。这类结构就依赖于某种"占位符"结构。我们前面第三章已提到"占位符"类比。当我们新建一个PPT时，程序会预建两个"占位符"，在标题页是显性符号"单击此处添加标题"和"单击此处添加副标题"。这两个结构都有限制，某些仅仅是隐性的，如仿宋体、小四号字，这些可以修改。

当然，我们更关心某个概念C是如何通过学习而得的，于是有了QBL的三个阶段：

阶段一：识别占位符；

阶段二：建构；

阶段三：形成新概念。

自举的第一阶段发生时，一个学习者遇到显性公共符号的相关集合，如构成一个科学理论或数学的形式概念。这些作为公共符号的占位符最初并不映射在已存在的概念上。注意，它们并不要求解释（或只要求部分解释），这对学习者而言很可能是随机而无意义的。然后在阶段二中，这些占位符通过各种"建构过程"被占据：如溯因、归纳、类比、推理等抽象的理论推理，皆可提供其内容。最终在阶段三中，通过在新的理论结构中获得的稳定概念角色，这些符号就拥有了概念内容。所以，自举法的隐喻在于，新表征创造并非整个根定于先前的表征。

自举法的关键步骤在于阶段二——概念的语义是如何被建构的？卡莱引用儿童对"数"的学习案例证明概念发展的间断性。比如，我们一

① 〔美〕威拉德·范·奥曼·蒯因：《语词与对象》，陈启伟、朱锐、张学广译，〔美〕威拉德·范·奥曼·蒯因，《蒯因著作集（第4卷）》，涂纪亮、陈波编，北京，中国人民大学出版社，2007，第509页。

② Block, N., 1986: "Advertisement for a semantics for psychology", *Midwest Studies in Philosophy*, 10, pp.615-678.

般会认为儿童是从1、2、3、4、5……这样一个一个排列着的数先后学习过来，然后各个符号的意义就是从1开始累加，但是，意义果真如此分派吗？发展心理学的研究表明并非如此，儿童在比较小的数的集合（如小于3或4的类比数量）时个体更容易受到连续量的影响；在比较大的数的集合（大于3或4的类比数量）时个体受到两个集合中元素个数比率的影响。在卡莱的早期研究中，她归纳出4岁大时会产生整数的第一个表征。在最新研究中，卡莱提出，当儿童建构前十位，或文字数的数列表征时，儿童并没有关于整数的普通表征。当儿童知道了余者皆同（ceteris paribus）约6个月后，在数列与类比数量表征之间，儿童建构出了映射。

可以设想，儿童在此之前并不知道数，他先学习1、2、3、4、5，作为无意义的词项。在整数的数列表征的建构中，算术列是占位符结构，其初始意义就是由外在符号间的关系所表征。最初，文字数字"一""二""三""四""五"中，双引号""是它们会拥有的数字意义的占位符。在这个里面，卡莱认为类比模拟数表征系统是核心的数认知系统，加上平行个体化系统，以及基于集合的自然语言量化的系统，这三个系统可以是先天的CS1，作为数的数列表征的建构，而CS2就是正整数的数列表征。假设一个3岁的儿童，第一步，儿童学习小数字（1、2、3、4）与累加器的状态（""，""，""与""）之间的映射。儿童注意到对一个、两个、三个与四个制造者与数列的前四个词之间的识别。如果儿童已知道"一"代表着一个集合的基本值1，那么我们就可以设想，应该是普通词汇的学习机制在起作用。如果儿童知道"一"用于集合的基本值，那么"一"的假设空间就会受限。给出符号""，这也是集合基本值的表征，儿童会简单地分析成人用语，并推论——"一"用于由""表达的集合。儿童必须尝试排列这两个独立的结构，关键的类比是，在数列的次序与"额外个别"相关的集合中的次序之间类比。这个类比支持归纳过程，即两个后继数会指向集合，如"数的爸爸——挑出一个集合比先前的还要大1"。这样就可以实现认知跳跃，从而认识到2就是"二"。我们可以假设，儿童做出映射，该映射初始化自举过程。当小孩子知道"三"时，那么他就会确定更高的数如"五""七"等与类比量之间的映射的联结，逐渐学习到新的表征。

由此，针对福多所质疑的学习是一种循环，那么，卡莱的QBL则提供了这样的版本：不从先前可用的概念建构出新概念，从后天发展出来的CS2与先天的CS1之间并不连续，QBL并不循环。

以瑞（G. Rey）为代表的学者则质疑，卡莱的QBL模型真的可以回避循环困境吗？答案是否定的，因为QBL模型的提出并非为了回避循环问题。

首先，瑞指出，卡莱在儿童获得概念的研究上提供了有价值的数据，但依旧无法回应福多的刁难。事实上，因为，卡莱的动机是要合并语义学问题（表达力为何增加）与认识论问题（对表征及其发展做出认知解释），并非处理循环难题，所以QBL的理论动机并非真正处理循环困境，即便有，也并不完全成功。

其次，卡莱需要认真回答的是，在QBL中心理表征系统的表达力如何增加？按照卡莱的解释，概念系统在学习之后会出现两种情况：第一，新表征比之前的更有表达力；第二，CS1与CS2二者不可通约。卡莱对第二种情况的解释尚可接受，但在第一种情况下，表达力如何增加？

为强调这个问题，瑞将QBL与"拉姆塞语句"进行比较。拉姆塞语句包含对每一个新术语的存在量化，一般而言，理论语言包含"类词"和"关系词"。拉姆塞受困于这样的问题：在初始的体系中，一个理论词依靠其显定义如何获得意义？为了定义新的理论术语$t_1 \cdots t_n$，我们通常需要在一个公式中解释新术语与先前已知的旧术语$O_1 \cdots O_n$之间的关系。

第一步，用任意的类变量和关系变量置换所有的理论词（类词和关系词）：

CT（t_1, ..., t_n, o_1, ..., o_m）

第二步，用高阶的存在量词以一定方式将变量联结：

（$\exists!x_1$），...，（$\exists!x_n$）CT（x_1, ..., x_n, o_1, ..., o_m）

上面的（$\exists!x$）读作："确实存在如此东西x"，存在的联结词则可看作是卡莱的"占位符"，所以，

（RAM）$t_i = x_i$ 如此

（$\exists!x_1$），...，（$\exists!x_{(i-1)}$）（$\exists!x_{(i+1)}$），...，（$\exists!x_n$）CT（x_1, ..., x_i, ..., x_n, o_1, ..., o_m）

在学习概念时，我们就利用先前已知的逻辑运算符与旧术语来引入新术语。不过，表达力的问题在于，如果拉姆塞语句应该获取了一个概念的表达力，那么它的建构并不算作新创造，它只是在已理解的概念上进行逻辑建构，这的确可算作是一类"自举法"。瑞然后再建议，即使拉姆塞语句不能获得心理表征的格式，它们至少可以获得内容。心理表征很可能并不拥有拉姆塞语句的格式，但是某些拉姆塞语句会拥有内容以及心智中的概念表征。

现在的问题是，一个概念C确定指称会增加它所引入的表征系统的表达力吗？瑞注意到，这才是"真正的逻辑语义问题，是解决先天论争论的最终要害所在，还有一点，与学习的纯证据无关"。[1]

当儿童"注意"到数的名称（n）比前者多一个成员的后续集合（n+1）时，如果没有标记到"比……多一个""后续"，以及最本质的概念"自然数"，那么这种"注意"是绝不可能发生的。当然，要是不标记"后续"，儿童还是可以利用其他方式推论出n+1，但这无法获得数的恰当语义。因此瑞批评，卡莱自认为最好的例子会遭遇福多的反驳以及古德曼（A. Goodman）的"绿蓝悖论"。

简而言之，在瑞看来，学习后的CS2并没有比CS1增加多少表达力或语义，而拉姆塞语句可以，所以，QBL的困难最终还是循环问题。

概念经验主义的循环困境在于语义无法增加。如果我们依旧要坚持概念来源于学习的观点，那么就必须正面回应循环问题，观点前面已有所论述，这里再重申一下。

一方面，我们坚持概念的学习理论并完全否认先天来源，作为"标准的学习理论必须拥有三个成分：第一，它必须刻画先天表征总量，即学习过程可利用的表征。第二，它必须形容初始的表征库存如何异于成人概念系统。第三，它必须描绘由初始转化为最终状态的学习机制"。[2]卡莱的QBL则提供了很好的范本。

另一方面，我们不妨考虑这样的思路：循环真如批评者指责的那样糟糕吗？恰如普林兹与克拉克（Prinz & Clark，2004）所建议的，"循环对概念持有而言并非都是坏事"。[3]

首先，一个简单的认知概念"红"，红的东西可以通过它的"红性"来区分。

其次，我们可以通过"红性"来分类，是通过红色经验来分类的，而颜色经验依赖的则是功能性或生理性的基础，不提及它所表达的颜色"红"，这就跳出循环。

再次，比如关于"三角形"的概念，我们一般通过识别"角"来进行分类，也可以通过识别"线"来进行分类。同时，分类能力可以是建

① Rey, G., 2014:"Innate and Learned:Carey, mad dog Nativism, and the Poverty of Stimuli and analogies（yet again）", *Mind & Language*, 2, pp.109-132.

② Carey, S., 2014:"On learning new primitives in the Language of Thought:reply to Rey", *Mind & Language*, 2, pp.133-134.

③ Prinz, J., Clark, A., 2004:"Putting concepts to work:some thoughts for the twentyfirst century", *Mind & Language*, 1, p.62.

构性的，并且两个共指称的分类能力会是由其包含的子能力来区分的。

正如瑞所提醒的，先天论争论的要害在于语义增加问题。不论是福多还是卡莱，两人承诺的皆是概念原子论，即概念是没有结构并且是原子的心理表征。卡莱也承认，有关表征的问题确需回答："第一，系统符号的格式是什么；第二，什么确定指称；第三，思想中的计算角色是什么。"①关键还是第一个，表征的格式是什么？是原子还是分子？如果概念无结构，那么我们就没有办法来区分"三角"与"三边"，"三角形"与"三边形"是共指称的一个概念原子，"数""自然数"这样的复杂概念更是如此。如果我们也坚持这样的论断，循环就始终无法避免，学习也不可能。因此，应对循环的第二个策略是，放弃概念作为无结构原子的立场，给概念"松绑"——概念应该是具有分子结构的心理表征。这样的概念才能来源于学习，学习就是由于强化概念练习而产生的概念库存的相对持久的变化，而这种变化正是对概念的内容不断重塑修订所导致的结果。

实质上，福多的论辩对手更像是维特根斯坦等概念实用主义者，如果疼痛是一种行为，那么按已知的疼痛来指称疼痛的，就会陷入循环。如果概念C是一种分类能力，要么它是分出C的能力，要么它是区分出C是Z的能力。"猩猩"与"猴"最大的区分就是猩猩没有尾巴，但将"猩猩"与"猴"区分能说明什么？它不能按福多的概念原子论那样分析成拥有"猩性"与"猴性"，因为这样的分析会失败，它最终无法确定指称、增加语义。像拥有"体形中等，四肢等长或后肢稍长，尾巴或长或短，有颊囊和臀部胼胝，营树栖或陆栖生活"的特征列就属于"猴"，而"体形较大，体毛长而稀少，生长和繁殖很慢，树栖"的特征列则属于"猩猩"。将"猴"就分析为确定的特征与非确定的特征，如果我们一开始就获得"体形中等""尾巴或长或短"作为猴子的确定特征，那么"体形中等""尾巴或长或短"就承担了"猴"概念的信息内容。往后随着经验的积累与阅历的丰富，我们在这两个特征上添加了"四肢等长或后肢稍长，有颊囊和臀部胼胝，营树栖或陆栖生活"等信息内容，甚至还重塑"颅腔偏大""鼻子""动作灵敏""杂食"等特征，这样才持续学习到概念"猴"。

如果上述分析是合理的话，那么另一种非原子的奎因式自举法概念学习就是可能的，学习就是由于强化概念练习而产生的概念库存的相对

---

① Carey, S., 2014:"On learning new primitives in the Language of Thought: reply to Rey", *Mind & Language*, 2,p.137.

持久的变化，而这种相对持久的变化正是对概念的内容不断重塑修订所导致的结果。

3.联结主义学习

前两个学习论证是针对概念内容的，按内容解释的假设，无论何时通过心理过程发生，新表征的发展都必须包括从现有表征资源到新表征的过渡，这可以用各自表征的内容来解释。还有一种是谢伊提出的不涉及内容的联结主义学习。[1]

联结主义者们认为，人类和其他动物的学习和记忆是通过神经元之间的连接和激活来实现的，人工神经网络可以被用来模拟这种联结主义的学习过程，其研究的中心目标就是要找到正确的权重集来完成给定的任务。神经生理学家赫布（D. Hebb）假设学习的发生建立在突触的可塑性之上，构建了学习的突触原理的模型。[2]霍普菲尔德（J. Hopfield）提出具有突发性集体计算能力的神经网络和物理系统，称之为"霍普菲尔德网络"（Hopfield net），根据不同的输入状态，该网络模型都能够收敛到一种"吸引子"的稳定态，以存储和提取信息。[3]当前对人类海马体的研究也发现存在类似的网络中的吸引子状态。阿克莱、辛顿和谢诺夫斯基设计了玻尔兹曼机以支持多层网络开发学习算法的可能性。[4]联结主义的人工神经网络可以通过调整其内部的权重参数来模拟神经元之间的连接。在学习过程中，神经网络会根据输入数据的变化自动调整这些权重参数，以便更好地预测输出结果。如果是幼儿学习，则可以采用相对简单的网络，没有中间层的隐单元；如果是成人学习，人工神经网络还可以使用反向传播算法来优化其权重参数，以提高其性能。这种算法通过计算误差信号的梯度，然后沿着梯度方向更新权重参数，从而最小化神经网络的误差。

在概念学习上，如果要避免先天性，就必须用涉及内容的术语来解释新表征的发展。那么问题在于，在不依赖已有表征资源的情况下，如

---

① Shea, N., 2016: "Representational Development Need Not Be Explicable - By - Content", *Fundamental Issues of Artificial Intelligence*, Müller, V. (ed.), Springer: Sythese Library, pp.221-238.

② Hebb, D.O., 1949: *The Organization of Behavior*, New York: John Wiley & Sons, Inc.

③ Hopfield, J., 1982: "Neural Networks and Physical System with Emergent Collective Computational Abilities", *Proceedings of the National Academy of Science of the United States of America*, 19(8), pp.2554-2558.

④ Ackley, D.H., Hinton. G.E., Sejnowski, T.J., 1985: "A learning algorithm for boltzmann machines", *Cognitive Science*, 9(□), pp.147-169.

何根据环境发展新的初始表征。谢伊提出，联结主义建模为认知科学的理论进步提供了深刻的哲学见解和重要贡献：新的、非先天表征可以用无内容的解释方式发展。①福多的概念习得模型作为假设检验太过于局限，他质疑联结主义，分布式表征的表征究竟分布在什么之上？这个问题的答案是，要么心理表征分布在神经元中，要么是一些心理表征分布在其他的之上。若是前者的话，没有人认为所有的心理表征都对应于内视神经元或"祖母细胞"。PDP建模者也不会承认。福多则会拒绝后者，因为他认为在现有表征的基础上构建概念是一个失败的研究项目，因为大多数词汇概念都没有貌似合理的定义，原型和范例都没有按照组合语义学所要求的方式组合。联结主义学习算法将（非语义的）信息转换为表征。在一个联结主义系统被训练之前，它的隐藏层的单位，也许还有它的输入层，可以仅仅是信息的载体。它们的标记将与编码为输入的项目的各种特征相关联。当一个对象实例化某个属性F改变了另一个对象实例化另一个属性G的概率时，我们可以说F携带了关于G的相关信息。联结主义网络中的单个单元可能不是表征：在训练之前，单个隐单元不太可能有表征内容，在许多情况下，单个输入层单元根本没有表征内容。但是，在训练之前和之后，每个单元都会携带相关信息（实际上，单元将携带关于已编码到输入中的样本的许多属性的信息）。在许多联结主义者的网络中，训练鼓励网络形成表征一些简单的例子说明了这一点。

关于新表征发展的观点可以在网络中得到最明显的体现，在这种网络中，在训练之前个体单元的层次上根本没有任何表征，就像上面的例子一样。但这不是必要的。初始表征的缺失只是为了说明新的表示能力的发展方式不是按内容来解释的。在这些情况下，表征发展就是使用统计学习将单纯的信息承载者构建为表征。在其他情况下，已有的资源是否表示在这个过程中起作用。重要的是，它们的作用仅仅是因果关系。一个新的表征类型的发展方式，比如说在隐藏层，依赖于输入单元和隐单元所携带的相关信息，但是对于从初始资源到新的表征的过渡没有理性的或基于内容的解释。现有的资源，如输入单元，依靠它们携带的相关信息，联结主义者训练算法可以在此基础上行动；但新表征能力的建立是因果相关的，而不是表征性的。

一个证据来自于莫顿与约翰逊（Morton & Johnson，1991）关于人脸

---

① Shea, N., 2016: "Representational Development Need Not Be Explicable - By - Content", *Fundamental Issues of Artificial Intelligence*, Müller, V. (ed.), Springer: Sythese Library, pp.221-238.

识别发展的研究，从非代表性资源塑造有用的表征。[1]研究发现，婴儿出生后30分钟表现出一种倾向，即出生时的视觉运动追踪偏差似乎在起作用，这个倾向让我们能够学习人脸，可能包含人脸的内容。在这个阶段它只能非常粗略地识别人脸。从某种意义上说，与学习无关的婴儿开始有外貌偏见。如果我们问这些信息从何而来，我们就要诉诸人类婴儿的进化史，而不是个人经验史。如果停留在这里就是先天论的了，显然不能，需要再往前推进。婴儿未习得的行为偏见就足以形成第二个系统，此时它需要学习重新识别个人面孔的输入。通过给予正确的输入，这个学习系统有机会提取统计数据，区分一个面和另一个面的属性，统计不变量，再次表征同一张脸。一旦训练起来，第二个系统也隐含了编码信息：丰富的信息存储，这些信息的特征表明同一张脸（比如雷锋），与最初视觉追踪倾向中的信息不同，系统和环境之间的后一种匹配不是由于进化，而是由于个人学习（从见到雷锋的经历中）。

这两个发展阶段说明了，根据不对称依赖性，婴儿一开始完全没有面部表征，但后来有能力，也就是说婴儿表征个人面孔的能力并不是天生的，新表征是可以学习的。

4.深度学习

AI的机器学习（machine learning）通常假设不预设先验知识（prior knowledge），从零开始，在数据中学习，因此，"在机器学习中，谁拥有最多的数据，谁就是赢家"[2]这句口号证明了从经验中学习的成功应用。在整个表征学习（representation learning）中，最大的进步就是迎来了深度学习（deep learning）。基于深度神经网络，从大数据中学习就是深度学习。作为机器学习的一个子领域，深度学习是当代AI领域的热门话题之一。深度学习专注于训练具有多层次的人工神经网络，以便基于输入数据进行学习、预测或决策。2010年，李飞飞团队组织了ImageNet大规模视觉识别挑战赛（ImageNet Large Scale Visual Recognition Challenge）[3]，

① Morton，J.，Johnson，M.H.，1991："CONSPEC and CONLEARN：A two process theory of infant face recognition"，*Psychological Review*，98，pp.164–181.

② 〔美〕特伦斯·谢诺夫斯基：《深度学习》，姜悦兵译，北京，中信出版社，2019，第198页。

③ Deng，J.，Dong，W.，Socher，R.，Li L-J.，Li K.，Li F-F.，2009："ImageNet：A large-scale hierarchical image database"，*2009 IEEE Conference on Computer Vision and Pattern Recognition*，Miami，FL，USA，pp.248–255.

Russakovsky，O.，Deng，J.，Su，H.，et al.，2015："ImageNet Large Scale Visual Recognition Challenge"，*Int J Comput Vis*，115，pp.211–252.

激发了计算视觉的腾飞，从而刺激了行业对优质数据集的重视。

深度学习的解释目标是——大脑是如何执行认知任务等功能的？其解释的模式涉及：大脑有大量的神经元，它们被组织成6～20层；大脑具有强大的机制，可以从例子中学习，并通过成功来强化学习行为；将学习机制应用于分层神经网络，使其具有人类，有时甚至是超人的性能。[①]

一般而言，深度学习的机制涉及以下几个关键组成部分。

（1）人工神经网络（Artificial Neural Networks，ANNs）：深度学习模型通常由人工神经网络构成，其灵感来自人脑的结构和功能。ANNs由相互联结的节点（人工神经元或单元）组成。这些神经元接收输入信号，应用权重，进行计算，并产生输出信号。

（2）前向传播：在深度学习模型中，信息通过网络进行前向传播。输入数据通过输入层传递，并逐步通过多个隐藏层进行转换和传播。每一层对输入应用一组权重和偏差，并进行数学运算，通常使用激活函数，以产生输出。

（3）反向传播：鲁梅哈特提出，通过"误差的反向传播"（backpropagation of errors）来计算每个权重的梯度。输入向前传到隐单元，然后映射到输出层。反向传播计算预测输出与实际输出之间的误差，差值用来更新连接输出单元的权重，以减少误差。然后，依据每一权重对误差的贡献差多少，通过反向传播误差，对输入单元与隐单元之间的权重进行迭代。利用大量样本训练，隐单元生成了可区分不同输入模式的选择性特征，于是，它们就可在输出层中对不同类别进行区分。这一过程又称为"表征学习"，这个迭代的过程有助于模型随着时间的推移逐渐改善性能。

（4）训练数据：深度学习模型需要大量带有标签的训练数据进行学习。训练数据包括输入样本（例如图像、文本或音频）及其对应的目标输出。模型通过将其预测与已知的目标输出进行比较并使用优化技术来最小化误差，逐渐调整其参数（权重和偏差）。

（5）深层结构：深度学习模型通常具有多个隐藏层，使其能够学习输入数据的层次化表示。通过逐步从较低层次的特征提取较高层次的特征，深层结构可以捕捉数据中的复杂模式和关系。

（6）计算能力：深度学习模型通常需要强大的计算能力来训练和预测。训练具有许多层和参数的深度网络通常需要专门的硬件，例如图形

[①] Thagard，P.，2023："Cognitive Science"，*The Stanford Encyclopedia of Philosophy*（Spring 2023 Edition），（2023-01-31）［2023-10-30］，Zalta，E. N.，Nodelman，U.（eds.），https://plato.stanford.edu/archives/spr2023/entries/cognitive-science/.

处理单元（gpu）或专用张量处理单元（tpu），以加速计算。

还有激活函数与计算能力，通过利用这些机制，深度学习模型可以从复杂的数据（如图像、语音、自然语言等）中学习和泛化。它们在各种任务中表现出色，包括图像识别、自然语言处理、语音识别和推荐系统等。

2018 年开始 OPEN AI 公司研发了预训练的 GPT 模型，较为成功的是 2022 年底推出的 ChatGPT，以及升级版 GPT4 模型，它能够完成各种语言生成任务，一推出即引起全球轰动，迎来了大模型（large model）时代。深度学习模型作为一个预训练的语言模型，在训练过程中并没有具体的先天预设，它使用了数十亿级别的文本数据来进行预训练。所谓预训练是指在特定任务之前，使用大量的未标记数据对深度学习模型进行初始训练的过程。在预训练阶段，模型通过学习输入数据中的统计特征和模式，构建起对语言、图像或其他类型数据的基本理解。这些数据包括了从互联网、书籍、文章、论文等各种来源的文本。大规模的数据有助于让模型学习到广泛的语言知识和模式。通过对广泛的文本来源进行学习，可以获取和理解不同领域、主题和语言风格的知识，并尽力回答用户的问题或提供相关信息。这种学习过程可以被看作是从样本（经验）中提取知识的过程。模型从丰富多样的数据中获取信息，通过不断调整权重和参数，逐渐改进其预测和决策能力。

基于数据和经验的学习方式类似于经验主义中通过观察和实践获取知识的进路，并非基于先验的概念或推理，如果是先验推理的话，那强 AI 早就实现了。因此，当前的 AI 深度学习的成功，为概念经验主义提供了有力支撑。

（二）概念的变化

在前面的讨论中，第三章概念工程的概念变化要保持主题连续性，第四章概念发展有三个争论，第七章概念的显微结构分析的几个模型，都涉及了概念的变化。

一般而言，我们认识一个概念 C，往往是不断地增加其内容的，如 CE8 所刻画的。除了学习外，这里还涉及概念的变化问题，也就是认知发展。如果心理学是一门科学（或特殊科学）的话，那么一些范式所支配的研究还具有一定解释力时，我们不能将之抛弃。普遍心理学模型设定概念表征拥有复合的结构，该结构的某些方面会被解释为部分的语义结构；当我们拥有一个模型能够解释一定范围的心理现象时，我们至少应该针对性地做出研究的临时引导；概念的无结构观严重违背我们的直觉，无法作为我们解释的引导，所以没理由接受它[1]。在这个意义上，概念先天论部分，按照原初论立场，科学心理学具有界限，这种情况可以追溯到初始心理状态的触发机制是无理的，而这也并不代表着所有的概念都必须是原子的。退一步说，总有些概念是先天的，或许一个科学领域会有一个先天的（或原初的）概念，至于那是什么可以再深入探讨，但至少并非像福多所说，所有（原初的和复合的）概念都是先天的[2]。

乔姆斯基的认知革命之后，人类的语言具有共性，而通过对儿童语言的发展研究，可以看到人类获取语言能力的过程。甚至有学者认为，人类语言共性所推断出的人类语言的普遍能力，需要经过儿童语言发展的检验，方可成为定论。

一个视角是发展心理学，巴尔特斯及其同事们（Baltes，1987；Baltes，Lindenberger & Staudinger，1998；Baltes，Staudinger，Lindenberge，1999；Staudinger & Bluck，2001）提出了关于认知发展的六条原则（假设）：第一，发展贯穿个体的一生；第二，发展是在生理性、心理性与社会性三个维度交互作用下获得与丧失的动态平衡；第三，生物和文化对发展的相对影响贯穿生命的全过程；第四，发展涉及个体资源分配的变化；第五，发展具有可塑性；第六，每一个体在多重环境下的发展会受历史和文化的影响。[3]一个特殊的案例发生在1970年，美国洛杉矶市郊外发现一名13岁的女孩吉妮，她从小被父亲虐待囚禁，不会说话。吉妮的案例在一定意义上证实了这样一个假说——语言学习存在关键期。雷纳伯格（Lenneberg，1967，1969）认为这个关键期是从婴儿早

[1] 参见 Weiskopf, D.A., 2007: "Atomism, pluralism, and conceptual content", *Philosophy and Phenomenological Research*, 79(1), pp.131–163.

[2] 福多的表述是："所有概念都是先天的，（如果'先天的'意味着'不可学习的'）。"可参见 Fodor, J.A., 2008: *LOT 2: The Language of Thought Revisited*, New York: Oxford University Press, p.163.

[3] Baltes, P.B., 1987: "Theoretical Propositions of Life-Span Developmental Psychology: On the Dynamics Between Growth and Decline", *Developmental Psychology*, 5, pp.611–626.
Baltes, P.B., Lindenberger, U., Staudinger, U.M., 1998: "Life-span theory in developmental psychology", *Handbook of child psychology: Theoretical models of human development*, Damon, W., erner, R. M. (eds.), New York: John Wiley & Sons Inc, pp.1029–1143.
Baltes, P.B., Staudinger, U.M., Lindenberger, U., 1999: "Lifespan psychology: theory and application to intellectual functioning", *Annu Rev Psychol*, 50, pp.471–507.
Staudinger, U.M., Bluck, S., 2001: "A view on midlife development from life-span theory", *Handbook of midlife development*, M.E. Lachman (ed.), New York: John Wiley & Sons, Inc, pp.3–39.

期到青春期结束。①尽管该案例具有争议性，但研究者们会认同，个体在生命早期之后，若想再获得语言能力是相当困难的。鉴于大脑的可塑性，一些研究者会将之归于语言学习的敏感期，而非关键期。皮亚杰的贡献在于，第一，把儿童语言发展看作是认知发展的一个组成部分，认为儿童语言的发展是一个主客观因素相互作用的、不断建构的过程，从而建立了认知派的理论基础。第二，创造了有一定价值的临床调查法。第三，划分了对儿童语言研究有重大影响的四个思维发展阶段：感觉运动阶段；运算阶段；具体运算阶段；形式运算阶段。第四，对儿童的自言自语等一些发展中的现象进行了描述和解释。

另一个视角是科学哲学，逻辑经验主义解释科学的概念变化时，把概念变化描述为连续性的，即主张新的概念是旧体系的逻辑扩充。以语言结构方式看待科学概念的结构，并且用逻辑的方法论工具来分析科学术语与经验现象。历史主义则认为概念变化是突现的、非连续性的，这也意味着科学变化是一个非理性的过程。值得注意的是，双方都聚焦于新旧语言系统之间关系的本质上。

在纳西希安（N. J. Nersessian）看来，"概念变化及其本质是20世纪科学哲学、科学史和心理学关注的焦点之一。而在这些学科中，科学的概念变化，不论是作为研究课题，还是作为研究其他领域中概念变化问题的思想源泉，都占有重要的位置"。②皮亚杰对儿童拥有的概念变化的研究，科学教育领域研究科学理解的教学法，都要把握概念变化的本质及其过程。重中之重，是科学知识的发展。

纳西希安利用认知—历史分析概念变化，总结出三点：第一，理解概念变化不能只进行终点分析，还要考察概念（体系）的产生与转换，以及内部结构；第二，要考虑到科学背后的社会文化背景；第三，科学家与大众的认知差异会否影响科学知识表达、推理和决策等方面的实践，还有科学家之间是否共同享有同一个概念？于是，按照认知—历史分析（科学的）概念变化，有两个研究方向。一个是认知维度，关注元理论问题——概念的表征格式是什么。我们前文一直在沿着这个方向前进，并且充分论述了概念经验主义下概念分子的变化。另一个是历史维度，关注构建科学概念的实践。

---

① Lenneberg, E. H., 1967: *Biological foundations of language*, New York：Wiley.

Lenneberg, E. H., 1969："On Explaining Language", *Science*, 164, pp.635-643.

② 〔美〕南希·J.纳西希安：《概念变化》，《科学和推理的认知研究》，李平、陈向编，南昌，江西人民出版社，2004，第247页。

1.概念革命

进一步讨论历史方向的科学概念变化问题，就是概念革命。库恩提出一个重要概念——"范式"，简单地说，"一个范式就是一个公认的模型或模式"。[①]我们知道库恩关于科学进步的描述是：

前科学—常规科学—危机—革命—新常规科学—新的危机

科学史上有许多案例，如哥白尼的行星系统的日心说、牛顿的力学、拉瓦锡的氧气说、达尔文的进化论、爱因斯坦的相对论等，其中构成一种范式的是：某一特定科学共同体成员所采纳的一般性理论假定和定律，以及应用这些假定和定律的技术。[②]库恩采用心理学格式塔转换的类比来看新旧范式之间的比较，关键出现了不可通约性。

以物理学中牛顿力学与爱因斯坦相对论的例子来看。我们知道，牛顿在1687的《自然哲学的数学原理》中讨论了运动定律，包括惯性定律、力的作用和加速度等概念。牛顿提出了一个名为"万有引力定律"的全新理论，该理论描述了地球和其他天体之间的引力作用。第二卷则探讨了光学和色彩理论，以及关于光的波动性质和粒子性质的观点。《自然哲学的数学原理》的主要贡献在于将实验观测到的现象与数学公式相结合，从而建立了一个严密的理论体系。这一理论体系奠定了经典力学的基础，并成为后来科学研究的范本。

引发革命的就是爱因斯坦的相对论，他提出了两种学说。一种是狭义相对论，有两个基本假设，一是相对性原理，二是光速不变原理。狭义相对论研究了时间、空间和同时性问题，由此推导出质能方程式 $E = mc^2$。1915年爱因斯坦提出广义相对论研究引力问题。广义相对论提出三个可检验的预言。第一个是水星近日点的进动，即是轨道上运动的行星在绕太阳运行时，每完成一个周期并非精确返回到空间的原来位置，而是稍稍有些前移。这一事实早在19世纪中叶就已发现，但经典的牛顿天体力学无法对进动现象做出满意的解释。第二个是光线在引力场将发生偏转。按这个说法，星光在经过太阳附近时，将受到太阳引力的影响而偏折，结果是恒星的视位会有一个变化。观测这一现象只有发生日全食时才能进行，否则太阳的强烈光线使地面根本观测不到太阳附近的恒星光线。第三个是引力红移，即恒星辐射总是背离我们而去。

① 〔美〕托马斯·库恩：《科学革命的结构》，金吾伦、胡新和译，北京，北京大学出版社，2003，第21页。
② 同上，第168页。

按库恩的科学革命解释，爱因斯坦力学与牛顿力学根本不能相容——因为存在不可通约性。只有认识到牛顿力学是错的，才能接受爱因斯坦的理论。但值得怀疑的是：

> 牛顿力学是爱因斯坦理论的一个特例。就是说，相对论不能证明牛顿力学是错的，因为牛顿力学仍被绝大多数工程师成功应用着，许多物理学家在某些情况下也使用它。此外，使用旧理论的适当性，可以从在其他应用上取代了它的新理论得到证明。……牛顿派学者力求十分精确的结果，或者断言在极高的相对速度下牛顿力学仍然有效，这是无证据支持的。而至于牛顿理论是否仍然是一个有效证据支持的科学理论，答案是肯定的。……牛顿力学从来没有且不可能受到挑战。①

库恩认为，如果上述"这样的论辩"行得通的话，那么就无所谓科学进步了，因为任何在科学史上曾经成立过的科学理论皆免受攻击。但是在科学史中，意外发现、反常和危机正是指向非常规科学的路标。相对论的转变，相对于地心说到日心说、燃素说到氧化说、光的微粒说到波动说等范式的转换，都要精致得多。"牛顿力学到爱因斯坦力学的转变才特别清晰地显示出：科学革命就是科学家据以观察世界的概念网络的变更。"②相继范式之间的差异是必然的和不可调和的。界定正当问题、概念和解释的标准一旦发生变化，整个科学都会随之转变。库恩利用格式塔转换做比喻，他指出，"一位科学家对某一范式的忠诚转向另一范式在很大程度上不能用普遍接受的标准的理性论证促使"，③也就是说科学范式的转换正好与理性选择相反。

人们批评库恩，这个范式的不可通约性造成的结果是范式之间不可比较，那么这就成了相对主义。按照他的说法，一个范式是否比它挑战的范式更好？这个问题没有确定的答案，因为这取决于做出评判的个人、团体或文化价值的选择。库恩在《科学革命的结构》之后申明这些指责实际上是对他的误解，并对不可通约性进行处理，他到后来也意识到不可通约性的缺陷，并进行修补。在《科学革命的结构》再版的后记中，他就提出："当交流阻塞时，其参与者所能做的，就是把彼此看作不同语言共同体的

---

① 〔美〕托马斯·库恩：《科学革命的结构》，金吾伦、胡新和译，北京，北京大学出版社，2003，第91页。

② 同上，第94页。

③ 同上，第188页。

成员，然后把自己当作翻译。"①到后来，库恩干脆将不可通约性等同于不可翻译性。但这样又会出现两类困难，一是相互定义一组术语的问题，二是术语中概念不一致的问题。不过，人们还是认为他所做的依然很混乱，主要的麻烦还是在不可通约性与不可翻译性两者的异同上。

2.解释不可通约性

库恩范式的不可通约性影响概念变化的连续性与非连续性，这里提供一个认知—历史的综合研究的解决进路，卡莱（Carey，1991），萨伽德（Thagard，1992），纳西希安（Nersessian，1995），陈向、安德森与巴克尔（Andersen，Barker & Chen，1998，2006，合称 ABC）开始考察科学革命的认知基础。②

（1）萨伽德的解释融贯性

萨伽德提出，对科学革命的解释主要表现概念变化问题。研究科学革命可以梳理出六个论题："科学革命涉及概念和命题体系的重大转变"；"概念系统主要由类层次和部分层次构成"；"新的理论概念通常是通过概念组合机制产生的"；"命题系统主要由解释融贯关系构成"；"新的理论假设通常由溯因法产生"；"过渡到新的概念和命题系统的发生是因为使用新概念的新命题具有更大的解释融贯性"。③因此，"科学知识往往随着新定律和新概念的逐渐增加而缓慢增长。但有时，当整个概念和定律系统被新的概念和定律所取代时，科学会经历戏剧性的概念变化。类似于政治动荡，这种变化被称为概念革命（conceptual revolution）"。④

概念革命需要一种解释人们抛弃旧概念系统而采用新概念系统的机制，这就是"解释融贯性理论"（the Theory of Explanatory Coherence，TEC）。萨伽德把概念当作节点来处理，并且根据类与类的成员、整体与

① 〔美〕托马斯·库恩：《科学革命的结构》，金吾伦、胡新和译，北京，北京大学出版社，2003，第181页，"翻译"一词来自奎因。

② Carey, S., 1991: "Knowledge acquisition: enrichment or conceptual change?", *The Epigenesis of Mind*, Carey, S., Gelman, R.(eds), Hillsdale, NJ: Erlbaum, pp.257–291.
Thagard, P., 1992: *Conceptual Revolutions*, Princeton, NJ: Princeton University Press.
Nersessian, N., 1995: "Opening the Black Box: Cognitive Science and History of Science", *Osiris*, 10, pp.297–303.
Chen, X., Andersen, H., Barker, P., 1998: "Kuhn's Theory of Scientific Revolutions and Cognitive Psychology", *Philosophical Psychology*, 11(1), pp.5–28.
Andersen, H., Barker, P., Chen, X., 2006: *The Cognitive Structure of Scientific Revolutions*, New York: Cambridge University Press.

③ 同上，Chapter 1.

④ Thagard, P., 1992: *Conceptual Revolutions*, Princeton, NJ: Pcinceton University Press, p.3.

部分的关系和规则来阐明概念系统的结构。这种"概念系统的解释融贯性是在不同系统之间做出选择的主要因素"。①

概念革命之前的概念变化存在四种机制：（1）发现式发展，如研究者头脑中出现新的概念体系，这是归纳过程，从经验数据中通过归纳形成经验规律，通过溯因和概念组合形成理论概念和规则；（2）发现替代，如拉瓦锡的思想中发生科学革命；（3）指导发展，如当他人得知新发现时起作用；（4）指令替代，如当其他人放弃旧的概念体系而采用新的概念体系时起作用。

概念革命时的解释则有 TEC，包括了：对称性；解释性；类比；数据优先级；矛盾；竞争；可接受性。萨伽德详细解释了这七个原则及其应用，前面四个是奠基性的。第五个原则"矛盾"指的是，如果 P 与 Q 矛盾，那么 Q 与 P 不一致。第六个原则"竞争"——如果 P 与 Q 都解释了某个命题 Pi，且如果 P 与 Q 不是可解释的相连贯，那么 P 与 Q 不连贯。这里 P 与 Q 是可解释的连贯则需要几个条件：（1）P 是 Q 的解释一部分；（2）Q 是 P 的解释一部分；（3）P 与 Q 是一些命题 Pj 的解释的结合部分。第七个"可接受性"原则指的是：（1）命题 P 在一个系统 S 中的可接受性依赖于它在 S 中的命题的一致性；（2）如果许多相关实验观察结果是无法解释的，那么一个仅仅解释它们中少数的命题 P 的可接受性是还原的。②

依靠这七条原则来说明概念革命尚不充分，还需要 ECHO（E-explanatory，C-coherence，H-hyposeses，O-observation），即解释、融贯、假设、观察。这是计算机程序以 LISP 语言直接应用于联结主义算法中给予解释融贯性问题，由此 TEC 就形成一种理论的动力学，在最一般的科学史层面，我们可以在成功理论中区分四类关系：

（1）如果新理论 T2 完全吸收前理论 T1，那么 T2 结合（incorporate）T1。

（2）如果 T2 在驳斥 T1 观点时部分结合了 T1，那么 T2 否认（sublate）T1。

（3）如果 T2 包括了与整体密切相关的 T1 驳斥，那么 T2 代替（supplant）T1。

（4）如果 T2 的采用是由忽略 T1 而发生的话，那么 T2 忽视（disre-

① 南希·J.纳西安：《概念变化》，《科学和推理的认知研究》，李平、陈向编，南昌，江西人民出版社，2004，第247-262页。

② Thagard P., 1992: *Conceptual Revolutions*, Princeton, NJ: Pcinceton University Press, pp.65-69.

gard）T1。

科学中的概念变化就可以用以下一个过程来解释：一个有包含概念系统理论的科学家开始关注一个已经持有的理论相竞争的新理论。虽然最初是怀疑的，但科学家着手学习关于新理论更多的东西，逐渐累积它的概念系统与它的解释理解。科学家慢慢赏识新理论比旧理论有更强的解释融贯性。旧理论及其概念系统被抛弃而停止使用。

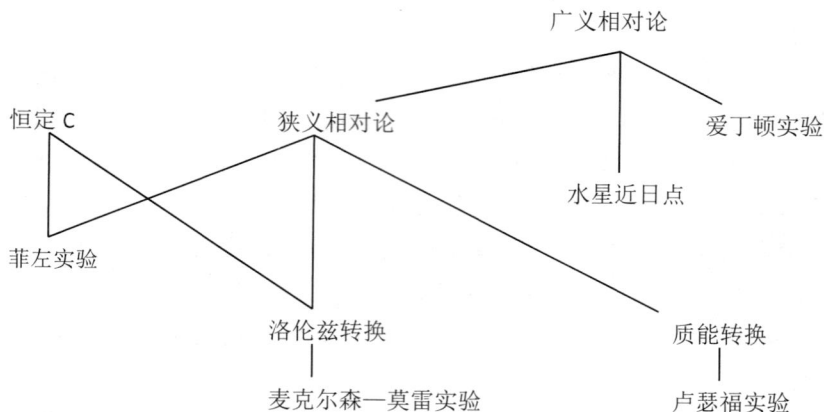

图8-3　相对论的解释融贯性①

那么利用TEC怎样来看牛顿力学与爱因斯坦相对论呢？萨伽德用图8-3来回答。图8-3表示相对论的解释融贯性，其中的线代表解释的关系。爱因斯坦狭义与广义相对论的采用包括了大量概念转变与旧假设的丢弃。爱因斯坦的革命性体现在他的相对论抛弃了重要信念：时间与空间是绝对的；有传播光的以太；物体没有最小速度；（以上三个由狭义相对论完成取消）欧几里得几何学充分描述了空间；有瞬间重力效应；光经空间沿直线传播。

质能转换定律，对牛顿而言，质量是绝对概念，物质的量、能量则是19世纪发展的，但爱因斯坦强调质量应该作为一种分离概念取消掉。然而19世纪物理学中有两个独立的守恒定律，爱因斯坦的质能转换定律成为融合的定律。要注意当质量与能量接合，它也是区分的：当身体不相对于观察者移动时的静止质量，与当它以一定速度相对于观察者移动时被测量的相对质量。如果速度低的话，静止与相对质量实质上是一样的，但如果速度达到光速的话就不一样。质量概念在新的类层级上因而

①　选自Thagard, P., 1992: *Conceptual Revolutions*, Princeton, NJ: Pcinceton University Press, p.213.

是由图展示的那样，质量已获得新的并列能量概念，还获得两种属性。

在爱因斯坦的案例中，解释的关系是演绎的，经常由纯数学推理得出。狭义相对论基本上包括狭义相对论定律与恒定光速。从这两个定律，爱因斯坦推导出洛伦兹转化，这是对否定麦克尔森—莫雷实验结果的解释。质能互换性解释罗瑟福的核子嬗变观察，定律还解释斐索干涉关于光速在流动液体中的实验观察结果。因而两条定律给三个重要现象提供统一的解释。广义相对论作为狭义的普遍化，坚持转化的较小级别。它解释了水星近日点，也就是说，它是推导来自牛顿力学的预测。另外还解释著名的爱丁顿实验结果，该实验测量在太阳重力场中光的弯曲。广义相对论在提出后一段时期内缺乏相关的实验支持，但现在已经能够解释像在雷达信号接近太阳时之类的现象。

许多牛顿关于绝对时空的背景假设都被驳斥，但他的关键定律能被保持于特殊案例中，这案例不包括大的质量速率。牛顿三大定律与重力定律实质上是融贯于相对论的。牛顿第一定律说："任何物体都保持静止或匀速直线运动的状态，直到其他物体所作用的力迫使它改变这种状态为止。"这在爱因斯坦的框架中完整地保留下来。第二定律"物体受到外力作用时，物体所获得的加速度的大小与合外力的大小成正比，并与物体的质量成反比；加速度的方向与合外力的方向相同"，相关的加速度、力，与质量都由方程式 F=ma 推导获得。库恩认为在这两个理论中，质量一词意义的改变，反映了世界观的一种完全的变换，是一个典型的"范式转变"。第三定律的每个作用都有作用力与反作用力，这并没有受到相对论的挑战。

总体看来，爱因斯坦是通过纯数学关系进行推导描述的，狭义与广义相对论能解释为何牛顿力学在速率与质量正常状态时保持近似，牛顿定律是融贯于爱因斯坦相对论的，而不是互相矛盾。

萨伽德还用 TEC 分析了达尔文革命、地质学革命、心理学革命、科学家与儿童的概念变化等，通过解释对库恩新旧范式间的不可通约性进行修正。他的目标是捍卫科学革命中的合理性因素，而不受库恩非理性因素的影响。

虽然萨伽德认为科学知识的发展是能被完全按信念修正来理解的，而心理学概念功能与本质的讨论，连同概念组织分层的说明，展示了一种理论的概念怎样转化，这包括了比信念修正多得多的东西，所以他并不直接采用信念修正特别是对其中科学家的认知兴趣解释。因此像纳西希安所划分的，萨伽德的这一研究进路主要关注一个重要的元理论问题：

概念的本质，其表征格式是什么？

（2）概念框架

ABC 三人在巴萨卢的动态框架理论上提出动态的框架模型（frame model）来为科学变化提供更为根本的认知解释。[①]

第一，框架模型可以揭示特征间的层次关系。

第二，展现属性之间的各种稳定的水平关系。

第三，表示属性取值间的制约关系。

框架模型允许持续渐变作为科学变化的一种模式。

在"鸟"的框架中，特征有属性与取值两个，如图 8-4 所示。属性"脚"的取值是"蹼""非蹼"，属性"嘴"的取值是"尖""圆"之间，属性的取值是成比例的，这是自然生存所需，所以有客观限制。如果"脚"的取值是"蹼"，那么"嘴"的取值很可能要求是"圆"的，属性"脚"的取值是"非蹼"，那么"嘴"的取值很可能要求是"尖"的。否则蹼形脚与圆形嘴显然不适应陆地，而更适应于水生。

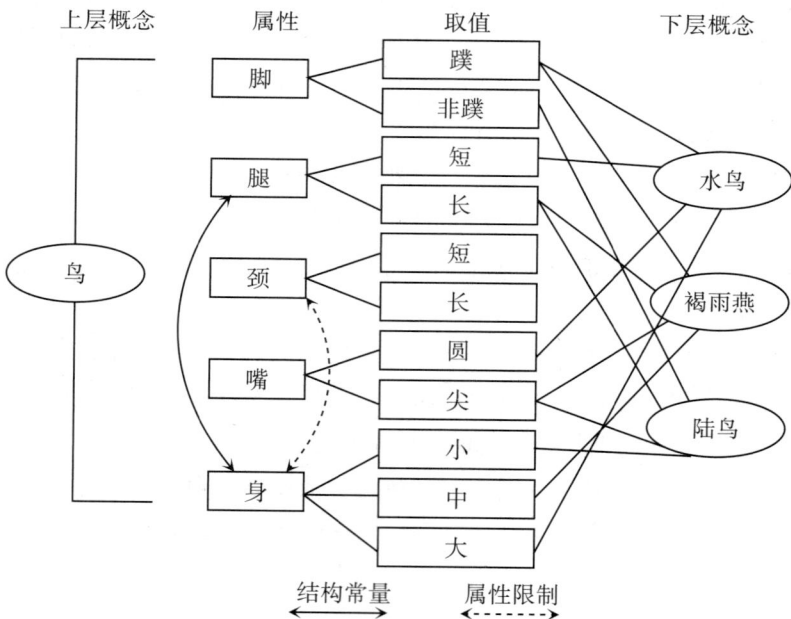

图 8-4　概念"鸟"的特征属性与取值[②]

① Chen, X., Andersen, H., Barker, P., 1998: "Kuhn's Theory of Scientific Revolutions and Cognitive Psychology", *Philosophical Psychology*, 11(1), pp.5-28.

② 〔美〕陈向、〔美〕汉妮·安德森、〔美〕彼德·巴克尔：《库恩的科学革命理论与认知心理学》，《科学和推理的认知研究》，李平、〔美〕陈向编，南昌，江西人民出版社，2004，第 275 页。

反常出现在，鸟类学家于18世纪末在南美发现了一种褐雨燕（screamer），尖喙、脚带蹼。此时无法按原有的框架来分类，需要改变下层概念的对比集，新的取值组合出现。但新分类系统变化离"革命"还有距离。随着科学研究的推进，更多新的反常发生。如发现褐雨燕与水鸟都有共同的起源，"鹅类"被引进框架，并指称"褐雨燕"与"水鸟"，如图8-5所示，作为次下层概念。同时，"鹑鸡类"与"鹅类"成了新的对比集。革命性在于，"鸟"的分类系统发生了变化，新旧两个分类系统的术语"鹅类"有重合。"鹅类"指称褐雨燕与水鸟，固守旧系统的人或许会否认新系统的分类，"鹅类"只指称鹅。

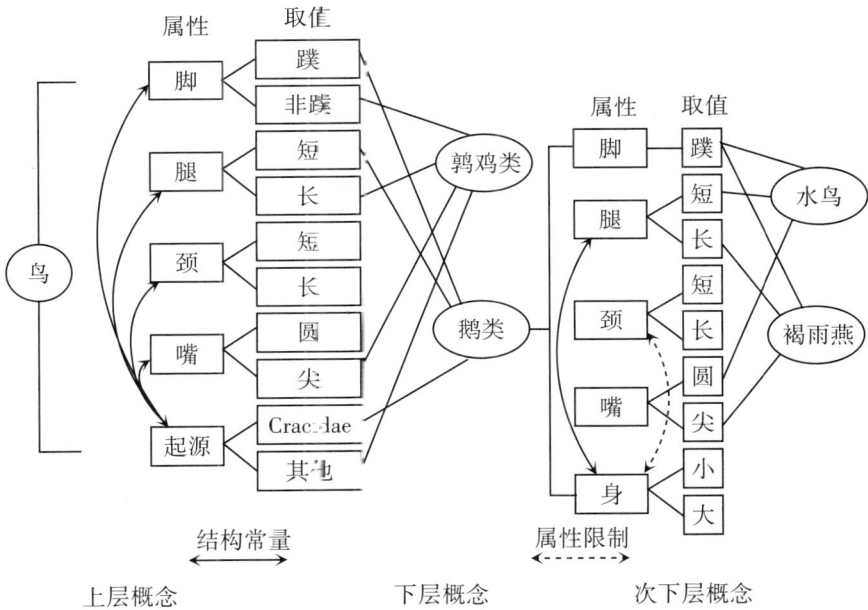

图8-5　概念变化的"鸟"的部分框架[1]

以上例子证明，框架转变是由反常引起的，反常是由环境变化引起的。概念变化是渐变式的、连续的。"不仅观察层面上的变化是连续的，框架和分类层次上的变化也是连续的。而且，如果科学革命源于这样一种认知机制，在革命前就不需要有心理危机……概念的框架模型允许持续渐变作为科学演变的一种模式；与此同时，框架模型并不否认非连续

---

① 〔美〕陈向、〔美〕汉妮·安德森、〔美〕彼德·巴克尔:《库恩的科学革命理论与认知心理学》,《科学和推理的认知研究》,李平、〔美〕陈向编,南昌,江西人民出版社,2004,第278页。

变化的可能性。"①

动态框架概念理论的应用澄清了库恩的科学革命观引起的争议，如异常作为科学变化机制的功能（我们的概念赋予现象世界的结构的问题），不可通约性的多样性（表示人类对概念结构变化的自然抵抗），科学革命的可变规模和范围以及通过革命性变化的连续性的存在。ABC的动态框架模型提供了一个发展良好的、经验支持的替代方案，适用于几个科学概念变化乃至概念革命的解释。

三、新概念

概念既然可以学习，那么在日常生活中，基于知觉的新概念又是如何得来的呢，其背后的认知基础是什么？除了上一小节用联结主义学习的回答外，这个问题还涉及"创造性"的认知科学研究，如心理学的或人工智能的。

（一）创造新概念

创造一个新概念需要"创造性"（creativity）思维，以吉尔福德（J. P. Guilford）1950年在美国心理学会发表题为"创造性"的演讲为标志②，有关"创造性"的研究逐渐成为一门科学学科。"创造性"通常被定义为，一种新的或有价值的观念、对象或行为。当强调能不能产生新思维或行为时，人们更愿意用"创造力"一词（下文将不做区分）。当这种"创造性"更多地指出"有价值的"（valuable）时，人们将评价标准很大程度归于社会历史文化语境。与此相应的，"新颖性"指的是某物对制造它的人来说是新的，但该物对人类历史来说，很可能不是新的，那么这一词就不如"创造性"来得学究。

围绕"创造性"以及与"人工智能"相关的哲学研究，博登付出了大量工作。她划分两类创造性："心理创造性"（P-creative，P创造性）与"历史创造性"（H-creative，H创造性）。P创造性指的是在个体头脑或心理内，产生了新奇的想法，比如张三用新方法解开数学几何题，李四用新的配方制作了一杯奶茶。H创造性则是着眼于人类历史长河中，

---

① 〔美〕陈向、〔美〕汉妮·安德森、〔美〕彼德·巴克尔：《库恩的科学革命理论与认知心理学》，《科学和推理的认知研究》，李平、〔美〕陈向编，南昌，江西人民出版社，2004，第279页。

② Guilford, J.P., 1950: "Creativity", *American Psychologist*, 5(9), pp.444–454.

如果没有人先于王五提出新的观点，那么王五的观点具有H创造性。

在创造性科学领域中，针对创造性的怀疑论有四类观点。

第一，反对灵感说。坚持有"洞察力""灵感"的灵感派的人们认为，创造性源于神圣的灵感或天才的疯狂，如柏拉图、叔本华就持这类观点。实际上，创造性是天才的想法，这种观点并不像看上去那么简单。因为天才的想法难以定义，并且一旦定义后，我们很难找到证据证明天生天才的存在。灵感激发创造性属于超自然的或极端变态的现象，这显然超出了科学的范围。①

第二，反对顿悟说。站在顿悟派立场的人认为，创造性源于人类某个"啊哈"（aha）的顿悟时刻。②这种观点可以说是灵感说观点的副产品。天才有非凡想法，普通人有灵光乍现，"有了""我找到了"（eureka）③这类的惊奇发现往往被认为是无意识的产物。经典案例就是阿基米德在洗澡时发现浮力原理。格式塔心理学家认为，对创造性顿悟来说，头脑并不是渐进式地获得答案，它是即刻发生的。按照格式塔的说法，思维在酝酿期似乎啥都没干，一直到顿悟才会有所行动。不过，值得怀疑的是，如果思维在酝酿期间发生了无意识的过程，并且这个过程让其更接近问题的答案，那么，这就是反格式塔的，很可能是联结主义的。如此一来，就有人想当然地认为，这也是经验长期积累后的产物。

第三，创造性复杂多样，而难以达成统一解释。如像空间科学、地球科学之类的自然科学领域，计算机、化工等应用科学领域，文史哲、人文社会科学、艺术等领域，无不重视创造性，分布太广无法给出清晰统一的界定。与此同时，各学科自带偏见的解释又不具有普遍意义。

第四，创造性与因果论不兼容。按照一般的因果论解释，A引起B，A事件经常与B事件之间存在着时空连续性，且A要先于B存在。如果某物C是新的，那么C必须是独立于A或B的形而上学的"新"，C就不与A—B因果论解释相容。如果C由先验的原因C*来解释，而非形而上学的"新"，那它算不得是"新"的。因此，创造性与一般的因果论解释不兼容。

为了应付怀疑论的驳斥，研究者们也会给出创造性的经验解释。

第一，兼容解释。为回应上述的不兼容，此类观点认为创造性与因

---

① Kivy, P., 2001: *The Possessor and the Possessed*, New Haven：Yale University Press.

② Sternberg, R.J., Davidson, J.E., 1995：*The Nature of Insight*, Cambridge，MA：MIT Press.

③ 传说阿基米德在看到澡盆水时说出了这句话，忽然想到相同重量的物体，由于体积的不同，排出的水量也不同，从而发现了浮力原理，也就是阿基米德原理。

果论更兼容，因而是一种自然主义的解释，尽管这类解释相当粗糙。辩护是作为规范认识论的科学哲学的主题；发现是经验心理学的主题：归纳推论并非用来发现理论，而是通过观察事实来证明理论为正确的。

第二，发展心理学解释。儿童2～7岁就处于皮亚杰所说的"让我们假装……"游戏的阶段。儿童利用角色扮演，把自己假装成成人或超级英雄；也可以把一个物件想象成另一个物件，如把一个积木当作火车。儿童能够通过多种方式，自由地展示不受限的创造性与社交能力。此类创造性的研究在发展心理学与教育学中应用相当普遍。

第三，认知解释。新观念产生于认知机制的解释，如果我们不能对产生新观念的认知过程有一个详尽的、精确的认识，我们就不可能对创造性有一个全面的理解。如解释"啊哈"顿悟的认知过程就是创新思维的研究起点。因此，创造性产生于某种恰当的过程。萨缪尔斯与斯托克斯（Samuel & Stokes，2018）指出，在心理学研究的共识是，某个观念或产品是新的和有价值的，它才具有创造性。值得注意的是，至少还有一个必要条件：它必须归属于某类恰当的过程。①这样就蕴含着认识论意义上的对"创造与否"的判断过程，需要诉诸认知解释。

当前讨论创造性，热门的话题是人工智能的创造性。在人工智能的经典教材中，罗素与诺维格给出的定义是将"人工智能"的研究划分成四个维度：基于图灵测试方法的类人行为；基于认知建模的类人思考；基于"思维法则"方法的理性思考；基于理性智能体方法的理性行为。②这四个维度实质上可以视作两种类型，一类是目标能与人类的表现相匹配，还是与理想的合理性相匹配，如计算机能够像人一样思考或行动。另一类是构建能够推理或思考的系统，还是能够行动的系统。如果AI具有创造性，那么它就会在上述维度或类型中的一个或多个有所表现。一些研究者们会致力于构建智能工件的领域，其中"智能"与否就要通过智力测试（如韦氏成人智力量表）和其他心智能力测试，如机械能力测试，以及这里讨论的创造性等测试来评判。

关于人工智能的创造性研究，大部分工作要归功于博登。她提出，AI的创造性就是洛芙莱斯问题（Lovelace questions）：

L1：计算概念能否帮助我们理解人类的创造性？

① Samuel, E., Stokes, D., 2018: "Attributing Creativity", *Creativity and Philosophy*, Gaut, B., Kieran, M. (eds.), London: Routledge, pp.193–209.
② 〔美〕斯图尔特·罗素、彼得·诺维格：《人工智能：现代方法（第4版）》，张博雅等译，北京，人民邮电出版社，第3-4页。

L2：计算机现在或将来能否表现出具创造性？

L3：计算机现在或将来能识别出创造性吗？

L4：不管计算机的性能有多出色，它真的能有创造性吗？①

博登对以上四个问题的回答都是肯定的。当然，她首先关注的是第一个问题，诚然，我们至今尚未搞清楚人类的创造性问题，创造性是否可以预测？某个创见在出现后还可以被详细解释？如果 AI 的发展能够帮助我们理解这个，利用计算的思想，从科学的角度理解创造性是如何工作的，那对于哲学与认知科学的研究是大有裨益的。

第二个洛芙莱斯问题是 AI 领域发展的一个领域，自 Alphago 出现后，现有的计算机程序，抛开争议性的一面，可以说，它们看起来很有创造性。

第三个问题是对创造性的评价，事实上，如前所述对灵感说的怀疑，当我们讨论一个人的创造性，不能仅将之视为有趣的灵光乍现，更需要一个批判性评估，对 AI 也是如此。因此，人们对第三个问题的回答通常与对第二个问题的回答是相同的。

第四个问题应该蕴含第二个问题，博登认为回答第四个问题是哲学家的工作。如此一来就还要回到对创造性，尤其是对人类创造性的解释，"但人们普遍认为它很神秘。现在我们连人类是如何产生的新颖想法都没弄明白，更别提计算机了"。②上述对怀疑论的三种回应就提供了这方面的思路。

具体说来，创造性分两大类："非概率主义"（Improbabilist）与"不可能主义"（Impossibilist）。非概率主义是对熟悉观念的重新组合、映射，涉及"概念空间"（conceptual space）的转换，因而又称组合型创造性（combinational creativity），这是目前 AI 应用较常见的。如视觉拼贴、有诗意的图像和科学类比。如 2015 年开始，谷歌将自家的图片生成技术 Inceptionism 开源，并称之为 Deep Dream。不过当时人们使用它进行图像合成时，图片却并不美观。这几年这项技术持续发展，OpenAI 于 2022 年发布 DALL·E 2，能够综合文本描述中给出的概念、属性与风格等三个元素，生成所谓的"现实主义"的艺术作品。谷歌的 Imagen 比 DALL·E 2 更优化，能够将文本生成图像的逼真度和语言理解提高，其生成后效果

---

① Boden, M. A., 2004: *The Creative Mind: Myths and Mechanisms* (2nd edition), London: Routledge, pp.16-17.

② 〔英〕博登：《AI：人工智能的本质与未来》，孙诗惠译，北京，中国人民大学出版社，第 80 页。

令人惊艳，可以称之为艺术通过科技的二次创作。

不可能主义创造性，就特定概念空间而言，可能会产生以前没有的想法。博登划分了探索型与变革型两类。

探索型创造性（exploratory creativity），如在化学或数学的子区域，如门捷列夫的元素周期表、凯库勒的苯环都表现出探索型的创造性。博登花了较长时间在研究这一领域，并着重于文化价值领域，如诗歌、绘画或音乐创作。OpenAI 于 2022 年上线的 ChatGPT 能够写代码、文案，从事翻译与对话，甚至进行文学创作，许多回答被认为具有创造性，但这个也是基于大量的语言训练，可归于探索型创造性。[①]博登主要运用艺术风格（artistic styles）来解释，风格是一种（文化上受欢迎的）结构可能性的空间，不是讨论某一 AI 画出来的"画"是不是"画"，而是关注它的方式，如绘画方式。[②]艺术家与科学家可能无（限制）条件地探索该风格。不过这也不会太出乎意料，有关人工智能能不能形式上模仿人类艺术作品，技术上已经可以达到，但能不能实现具人文价值的艺术品，这一点争议较大。如果我们不要求每个人都能成为出口成章的"诗仙""诗圣"，比如作"打油诗"，那么，要求 AI 达到这类的探索型创造性应该没有太大问题。

变革型创造性（transformational creativity）生成了之前未见的新结构，应该是异类，比探索型更先进。然而，博登认为，"变革型创造力不是一条通往强人工智能的神奇之路。……变革型创造力之所以有风险，是因为以前已经接受的规则被打破了。所有新结构都必须进行评估，否则就会出现混乱。但是当前人工智能的拟合函数是由人类定义的：程序不能独立改变/推断出它们"。[③]可以明确的是，博登的观点是反对变革型。但是，理由是什么呢？我们可以做这样的分析：一方面，如果博登是基于人类将会遭遇的风险而给出温馨提示，从而否定变革型作为强 AI 的进路，那么这种担忧是值得审视的。这也是当前科学技术哲学的研究者们普遍关心的问题。风险指的是什么风险？促使从无风险到有风险转变的因素是什么？风险来自强 AI 超越人类吗？如果超越，是从哪个方面超越？还是整体上的全面超越？超越之后人类就一定会受到威胁吗？

① 笔者曾与 ChatGPT 对话，它将自己归于组合型，当时是 GPT3.5。2023 年升级到 GPT4，功能更为强大，与之对话讨论哲学话题渐渐成了一门时尚。

② Boden, M.A., 2011: *Creativity and Art: Three Roads to Surprise*, Oxford: Oxford University Press, p.2.

③ 〔英〕博登：《AI：人工智能的本质与未来》，孙诗惠译，中国人民大学出版社，2017，第82–83页。

……另一方面，如果博登是基于规则的破坏而否定变革型作为强AI的进路，那么，这个观点会否过于武断？因本书论题与篇幅所限，这里着重讨论第二个方面。

在博登看来，变革型破坏规则是因为出现了新结构，而新结构产生于"概念空间"的变革。那什么是"概念空间"呢？"概念空间是一种结构化的思维方式。它们通常来自自己的文化或同伴群体，但偶尔也会从其他文化中借用。在任何一种情况下，它们都已经存在：它们不是由一个人的头脑产生的。"[1]博登并没有准确地定义"概念空间"这个抽象术语，而是从个体心理语境转向历史文化语境来进行刻画，这类人文主义研究是由音乐学家、文学评论家、艺术和科学史学家完成的，可以补充计算方法相对严格的限制。当前计算建模可以帮助定义空间，并显示如何映射、探索和变革空间。如果要使变革成为可能，概念空间就必须被安置在某种更普遍的可能性系统中。

在实际的AI研究中，抽象的概念空间的落实是贝叶斯网络（Bayesian network）。简单来讲，这是利用贝叶斯公式结成的成因网，它可以利用先验知识与训练样本数据，确定随机的变量之间的关联，从而找到答案。如果网络中的节点越多，越有效，那么答案就会越精确，越有创造性。如自然语音的技术识别已展示了AI的这一魅力。博登也注意到，以数字艺术（computer-generated）为代表的AI运用就做到了探索型或变革型。按照博登的表述，目前的AI已能做到变革型，但是，变革型又不是强AI之路，"强人工智能离我们还很遥远"。[2]博登的意见似乎是左右摇摆的。博登反驳的理由很大可能倚重的是弱AI，而变革型创造性正是实现强AI的必要条件。

根据AI研究目标的不同，我们可以区分"强"和"弱"AI。按照塞尔的经典界定，所谓弱AI指的是计算机只是供我们研究心灵的有力工具。强AI指的是"带有正确程序的计算机确实可被认为具有理解和其他认知状态，在这个意义上，恰当编程的计算机其实就是一个心灵"。[3]如果我们只要求实现弱AI，那么基本的方法就是借助计算概念来研究人类认知，这也是博登的初衷。如此一来，限于弱AI，一个程序正确执行，

① Boden, M. A., 2004: *The Creative Mind: Myths and Mechanisms* (2nd edition), London: Routledge.

② 〔英〕博登：《AI：人工智能的本质与未来》，孙诗惠译，北京，中国人民大学出版社，第85页。

③ 〔英〕塞尔：《心灵、大脑与程序》，博登编，《人工智能哲学》，刘西瑞、王汉琦译，上海，上海译文出版社，2001，第92页。

得到满意的执行结果。它擅长于（模仿人类）单方面的人工智能，比如能战胜象棋世界冠军与围棋世界冠军，但是它只会下象棋与下围棋，你要问它怎样更好地在硬盘上储存数据，它就不知道怎么回答你了。于是，我们也不可能制造出能真正地推理和解决问题的智能机器，这些机器只不过是模拟智能的，但是并不真正拥有智能，也不会有自主意识。

假如要实现超越弱AI的强AI，我们就会要求能够制造出真正能推理和解决问题的智能机器，并且，这样的机器能将被认为是有知觉的，有自我意识的。按照前面AI的经典定义，这样就有两种类型。第一种是类人AI，即机器的思考和推理就像人的思维一样，博登的探索型创造性就是在这个意义上实现，如在回答第二、三个问题上，AI能够通过深度学习艺术作品然后实现自己创作，从而分析、评价自己的艺术创作及其风格。

第二种是非类人AI，即机器产生了和人完全不一样的意识，使用与人类完全不一样的推理方式。博登划分的变革型创造性应该归属于此类。除了她关于"概念空间"变革的抽象表述外，博登在拒斥变革型时还给出了AI研究中有关拟合函数的争论。拟合函数是用于曲线拟合的函数。拟合就是把平面上标出的一系列的点，用一条光滑的曲线连接起来。因为点的分布不确定，这条曲线有无数种可能，从而有各种拟合方法。拟合的曲线一般可以用函数表示，根据这个函数的不同可以有不同的拟合名字。人工智能使用拟合函数来建立模型，用于预测未来的趋势。例如，机器学习可以使用拟合函数来建立回归模型，用来预测未来数据的走势。此外，拟合函数也可以用于模拟复杂的过程，如系统建模。

这样就牵扯到当前人工智能哲学争论的一个焦点，当前的机器学习与深度学习技术，是对数据的曲线拟合，还是代表着一种全新的算法推理形式？深耕于深度学习技术的人工智能研究者们认为是后者，深度学习，作为一种复杂的机器学习算法，目前在文字、语音、图像识别等方面取得成效，远超以往技术，理应算作是全新的。反对者们，如博登、图灵奖得主、贝叶斯网络之父珀尔（J. Pearl）与麦肯齐（D. Mackenzie）则认为，深度学习只是曲线拟合，没有太多创造性，会受限于曲线拟合的技术缺陷。他们的观点大致是这样的，虽然AI也可以理解为"优秀的曲线拟合"，但是它所要拟合的数据、参数要求尽可能地多，或许多达上百万个以上，用最小二乘法等传统的拟合方法，是不可行的，还需要有创造性突破，如此一来就会陷入僵局。博登基于这点判断是合理的，不过，按照这样分析，当我们用"……"来表征时，无论是绘画、诗歌、小说创作还是电影剪辑，依然不是真正的"创造性"。它是在一个限定范围的数据库中，依照训练素材的行为模式，对素材进行了整理、排序和分类。那么，组合型与探索型连基本的创造性也会没有了，这样限制又过于严格。

珀尔与麦肯齐在AI研究中引入"因果关系的新科学"。他们划分"因果关系之梯"的三个等级：关联、干预与想象。当前的AI可归于最底层的关联分析之中，关联就是判断两个对象之间的非独立性，找出其函数关系，观察到X会怎样改变我对Y的看法。他们认为，现在的AI就只会从事这类工作，但强AI需要的是干预与想象，当前的AI解决不了中间层"如果我实施X行动，Y将会怎样？"的干预问题。面对最高层的反事实推理，如今的AI也无法解释"是X引起了Y吗？如果X没有发生会如何？假如我之前采取了不同的行动呢？"[①]恰如珀尔与麦肯齐所批评的那样，AI尽管表现出很多创造性，但是还缺乏诸如想象、反思、理解等各项人类的反事实推理能力，而这是AI实现创造性，走向强AI的必要条件。不同于博登对变革型创造性的否定，珀尔与麦肯齐给出了想象的反事实进路建议。

（二）想象

在珀尔与麦肯齐的有益启发下，我们所建议的思路是，AI的创造性研究依赖于人类创造性认知研究，人类创造性认知研究依赖于想象，反事实想象是实现强AI的必要条件。

"创造性"与"想象"的关系究竟是怎样的？首先，从对该术语的用法上看，我们可以发现，无论是在大众的通俗用法还是专家的规范用法上，"创造性"与"想象"两个词经常相互借用而不做区分，如"想象力"与"创造力"。这在一定程度上说明"想象"与"创造性"的密切关系。"想象"作为动词后面时常带宾语，如"想象某种可能性"或"想象某种不可能性"。"如果可能性的数量远远超出人脑的处理能力，那么人类如何在头脑中表示'可能的世界'并找到与现实世界最接近的那个？……人类必然掌握着一种非常经济的代码才能管理如此多的可能世界。"[②]在经验论者看来，答案很可能就是"想象"能力，通过对开放世界的知觉经验和长期思考，从而具有创造性。

---

① 〔美〕珀尔、麦肯齐：《为什么：关于因果关系的新科学》，江生、于华译，北京，中信出版社，2019，第8页。
② 同上，243页

其次，斯托克斯（D. Stokes）分析指出，最低限度的创造性思维很大程度上依赖于想象。尽管心理学家们对想象和创造性都进行了研究，但试图识别或测试这两种现象之间联系的研究却很少。那么，创造性思维和想象是如何在大脑的建筑中联系起来的呢？斯托克斯提出"认知操控论题"（Cognitive Manipulation Thesis）："创造性思维和行为（丰富的或少量的）需要认知操控。认知操控通常涉及对以真无界（non‐truth‐bound）方式中某些概念空间内容的思考。在创造过程中，这种认知活动经常与情感、动机、推理和自由联想能力发生因果作用。"[①]"真无界"，是相对于"真有界"（truth‐boundedness）而言：一个认知状态Φ是真有界的，如果，一个适当函数Φ精确表征了世界，反之则叫真无界。心理状态是受限还是不限于精确表征现实世界的真。斯托克斯在研究想象时也发现，儿童在认知游戏与认知觉醒中运用了想象力。想象状态不一定要求真，即真无界；当某人愿意运用想象时，想象就充当认知操作角色；想象与各种各样的情感、动机系统有因果关系；能够贡献认知决策和推理；想象很自由。创造性与想象的认知过程高度重合，我们很有理由相信二者具有很强的一致性，至少，"最小创造性"要求"想象"。因此，想象是认知操纵角色的最佳候选。

再者，威廉森曾给出论证，我们怀疑想象会比接受想象付出的代价高，想象的假设推理与实践新信息推理之间有认知相似性。[②]我们在模态知识的获取路径上，本质上与可设想性路径是相通的。主要原因在于，在从"假设"到"矛盾"的推导过程中，心灵的想象起到不可替代的作用。需要注意的是，认知机制为我们提供了处理反事实条件句的能力，作为认知机制的一个"偶然的"副产品，我们也获得了处理形而上学模态的认知能力。在对反事实条件句进行赋值时，想象能够在总体上充分利用我们所拥有的背景知识。同时在认知通路（epistemic pathway）上，我们在想象中进行反事实推理，经过反事实发展的方法，可以提供可辩护的信念或形而上可能性与必然性的知识。

如果以上论证是成立的话，那么创造性绝大部分来源于想象。AI创造性研究则要归到"想象"。威廉森认为，想象是警告人类潜在的危险与增加逃生机会。不过他又认为想象并非人类进化而来的独特能力，有可

① Stokes, D., 2014: "The role of imagination in creativity", *The Philosophy of Creativity: New Essays*, Paul, E.S., Kaufman, S.B. (eds.), Oxford: Oxford University Press, p.171.

② Williamson, T., 2016: "Knowing by Imagining", *Knowledge Through Imagination*, Kind A., Kung P.(eds.), Oxford: Oxford University Press, pp.113–123.

能是副产品。所以创造性也有可能是副产品。皮丘托与卡鲁瑟斯（E. Picciuto & P. Carruthers）则认为，对人类来说，创造性似乎表现出一种适应性。回顾人类进化的历史，有创造性的智人战胜缺乏创造性的尼安德特人的关键在于，智人工作记忆的增强，还有语言发展、文化建构、伪装游戏等因素。人类婴儿普遍参与伪装游戏的原因是发展创造性，鼓励和允许创造性思维的能力这是对伪装作用的一个更合理解释，比那些伪装玩的理论更合理。儿童伪装的进化功能可以训练并增强成人的创造性形式。发展心理学与认知心理学等研究表明，儿童伪装，就是一种反事实的想象。

我们认为，伯恩对反事实想象与创造性的关系的理解是恰当的。反事实想象是一种想象思维，对它的解释可能有助于理解其他种类的创造性思想。对想象进行了反事实分析，反事实想象是理性的，这取决于三个步骤：第一，人类具有理性思考的能力；第二，通过思考可能性进行推理；第三，反事实的想象与理性思考一样依赖于可能性，所以是理性的。[1]

假如我们能够赋予一台 AI 以反事实想象的编码，将上述的"人"替换成"强 AI"，那么，强 AI 的创造性将会是这样产生的：

（1）强 AI 具有理性思考能力；

（2）强 AI 通过思考可能性做推理；

（3）反事实想象与理性思考一样依赖于可能性，所以它是理性的；

（4）反事实想象是创造性的必要来源。

我们并不同意博登关于变革型创造性不是通往强 AI 之路的论断，智能与否的标准恰恰在此。这一问题的回答依赖于对人类创造性的认知解释，而人类创造性绝大部分来源于想象，尤其是反事实想象。因此，假如 AI 研究可以拓展反事实想象的空间，那么变革型创造性是可以实现的，这是走向强 AI 之路的必要条件。

（三）意象论本质主义

通过上述强 AI 创造性问题的讨论，我们可以得出这样的结论：创造性问题依赖人的认知研究，创造性绝大部分来源于想象，新概念的创造很可能源于想象。那么，想象的本质是什么？它是如何产生的？答案就是概念经验主义的心理意象。

---

[1] Byrne, R. M., 2005: *The Rational Imagination: How People Create Alternatives to Reality*, Cambridge, MA: MIT Press, p.208.

金德（Kind，2016）对想象做出这样的梳理："1.并非每个想象或其同类的用语都符合想象的活动；2.想象是最初的心理状态类型（或类型组），不可还原为其他类型；3.想象是意向性的，如想象有意向性内容；4.想象基本上不受限于真。"①

针对第1点，日常用语中，诸如"幻想""妄想""幻听"等术语往往是庸人自扰，没必要认真对待，尽管很多人愿意谈。针对第2点，从宽泛意义上讲，想象作为心理状态也可包含心理事件、活动或过程。针对第4点，许多哲学家倾向于讨论想象的真假问题，如柏拉图在《理想国》中就将想象设置在最底层，因为想象无法提供关于真理的真正知识。亚里士多德则建议，想象属于感觉与理智的中介力量，但同时又依赖于感觉，不同在于，感觉是真的，想象多为假的。休谟认为，知觉是现实的，而想象是可能的；想象可以虚构，而信念志在求真。大部分人会同意，想象不受制于真。实质上，以上4个特征中，最关键的问题在于第3点，也是讨论的核心论题，想象虽然与知觉、信念纠缠在一起，但它至少是意向性的，并且具有意向性内容，这个内容至少是心理意象。

金德与格里戈利（D. Gregory，2016）等人在笛卡尔、休谟分析想象的基础上，提出了意象论本质主义（Imagery Essentialism，IE）②，我们可以将之表述如下：

论8.3　IE

存在一个心理状态M，M是想象，仅当，M拥有内容N，且N由心理意象I组成。

归功于萨特的贡献，想象M拥有意向性内容N，这同时令想象成为现象学的重要组成部分。萨特早期以想象为中心建构了他的现象学理论。他批判性地继承了胡塞尔的意向性理论，意向性是心灵关于外部世界的"关于性"，即通过意向性内容指向外部对象。萨特将"意象"设定为"关于某物的想象性意识"。如"我想象我在电影院看关于李白的动画电影《长安三万里》"，我关于"李白"的想象指向的是这个唐朝的诗人。想象性意识代表了一种特定类型的思维，亦即在其对象中并通过其对象构成的一种思维。这样一种直观性，就是基于对对象的视觉肯定，

---

①　Kind，A.，2016："Introduction：exploring imagination"，*The Routledge Handbook of Philosophy of Imagination*，Kind A.(ed.)，New York：Routledge，pp.2-3.

②　Gregory，D.，2016："Imagination and mental imagery"，*The Routledge Handbook of Philosophy of Imagination*，Kind A.(ed.)，New York：Routledge，p.103.

这就具备了意向性与知觉的特征。萨特由此再区分开知觉和意象，区分意象与意识。就想象的产生过程而言，想象与知觉之间应该存在某种张力，这种张力在某种意义上是任意的因果关系。

泰尔分析，意象 I 的因果应该是：某物 O，通过拥有巨量属性 P，引起 I，如果（a）I 拥有某个属性 Q，以至 P 的例示是 Q 的例示律则充分的；（b）存在某些巨量属性 P*，以至 P 依随于 P*；（c）O 通过拥有 P* 而引起 I。[①]从知觉到意象，再到想象，中间就应该具备这种因果关系。因此想象被认为必然包含内容，意象 I 组成了该内容 N。

作为一个心理状态，想象 M 天然地与知觉紧密相连，一方面是因为我们所想象的是我们所知觉的事物，我们不能没有预先知觉就在天花乱坠异想天开。另一方面是因为我们在用到想象之时就用到了知觉的概念，如"想象下你此刻正在看着这篇文章""小孩子看了《哪吒》的电影后想象自己成为哪吒"，这就用到了"看"之类的知觉词汇。如此一来，"视觉化""图像化""意象化""心灵之眼看到"等之类的话语表述统统被吸纳进"想象"哲学的研究当中，所以，想象应该是"类知觉的"（quasi perceptual）。

IE 的核心论题在于心理意象 I，I 如何在想象 M 当中起作用？其实，我们坚持关于想象的意象论本质主义的理由很直白，如前所述，"想象"的词源就是"意象"，同时"历史上，心理意象被认为是想象的主要成分"。[②]这在当代的讨论中也颇受欢迎，然而它的压力也不小，主要来自两个方面：第一，心理意象，无法与心灵的科学概念相容，这样要解释本体论上如何会产生无指称的想象。第二，即使这些哲学家接受了无意象的想象，比如想象是命题式的，它也一定不会是意象式的。这样就容易陷入非此即彼的思维误区中，按照"表征格式"的行话讲，这其实是单一编码格式之争。

在发展心理学中，假扮游戏被认为是儿童想象力的最早标志。儿童在玩假扮游戏时，脱离了现实世界，但他们仍然保留了大量的（命题式）知识，特别是认可现实世界中的因果联系。我们若接受这样的推论，那么想象就并没有完全脱离现实。这带给我们的启示是，命题与意象没有我们想象当中那么决裂。心理学家帕维奥提出的"双重编码理论"强调，

① Tye, M., 1991:*The Imagery Debate*, Cambridge, MA:MIT Press, p.148.

② Liao, S., Gendler, T.,"Imagination", *The Stanford Encyclopedia of Philosophy*（Summer 2020 Edition），（2019-01-22）[2023-10-30]，Zalta E. N.（ed.），https://plato. stanford. edu/archives/sum2020/entries/imagination/.

人类认知由两个独立又彼此联系的基本代码或子系统负责处理，即言语系统和表象系统，分别处理语言与意象，其中，我们可以通过同时用视觉和语言的形式呈现信息来增强信息的回忆与识别。

因此，这里将借鉴一种所谓的"镜头理论"（Lens Theory）[①]来调和以上争论。镜头理论，按相机的镜头开启来比喻为想象，拍摄过程就是一种呈现，拍摄成像就形成了表征。其中，知觉意象是触发，而后是非意象的AI计算进行自上而下的高阶处理。那么，表征的内容决定了想象的内容。

举个例子，某公司曾销售过一款手机，该手机的最大特点是拥有一种月亮模式的新功能，可以拍摄到高清的月亮图片。当我们拿起手机对着月亮或其他事物时，只要打开镜头（或准备拍摄），就可以生成一个关于月亮或者其他目标的意象。该意象与目标相关，但不同的地方在于可以选择不同的功能，如聚焦的、具体化的、透明的、放大的、隔离的、集中的、扭曲的（如超广角）。

类似的，我们可以思考想象活动与经验活动，引入聚焦、具体化、扭曲来生成目标。按内涵式的特点来刻画想象，发挥想象就是开启一个镜头。开启镜头后，手机进行拍摄，聚焦，开启"月亮模式"（进行AI计算），然后成像。拍摄过程就是一种呈现，拍摄成像就形成了表征，那么，表征的内容决定了想象的内容。

知觉意象是触发，而后是非意象的命题进行自上而下的高阶处理。某手机拍摄后所呈现的月亮高清图，后面的非意象是AI的数码处理。

后来，有人发现该手机所拍到的月亮失真，质疑这是手机在造假，因为它根本没有拍清月亮是什么形状，只是AI在计算之后补充了图片。不过，更多人认为，这并没有什么问题，AI临摹过的图片比你见过的多得多而已。这就类似于正在阅读的读者本来就是近视眼或者老花眼，需要佩戴眼镜才能看清文章上的字。但读者们并不会怀疑"我戴上眼镜后看到的是真实的吗？"，还是说"我不戴眼镜看到的模糊的字是真实的吗？"说到底，你不戴眼镜时，无论是近视眼还是老花眼，你在对模糊的字进行"想象"，而戴上的眼镜，只不过充当了这一功能罢了。因此，假如"镜头"理论是可行的，那么，在意象论本质主义看来，每一个可能的想象的内容至少是由相应的心理意象的内容所决定的。如何创造一个新概念？这问题归于创造性问题，创造性源自想象，想象的内容很大可

① Wiltshe, N., 2019: "Imagination: a lens, not a mirror", *Philsopher's Imprint*, 30(19), pp.1-30.

能由意象内容所决定。意大利作家卡尔维诺说过，"记忆中的形象一旦被词语固定住，就给抹掉了"。意象式的思考恰恰可以发散我们的思维，概念经验主义提供了一个新的视野。

四、概念笛卡尔主义

（一）批评

在第四章分析福多的概念先天论时，我们已讨论了概念笛卡尔主义，有了以下观点。

论8.4　CC[①]

CC1：概念是表征，而非能力；

CC2：拥有概念是心理事件，而非心理倾向；

CC3：概念是纯指称的，而无内部结构。

CC1是第二章的本体论问题，概念是一种心理表征，这点与概念经验主义是相同的；CC2的倾向是福多反驳概念实用主义的着力点；CC3是原子论承诺。福多的几个批评前文已有所提及。

第一，分析性论证。假设C是一个有推理的拥有条件的概念；因此，默认某些推理对于一个思想是有效的，因为它包含了C，这就是C的拥有条件。那么，有哪些推论呢？显然，这类问题不能用粗暴的列举来回答。如果默许推理I是拥有C的拥有条件，那么肯定有一些原则性的原因可以解释。一种是"整体论"，它认为每一个涉及C的推理实际上都是C的拥有条件；另一种是"分子论"，它认为部分的推论是C的拥有条件。福多认为，这两种推论都不可信。

第二，合成性论证。前面我们已提到思想与语言是具有创造性与系统性的，概念实用主义则无法提供合成性。拥有C，就是区分C与非C，而对C分类是C的拥有条件之一，那么它所要求的就是在有利条件下对C

① 参见 Fodor, J.A., 2004: "Having Concepts: a Brief Refutation of the Twentieth Century", *Mind & Language*, 19, pp.29-47.

Fodor, J.A., 2003: *Hume Variations*, Oxford: Clarendon Press.

Fodor, J.A., 2008: *LOT 2: The Language of Thought Revisited*, New York: Oxford University Press.

Fodor, J.A., Pylyshyn, Z., 2015: Minds without Meanings: An Essay on the Content of Concepts, Cambridge, MA: MIT Press.

黄子瑶、李平：《概念的功能：表征与概念能力》，《哲学动态》2016年第11期，第107-112页。

的好实例（如典型）做出选择反应的能力。福多常用"宠物鱼"的反例，"宠物鱼"的好例子既不是宠物的好例子也不是鱼的好例子，那么我们将无法区分。

第三，循环论证。循环论证由分类与推理两部分构成。分类论证与上述合成性论证相似，拥有C依赖于能够对实例C进行分类；而能够对实例C进行分类的前提是拥有概念C（或者等价的），这是循环。推理论证说的是，拥有概念C依赖于做出推理，能够对C进行推理的前提是拥有概念C，这也是循环。

（二）辩护

福多的三个论证，引起了一定程度的争论。①不过，我们这里要注意的是，福多树敌的是概念实用主义，而非概念经验主义。尽管普林兹与克拉克也做出了回应，可这些回应也并不意味着要将福多对概念实用主义的批评全盘接受。如果概念经验主义者确实要认真对待，那么我们应该从中找到真正的威胁，即福多针对的是（语义）分子论，实质上就是概念分子。所以要从概念结构、表征格式的角度来回应。

第一，分子结构的回应。反对非原子结构的概念分子的主要原因在于，缺乏公共性与合成性，并且陷入了循环。因此面对概念公共性约束，概念经验主义集中考虑一点：在不给出语境时，被试就会用到范畴成员内出现最频繁的那类表征，这是稳定而又可普遍共享的，也有利于指称的确定。概念原子诉诸意向性内容并不能解释概念共享的所有情况，孪生地球的两种"水"则分别指向不同的意向性内容，在这个意义上福多的公共性约束就应该做出一定的松绑。同时，概念分子的语境敏感性并不会妨碍公共交流，跨语境的可变性也并不意味着概念在所有语境下就没有共通点。在交流过程中，交流者双方谈论的概念会涉及信号有效、范畴有效并且突出的特征，而这些特征对双方持有的概念而言可以是同

① Weiskopf, D., Bechtel, W., 2004: "Remarks on Fodor on Having Concepts", *Mind & Language*, 19(1), pp.48-56.

Prinz, J., Clark, A., 2004: "Putting Concepts to Work: Some Thoughts for the Twentyfirst Century", *Mind & Language*, 19(1), pp.57-69.

Rey, G., 2004: "Fodor's Ingratitude and Change of Heart?", *Mind & Language*, 19(1), pp.70-84.

Peacocke, C., 2004: "Interrelations: Concepts, Knowledge, Reference and Structure", *Mind & Language*, 19(1), pp.85-98.

Fodor, J.A., 2004: "Reply to Commentators", *Mind & Language*, 19, pp.99-112.

一级别。

概念经验主义者对合成性的回应就恰恰体现在第四条原则CE4——语境敏感。福多曾将合成性解释为思想的生成性与系统性，一方面，因为合成的系统可以利用各种规则与表征来产生各种新联结，思想是可生成的；另一方面，拥有一个合成的系统就有能力对表征及其规则的操控用于形成另一个复合。福多反驳原型论的理由在于，如果概念是原型的，那么一些词组是没有原型的，如"宠物鱼""紫苹果""并非一只猫"等；即便一些词拥有原型，它们也无法用成分的原型来解释，属性是突显的。罗宾斯（P. Robbins）指出，福多与勒柏的论证所依赖的统计恰恰违背了合成性①，缓和的途径是要么放弃概念原子论，要么将合成性刻画成一种模态属性——语境敏感。因为福多的版本是语境不敏感的，从LOT的论证看出，接受"梁山伯爱祝英台"的思想，就拥有规则与成分表征，就有能力建构出"祝英台爱梁山伯"的新思想，但调整这样的联结关系并没有排除掉语义背景。像建构"张三吃苹果"思想比起建构"苹果吃张三"就更易让人接受，而福多的理论忽略这类非对称的建构，概念分子论却做到了，语境敏感条件下，我们建构的思想也更合理。

概念经验主义者还可以回应，反驳"宠物鱼""紫苹果"时有可能遭遇这样的悖论：紫苹果不可能是红的，但我们的确知道苹果的原型特征是红的。可在某个相关语境下这又是可行的。再有，心理学家又的确用到许多证据表明突显的特征（如果有的话）是语境敏感，如"红水果"就比"水果"更容易被受试者判断出典型特征②。所以，概念分子与语境相关，更易于容纳合成性。

概念经验主义还可能陷入循环困境，区分出狗与猫时已经知道狗与猫分别是什么了。概念经验主义者的回答也类似于皮考克的现象学分析，知觉经验拥有其神经生理学的基础而不提及对象的范畴。像颜色"红"的识别概念，红色的东西总是能按其红色的属性来区分的，比如，对相近颜色的排序任务的研究表明，知觉控制的系统对知觉范畴的影响是默会的，并且稳定有效③，这并没有循环。还有"三角形"与"三边形"的

① Robbins, P., 2002:"How to blunt the sword of compositionality", *Noûs*, 36(2), pp.313-334.
② Smith, E.E., Osherson, D.N., Rips, L.J., 1988:"Combining prototypes:a selective modification model", *Cognitive Science*, 12, pp.485-527.
Estes, Z., Ward, T.B., 2002:"The emergence of novel attributes in concept modification", *Creativity Reasearch Journal*, 14(2), pp.149-156.
③ 参见 Da Pos, O., Albertazzi, L., 2010:"It is in the nature of the colours", *Seeing and Perceiving*, 23, pp.39-73.

知觉符号可以是不同的。相反，福多的LOT则无法做出此类区分，因为只有一个原子，或许福多只会说"三边形"非对称地依赖于"三角形"。

前面在第四章反思概念先天论时，我们曾分析，用概念原子论支持概念的先天获得是不成立的，反学习论证、经验触发与学习典型的论证皆存在不同程度的漏洞，甚至这些论证根本就不相容，问题归根到底就出在福多一贯坚持的概念原子论立场上。如果概念并非原子式的，并且又与先天论无激烈的冲突，可能是后天可习得的，那就很有可能是分子式的。笔者下面将尝试为概念分子论做出捍卫。

概念分子论与原子论的分歧就理论溯源上讲，都在休谟的"观念"上做文章。这个我们前面已分析了，大体上"观念"等同于"心理表征"MR，再与"概念"画等号，"印象"则等于"知觉表征"。福多认为要把"知觉表征"驱逐出"心理表征"，而普林兹则坚持知觉表征是基础，不能放弃。所以，两人的分歧在于对"心理表征"的理解不同，这跟前面的FOR问题争论也是相近的，心理意象也就是知觉表征，联结的神经单元是低阶认知的操作。所以，概念经验主义图景中的"知觉表征"可以是意象、图式、知觉符号、模态符号等，根据这一假设所建构的概念更是分子结构，而非福多那类原子式的缺乏内部结构的非模态符号。

概念分子承认概念具有内部结构，这涉及控制模型或推论模型，但我们前面的分析并没有看到普林兹的概念是在何种意义上使用的，因为CE的版本吸取了原型理论、范例理论与理论之理论的成果，或有控制的，或有推论的[①]。

普林兹与福多的争论核心牵涉到概念的结构，概念分子论的论证建立在对原子论的反驳基础之上。

论8.5

M1：概念原子论要求概念C表达C性（C-ness）；

M2：即使在因果协变的情况下，也必然是具有C性的实例引起C；

M3：并非具有C性的实例引起C；

O：所以，概念分子论成立。

概念原子论是典型的因果论，概念分子论也是，在前面的分析当中我们已看到这种相似之处，而不同在于通过这类因果达到的目标并不一样。分子论会认为，承认因果就要承认概念分子。具体分析得这样来看，当我们说一个概念表达某个范畴时，因果上就必须满足两个条件：

---

① 参见 Prinz，J.，2004："Sensible ideas：a reply to Sarnecki and Markman and Stilwell"，*Philosophical Psychology*，17(3)，pp.419-430.

（1）规律因果性：一个概念倾向于由范畴成员可靠地激活；

（2）发生学因果性：范畴成员的遭遇在概念获得中起作用。[①]

第一个条件是因果协变的，第二个条件在形上学上移策略中，福多将之修改成共时性的触发模型，概念 C 不是为了分类、推论以及识别，而是为了纯粹表达 C 性，这属于笛卡尔的纯粹唯我的虚构领域（概念笛卡尔主义）。心理学家强调概念在范畴化中起作用，若概念是范畴化的工具，那就不是福多的 LOT 版本。同样，如果概念的学习与发展是历时性的，这就完全符合概念分子论版本。反驳论证的要害在于 M3，因为按照M2，[C性—C] 是一种"一对一"的有序对，但是，要是 [C性—C] 呈现出"多对一"的关系时，那么分子论就是成立的。

一开始，福多的 LOT 对概念 C 并没有约束，C 可以是任意符号，在前面形上学的上移策略中，我们看到福多对 [C—C性] 处理为"一对一"，C 是"表象概念"，对象"门把"与表象概念"门把"之间的关系是一种形而上学的必然关系，外在经验的触发只是个偶然事件，正是对象倾向于触发了我们"门把""红"的概念。他利用形上学结合信息语义学进行这样的规定，概念"门把"使得与属性"成为一个门把"的联系是形上学必然的。所以，C 的激活也应该是必然的，即便出现因果协变的情况下，如某只狼的出现有时会错误地触发"狗"的概念。

第二，因果协变论回应。这个论证在前面第二章关于自然化心理内容时已提到，有论证。

论 8.6

S1：具有 C 性的实例是典型的，相对于 C 性而言，具有 D 性的实例是不典型的。（依形而上学的必然）

S2：概念 C 表征 C 性，概念 D 表征 D 性，C 与 D 有句法差异，还有内容差异。（依 RTM）

T1：区分 C 与 D 要求概念 C 具有必要的内容，D 具有必要的内容，而不只是句法。（依 S2，S3）

S3：具有 C 性的实例能够引起概念（[C性—C]），具有非 C 性的实例 D 引起 C（[D性—C]），[D性—C] 非对称地依赖于 [C性—C]。（依因果协变论）

T2：引起 C 的实例肯定是属于 C 的典型实例，引起 D 的对象也肯定是典型的实例。（依 S3，T1）

---

① 参见 Prinz, J., 2005: "The return of Concept Empiricism", *Handbook of Categorization in Cognitive Science*, Cohem, H., Lefebvre, C. (eds.), Oxford: Elsevier, p.682.

T3：概念有必要内容，相应地也应该有不必要内容。（依C1，C2）

T4：因此，概念是必要内容与不必要内容的复合，概念是有结构的。

可以这样分析，如若"狼"与"狗"共享犬科、犬属中食肉的属性，外表上有四肢细长、颜面部长、耳较大、直立等特征，那究竟哪个才算作是形上学的必然呢？换个问法，哪种典型的特征可算作是狗的属性以使得［"狗"—狗性］的"一对一"关系成为形上学必然呢？我们只知道"狗"这个概念，而并不知道福多所指的"狗性"是什么。或许博物学家可以告诉他狗性包含什么，但是普通人的确只知道狗性中的些许部分，那就是跟"狼"差不多的那类动物。所以，只能承认C性引起C并非必然，因为C性是可分的。换言之，如果福多认为C性不可分，那他必须告诉我们不可分的C所代表的C性是什么，要么是一个类型，要么是一个典型代表例子——范例的典型性特征。前者显然不是，因为福多一直强调MR作为心理殊型的特色。如果是后者，那就有可能是概念的范例理论，显然不是原子论版本。

福多或许会换作"猫"来反驳，毕竟"猫"与"狗"差别这么大。如果是因果协变的话，［猫—"狗"］非对称地依赖于［狗—"狗"］。的确难以想象我们现在将风马牛不相及的东西放在因果关系当中来讨论，只要是一个视觉稍微正常的人都不会把"猫"看作"狗"，除非他只看到一个会动的东西，并猜测这是"狗"。但福多不是说C性引起C吗？猫性怎么引起"狗"，这令人摸不着头脑。所以，只能承认M3，C性引起C并非必然，因为C性是可分的。

福多还可以这样回应，这也是关于因果协变论的第二种反驳意见。

（1）如果狗没有引起"狗"，那么猫也不会引起"狗"；

（2）如果猫没有引起"狗"，那么狗也不会引起狗。

显然前一句为真而后一句为假。这是在何种条件下出现的呢？

还是先考虑第（2）句，猫没有引起"狗"的原因显然就是因为猫看上去不像狗。那么，如果猫看上去不像狗的话，按照因果协变论，即使猫没有引起"狗"，狗仍会引起"狗"，这就出现不一致。

再考虑第（1）句的情况，狗没有引起"狗"会有两种情况：要么（a）狗看上去像狗，但并未引起"狗"；要么（b）狗以前就看上去不像狗（进化成现在狗这个样子）。如果（a）为真，那么狗与猫都没有引起"狗"，第一句为真。但是这造成了第二句也同样为真。如果（b）为真，那就根本不会影响猫与"狗"之间的联系，造成第一句为假。

此处重复前面的分析是要指出，我们无法共同保证两个句子的融贯分析。除非我们做出一定让步，即容纳（1）、（2）所映射的客观情况都为真。因为福多独断地规定了因果协变的主链条是［狗—"狗"］，副链条是［猫—"狗"］，我们或许可以打破这样的主次之分，狗有可能（并非必然）触发"狗"的概念产生，猫的出现也有可能触发"狗"的概念产生。合理解释可诉诸心理范畴被错误分类的问题，很有可能猫的标记"猫"是被错误划分到"狗"了。这种情况下就是范畴化问题，一个标记被范畴的实例所激活，仅当我们拥有允许我们识别这些实例的机制，做出分类。"狗"被狗的实例所激活，仅当我们有可用的资源来识别出[1]。

如果福多承认这种资源是必要的话，那么实质上我们就是以概念内的内容来识别，也就是可以区分出典型与非典型的。后来福多也不得不退让，这种典型的学习是概念获得的前一个阶段，而不能等同于"概念"本身[2]。这样说来，概念应该具有结构，这已近乎分子论的观点。

第三，文件论证。该论证最早见于马格利斯的学习模型，以及普林兹曾提出"心理文件"（mental file）的隐喻，可反驳概念的因果论与原子论的结合的简单论证。假设概念是较大的心理文件的标记，那么，允许我们表征的应该是文件的内容，而非文件的标记。鉴于分析简略，为捍卫 CE 的立场，笔者试图将之拓展为"文件论证"（the argument of file）进行分析。

例：十几年前我初学计算机时，发现我的电脑安装了微软自带的 windows "IE 浏览器"（Internet Explorer），并显示为桌面图标"iexplore"（图标1），有时不小心操作点出复制便出现"iexplore-快捷方式"（图标2）。同学告诉我说这个图标是主程序于桌面显示的快捷方式，两个是一样的。当我要使用该程序上网时，便可双击该图标1或2，都可运行上网功能的操作。后来我发现电脑的 C 盘里面有个文件夹 "C：\Program Files\Internet Explorer"，里面也有个符号是"Internet Explorer"（图标3），双击点开，还是可以上网。所以图标1、2与3都指向同一个 IE 浏览器程序。有一天我认为图标3多余就把它给删了，结果点击图标1或2，得到的提示是：程序出错。同学告诉我真相：图标1与图标2都是桌面快捷方式，它们只是一个标记罢了，你可以删掉它们，或者复制它们，都没有问题。主程序是放在路径 "C：\Program Files\Internet Explorer" 的文件夹

---

① 参见 Murphy, G., 2002：*The Big Book of Concepts*，Cambridge，MA：MIT Press.

② 参见 Fodor, J. A., 2008：*LOT2：The Language of Thought Revisited*，New York：Oxford University Press，Chap.5.

内的。你可以点击鼠标右键的"查找目标所在文件夹"回到主程序，还可以利用"开始"的程序找到这个IE图标，显示的是"Internet Explorer"，也可以实现上网操作。总之，"Internet Explorer"这个文件里有至少30多个数据，只有一个"Internet Explorer.exe"的执行程序才是能成功实现上网操作的那个主程序。查找"C：\Program Files\Internet Explorer\Internet Explorer.exe"所在目标，的确是"Internet Explorer.exe"。我恍然大悟，例毕。

图标1　　　　　　　图标2　　　　　　　　　　图标3

图8-6　IE浏览器的多个图标

现在假设，一个概念是作为一个大的"心理文件"储存于我们的大脑当中。"IE浏览器"就是那个概念C，即"Internet Explorer"文件，这个程序文件规定了它是要用来登录因特网的。图标1与2是任意的标记，那么，能够实现上网功能的是图标3，也就是通过路径"C：\Program Files\Internet Explorer"查找到的整个文件"Internet Explorer"具备了所要求的属性——C性，我们可视为形而上学的必然，概念C规定了C性。现在，按照福多的说法，图标的名字是任意的符号，即可以修改快捷方式的名字，如"ERT""MJHGIE"或"乱七八糟"，符号的任意修改无碍实现上网操作。点击图标视为因果作用的发生，从图标1到IE浏览器是因果触发的，从图标2到IE浏览器则是非对称依赖的。同时，福多还承诺，所有的心理文件内的资源都是内在的、必要的、内外同一的原子结构，只要C性在即可。换言之，文件里面的内容是无关紧要的，最关键的是，IE的程序能够起作用，这就符合福多的理论。

但是，现在的问题是"Internet Explorer.exe"的主程序并不能删除，这是必要的，即文件的内容不能减少。我们通过图标"IE浏览器"或图标1或2真正起作用的应该是属于文件的内容，即主要应用程序"Internet Explorer.exe"，而非整个文件"Internet Explorer"，尽管文件内所有的其他数据又缺一不可，因为删除某一个会损坏程序。当然，添加任意一个的文件是允许的，文件名也可以更改，但是文件内的程序名不能更改，这是必要条件，否则通过点击桌面图标运行程序时会出现无法启动的状况。

以上说明，如果将通过路径来查找所在程序的位置视为因果触发机制的话，那么，福多的原子论与因果论并不相容。因为一旦采纳因果论，我们就要求具有检测范畴实例的机制，那么概念就不是原子。如：从桌面快捷方式图标"iexplore'与C盘中"Internet Explorer"文件，并且与路径"C：\Program Files\Internet Explorer"保持一致。文件内的各个子程序或数据都可以帮助我们表征该概念"IE浏览器"，只要路径保持一致，即可靠的因果链，那么，我们就可以识别出该概念。如此一来概念则可以具有结构。

或许概念原子论可以这样回应，以上案例并不恰当，因为原子论所要求的是主要应用程序"Internet Explorer.exe"，而非整个文件"Internet Explorer"，例子已预设文件具有可分的结构。但是，概念分子论可以反驳：单独依靠主程序是不足以确保程序运行的。一方面，主要应用程序"Internet Explorer.exe"不可以更改，这不符合LOT的随意性。另一方面，将文件"Internet Explorer"内删除掉一部分，主程序也是无法顺利运行的，这也不符合原子概念的典型性特征。

概念原子论甚至还可以说，文件本来就是可分的，概念原子不可分。因为不可分的原则指的是概念的内外保持一致，即概念与外在属性相一致。至于概念里面有什么东西，或者没有什么东西，这与［C—C性］关系的一致或稳定是毫无关系的，只要整个概念能够表征，符合因果机制就是可行的。但是，概念分子论也可质疑［C—C性］关系是依靠何种机制维持？①一开始，福多界定为功能上的关系②，但识别出一头牛可以通过看到、听到牛的电子光束或投影，这些间接方式依赖于某种心理机制，同样是［C—C性］。如此一来，［C—C性］的关系可以是多重的，那么还是"一对一"的关系吗？也就是说，如果［C—C性］的关系是纯功能的，那么就需要一种心理的持续机制来维持［C—C性］，这个机制或者是范畴化，或者能够转化为学习机制，所以概念并非原子。

① 参见 Margolis, E., 1998："How to acquire a concept", *Mind and Language*, 13, pp.347-369. Jylkkä, J., 2009："Why Focor's theory of concept fail", *Mind & Machines*, 19, pp.25-46.

② 参见 Fodor, J.A., 1990：*Theory of Content and Other Essays*, Cambridge, MA：MIT Press, p.56.

后来福多做出调整，［C—C性］的关系是形而上学的必然，C是"表象概念"，而C性也是心灵依赖的。但是这样一来，"C性"依赖于心灵没有任何道理，而且形上学的C却无法区分出非C的东西。一只典型的"有角的""有毛的""有尾巴"的牛，与一只同样典型的"有角的""有毛的""有尾巴"的羊都有可能因果地触发了"牛"或"羊"的概念，这显然成了"多对多"的关系，已经没有什么形而上的必然机制了，所以福多还需要解释C与非C之间区分的典型性学习问题。一旦承认典型性学习，概念分子就成立。

　　假如以上"文件论证"是可行的话，那么，福多的原子论与因果论就无法兼容。接下来唯有二者取其一，当然，后者的价值更高。通过因果机制，概念可以是复杂的文件或者数据库，它可以允许我们进行表征。构成"狗"的特征告诉我们狗是什么样的，它们的行为倾向是什么，提供给人与外在事物互动的成分又是什么，这些特征使得我们可以通过可靠的因果去表征狗，但又允许我们去识别狗，以及与狗互动。

　　第四，前概念表征论证。福多与普林兹都谈论到前概念表征（pre-conceptual representation）问题①，两人虽然都认为要将非概念内容澄清为前概念表征，但二人立场并不一致。这与前面FOR问题的分歧是相似的，如果前概念的图像表征或者典型特征是非概念化的，那它们就不可能个体化；前概念表征并没有表达出识别对象所需要的适合知觉推论的属性。

　　表征一个可知觉的属性往往是必要的，但并不充分。如果知觉的特征与不可知觉的特征之间有原则性的区分，这很有可能取决于我们的知觉输入系统。知觉表征与概念的区分不是分离出特许的语义属性，而是区分出感觉或运动的系统与其他认知系统。这就回到普林兹的模态特定性假设上，概念潜藏于特定知觉系统中的表征编码内，这样的编码是多种格式的。首先，经验上知道的知觉心理学模型假设了感道特有的符号。其次，感觉系统在解剖上是独立分开的，它们区分为执行任务的不同方面的不同子系统，这些子系统都以专门化的方式运作，如果所有的子系统都用相同的编码，那么我们可能不会预期系统之间或系统内部的解剖分划。然后，不同的感觉系统有不同的现象学，如对杯子的触觉体验不

　　① 参见 Fodor, J. A., 2008: *LOT 2: The Language of Thought Revisited*, New York: Oxford University Press., Chap.6.
　　Prinz, J., 2002: *Furnishing the Mind: Concepts and Their Perceptual Basis*, Cambridge, MA: MIT Press, pp.112.

同于对杯子的视觉感觉。最后，假设一个系统使用单一格式编码的主要理由还在于不同系统间可以交流。一个不恰当的比喻是，如果整个世界都有通用语那是最理想的状态，但现实也是残酷的，幸亏不同语言之间存在可翻译、可映射的关系，所以，即使通用编码有很好的优势，我们也很难去推测知觉系统就只有一种通用编码①。或许反对者会说通用编码的成本低，效率高，但经验论者也可以回应说，通用编码的效率高并不意味着系统处理的效率高，或许多重编码相对于多个知觉系统而言更会提高效率。言外之意，不否认通用编码格式，但增加多模态的编码格式。有项PET研究的结果显示了显著的功能重组，称为皮质可塑性②。被试分先天盲人与视觉正常的人两组，条件一要求在布满小点的粗糙表面上来回移动手指，条件二做触觉分辨任务，然后测试视皮质的血流与扫描时被试保持手静止的静息条件相比较。测试结果显示，第一个条件下无差别；第二个条件下，视力正常的被试，在触觉分辨任务中，初级视皮质的激活显著下降，而盲人则反倒激活增加。神经科学家已发现视皮质是由许多不同的区域所组成，如V4区负责对颜色信息敏感，V5区的细胞对运动信息敏感。此项研究一个可靠的假设是，外周失明后皮质间的联系有了广泛的重组。有可能通过源自多通道联合皮质区的向后投射，使得丧失感觉的视皮质被接管。这个研究暗示，敏感性的增加是因为更多的皮质组织被用来表征非视觉信息③。这个知觉重组的例子表明，大脑的感觉系统的子系统之间是互动的，而不同编码格式之间可能相互翻译。

回到福多关于前概念表征的思路是④：

初始状态—P1—典型形成—P2—锁定（获得概念）

就初始状态而言，概念经验主义与笛卡尔主义是一致的，区别是在后面，福多细分了两个层面：P1—心理学层面（亚意向性的），从初始状态学习某一概念的典型（还不是概念）；P2—神经生理学层面（亚计算的），神经生理学过程接管并从典型中产生概念。我们前面的反思质疑了这种说法的不融贯之处。这里再强调一下，同样也是福多的观点，针对

---

① 参见 Prinz, J., 2004: "Sensible ideas: a reply to Sarnecki and Markman and Stilwell", *Philosophical Psychology*, 17(3), pp.429-430.

② 参见 Sadato, N., Pascual-Leone, A., Grafman, J., Ibanez, V., Deiber, M.P., Dold, G.et al., 1996: "Activation of the primary visual cortex by Braille reading in blind subjects", *Nature*, 380, pp.526-528.

③ 参见 Gazzaniga, M.S., Ivry, R.B., Mangun, G.:《认知神经科学——关于心智的生物学》，北京，中国轻工业出版社。周晓林、高定国等译，2011，第174页。

④ Fodor, J.A., 2008: *LOT 2: The Language of Thought Revisited*, New York: Oxford University Press, pp.150.

P1的心理学解释是，统计归纳学习，P1可以是概念获得的一个阶段，他特别在一个脚注中解释，至少有证据显示儿童在概念获得的相当前一段时期是会形成典型的，这类判断是范例理论。针对P2，福多并没有解释更多神经学的东西。不过这对概念分子的论证已经足够，承认典型就承认概念具有结构。这正是概念经验论所需要的东西。

然而我们还要分析，福多现在的立场是什么？他一直捍卫概念化表征才是心理表征，非概念化表征虽然存在，但并非属于心理表征①。这又近似于皮考克等人在概念能力上的表述。福多对此澄清不同进路的差别：信念辩护与概念内容，先验论证与自然化进路，规范的与描述的。知觉信念的因果固化是无意识的，因而无法通达到主体。"概念笛卡尔主义"的一个教条是，概念的描述性条件优先于规范性条件，因而概念的获得需要前概念表征的描述为奠基。概念经验主义的知觉符号是无意识的神经表征，所以应该无法通达到主体。

现在经验主义者的一个立场是：既然前概念表征是可刻画的，那它也应该是概念表征的一个部分，不管主体有没有意识到。也就是说，既然承认前概念的存在，就应该赋予它一定的位置，不管是可描述的还是自然的，而非欲拒还迎。

福多还是坚持一贯的独断立场：如果前概念表征是合成性的，那么"图像原则"（Picture Principle）就会成立："如果P是X的图像，那么P的部分也就是X的部分的图像。"②一个语句可以分解成各个部分，但实际上图像却不行，分解之后是无意义的，所以前概念表征无合成性。福多的很多讨论都直接攻击图像表征。然而，承认信息内容是非概念的，并不意味着它就是图像的；另外，按照概念经验论，知觉符号是不完全表征，符合图像原则。论证的要害还是合成性问题，心理语言具有合成语义，而心理意象却没有。换言之，概念经验主义必须提供一个关于模态符号合成及其原则的解释，如果是粗糙的因果联结，那整个表征系统就太弱，如果是非知觉的联结，那就会与知觉符号系统不相容③。这个问

---

① 参见 Fodor, J.A., 2007: "The revenge of the given", *Contemporary Debates in Philosophy of Mind*, McLaughlin, B.P., Cohen, J.(eds.), MA: Blackwell Publishing, pp.105-116.
Fodor, J.A., 2008: *LOT 2: The Language of Thought Revisited*, New York: Oxford University Press, pp.191.

② 参见 Fodor, J.A., 2008: *LOT 2: The Language of Thought Revisited*, New York: Oxford University Press, p.173.

③ 参见 Sarnecki, J., 2004: "The multimedia mind: an analysis of Prinz on concpets", *Philosophical Psychology*, 17(3), pp.403-418.

题在一开始就分析了，不同格式的多模态的符号是在感觉运动区进行整合的，这个形成知觉符号的过程是神经表征。至于如何整合，如果概念是心理文件或数据库的话，那么，数据库内部的数据之间有捆绑是可以肯定的①。这类捆绑可以是只针对知觉的操作，前面第五章在处理福多与勒柏的合成性指责时我们已提到这类想法。如果概念是语境敏感的话，那么数据库内的图式可以有组合的与递归的过程，这样就可以架构无限的知觉符号②，这项工作就完全由模拟器承担。

经过前面的分析，如果概念经验主义在面对概念唯理论的反驳时依旧站得住脚的话，那么概念经验主义关于概念分子的假设就可成立。

如果简单地按照普林兹的说法，概念经验论具备以上四条原则，那直观上作为其对手的福多的立场应该是：

论8.7

（1）（原子）概念是先天的；

（2）（原子）概念不可学习；

（3）（原子）概念是纯因果指称的；

（4）（原子）概念在语境上无变化。

作为因果论语义学的代表人物，福多在因果指称上与概念经验主义者并无差别，所以争议还是在三个方面，而概念的可习得性是由第一个观点所蕴含的。如果概念是先天的，必须就蕴含着概念不可习得；如果概念是知觉得来的，那它就是可习得的。

福多在何种意义上意志坚定地自称为，或者被称为概念笛卡尔主义者呢？福多不像皮考克那样从知识论辩护的角度来思考问题，或者说福多的立场更倾向于认知科学，思考的是心理学的解释问题。概念实用主义只区分了表征的内容与状态，福多试图通过纯指称论来提出自己的主张时，利用LOT2反驳实用主义企图取得解释的优先权，他自始至终都只关注心理状态问题，而并非概念的本质问题或MOP问题。在这个意义上，福多所谓的概念笛卡尔主义的最大动机就是——即使是概念，也是为了表征。质疑一方则抓住概念能否表征的观点，然而，这与概念是什么、概念具有什么角色的问题是中立的，回到弗雷格的MOP问题也一样是中立的。

---

① 参见 Prinz, J., 2004: "Sensible ideas: a reply to Sarnecki and Markman and Stilwell", *Philosophical Psychology*, 17(3), pp.429-430.

② 参见 Barsalou, L.W., 1999: "Perceptual Symbol Systems", *Behavioral & Brain Sciences*, 22, pp.592.

如果上述解读是准确的话，可以断定福多对实用主义的批判并没有预期那么严重，福多真正的对手应该是反表征主义者，而非直接攻击概念经验主义；那么概念经验主义的对手也应该是反表征主义者。在MOP问题上，我们会发现，标榜概念笛卡尔主义的福多始终谈论LOT作为思想载体问题，而概念经验主义者同样围绕MOP，提出不同于LOT的概念分子版本，承诺这样的理论图景意味着默认这个概念的角色在于心理表征，并在行动的决策中起因果作用。对于呈现模式问题的回答，在这个层面上已深化到概念问题的研究上来。

如果概念实用主义是反表征的话（因为他们是能力观，而非表征观），概念笛卡尔主义与概念经验主义将何以应对？这个任务在反思概念实用主义时已将近解决，这里再强调一下。福多直接拒斥这样的能力观，在整体论下缺乏合成性，陷入循环，但如果能力可以容纳于表征的理论内是不错的选择。福多默认"能力"为表征系统的系统性，而这种能力到了概念经验主义则被刻画为这类模拟："等于是，如果经验到表征的东西时，进入某人所处的知觉状态……"①这类刻画更像是心理学中知觉模糊性的表现形式，在知觉经验中，大脑的联结区域由感觉运动区的自下而上那类激活中获取。后来，以自上而下的方式，联结区部分地重新激活感觉运动区以完成知觉符号。知觉符号的存储与再激活在知觉成分的层面上操作。就此而论，我们可以在理论上倾向于概念经验主义。

接下来，概念笛卡尔主义与经验主义对概念本质的回答，哪个可以算作对MOP的恰当填充，原子式的还是分子式的？这个任务的实质就是概念经验主义与笛卡尔主义的争论，一场关于心理载体的争论，关于我们怎样思想，怎样在心理上固化世界的机制。如此的分歧便是围绕着概念依托于心理状态及其内容的分歧而展开。

五、概念消除主义

（一）批评

概念消除主义主要有两位代表人物，马切里（Machery，2009）与米利肯（Millikan，2017）。

---

① Prinz, J., 2002: *Furnishing the Mind: Concepts and Their Perceptual Basis*, Cambridge, MA: MIT Press, p.150.

马切里提出，目前的概念理论——原型理论、范例理论、理论理论和概念经验主义的理论——不能解释所有已知的现象，关于概念是什么，人们也几乎没有达成一致。概念本身并不能构成科学意义上的自然类，但在其下一层的范畴上，如原型、范例和理论却构成三个彼此异质的自然类，为了补救当前概念心理学的混乱状态，认知科学应该基于实用主义的理由用"原型""范例"和"理论"这三种基本概念类型的名称代替"概念"，并把"概念"从认知科学理论术语中消除。为了确定C在某一特定科学的词汇中是否有合法的地位，或者它是否应该被淘汰，人们应该检查使用C是否有助于实现这门科学的目标。

将米利肯归为"概念消除主义者"或许有些苛刻，毕竟她并没有自称为"概念消除主义者"，但她"否认存在概念本身，提出了殊念"。[1]按此推论，她与马切里一样力图消除"概念"。她在《超越概念：殊念，语言与自然信息》（2017）一书中提出"殊念"（unicpet）与"殊踪"（unitracker）。所谓殊念，"通过与其他神经元或行为控制者的联系来帮助储存事实性或程序性知识的神经节点。每个殊念都有自己的殊踪"。而"殊踪"是"神经网络，其功能是识别到达与某一特定事物有关的感觉表面的信息，并通过其专有的概念将其呈现以供使用或存储"。[2]她考虑的是，高等物种的认知面临的最根本的挑战是，当相同的信号意味着不同的事物时，通过将那些到达感官的东西的不同信号识别为不同的方法，有机体能够将各种相同的远端事物识别为相同，要是没有这种能力，无论是事实知识还是提供的知识，都无法收集。殊踪被认为是有机体认知系统的组成部分。它们的工作是学习如何通过感官输入的巨大混乱来重新识别单个物体、单个属性和真实种类，收集和存储每个事物的知识。这也就是要解决输入的鲁棒性问题，一个殊念和它的殊踪的特殊在于，不能被共享，不同的人有单独的东西，直接对应于它们的指称。在这个意义上，"概念"是没有作用的，可以取消。

（二）辩护

两类消除主义对概念经验主义并非致命性的，一方面，概念经验主义的真正对手是概念笛卡尔主义，我们前面已做详细回应；另一方面，

---

① 周靖：《概念空间和自然空间的分裂与勾连》，《分析哲学专题教程》，费多益编，北京，中国人民大学出版社，2020，第100页。

② Millikan, R. G., 2017: *Beyond Concepts: Unicepts, Language, and Natural Information*, Oxford: Oxford University Press, p.225.

概念消除主义的对手包含了概念经验主义与概念笛卡尔主义。其实，概念消除主义都是实用主义用法，按理说概念笛卡尔主义者对消除主义甚至概念经验主义不满。米利肯与马切里的观点并不相同，此处可做简单回应。

回应米利肯的一个答案是，因为鲁棒性在前面讨论谢伊（Shea，2016）的任务功能时已看到另外可选的解决方案，而不用消除概念如此极端。另一个回答可以是，殊念至少是另一种表征，因为作为心理表征的概念也可以是殊型而存在，并且能够解释错误表征问题，所以没有必要消除。关于米利肯的理论，还可以深入挖掘，不过并非这里该回应的重点。

针对马切里的消除主义，我们可以回应的是论证不充分。①马切里消除"概念"的动机在于，概念本身并不具有科学意义上的自然类地位，如果继续保留概念的说法，将会持续阻碍认知科学的发展。首先，概念的基本类型应该包括原型、范例和定义，它们共同构成同一范畴的同一概念（而非单独构成同一范畴的不同概念），并根据不同的语境分别被提出使用（而非被默认使用），这些基本概念类型的不同认知过程共同支撑同一种认知能力（而非单独支撑同一种认知能力）。其次，发展心理学研究已经表明不同概念类型的形成存在相互联系，因此概念很可能构成心理学意义上的自然类。即使只能构成心理学意义上的功能类，概念也应该得以继续保留，至少马切里基于概念非自然类假设而消去"概念"的论证还有所欠缺。同一范畴的不同知识体之间彼此联系与协调，它们共同构成该范畴同一概念的不同组成部分，而不是构成该范畴的不同概念，即同一范畴只拥有一个概念，而不是多个彼此独立的不同概念。最后，认知科学在使用概念的基本类型进行科学研究已经取得相当多的成果，并没有出现"阻碍"的一家之言。如果消除"概念"，那么就推翻了原有的实验结果，而非用实验证据来推翻，这未免过于极端。

---

① 参见向必灯、李平：《概念的异质性学说剖析》，《自然辩证法通讯》2018年第4期，第26-33页。

黄子瑶、徐嘉玮：《概念消去论及其彻底解决》，《自然辩证法通讯》2022年第10期，第36-42页。

向必灯：《概念的基本类型及其自然类地位：概念异质性假说的剖析》，广州，华南理工大学出版社，2022。

六、结语：概念，经验主义与表征

是时候总结了！"天地不不全，经文残缺也应不全之理，非人力所能为也！"[1]自然主义的自然并非完整，遵循自然的语言、概念同样并非完整。经验主义尽管有缺陷，也并非该理论的致命伤，"新三年，旧三年，缝缝补补再三年"。

关于概念及其表征问题的研究，一方面我们追溯到著名的弗雷格案例，该案例引发的讨论是共指称的两个概念如何进行替换；另一方面则是呈现模式问题，该问题提出要找到能够确定指称，能使命题态度有效，还能够解释错误信念，通过替换测试的呈现模式，这两个问题都集中反映出概念表征问题的重要性。在当代心灵、语言与实在的语义三角中，"概念"往往处于中心位置。我们讨论的是概念、经验主义与表征问题，我们的立场是概念经验主义。最后有必要再澄清一下，概念经验主义是关于心理表征本质的论题，是关于表征格式的论题。这里，概念经验主义不同于知识论的经验主义，不提及辩护条件，不论证知识必须顽固地植根于感觉经验。概念经验主义也非语义经验主义，并不主张意义要还原到知觉的确证条件。概念经验主义反对的是极端先天论，会接受最少数量的先天概念库存。

关于概念表征以及操控，我们以概念经验主义的倾向性立场做出回应，概念很可能具有分子结构，并通过探测器的配备而具有意向性内容与认知内容，并实现信念导向机制的状态操控。

回到MOP作为心理表征MR的问题，现在也可以再做结论性的探讨。MR也常常用于常识心理学的讨论，我们时不时会处于某种信念或欲望状态中，也能够形成知觉的意象，如此状态具有某种意向性特征而指称外部世界。福多将意向性赋予了表征系统，我们批判其概念原子的表征格式导致先天承诺。由此，本书将概念经验主义与笛卡尔主义的争论重新定位在"表征格式"问题，利用上行的哲学论证与下行的神经科学的经验证据相结合的方式，为概念分子论做出捍卫。概念应该采用知觉运动形式，这是分子式的、多格式的表征，并结合认知科学的空间表征研究，提出一种新颖的概念操控机制。总体而言，概念经验主义CE展示了这样的图景：

---

[1] 出自连续剧《西游记》第二十五集，原文出自第九十九回："盖天地不全，这经原是全全的，今沾破了，乃是应不全之奥妙也，岂人力所能与耶！"

在本体论上，概念C是心理表征。

概念C是自然的；并且C可以用自然的方法加以解释。

C的先天概念库存承诺最少的数量。

概念C是基于知觉表征的。

概念C是通过学习获得的。

概念C通过可靠的因果关系表征世界上的范畴；x*表征P，仅当，x*有规律地与P协变，并且一个P曾是x*的初始原因。

概念C在语境上可变化。

C是概念分子，由一对概念标记x与y可以按共享其意向性内容或按共享其认知内容来识别；意向性内容x，表征遵从专家界定的本质属性P；认知内容y在一种意义上是窄的，可以表征x与被探测者P之间的初始原因关系；认知内容y在另一种意义上是宽的，内容信息可以不断地修改重塑；且x例示y，x指称P。

对于MOP问题，我们遵循的思路是将MOP作为语义属性还原为意向性属性MR，再将之自然化。通过CE8的分析，MOP就是一个包含了x与y的MR，一个概念分子。与其他自然化内容理论不同，概念经验主义认为，概念仅靠概念的意向性内容来个体化是不充分的，还需要表征的认知内容。在前面讨论概念理论时，我们曾对各理论进行了分析。经典定义观提出了概念的充分必要条件，问题过多；原型理论与范例理论都是基于相似性的推理，但相似性并非指称的充要条件，并且与理论之理论一同强调范畴化机制；原子论取消了概念的结构，容纳公共性与合成性，概念的信息内容很好地解释了意向性内容，但牺牲了范畴化机制。因为具结构的特征能够说明范畴化与相似性，放弃这类心理学普遍适用的解释机制代价太大，所以，基于多重表征格式提出的概念分子就必须要将概念的信息成分与分子式的结构相结合。

经过细细推敲，我们又可以发现，在宽的意义上将知觉表征y纳入表征的考察是可行的。y内容依赖于意向性内容与对象的因果协变关系，可依赖于不同的语境而变化，并且在变化时，可以使得y在较大程度上与x相符，这是一个动态平衡的学习机制。

关于概念的主题丰富多彩，它涉及本体论、知识论、语言、心灵与认知哲学、科学哲学等诸多论题，尤其呈现了哲学与认知科学之间的交叉融合。希望经验主义视野下的考察不会过于粗糙而令人失望，基于以上的论证，我们没理由去怀疑经验主义的概念表征图景，目前看来，大有可为，我们理应有所作为！

参考文献

[1]A.J.艾耶尔.语言、真理与逻辑[M].伊大贻,译.上海:上海译文出版社,2006.

[2]C.皮考克.为非概念内容辩护[J].田平,译.世界哲学,2002(3):8-14.

[3]E.哈钦斯.荒野中的认知[M].于小涵,严密,译.杭州:浙江大学出版社,2010.

[4]F.瓦雷拉,E.汤普森,E.罗施.具身心智:认知科学和人类经验[M].李恒威,李恒熙,王球,于霞,译.杭州:浙江大学出版社,2010.

[5]Gazzaniga M S, Ivry R B, Mangun G.认知神经科学——关于心智的生物学[M].周晓林,高定国,等译.北京:中国轻工业出版社,2011.

[6]H.赖钦巴哈.科学哲学的兴起[M].伯尼,译.北京:商务印书馆,1983.

[7]J.J.卡茨.意义的形而上学[M].苏德超,张离海,译.上海:上海译文出版社,2010.

[8]J.麦克道威尔.答复[J].田平,译.世界哲学,2002(3):14-21.

[9]J.麦克道威尔.心灵和世界[M].刘叶涛,译.北京:中国人民大学出版社,2006.

[10]P.萨伽德.认知科学导论[M].朱菁,译.合肥:中国科学技术大学出版社,1999.

[11]R.M.哈尼什.心智、大脑与计算机:认知科学创立史导论[M].王淼,李鹏鑫,译.杭州:浙江大学出版社,2010.

[12]W.V.O.蒯因.蒯因著作集:第4卷[G].涂纪亮,陈波,编.北京:中国人民大学出版社,2007.

[13]爱因斯坦.爱因斯坦文集:第二卷[G].范岱年,赵中立,许良英编译.北京:商务印书馆,2010.

[14]柏拉图.柏拉图全集:普罗泰戈拉篇、美诺篇、欧绪德谟篇[M].增订版4.王晓朝,译.北京:人民出版社,2017.

[15]柏拉图.游叙弗伦[M].顾丽玲,编译.上海:华东师范大学出版社,2009.

[16]保罗·M.丘奇兰德.科学实在论与心灵的可塑性[M].张燕京,译.北京:中国人民大学出版社,2008.

[17]北京大学哲学系,外国哲学史教研室.西方哲学原著选读[G].北京:商务印书馆,1982/2003.

[18]贝内特,哈克.神经科学的哲学基础[M].张立,等译.杭州:浙江大学出版社,2008.

[19]伯特兰·罗素.西方哲学史[M].何兆武,李约瑟,译.北京:商务印书馆,1964.

[20]查尔斯·S.皮尔士.如何形成清晰的观点[M].韩露,译.成都:天地出版社,2019.

[21]陈波,韩林.逻辑与语言——分析哲学经典文选[G].北京:东方出版社,2005.

[22]陈跃瀚.福多的思想语言假设与反学习论证[J].世界哲学,2016(6):95-101,158.

[23]陈跃瀚.概念先天论[J].科学技术哲学研究,2013(4):29-34.

[24]陈跃瀚.关于概念的几种理论[J].新东方,2017(1):10-14.

[25]陈跃瀚.论概念的起源[J].自然辩证法研究,2016(9):9-14.

[26]陈跃瀚.心灵,表征,计算——《计算与认知》解读[J].中山大学研究生学刊(社会科学版),2008,29(3):41-49.

[27]陈跃瀚.哲学与认知科学中的表征论题[DB/OL]."分析哲学:中国与世界"国际研讨会暨第七届全国分析哲学研讨会论文集(2011-10-28)[2023.10.30]. https://kns. cnki. net/kcms2/article/abstract? v=SQNd6s98mAwWipA0lUCwjORUx8tZpVv5gP8mvxXsV9QTl-XjIXeKObmlLK67bmi1bBLkUDsEoWWNd8FjB5VlGh_c6K6a2Teiyn0cLy9DAhWsCZDZEof0VKzdSDnlw-PKf2XKrdYIhFXhk-snBg_iq9WbiK1qloZfq39zTGaReoo=&uniplatform=NZKPT.

[28]陈跃瀚.自然化心理内容[J].哲学动态,2010(3):79-83.

[29]程炼.意向性:或如何将之安置在自然界[C]//哲学门,2010,18:229-249.

[30]达米特.分析哲学的起源[M].王路,译.上海:上海译文出版社,2005.

[31]达米特.弗雷格——语言哲学[M].黄敏,译.北京:商务印书馆,2017.

[32]丹尼尔·丹尼特.直觉泵和其他思考工具[M].冯文婧,傅金岳,徐

韬,译.杭州:浙江教育出版社,2018.

[33]笛卡尔.第一哲学沉思录[M].庞景仁,译.北京:商务印书馆,2010.

[34]蒂姆·克兰.机械的心灵:心灵、机器与心理表征哲学导论[M].杨洋,等译.北京:商务印书馆,2021.

[35]杜威.我们如何思维[M].伍中友,译.北京:新华出版社,2015.

[36]恩斯特·马赫.力学及其发展的批判历史概论[M].李醒民,译.北京:商务印书馆,2014.

[37]费多益,编.分析哲学专题教程[G].北京:中国人民大学出版社,2020.

[38]弗雷格.弗雷格哲学论著选辑[G].王路,译.北京:商务印书馆,2006.

[39]福多.心理模块性[M].李丽,译.上海:华东师范大学出版社,2002.

[40]高新民,储昭华.心灵哲学[G].北京:商务印书馆,2002.

[41]高新民,刘占锋.意向性·意义·内容——当代西方心灵哲学围绕心理内容的争论及其思考[J].哲学研究,2003(2):86-91.

[42]格特勒.自我知识[M].徐竹,译.北京:华夏出版社,2013.

[43]何睿,朱菁.认知冲突协调问题与心智的架构[J].逻辑学研究,2015(2):98-113.

[44]洪谦.论逻辑经验主义[M].北京:商务印书馆,1999.

[45]黄敏.分析哲学导论[M].修订版.北京:商务印书馆,2021.

[46]黄敏.分析哲学导论[M].广州:中山大学出版社,2009.

[47]黄敏.知识之错[M].上海:华东师范大学出版社,2014.

[48]吉尔伯特·赖尔.心的概念[M].徐大建,译.北京:商务印书馆,1992/2010.

[49]加斯顿·多伦.人类语言的故事[M].闾佳,译.上海:文汇出版社,2021.

[50]江怡.分析哲学教程[M].北京:北京大学出版社,2009.

[51]杰瑞·艾伦·福多.心理语义学:心灵哲学中的意义问题[M].宋荣,宋琴,周慧君,译.北京:商务印书馆,2019.

[52]卡尔·波普尔.科学发现的逻辑[M].查汝强,邱仁宗,万木春,译.杭州:中国美术学院出版社,2007.

[53]卡尔纳普.语言的逻辑句法[M].夏年喜,梅剑华,译.北京:商务

印书馆,2022.

[54]康德.康德著作全集:第3卷·纯粹理性批判[G].第2版.李秋零,编.北京:中国人民大学出版社,2010.

[55]康德.康德著作全集:第4卷·纯粹理性批判[G].第1版.李秋零,编.北京:中国人民大学出版社,2010.

[56]科里·祖尔,埃里克·卢米斯.分析性[M].徐韬,译.北京:华夏出版社,2016.

[57]莱布尼茨.人类理智新论[M].陈修斋,译.北京:商务印书馆,1982.

[58]李平,陈向.科学和推理的认知研究[G].南昌:江西人民出版社,2004.

[59]李平,陈向,张志林,张华夏.科学·认知·意识:哲学与认知科学国际研讨会文集[C].南昌:江西人民出版社,2004.

[60]李平.基础主义的失败与自然主义的兴起[J].哲学研究,1994(12):57-64.

[61]李平.科学推理的自然化[J].哲学研究,1998(4):71-79.

[62]理查德·德威特.世界观:科学史与科学哲学导论[M].李跃乾,张新,译.北京:电子工业出版社,2014.

[63]列夫·维果茨基.思维与语言[M].李维,译.北京:北京大学出版社,2010.

[64]刘晓力.表征与行动[DB/OL].“分析哲学:中国与世界”国际研讨会暨第七届全国分析哲学研讨会论文集(2011-10-28)[2023.10.30].https://kns. cnki. net/kcms2/article/abstract? v=SQNd6s98m Awuups1tzsWYK 5VCiIOnyzBQYG5 _ oDhesguoOWRM_Mr6W2zczaOBUdy7YAmT6P2OL4VJvf DGPlT_iqEJKCqripBwDT6nEuHuV8OZqPe5PUo8Kpk7KWDsmXYeJM8euqm kCaEz-TRhDxw789uOjMVrr4yQSO0R6cLF84=&uniplatform=NZKPT.

[65]刘晓力.进化—涉身认知框架下的“作为行动指南的表征理论”[J].哲学研究,2010(11):68-75.

[66]刘晓力.认知科学对当代哲学的挑战[M].北京:科学出版社,2020.

[67]刘晓力.心灵—机器交响曲[M].北京:金城出版社,2014.

[68]陆俏颖.人类基因编辑与基因本质主义——以CRISPR技术在人类胚胎中的应用为例[J].自然辩证法通讯,2019,41(7):23-30.

[69]罗伯特·B.布兰顿.阐明理由:推论主义导论[M].陈亚军,译.上

海:复旦大学出版社,2020.

[70]罗姆·哈瑞.认知科学哲学导论[M].魏屹东,译.上海:上海科技教育出版社,2006.

[71]罗森堡.科学哲学:当代进阶教程[M].刘华杰,译.上海:上海科技教育出版社,2006.

[72]洛克.人类理解论[M].关文运,译.北京:商务印书馆,1983.

[73]洛伦佐·玛格纳尼,李平.认知视野中的哲学探究[G].广州:广东人民出版社,2006.

[74]马蒂尼奇.语言哲学[C].牟博,杨音莱,韩林合,等译.北京:商务印书馆,1998.

[75]玛格丽特·博登.人工智能哲学[G].刘西瑞,王汉琦,译.上海:上海译文出版社,2001.

[76]玛格丽特·博登.人工智能的本质与未来[M].孙诗惠,译.北京:中国人民大学出版社,2017.

[77]迈克尔·达米特.分析哲学的起源[M].王路,译.上海:上海译文出版社,2005.

[78]迈克尔·斯特雷文斯.知识机器[M].任烨,译.北京:中信出版社,2022.

[79]梅剑华.分析性、必然性和逻辑真理[J].哲学分析,2014(1):69-82,198.

[80]倪梁康.面对实事本身现象学经典文选[G].北京:东方出版社,2000.

[81]牛顿·史密斯.科学哲学指南[G].成素梅,殷杰,译.上海:上海科技教育出版社,2006.

[82]诺布,尼科尔斯.实验哲学[M].厦门大学知识论与认知科学研究中心,译.上海:上海译文出版社,2013.

[83]J.皮亚杰.发生认识论[M].范祖珠,译.北京:商务印书馆,1990.

[84]珀尔,麦肯齐.为什么:关于因果关系的新科学[M].江生,于华,译.北京:中信出版社,2019.

[85]蒲冬梅.自然语义元语言的理论基础及研究前景[J].外语学刊,2012(4):45-49.

[86]普特南.理性、真理与历史[M].童世骏,李光程,译.上海:上海译文出版社,2005.

[87]任会明.自我知识与窄内容:关于心智外在主义及其影响的反思

［M］.杭州:浙江大学出版社,2009.

［88］任远.命题态度归属与指称型交流［J］.哲学研究,2009(4):88-94.

［89］任远.指称问题的概念家庭和层次框架［J］.中山大学学报(社会科学版),2007,47(4):53-56.

［90］萨蒙.经验论的第三个教条［J］.孔德龙,译.陈波,校.自然辩证法研究,1990,6(4):46-53.

［91］史蒂芬·平克.语言本能［M］.洪兰,译.汕头:汕头大学出版社,2004.

［92］司各特·索姆斯.20世纪分析哲学史·1·分析哲学的开端［M］.仲海霞,张励耕,译.北京:华夏出版社,2019.

［93］司各特·索姆斯.20世纪分析哲学史·2·意义的时代［M］.仲海霞,张励耕,译.北京:华夏出版社,2019.

［94］斯蒂芬·平克.思想本质:语言是洞察人类天性之窗［M］.张旭红,梅德明,译.杭州:浙江人民出版社,2015.

［95］斯通普夫,菲泽.西方哲学史［M］.丁三东,等译.北京:中华书局,2004.

［96］斯图尔特·罗素,彼得·诺维格.人工智能:现代方法:第4版［M］.张博雅,等译.北京:人民邮电出版社,2022.

［97］唐纳德·戴维森.对真理与解释的探究:第二版［M］.牟博,江怡,译.北京:中国人民大学出版社,2007.

［98］唐世民.Piaget与Chomsky的一场争论与语言习得的基本问题［J］.广东外语外贸大学学报,2006,17(2):26-30.

［99］特伦斯·谢诺夫斯基.深度学习［M］.姜悦兵,译.北京:中信出版社,2019.

［100］特伦特·多尔蒂,帕特里克·瑞修.经验优先［C］//蒂莫西·威廉森等著,马赛厄斯·施托伊普,约翰·图里,欧内斯特·索萨编.知识论当代论争:第2版.王师,温媛媛,译.上海:上海译文出版社,2020.

［101］梯利.西方哲学史［M］.葛力,译.北京:商务印书馆,1995.

［102］托马斯·库恩.科学革命的结构［M］.金吾伦,胡新和,译.北京:北京大学出版社,2003.

［103］王静.戴维森纲领与知识论重建［M］.北京:科学出版社,2013.

［104］王路,弗雷格思想研究［M］.北京:商务印书馆,2008.

［105］王路.走进分析哲学［M］.北京:中国人民大学出版社,2009.

［106］威尔弗里德·塞拉斯,理查德·罗蒂,罗伯特·布兰顿.经验主义与

心灵哲学[M].王玮,译.上海:复旦大学出版社,2017/2019.

[107]威廉·G.莱肯.当代语言哲学导论[M].陈波,冯艳,译.北京:中国人民大学出版社,2011.

[108]维特根斯坦.逻辑哲学论[M].贺绍甲,译.北京:商务印书馆,2009.

[109]维特根斯坦.哲学研究[M].陈嘉映,译.上海:上海人民出版社,2005.

[110]魏屹东.表征概念的起源、理论演变及本质特征[J].哲学分析,2012（3）:96-166,199.

[111]西蒙·布莱克本.思想:哲学基础[M].徐向东,译.北京:中国轻工业出版社,2017.

[112]夏皮罗.具身认知[M].李恒威,董达,译.北京:华夏出版社,2014.

[113]向必灯.概念的基本类型及其自然类地位:概念异质性假说的剖析[M].广州:华南理工大学出版社,2022.

[114]休谟.人类理解研究[M].关文运,译.北京:商务印书馆,1981.

[115]休谟.人性论[M].关文运,译.北京:商务印书馆,1982/2010.

[116]亚里士多德.范畴篇、解释篇[M].方书春,译.北京:商务印书馆,1959/2008.

[117]叶闯.理解的条件——戴维森的解释理论[M].北京:商务印书馆,2006.

[118]叶闯.语言 意义 指称:自主的意义与实在[M].北京:北京大学出版社,2010.

[119]叶峰.当前表征内容理论的难点与一个解决方案[J].外国哲学,2008(19):1-30.

[120]郁锋.概念与感知:心灵如何概念化世界[M].北京:中国科学技术出版社,2020.

[121]约翰·麦克道威尔.心灵与世界[M].刘叶涛,译.北京:中国人民大学出版社,2006.

[122]约翰·R.塞尔.心灵导论[M].徐英瑾,译.上海:上海人民出版社,2008.

[123]约翰·R.塞尔.心灵的再发现[M].王巍,译.北京:中国人民大学出版社,2005.

[124]约翰·R.塞尔.意向性——论心灵哲学[M].刘叶涛,译.上海:上

海世纪出版集团,2007.

[125]约翰·R.塞尔.心、脑与科学[M].杨音莱,译.上海:上海译文出版社,2006.

[126]约翰·R.塞尔.心灵、语言和社会[M].李步楼,译.上海:上海译文出版社,2001.

[127]约翰·海尔.当代心灵哲学导论[M].高新民,等译.北京:中国人民大学出版社,2006.

[128]泽农·W.皮利辛.计算与认知——认知科学的基础[M].任晓明,王左立,译.北京:人民大学出版社,2007.

[129]张华夏.休谟价值问题和逻辑经验主义的第三个教条[C]//范旭,吴焕泉,吴国林.科技工作者的社会责任与和谐社会建设研究——第二届全国"科技与社会发展"中青年南方论坛论文集,2007:221-222.

[130]张志林,张华夏.系统观念与哲学探索:一种系统主义哲学体系的建构[M].北京:中国社会科学出版社,2020.

[131]张志林.分析哲学中的意向性问题[J].学术月刊,2006(6):50-53.

[132]周靖.表征论的多副面孔:当代英美哲学语境下的探究[M].上海:上海人民出版社,2021.

[133]周燕,闫坤如.科学认知的哲学探究[M].北京:人民出版社,2007.

[134] ACKLEY D H, HINTON G E, SEJNOWSKI T J. A learning algorithm for boltzmann machines[J].Cognitive Science,1985,9(1):147-169.

[135]ADAMS F, AIZAWA K. "X" Means X: Fodor/Warfield Semantics [J].Minds and Machines,1994(4):215-231.

[136]ADAMS F, AIZAWA K. "X" Means X: Semantics Fodor-Style[J]. Minds and Machines,1992(2):175-183.

[137]ANDERSON J R.Arguments concerning representations for mental imagery[J]. Psychological Review,1978,85(4):249-277.

[138]ARIEW A. Innateness and canalization[J]. Philosophy of Science Supplement,1996,63(3):19-27.

[139] ARIEW A. Innateness [C]//MATTHEN M, STEPHENS C. Philosophy of Biology: Handbook of the Philosophy of Science. Oxford: Elsevier,2007.

[140] ARIEW A. Innateness is Canalization: in defense of a

developmental account of Innateness [C]// HARDCASTLE V. Where Biology meets Psychology. Cambridge, MA: MIT Press, 1999.

[141] ARNHEIM R. Visual Thinking [M]. Berkeley, LA, London: University of California Press, 1969/1997.

[142] AYDEDE M. Fodor on Concepts and Frege Puzzles [J]. Pacific Philosophical Quarterly, 1998, 79: 289-294.

[143] AYDEDE M. The Language of Thought Hypothesis [EB/OL]. (2023-10-16) [2023-10-30]. The Stanford Encyclopedia of Philosophy. ZALTA E N. (ed.)https://plato.stanford.edu/entries/language-thought/.

[144] BALTES P B, LINDENBERGER U, STAUDINGER U M. Life - span theory in developmental psychology [G]//Handbook of child psychology: Theoretical models of human development. DAMON W, LERNER R M. New Jersey: John Wiley & Sons Inc, 1998.

[145] BALTES P B, STAUDINGER U M, LINDENBERGER U. Life - span psychology: theory and application to intellectual functioning [J]. Annu Rev Psychol, 1999, 50:471-507.

[146] BALTES P B. Theoretical propositions of Life - Span developmental psychology: on the dynamics between growth and decline [J]. Developmental Psychology, 1987, 23(5):611-626.

[147] BARSALOU L W, PRINZ J. Mundane creativity in perceptual symbol systems [C]//WARD T B, MITH S M, VAID J. Creative Thought: An Investigation of Conceptual Structures and Processes. Washington. DC: American Psychological Association, 1997.

[148] BARSALOU L W. Grounded cognition: past, present, and future [J]. Topics in Cognitive Science, 2010(2): 716-724.

[149] BARSALOU L W. Grounded Cognition [J]. The Annual Review of Psychology, 2008, 59: 617-645.

[150] BARSALOU L W. Perceptual symbol systems [J]. Behavioral & Brain Sciences, 1999, 22: 577-660.

[151] BARSALOU L W. Simulation, situated conceptualization, and prediction [J]. Philosophical Transactions of the Royal Society, 2009, 364: 1281-1289.

[152] BARSALOU L W. Situated simulation in the human conceptual system[J].Language and Cognition Process, 2003, 18:513-562.

[153] BARSALOU L W. Situating concepts [C]//ROBBINS P, AYDEDE M. Cambridge Handbook of Situated Cognition. New York: Cambridge University Press, 2008.

[154] BARSALOU L W. Structure, flexibility, and linguistic vagary in concepts: manifestations of a compositional system of perceptual symbols [C]// COLLINS A C, GATHERCOLE S E, CONWAY M A. Theoris of Memory. London, UK: Lawrence Erlbaum Associates, 1993.

[155] BARSALOU L W. The instability of graded structure: implications for the nature of concepts [C]//NEISSER U. Concepts and Conceptual Development: Ecological and Intellectual Factors in Categorization. Cambridge: Cambridge University Press, 1987.

[156] BAVE A. A deflationary theory of reference [J]. Synthese, 2009, 169:51-73.

[157] BEANEY M. Analytic Philosophy: A Very Short Introduction [M]. Oxford: Oxford University Press, 2017.

[158] BERMUDEZ J. Philosophy of Psychology: Contemporary Readings [C]. New York, London: Routledge, 2006.

[159] BERMUDEZ J, CAHEN A. Nonconceptual mental content [EB/OL]. (2020-03-30) [2023-10-30]. The Stanford Encyclopedia of Philosophy (Summer 2020 Edition). ZALTA E N. (ed.) https://plato.stanford.edu/entries/content-nonconceptual/.

[160] BERMUDEZ J L. Philosophy of Psychology: Contemporary Readings [C]. New York, London: Routledge, 2006.

[161] BERMUDEZ J L. Naturalized Sense Data [J]. Philosophy and Phenomenological Research, 2000, 61: 353-74.

[162] BERMUDEZ J L. Philosophy of Psychology: A Contemporary Introduction [M]. New York, London: Routledge, 2005.

[163] BLOCK N. Imagery [C]. Cambridge, MA: MIT Press, 1981.

[164] BLOCK N. Advertisement for a Semantics for Psychology [J]. Midwest Studies in Philosophy, 1986, 10 (1):615-678.

[165] BLOCK N. Functional Role and Truth Conditions [J]. Proceedings of the Aristotelian Society LXI, 1987: 157-181.

[166] BODEN M A. Creativity and Art: Three Roads to Surprise [M]. Oxford: Oxford University Press, 2011.

[167]BODEN M A. The Creative Mind: Myths and Mechanisms[M]. 2nd edition. London: Routledge, 2004.

[168] BOGEN J. Empiricism and After [C]//HUMPHREYS P. Oxford Handbook of Philosophy of Science. Oxford: Oxford University Press,2016.

[169] BOGHOSSIAN P. Content and self - knowledge [J]. Philosophical Topics, 1989,17: 5-26.

[170] BOTTERILL G, CARRUTHERS P. The Philosophy of Psychology [M].Cambridge: Cambridge University Press,1999.

[171] BRADDON-MITCHELL D, NOLA R. Conceptual Analysis and Philosophical Naturalism[C]. Cambridge, MA: MIT Press, 2009.

[172]BRANDOM R. Articulating Reasons[M].Cambridge,MA: Harvard University Press,2000.

[173] BRANDOM R. Making It Explicit [M]. Cambridge, MA: Harvard University Press,1994.

[174] BRENTANO F. The distinction between mental and physical phenomena [C]//TERRELL D, RANCURRELLO A, MCALISTER L. Psychology from an Empirical Standpoint. Routledge,1874/1995.

[175] BROOKS R. Intelligence without representation [J]. Artificial Intelligence,1991,47: 139-159.

[176]BURGE T.Individualism and psychology[J]. Philosophical Review, 1986,95:3-45.

[177] BURGE T. Individualism and the mental [J]. Midwest Studies in Philosophy,1979(4):73-121.

[178] BURGESS A, CAPPELEN H, PLUNKETT D. Conceptual Engineering and Conceptual Ethics[C]. Oxford: Oxford University Press,2020.

[179] BYRNE R M. A Intentionalism Defended [J]. Philosophical Review, 2001,110: 199-240.

[180] BYRNE R M. The Rational Imagination: How People Create Alternatives to Reality[M]. London: MIT Press,2005.

[181] CAIN M. Innateness and Cognition [M]. London, New York: Routledge, 2021.

[182]CALVERT C A, BULLMORE E T, BRAMMER M J, CAMPBELL R, WILLIAMS S C, MCGUIRE P K, et al. Activation of auditory cortex during silent lipreading[J].Science, 1997,276:593-596.

[183] CAPPELEN H. Fixing Language: An Essay on Conceptual Engineering[M].Oxford: Oxford University Press,2018.

[184]CAPPELEN H, LEPORE E. Insensitive Semantics: A Defense of Semantic Minimalism and Speech Act Pluralism[M]. Malden, MA: Wiley - Blackwell,2005.

[185] CAREY S. Knowledge acquisition: enrichment or conceptual change? The Epigenesis of Mind[M]. Carey S, Gelman R, eds. Hillsdale, NJ:Erlbaum, 1991.

[186]CAREY S. The Origin of Concepts[M].Oxford: Oxford University Press, 2009.

[187] CARNAP R. Logical Foundations of Probability [M]. Chicago: University of Chicago Press,1950.

[188] CARRUTHERS P, LAURENCE S, STICH S. The Innate Mind: Culture and Cognition[C].Oxford: Oxford University Press,2006.

[189] CARRUTHERS P, LAURENCE S, STICH S. The Innate Mind: Foundations and the Future[C].Oxford: Oxford University Press,2007.

[190] CARRUTHERS P, LAURENCE S, STICH S. The Innate Mind: Structure and Contents[C]. Oxford: Oxford University Press,2005.

[191]CHALMERS D. Philosophy of Mind: Classical and Contemporary Readings[C].New York: Oxford University Press,2002.

[192] CHAPPELL H. The universal syntax of semantic primes in Mandarin Chinese [C]// GODDARD C, WIERZBICKA A. Meaning and Universal Grammar: Theory and Empirical Findings, vol. 1. Amsterdam: John Benjamins, 2002:243-322.

[193]CHEN X, HANNE ANDERSEN H, Barker P. Kuhn's Theory of Scientific Revolutions and Cognitive Psychology[J]. Philosophical Psychology, 1998,11(1):5-28.

[194]CHISHOLM R. Perceiving: a Philosophical Study[M].Ithaca, New York: Cornell University Press,1957.

[195]CHOMSKY N.Knowledge of Language: Its Nature, Origin and Use [M].New York: Praeger,1986.

[196] CHOMSKY N. Linguistics and Cognitive Science: Problems and Mysteries[C]//KASHER A. The Chomskyan Turn. Oxford: Blackwell,1991.

[197]CHOMSKY N.Syntactic Structures[M]. Hague: Mouton,1957.

[198] CHURCHLAND P M. Perceptual plasticity and theoretical neutrality: a reply to Jerry Fodor [J]. Philosophy of Science, 1988, 55: 167-187.

[199]CHURCHLAND P S. Neurophilosophy: Toward a Unified Science of the Mind/Brain[M]. Cambridge, MA: MIT Press, 1986.

[200]CLARK A. Being There: Putting Brain, Body, and World Together Again[M]. Cambridge, MA: MIT Press, 1998.

[201] CLARK A, CHALMERS D. The Extended Mind [J]. Analysis, 1998, 58 (1):7-19.

[202]CLARK A, TORIBIO J. Doing without representing?[J].Synthese, 1994,101(3): 401-431.

[203]COHEN H,LEFEBVRE C. Handbook of Categorization in Cognitive Science[C].Oxford: Elsevier. 2005.

[204] COWIE F. Innateness and language [EB/OL]. (2008-01-16) [2023-10-30].The Stanford Encyclopedia of Philosophy (Fall 2017 Edition). ZALTA E N. (ed.)https://plato.stanford.edu/entries/innateness-language/.

[205]COWIE F. What's Within? Innateness Reconsidered[M].Oxford: Oxford University Press, 1999.

[206] CRANE T, FRENCH C. The Problem of Perception [EB/OL]. (2015-12-31)[2023-10-30].The Stanford Encyclopedia of Philosophy (Fall 2017 Edition). ZALTA E N.(ed.)https://plato.stanford.edu/archives/fall2017/entries/perception-problem/.

[207]CRANE T. Elements of Mind[M].Oxford: Oxford University Press, 2001.

[208] CREATH R. Dear Carnap, Dear Van: The Quine - Carnap Correspondence and Related Work[M].Berkeley, CA: University of California Press, 1990.

[209] CREATH R. Logical Empiricism[EB/OL].(2022-09-21)[2023-10-30]. The Stanford Encyclopedia of Philosophy (Summer 2022 Edition). ZALTA E N. NODELMAN U.(eds.)https://plato.stanford.edu/entries/logical-empiricism/.

[210]CUMMINS R. Meaning and Mental Representation[M].Cambridge, MA: MIT Press, 1989.

[211]CURTIS B. Narrow Mental Content[EB/OL].(2022-04-27)[2023-

10-30] The Stanford Encyclopedia of Philosophy (Summer 2022 Edition). ZALTA E N. (ed.) https://plato.stanford.edu/entries/content-narrow/.

[212]DA POS O, ALBERTAZZI L. It is in the nature of the colours[J]. Seeing and Perceiving, 2010,23: 39-73.

[213] DAMASIO A R. Time - locked multiregional retroactivation: a systems - level proposal for the neural subtrates of recall and recognition[J]. Cognition, 1989,33:25-62.

[214]Davidson D. Belief and the basis of meaning[J].Synthese, 1974, 27:309-323.

[215] DAVIDSON D. Knowing one's own mind [J]. Proceedings and Addresses of the American Philosophical Association,1987,60:441- 458.

[216] DAVIDSON D. Radical interpretation [J]. Dialectica, 1973, 27 (1):314-328.

[217]DENG J, DONG W, SOCHER R, Li L-J, Li K, Li F-F. Image Net: A large-scale hierarchical image database[C]//2009 IEEE Conference on Computer Vision and Pattern Recognition. Miami, FL, USA, 2009:248-255.

[218] DENNETT D. Brainstorms: Philosophical Essays on Mind and Psychology[M].Cambridge, MA:MIT Press, 1978

[219] DENNETT D. Intuition Pumps and Other Tools for Thinking[M]. New York: W. V. Norton and Company, 2013.

[220] DENNETT D. The Intentional Stance [M]. Cambridge, MA: MIT Press/Bradford Books, 1987.

[221] DEVITT M. Designation [M]. New York: Cambridge University Press,1981.

[222]DEVITT M. Ignorance of Language[M]. Oxford: Clarendon Press, 2006.

[223]DRETSKE F. Explaining Behavior: Reason in a World of Causes [M]. Cambridge,MA: MIT Press,1988.

[224] DRETSKE F. Knowledge and the Flow of Information [M]. Cambridge, MA: MIT Press,1981.

[225]DREYFUS H. What Computer Can't Do.[M]. Revised edition. New York: Haper and Row,1979.

[226] DREYFUS H. What Computers Still Can't Do: A Critique of Artificial Reason[M]. Cambridge, MA: MIT Press,1992.

［227］DUMMETT M. Frege: Philosophy of Language［M］. New York: Duckworth,1973.

［228］DUMMETT M. Origins of Analytical Philosophy［M］. New York: Duckworth,1993.

［229］EKLUND M. Inconsistent Languages ［J］. Philosophy and Phenomenological Research, 2002, 64（2）:251-275.

［230］ESTES Z, WARD T B. The emergence of novel attributes in concept modification［J］.Creativity Reasearch Journal, 2002,14（2）: 149-156.

［231］EVANS G. The Varieties of Reference［M］. New York: Oxford University Press,1982.

［232］FIELD H. Logic, meaning and conceptual role［J］. Journal of Philosophy, 1977,69:379-408.

［233］FODOR J A. Concepts: Where Cognitive Science Went Wrong［M］. New York: Oxford University Press, 1998.

［234］FODOR J A, GARRETT M F, WALKER E C, PARKES C H. Against definitions［J］. Cognition, 1980（8）:263-367.

［235］FODOR J A, LEPORE E. Holism: A Shoppers Guide［C］.Oxford: Basil Blackwell,1992.

［236］FODOR J A, LEPORE E. The Compositional Papers［C］.Oxford: Oxford University Press,2002.

［237］FODOR J A, LEPORE E. The red herring and the Pet Fish: why concepts still can't be prototypes［J］.Cognition,1996,58: 253-270.

［238］FODOR J A, LOT 2: The Language of Thought Revisited［M］.New York: Oxford University Press, 2008.

［239］FODOR J A, MCLAUGHLIN B P. Connectionism and the problem of systematicity: why Smolensky's solution doesn't work［J］. Cognition,1990, 35: 183-204.

［240］FODOR J A, PIATTELLI-PALMARIMI M, What Darwin Got Wrong［M］.New York: Farrar. Straus and Giroux Publisher,2008.

［241］FODOR J A.Psychosemantics［M］. Cambridge, MA: MIT Press, 1987.

［242］FODOR J A, PYLYSHYN Z W. Connectionism and Cognitive Architecture: a critical analysis［J］.Cognition,1988,28: 183-204.

［243］FODOR J A, PYLYSHYN Z W.Minds without Meanings: An Essay on the Content of Concepts[M].Cambridge, MA:MIT Press, 2015.

[244]FODOR J A.A Theory of Content and Other Essays[M].Cambridge, MA: MIT Press,1990 .

[245]FODOR J A.Concepts: Where Cognitive Science Went Wrong[M]. New York: Oxford University Press,1998.

[246]FODOR J A. Having Concepts: a Brief Refutation of the Twentieth Century[J].Mind & Language,2004,19:29-47.

[247]FODOR J A. Hume Variations[M].Oxford: Clarendon Press,2003.

[248]FODOR J A. In Critical Condition: Polemical Essays on Cognitive Science and the Philosophy of Mind[M].Cambridge,MA: MIT Press,1998.

[249] FODOR J A. Information and representation [C]//HANSON P. Information, Language, and Cognition. Vancouver: University of British Columbia Press,1990.

[250] FODOR J A. Psychosemantics: the Problem Meaning in the Philosophy of Mind[M].Cambridge,MA: MIT Press,1987.

[251]FODOR J A. Reply to Commentators[J].Mind & Language,2004, 19: 99-112.

[252] FODOR J A. Representations: Philosophical Essays on the Foundations of Cognitive Science[M].Cambridge,MA: MIT Press, 1981.

[253]FODOR J A. The Elm and the Expert: Mentalese and Its Semantics [M].Cambridge,MA: MIT Press,1994.

[254] FODOR J A. The Language of Thought [M]. Cambridge, MA: Harvard University Press,1975.

[255]FODOR J A. The Mind Doesn't Work That Way[M].Cambridge, MA: MIT Press,2001.

[256] FODOR J A. The Modularity of Mind [M]. Cambridge, MA: MIT Press,1983.

[257] FREGE G, BLACK M.On sense and reference [C]//GEACH P, BLACK M. Translation from the Philosophical Writings of Gottlob Frege. Oxford: Basil Blackwell,1960.

[258]FRIGG R, NGUYEN J. Scientific Representation[EB/OL].(2021-11-04)[2023-10-30].The Stanford Encyclopedia of Philosophy.ZALTA E N. (ed.) https://plato.stanford.edu/archives/win2021/entries/scientific-representation/.

[259]GALLESE V, Lakoff G. The brain's concepts: The role of the sensory - motor system in conceptual knowledge[J]. Cognitive Neuropsychology, 2005,21:455-79.

[260] GATTIS M. Spatial Schemas and Abstract Thought [M]. Cambridge, MA: MIT Press,2001.

[261] GAUT B, KIERAN M. Creativity and Philosophy [C]. London: Routledge, 2018:193-209.

[262]GIBSON J. The Ecological Approach to Visual Perception[M].New York: Houghton Mifflin,1979.

[263] GIERE R, FIEGL H. Cognitive Models of Science. Minneapolis: University of Minnesota Press,1992.

[264]GLENBERG A M.What memory is for? [J].Behavioral and Brain Sciences, 1997,20:1-55.

[265] GODDARD C, WIERZBICKA A. Words and Meanings: Lexical Semantics across Domains, Languages and Cultures [M]. Oxford: Oxford University Press, 2014.

[266] GOLD E M. Language identification in the limit[J]. Information and Control, 1967,10: 447-474.

[267] GRICE H P. Meaning[J]. Philosophical Review, 1957, 66 (3): 377-88.

[268] GRICE H P. Utterer's Meaning and Intention [J]. Philosophical Review,1969,78 (2):147-177.

[269] GRIFFITHS P, MACHERY E. Innateness, canalisation and "biologicizing the mind"[J].Philosophical Psychology,2008,21(3): 397-414.

[270]GRIFFITHS P. What is Innateness?[J].The Monist, 2002,85(1): 70-85.

[271]GUILFORD J P. Creativity[J]. American Psychologist,1950,5(9): 444-454.

[272]HAFTING T, FYHN M, MOLDEN S, MOSER M B, MOSER E I. Microstructure of spatial map in the entorhinal cortex[J]. Nature, 2005,436: 801-806.

[273] HAMPTON J A. Polymorphous concepts in semantic memory [J]. Journal of Verbal Learning and Verbal Behavior,1979,18: 441-461.

[274]HANSON N R. Patterns of Discovery [M]. Cambridge: Cambridge

University Press, 1958.

[275] HARMAN G. (Non - solipsistic) Conceptual Role Semantics [C]// Lepore E. New Directions in Semantic. London: Academic Press, 1987:55-81.

[276] HASLANGER S. Gender and Race: (What) are they? (What) do we want them to be?[J].Nous, 2000, 34 (1):31-5.

[277] HAUGELAND J. Artificial Intelligence: The Very Idea [M]. Cambridge, MA: MIT Press, 1985.

[278] HEBB D O. The Organization of Behavior [M]. New York: John Wiley & Sons, Inc., 1949.

[279] HIKOSAKA K, IWAI E, SAITO H, TANAKA K. Polysensory properties of neurons in the anterior bank of the caudal superior temporal sulcus of the macaque monkey [J]. Journal of Neurophysiology, 1988, 60: 1615-1637.

[280]HOLMES N P, Spence C. Mutisensory integration: space, time and superadditivity[J].Current Biology, 2005, 15:R762-764.

[281] HOPFIELD J. Neural networks and physical system with emergent collective computational abilities [J].Proceedings of the National Academy of Science of the United States of America, 1982, 19(8):2554-2558.

[282] HUTTO D, MYIN E. Radicalizing Enactivism: Basic Minds without Content[M]. Cambridge, MA:MIT Press.2013.

[283] JACKSON F. Narrow content and representation, or twin earth revisited [J]. Proceedings and Addresses of the American Philosophical Association, 2003, 77 (2): 55-70.

[284]JACOB P. Intentionality [EB/OL]. (2023-02-07) [2023-10-30]. The Stanford Encyclopedia of Philosophy (Spring 2023 Edition). ZALTA E N, NODELMAN U. (eds.)https://plato.stanford.edu/entries/intentionality/.

[285] JAGNOW R. Ambiguous figures and the spatial contents of perceptual experience: a defense of representationalism [J]. Phenomenology and Cognitive Sciences, 2011, 10 (3):325-346.

[286] JYLKKA J. Why Fodor's theory of concept fail [J]. Mind & Machines, 2009, 19:25-46.

[287]KASHER A. The Chomskyan Turn[C]. Oxford: Blackwell, 1991.

[288]KHALIDI M A. Should we eliminate the innate? Reply to Griffiths and Machery[J]. Philosophical Psychology, 2009, 22(4):505-519.

[289] KIM J. Chisholm's Legacy on Intentionality [J]. Metaphilosophy, 2003, 34(5):649–662.

[290] KIM J. Philosophy of mind[M].3rd. New York: Routledge, 2011.

[291] KIND A. The Routledge Handbook of Philosophy of Imagination [C]. New York: Routledge, 2016.

[292] KIVY P. The Possessor and the Possessed [M]. New Haven: Yale University Press. 2001.

[293] KNOBE J K, NICHOLS S. Experimental Philosophy [C]. Oxford: Oxford University Press, 2008.

[294] KOSSLYN S. Image and Brain: The Resolution of the Imagery Debate[M].Cambridge, MA:MIT Press, 1994.

[295] KOSSLYN S. Image and Mind[M].MA: Harvard University Press, 1980.

[296] KOSSLYN S. Information representation in visual images [J]. Cognitive Psychology, 1975, 7:341–70.

[297] KOSSLYN S. Language and interpretation: philosophical reflections on empirical inquiry. inference [C]//EARMAN J. Explanation and Other Philosophical Frustrations. Berkeley: University of California Press, 1992.

[298] KOSSLYN S. Mental images and the brain [J]. Cognitive Neuropsychology, 2005, 22:333–47.

[299] KOSSLYN S. Scanning visual images: some structural implications [J]. Perception & Psychophysis, 1973, 14(1): 90–94.

[300] KRIEGEL U. Phenomenal Intentionality [M]. New York: Oxford University Press, 2013.

[301] KRIPKE S. A Puzzle About Belief [C]//MARGALIT A. Meaning and Use. Dordrecht: D. Reidel, 1979.

[302] KRIPKE S. Naming and Necessity [M].Cambridge, MA: Harvard University Press, 1972.

[303] LAKOFF G, JOHNSON M. Metaphors We Live by [M].Chicago: University of Chicago Press, 1980.

[304] LENNEBERG E H. Biological foundations of language [M]. New York: Wiley. 1967.

[305] LENNEBERG E H.On Explaining Language [J]. Science, 1969, 164:635–643.

[306] LIAO S-Y, GENDLER T. Imagination [EB/OL]. (2019-01-22) [2023-10-30]. The Stanford Encyclopedia of Philosophy (Summer 2020 Edition). ZALTA E N. https://plato. stanford. edu/archives/sum2020/entries/imagination/.

[307] LLOYD E A. The role of "Complex" Empiricism in the debates about satellite data and climate models [J]. Studies in History and Philosophy of Science (Part A), 2012,43(2): 390-401.

[308] LOAR B. Social Content and Psychological Content [C]//GRIMM R, MERRILL D. Contents of Thought. Tucson: University of Arizona Press, 1988.

[309] LOEWER B, REY G. Meaning in Mind: Fodor and His Critics [C]. Oxford: Blackwell, 1991.

[310] MACHERY E. Doing without Concepts [M]. New York: Oxford University Press, 2009.

[311] MAIER J. Abilities [EB/OL]. (2022-10-08) [2023-10-30]. The Stanford Encyclopedia of Philosophy (Fall 2022 Edition). ZALTA E N. NODELMAN U. (eds.)https://plato.stanford.edu/entries/abilities/.

[312] MANDLER J M, On the spatial foundations of the conceptual system and its enrichment[J].Cognitive Science, 2012,36(3):421-451.

[313] MANFREDI P A, SUMMERFIELD D M. Robustness without asymmetry: a flaw in Fodor's theory of content[J]. Philosophical Studies: An International Journal for Philosophy in the Analytic Tradition, 1992, 66(3): 261-283.

[314] MARCUS G F. Can connectionism save constructivism? [J]. Cognition, 1988,66: 153-182.

[315] MARCUS G F.The Algebraic Mind: Integrating Connectionism and Cognitive Science[M]. Cambridge, MA: MIT Press.2001.

[316] MARCUS G. The Birth of the Mind[M].New York: Basic Books, 2004.

[317] MARGOLIS E. How to acquire a concept[J].Mind and Language, 1998,13:347-369.

[318] MARGOLIS E, LAURENCE S. Concepts: Core Readings [C]. Cambridge, MA: MIT Press, 1999.

[319] MARGOLIS E, LAURENCE S. The Conceptual Mind: New

Directions in the Study of Concepts[C]. Cambridge, MA:MIT Press, 2015.

[320]MARGOLIS E, LAURENCE S. Concepts[EB/OL]. (2019-06-17) [2023-10-30].The Stanford Encyclopedia of Philosophy (Fall 2023 Edition). ZALTA E N, NODELMAN U. (eds.) https://plato. stanford. edu/archives/fall2023/entries/concepts/.

[321] MARGOLIS E, LAURENCE S. Learning matters: the role of learning in concept acquisition[J].Mind & Language, 2011,26(5):507-39.

[322]MARGOLIS E, LAURENCE S. The ontology of concepts - abstract objects or mental representation[J].Noûs,2007,41 (4):561-593.

[323] MARKIE P. Rationalism vs. Empiricism [EB/OL]. (2021-09-02) [2023-10-30]. The Stanford Encyclopedia of Philosophy (Spring 2023 Edition). ZALTA E N, NODELMAN U. (eds.) https://plato. stanford. edu/archives/spr2023/entries/rationalism-empiricism/.

[324]MARKMAN A B, DIETRICH E. In defense of representation[J]. Cognitive Psychology, 2000,4):138-171.

[325] MARKMAN A B. Knowledge Representation [M]. Mahweh, NJ: Lawrence Erlbaum Associates,1999.

[326] MARTIN A, CHAO L L. Semantic memory and the brain: Structure and processes[J]. Current Opinion in Neurobiology, 2001,11:194-201.

[327]MARTIN A. The representation of object concepts in the brain[J]. Annual Review of Psychology,2007,58:25-45.

[328] MARTIN C B, ARMSTRONG D M. Locke and Berkeley: A Collection of Critical Essays[C]. Palgrave Macmillan UK, 1968.

[329]MATES B. Synonymity, Semantics and the Philosophy of Language [M].LINSKY L, ed. Urbana,Ill:University of Illinois Press,1962.

[330]MCCARTHY J, HAYES P J. Some philosophical problems from the standpoint of Artificial Intelligence[C]//MELTZER B, MICHIE D M. Machine Intelligence 4.Edinburgh: Edinburgh University Press, 1969.

[331] MCDONALD G, PAPINEAU D. Teleosemantics: New Philosophical Essays[C].Oxford: Oxford University Press,2006.

[332] MCDOWELL J. Mind and World [M]. Cambridge, MA: Harvard University Press,1994.

[333]MCGINN C. Mental Content[M].New York: Blackwell,1989.

[334] MCLAUGHLIN B P, COHEN J. Contemporary Debates in Philosophy of Mind[C].MA: Blackwell, 2007.

[335] MEDIN D L, BARSALOU L W. Categorization processes and categorization perception[C]//HARNAD S. Categorical Perception. Cambridge: Cambridge University Press, 1987.

[336] MEDIN D L, SCHAFFER M M. Context theory of classification learning[J].Psychological Review, 1978, 85:207-238.

[337] MEDIN D L, SHOBEN E. Context and structure in conceptual combination[J].Cognitive Psychology, 1988, 20:158-190.

[338] MENDOLA J. A dilemma for asymmetric dependence [J]. Noûs, 2003, 37 (2):232-257.

[339] MILLIKAN R G. A common structure for concepts of individuals, stuffs, and basic kinds: more mama, more milk, and more mouse [J]. Behavioral and Brain Sciences, 1998, 22:55-65.

[340] MILLIKAN R G. Beyond Concepts: Unicepts, Language and Natural Information[M].Oxford: Oxford University Press, 2017.

[341] MILLIKAN R G. Images of identity: in search of Modes of Presentation[J]. Mind, 1997, 106:423-519.

[342] MILLIKAN R G. On Clear and Confused Ideas [M]. Cambridge, MA: Cambridge University Press, 2000.

[343] MILLIKAN R G. White Queen Psychology and Other Essays for Alice[M]. Cambridge, MA: MIT Press, 1993.

[344] MORTON J, JOHNSON M H, CONSPEC, CONLEARN. A two process theory of infant face recognition[J]. Psychological Review, 1991, 98:164-181.

[345] MULLER V. Is there a future for AI without representation? [J]. Minds & Machines, 2007, 17:101-115.

[346] NANAY B. Mental Imagery [EB/OL]. (2021-12-08) [2023-10-30].The Stanford Encyclopedia of Philosophy (Winter 2021 Edition). ZALTA E N. (ed.)https://plato.stanford.edu/archives/win2021/entries/mental-imagery/.

[347] NEANDER K. Teleological theories of mental content [EB/OL]. (2012-01-03) [2023-10-30]. The Stanford Encyclopedia of Philosophy (Winter 2020 Edition). ZALTA E N. (ed.)https://plato.stanford.edu/archives/win2020/entries/content-teleological/.

[348] NEISSER U. Concepts and Conceptual Development: Ecological and Intellectual Factors in Categorization [C]. Cambridge: Cambridge University Press, 1987.

[349] NERSESSIAN N. Opening the Black Box: Cognitive Science and History of Science[J]. Osiris, 1995, 10: 297−303.

[350] NEWELL A, SIMON H. Human Problem Solving[M]. Englewood Cliffs, NJ: Prentics−Hall, 1972.

[351] NEWELL A, SHAW J C, SIMON H. Elements of a theory of human problem solving[J]. Psychological Review, 1958, 65: 151−166.

[352] NIGEL J T T. Mental Imagery[EB/OL]. (2014−09−12)[2023−10−30]. The Stanford Encyclopedia of Philosophy (Winter 2020 Edition). ZALTA E N, NODELMAN U. (eds.) https://plato. stanford. edu/archives/win2020/entries/mental−imagery/.

[353] NOE A. Action in Perception[M]. Cambridge, MA: MIT Press, 2004.

[354] NOSOFSKY R M. Exemplar - based accounts of relations between classification, recognition, and typicality [J]. Journal of Experimental Psychology: Learning, Memory, and Cognition, 1988, 14: 700−708.

[355] NOSOFSKY R M. Exemplar - based approach to relating categorization, identification, and recognition [C]//ASHBY F G. Multidimensional Models of Perception and Cognition. Hillsdale, NJ: Lawrence Erlbaum Associates, 1992.

[356] NWWELL A, HERBERT S A. Computer science as empirical inquiry: Symbols and search [J]. Communications of the Association for Computing Machinery, 1981(19): 113−126.

[357] OGDEN C K, RICHARD I A, POSTGATE J P, MALINOWSKI B, CROOKSHANK F G. The Meaning of Meaning: A Study of the Influence of Language upon Thought and of the Science of Symbolism [M]. New York: Harcourt, Brace & Co., 1923.

[358] O'KEEFE J, DOSTROVSKY J. The hippocampus as a spatial map. Preliminary evidence from unit activity in the freely - moving rat [J]. Brain Research, 1971, 34, 171−175.

[359] O'REGAN J K, Noë A. A Sensorimotor Account of Vision and Visual Consciousness [J]. Behavioral and Brain Sciences, 2001, 24 (5):

939–973.

[360] PAIVIO A. Imagery and Verbal Processes [M]. New York: Holt, Rinehart & Winston, INC, 1971.

[361] PAIVIO A. Mental Representation: A Dual Coding Approach [M]. New York: Oxford University Press, 1986.

[362] PAPINEAU D. Philosophical Naturalism [M]. Oxford: Blackwell, 1993.

[363] PAPINEAU D. Reality and Representation [M]. Oxford: Blackwell, 1987.

[364] PAPINEAU D. Naturalism [EB/OL]. (2020-03-31) [2023-10-30]. The Stanford Encyclopedia of Philosophy (Winter 2020 Edition). ZALTA E N. (eds.) https://plato.stanford.edu/archives/win2020/entries/naturalism/.

[365] PATRO K, NUERK H-C, Cress U. Does your body count? Embodied influences on the preferred counting direction of preschoolers [J]. Journal of Cognitive Psychology, 2015, 27:413–425.

[366] PAUL E S, KAUFMAN S B. The Philosophy of Creativity: New Essays [C]. New York: Oxford University, 2014.

[367] PEACOCKE C. Possession conditions: a focal point for theories of concepts [J]. Mind & Language, 1989(4):51–56.

[368] PEACOCKE C. A Study of Concepts [M]. Cambridge, MA: MIT Press, 1992.

[369] PEACOCKE C. Being Known [M]. New York: Oxford University Press, 1999.

[370] PEACOCKE C. Does perception have a nonconceptual content? [J]. The Journal of Philosophy, 2001, 98: 239–264.

[371] PEACOCKE C. Explaining the a priori: the programme of moderate rationalism [C]//BOGHOSSIAN P, PEACOCKE C. New Essays on the A Priori, Oxford: Oxford University Press, 2000.

[372] PEACOCKE C. Fodor on concepts: philosophical aspects [J]. Mind & Language, 2000, 15:327–340.

[373] PEACOCKE C. Interrelations: Concepts, Knowledge, Reference and Structure [J]. Mind & Language, 2004, 19: 85–98.

[374] PEACOCKE C. Sense and justification [J]. Mind, 1992, 101: 793–816.

[375] PEACOCKE C. The Realm of Reason [M]. Oxford: Oxford University Press, 2004.

[376] PENROSE R. The Emperor's New Mind [M]. Oxford: Oxford University Press, 1989.

[377] PITT D. Mental representation [EB/OL]. (2020-01-21) [2023-10-30]. The Stanford Encyclopedia of Philosophy (Fall 2022 Edition). ZALTA E N, NODELMAN U. (eds.) https://plato. stanford. edu/entries/mental-representation/.

[378] PLUNKETT K, MARCHMAN V. U-shaped learning and frequency effects in a multi - layered perception: Implications for child language acquisition[J]. Cognition, 1991, 38 (1):43-102.

[379] PRINZ J. The Emotional Construction of Morals[M]. Oxford: Oxford University Press, 2007.

[380] PRINZ J, CLARK A. Putting concepts to work: some thoughts for the twenty first century[J]. Mind & Language, 2004, 19(1):57-69.

[381] PRINZ J. Furnishing the Mind: Concept and Their Perceptual Basis [M]. Cambridge, MA: MIT Press. 2002.

[382] PRINZ J, BARSALOU L W. Steering a course for embodied representation [C]//DIETRICH E, MARKMAN A. Cognitive Dynamics: Conceptual Change in Humans and Machines. Cambridge, MA: MIT Press, 2000.

[383] PRINZ J. Sensible ideas: a reply to Sarnecki and Markman and Stilwell[J]. Philosophical Psychology, 2004, 17, 3:419-430.

[384] PRINZ J. The duality of content [J]. Philosophical Studies, 2000, 100: 1-34.

[385] PRINZ J. The return of Concept Empiricism [C]//COHEN H, LEFEBVRE C. Handbook of Categorization in Cognitive Science. Oxford: Elsevier, 2005.

[386] PULLUM G, SCHOLZ B. Empirical assessment of stimulus poverty arguments[J]. The Linguistic Review, 2002, 19: 9-50.

[387] PUTNAM H. The meaning of meaning. Language, Mind and Knowledge[M]. Minneapolis: University of Minnesota Press, 1975.

[388] PYLYSHYN Z W. Computation and Cognition: Toward a Foundation for Cognitive Science[M]. Cambridge, MA: MIT Press, 1984.

[389] PYLYSHYN Z W. Return of the mental image: are there really pictures in the brain?[J]. Trends in Cognitive Sciences, 2003(7):113-118.

[390] PYLYSHYN Z W. The imagery debate: analogue media versus tacit knowledge[J].Psychological Review, 1981, 88:16-45.

[391] PYLYSHYN Z W. What the mind's eye tells the mind's brain: a critique of mental imagery[J]. Psychological Bulletin, 1973, 80(1):1-24.

[392] RAILTON P. Facts, Values, and Norms: Essays toward a Morality of Consequence[M]. New York: Cambridge University Press, 2003.

[393] REDINGTON M, CHATER N. Transfer in artificial grammar learning: A reevaluation [J]. Journal of Experimental Psychology: General, 1996, 125 (2):123-138.

[394] REY G. Concepts [C]//GUTTENPLAN S. A Companion to the Philosophy of Mind. Cambridge, MA: Blackwell, 1994.

[395] REY G. Fodor's Ingratitude and Change of Heart? [J]. Mind & Language, 2004, 19(1):70-84.

[396] RIPS L J, SHOBEN E J, SMITH E E. Semantic distance and the verification of semantic relations [J]. Journal of Verbal Learning and verbal Behavior, 1973, 12:1-20.

[397] RIVES B. Concept Cartesianism, Concept Pragmatism, and Frege Cases[J]. Philosophical Studies, 2009, 144:211-238.

[398] ROBBINS P. How to blunt the sword of compositionality [J]. Noûs. 2002, 36 (2):313-334.

[399] ROSCH E , MERVIS C B. Family resemblance: studies in the internal structure of categories[J]. Cognitive Psychology, 1975, 7: 573-605.

[400] ROSCH E. BARBARA L. Cognition and Categorization [M]. London: Lawrence Elbaum Associates, 1978.

[401] ROSCH E, MERVIS C B. Family resemblance: studies in the internal structure of categories[J].Cognitive Psychology. 1975, 7: 573-605.

[402] ROSCH E. Pinciples of categorization [C]//ROSCH E, LLOYD B. Cognition and categorization. Hillsdale, NJ: Lawrence Erlbaum Associates, 1978.

[403] RUMELHART J, MCCLELLAND L, THE PDP RESEARCH GROUP. Parallel Distributed Processing: Explorations in the Microstructure of Cognition, Volume 1: Foundations[C].Cambridge, MA: MIT Press, 1986.

[404] RUMELHART J, MCCLELLAND L, The PDP Research Group. Parallel Distributed Processing: Explorations in the Microstructure of Cognition, Volume 2: Psychological and Biological Models [C]. Cambridge, MA: MIT Press, 1987.

[405] RUSSAKOVSKY O, DENG J, SU H, et al. ImageNet large scale visual recognition challenge[J]. Int J Comput Vis, 2015, 115, 211-252.

[406] SACCHI E. Fregean propositions and their graspability [J]. Grazer Philosophische Studien, Propositions, 2006, 72 (1): 73-94.

[407] SADATO N, PASCUAL-LEONE A, GRAFMAN J, IBANEZ V, DEIBER M P, DOLD G, et al. Activation of the primary visual cortex by Braille reading in blind subjects[J].Nature, 1996, 380: 526-528.

[408] SAMET J, ZAITCHIK D. Innateness and Contemporary Theories of Cognition[EB/OL]. (2017-09-13) [2023-10-30].The Stanford Encyclopedia of Philosophy (Fall 2017 Edition). ZALTA E N. (ed.) https://plato. stanford. edu/entries/innateness-cognition/.

[409] SAMUELS R. Nativism[C]//SYMONS J. CALVO P. The Routledge Companion to Philosophy of Psychology. New York: Routledge, 2009.

[410] SARNECKI J. The multimedia mind: an analysis of Prinz on concpets[J]. Philosphical Psychology, 2004, 17(3): 403-418.

[411] SCHIFFER S. Meaning[M]. Oxford: Oxford University Press, 1972.

[412] SCHIFFER S. Remnants of Meaning [M]. Cambridge, MA: MIT Press, 1987.

[413] SCHIFFER S. The Mode - of - Presentation problem [C]// ANDERSON A, OWENS J. Propositional Attitudes: The Role of Content in Logic, Language and Mind. CSLI, 1990: 249-268.

[414] SCHULTE P, NEANDER K. Teleological Theories of Mental Content [EB/OL].(2022-05-26) [2023-10-30].The Stanford Encyclopedia of Philosophy (Summer 2022 Edition). Zalta, E.N. (ed.) https://plato. stanford. edu/archives/sum2022/entries/content-teleological/.

[415] SEARLE J. Minds, brains, and programs[J]. Behavioral and Brain Sciences, 1980, 3: 417-424.

[416] SEGAL G. A Slim Book about Narrow Content[M].Cambridge, MA: MIT Press, 2000.

[417] SEGAL G.Cognitive Content and Propositional Attitude Attributions

[C]//MCLAUGHLIN B P, COHEN J. Contemporary Debates in Philosophy of Mind. Malden, MA:Blackwell Publishing, 2007.

[418]SELLARS W. Empiricism and the Philosophy of Mind[C]//RORTY R, BRANDOM R. Cambridge, MA:Harvard University Press,1956/1997.

[419] SERNBERG R J, DAVIDSON J E. The Natrue of Insight [M]. Cambridge,MA: MIT Press, 1995.

[420]SHEA N. Genetic representation explains the cluster of Innateness-related Properties[J].Mind&Language,2012(4): 466-493.

[421]SHEA N. Representational Development Need Not Be Explicable-By-Content[J]. Fundamental Issues of Artificial Intelligence. MULLER V, ed. Springer: Sythese Library, 2016.

[422]SHEA N.Representation in Cognitive Science[M]. Oxford: Oxford University Press, 2018.

[423] SIEGEL S. The Contents of Visual Experience [M]. New York: Oxford University Press, 2010.

[424] SMITH E, MEDIN D. Categories and Concepts [M].Cambridge, MA: Harvard University Press, 1981.

[425] SMITH E, OSHERO D N, RIPS L J, KEANE M. Combining concepts: a selective modification model [J]. Cognitive Science, 1988, 12: 485-527.

[426]SMITH E, MEDIN D. Categories and Concepts [M]. Cambridge, MA: Harvard University Press,1981.

[427]SMITH E, OSHERSON D N, RIPS L J, KEANE M. Combining concepts: a selective modification model [J]. Cognitive Science, 1988, 12: 485-527.

[428] SMITH E, SHOBEN E J, RIPS L J. Structure and process in semantic memory: a fautural model fro semantic decisions [J]. Psychological Review,1974 (81):14-241.

[429] SMOLENSKY P, LEGENDRE G, MIYATA Y. Integrating connectionist and symbolic computation for the theory of language[J]. Current Science,1993,64 (5): 381-391.

[430] SOBER E. Innate Knowledge [C]// CRAIG E. Routledge Encyclopedia of Philosophy. London: Routledge,1998.

[431]SOBER E. Panglossian Functionalism and the Philosophy of Mind

[J] Synthese, 1985,64: 165-193.

[432]SPEAKS J. Theories of Meaning[EB/OL]. (2019-06-27)[2023-10-30]. The Stanford Encyclopedia of Philosophy (Winter 2020 Edition). ZALTA E N. (ed.) https://plato. stanford. edu/archives/win2020/entries/meaning/.

[433] STALNAKER R C. Narrow Content [C]// ANDERSON C A, OWENS J. Propositional Attitudes: The Role of Content in Logic, Language, and Mind. Stanford: CSLI Publications,1990.

[434] STALNAKER R C. Our Knowledge of the Internal World [M]. Oxford: Oxford University Press, 2008.

[435] STALNAKER R C. Assertion Revisited: On the Interpretation of Two - Dimensional Modal Semantics [J]. Philosophical Studies, 2004, 118, 299-322.

[436] STALNAKER R C. Context and Content [M]. Oxford: Oxford University Press,1999.

[437] STALNAKER R C. On What's in the Head [J]. Philosophical Perspectives, 1989,3: 287-316.

[438]STAMPE D W. Towards a causal theory of linguistic representation [J]. Midwest Studies in Philosophy, 1977,2 (1):42-63.

[439] STANLEY J, WILLIAMSON T. Knowing how [J]. Journal of Philosophy,2001,98: 411-444.

[440] STAUDINGER U M, BLUCK S. A view on midlife development from life-span theory[C]// LACHMAN M E. Handbook of midlife development. John Wiley & Sons, Inc, 2001: 3-39.

[441] STEELS L, BROOKS R. The "artificial life" route to "artificial intelligence". Building Situated Embodied Agents [C]. New Haven: Lawrence Erlbaum Ass., 1994.

[442] STEELS L. Evolving Grounded Communication for Robots [J]. Trends in Cognitive Sciences. 2003,7:308-312.

[443]STEELS L.Fifty Years of AI:from Symbols to Embodiment and Back [C]// LUNGARELLA M, et al. Festschrift, LNAI 4850, 2007:18-28.

[444] STEIN B E, MEREDITH M A. The Merging of the Senses [M]. Cambridge,MA: MIT Press,1993.

[445]STEIN B E, STANFORD T R, VAUGHAN J W, WALLACE M T.

Multisensory Intergration [C]//WILSON R A, KEIL F C. The MIT Encyclopedia of the Cognitive Sciences.Cambridge,MA:MIT Press,1999.

[446]STEUP M, SOSA E. Contemporary Debates in Epistemology[M]. Malden,MA:BlackwellPublishing, 2005.

[447] STICH S. Innate Ideas [C]. Berkeley, LA, CA: University of California Press,1975.

[448] STICH S. From Folk Psychology to Cognitive Science [M]. Cambridge MA: MIT Press,1983.

[449]TEXTOR M. Routledge Philosophy Guidebook to Frege on Sense and Reference[M].London,New York: Routledge. 2011.

[450]THAGARD P.Cognitive Science.[EB/OL].(2023-01-31)[2023-10-30]. The Stanford Encyclopedia of Philosophy (Spring 2023 Edition). ZALTA E N, NODELMAN U. (eds.) https://plato. stanford. edu/entries/cognitive-science/.

[451] THAGARD P. Conceptual Revolutions [M]. Princeton, NJ: Pcinceton University Press, 1992.

[452]THAGARD P, TOOMBS E. Atoms, categorization, and conceptual change [C]//COHEN H, LEFEBVRE C. Handbook of Categorization in Cognitive Science. Oxford: Elsevier,2005.

[453] THOMAS M, KARMILOFF-SMITH A. Are developmental disorders like cases of adult brain damage? Implications from connectionist modeling[J].Behavioral and Brain Sciences, 2002,25: 727-788.

[454] TOMASWLLO M. Constructing a Language: A Usage - Based Theory of Language Acquisition[M]. Harvard:Harvard University Press, 2003.

[455] TVERSKY B. Spatial cognition: embodied and situated [C]// ROBBINS P, AYDEDE M. Cambridge Handbook of Situated Cognition. Cambridge: Cambridge University Press, 2008.

[456]TYE M. Consciousness, Color and Content[M]. Cambridge, MA: MIT Press, 2000.

[457]TYE M. The Imagery Debate [M]. Cambridge, MA: MIT Press, 1991.

[458] VOSGERAU G. Conceptuality in Spatial Representation [J]. Philosophical Psychology,2007(3):349-365.

[459]WARFIELD T A, STICH S. Mental Representation: A Reader[C].

Cambridge, MA: Blackwell, 1994.

[460] WEBBER J. Doing without representation: coping with Dreyfus [J]. Philosophical Explorations, 2002, 5(1):82-88.

[461] WEISKOPF D A. Atomism, Pluralism, and Conceptual Content [J]. Philosophy and Phenomenological Research, 2007, 79 (1):131-163.

[462] WEISKOPF D A, BECHTEL W. Remarks on Fodor on Having Concepts[J].Mind & Language, 2004, 19(1):48-56.

[463] WHITE S. Partial Character and the Language of Thought [J]. Pacific Philosophical Quarterly, 1982, 63: 347-365.

[464] WILLIAMSON T. Knowing by Imagining [C]//KIND A, KUNG P. Knowledge Through Imagination.Oxford: Oxford University Press, 2016.

[465] WINOGRAD T, FLORES F. Understanding Computers and Cognition: A New Foundation for DESIGN [M]. New Jersey: Ablex Press, 1986.

[466] YlLI-VAkki-Vaskuri J, HAWTHORNE J. Narrow Content [M]. Oxford: Oxford University Press, 2018.

[467] ZALTA E N. Fregean senses, modes of presentation, and concepts [J]. Philosophical Perspectives, 2001, 15 :335-359.

后　记

　　本书系博士论文的后续研究，最初的想法萌生于刚踏上中山大学哲学系门槛时所遇到的"曹操是孟德"这类奇怪问题，冥思数日，终不可得，原来要靠语言逻辑、概念分析方可触及哲学门，问题该如何从科学尤其是认知科学上给予解释。后来在意大利特伦托大学（University of Trento）认知科学学院做交换生期间思考整个博士论文的框架，着手于呈现模式问题，将概念研究联系起来。后续研究发现，概念哲学的主题庞杂，叙事宏大，要么是地板级别的存在，理应作为哲学的基础问题之一；要么是天花板级别的存在，若有突破则可以开创出另一片新的天地。与此同时，国内陆续关注"表征"的人多了，近年来相关译介文本也多了，感觉应该尽早将这些年的思考与图景整理出来，但其中涉及面较广，完善的难度颇大，本想偏安于岭南一隅，潜心于雷州半岛细细打磨，殊未知也渐渐"卷"得厉害了……学术研究固然是枯燥无味的，一路磕磕绊绊，所幸得此后期资助，按专家意见几经修改，稍微呈现出这般模样。

　　在这本关于实在与语言、心灵与认知的哲学探索即将结束之际，我想借此机会向在我心灵和智识之路上给予我支持、启发的导师李平教授表达敬意，本书系李老师哲学愿景下的小方块，学生不才，只能完成其中一块拼图。感谢恩师栽培与师母薛容老师的关心！感谢张志林老师、朱菁老师、黄敏老师，王晓阳、何睿、谭力扬、李珍、闫坤如、夏代云、顾璟、虞法、向必灯、张硕、胡镓、李世祥诸位师友！还有许多名字不胜枚举，如有不当之处敬请谅解。正是因为有了你们，我才得以在哲学的各个领域继续探索，这是一条马拉松式的学术道路！

　　感谢我的同事和朋友们！普通人或许会觉得"杠"难以接受，但这只不过是分析哲学养成的一种日常习惯罢了，感谢他们对我"杠"的宽容。我在书中举了个别例子对他们表达谢意，我珍视与每一位同事的交流和合作，这些经历是我人生的宝贵财富。

我还要向我的家人表达无尽的感激之情！家人的支持和理解是我能够坚持研究和写作的力量源泉。在我沉浸在诸多文本中，或是在漫漫长夜里对着电脑屏幕苦思冥想时，是家人无声的鼓励和耐心的等待给予了我力量，让我可以行走于这段漫长而又孤独的学术之旅！

暂书至此，不复一一，浅陋之见，伏候卓裁！

2024 年 10 月 30 日